高等院校计算机专业人才能力培养规划教材(应用型)

软件工程
理论与实践

张燕 洪蕾 钟睿 李慧 等编著

SOFTWARE ENGINEERING

THEORY AND PRACTICE

机械工业出版社
China Machine Press

目前有很多优秀的软件工程教材可满足本科生、研究生教学的需求，然而这些教材在用于应用型人才培养时无论是篇幅上还是系统化实例讲解方面都略显不足。为此，作者在总结多年软件工程教学实践的基础上编写了本书。本书共分12章：第1章是软件工程概述，第2章介绍系统工程，第3~9章顺序讲述了软件生存周期各阶段的任务、方法和工具，第10~12章着重讲述了软件项目管理中的质量、过程和配置管理。附录是本书采用的一个完整案例，它对读者深入理解面向对象分析与设计方法的应用有很大的帮助。另外，作者还提供了教学支持网站 http://it.jit.edu.cn/netclass，其中提供了课后习题答案及许多辅助学习资料。

本书强调能力培养，适合用做应用型本科软件工程或相关课程的教材。

图书在版编目（CIP）数据

软件工程：理论与实践／张燕等编著．—北京：机械工业出版社，2012.8
（高等院校计算机专业人才能力培养规划教材·应用型）

ISBN 978-7-111-38284-3

Ⅰ．软…　Ⅱ．张…　Ⅲ．软件工程-高等学校-教材　Ⅳ．TP311.5

中国版本图书馆CIP数据核字（2012）第091142号

机械工业出版社（北京市西城区百万庄大街22号　邮政编码　100037）
责任编辑：刘立卿　李荣　佘洁
北京市荣盛彩色印刷有限公司印刷
2012年10月第1版第1次印刷
185mm×260mm·20印张
标准书号：ISBN 978-7-111-38284-3
定价：35.00元

凡购本书，如有缺页、倒页、脱页，由本社发行部调换
客服热线：（010）88378991；88361066
购书热线：（010）68326294；88379649；68995259
投稿热线：（010）88379604
读者信箱：hzjsj@hzbook.com

出版者的话

机械工业出版社华章公司多年来以“全球采集内容，服务中国教育”为己任，致力于引进国际知名大学广泛采用的计算机、电子工程和数学方面的经典教材，出版了一大批在计算机科学界享誉盛名的专家名著与名校教材，其中包括 Donald E. Knuth、Alfred V. Aho、JimGray、Jeffery D. Ullman 等名家的一批经典作品。这些作品为我国计算机教育及科研事业的发展起到了积极的推动作用。

近年来，我们一直关注国内计算机专业教育的发展和改革并大力支持、参与相关的教学研究活动。2006 年，教育部高等学校计算机科学与技术专业教学指导分委员会在对我国计算机专业教育现状和社会对人才的需求进行研究的基础上，发布了《高等学校计算机科学与技术专业发展战略研究报告暨专业规范（试行）》（以下简称《规范》）。为配合《规范》的实施和推广，我们出版了“面向计算机科学与技术专业规范系列教材”。这套教材的推出，对宣传《规范》提出的“按培养规格分类”的理念、推进高校学科建设起到了一定的促进作用。

2007 年，教育部下发了《关于进一步深化本科教学改革全面提高教学质量的若干意见》，强调高等教育以育人为本，以学生为主体，坚持以培养创新人才为重点，下大力气深化教育教学改革。在“质量工程”的思想指导下，各高校纷纷开展了相关的学科改革和教学研究活动。高等学校计算机科学与技术专业的教育开始从过去单纯注重知识的传授向注重学科能力的培养转型。2008 年年底，教育部高等学校计算机科学与技术专业教学指导分委员会成立了“高等学校计算机科学与技术专业人才专业能力构成与培养”项目研究小组，研究小组由蒋宗礼教授（组长）、王志英教授、岳丽华教授、陈明教授和张钢教授组成，研究计算机专业人才基本能力的构成和在计算机专业的主干课程中如何培养这些专业能力。

为配合“高等学校计算机科学与技术专业人才专业能力构成与培养”专项研究成果的推广，满足高校从知识传授向能力培养转型的需求，在教育部高等学校计算机科学与技术专业教学指导分委员会专家及国内众多知名高校专家的指导下，我们策划了这套“高等院校计算机专业人才能力培养规划教材”。这套教材以专项研究的成果为核心，围绕计算机专业本科生应具有的能力组织教材体系。本套教材的作者长期从事教学和科研工作，他们将自己在本科生能力培养方面的经验和心得融入教材的编写中，力图通过理论教学及实践训练，达到提升本科生专业能力的目标。希望这些有益的尝试能对推动国内计算机专业学生的能力培养起到积极的促进作用。

华章作为专业的出版团队，长久以来遵循着“分享、专业、创新”的价值观，实践着“国际视野、专业出版、教育为本、科学管理”的出版方针。这套教材的出版，是我们以教学研究指导出版的成功范例，我们将以严谨的治学态度以及全面服务的专业出版精神，与高等院校的老师们携手，为中国的高等教育事业走向国际化而努力。

丛书序言

我国高等学校计算机专业建立于20世纪50年代。经过近60年的迅速发展，经历了从精英化教育到大众化教育的发展阶段，目前在校生多达40余万人，已成为我国规模最大的理工科专业，为国家建设培养了大批信息技术人才。2006年，教育部计算机科学与技术专业教学指导委员会发布了《高等学校计算机科学与技术专业发展战略研究报告暨专业规范(试行)》(以下简称《规范》)，提出了以“按培养规格分类”为核心思想的专业发展建议，把计算机专业人才划分为研究型、工程型、应用型三种不同类型。在《规范》的方针指导下，培养合格的计算机本科人才。

教育包括知识、能力和素质三个方面。知识是基础、载体和表现形式，能力是技能化的知识及其综合体现，素质是知识和能力的升华。专业教育不仅要重视知识的传授，更应突出专业能力的培养，实施能力导向的教育。如何以知识为载体实现能力的培养和素质的提高，特别是实现专业能力和素质的提高是非常重要的。对计算机专业本科教育而言，要想实现能力导向的教育，首先要分析专业能力的构成并考虑如何将其培养落实到教学实践中。为此，教育部高等学校计算机科学与技术专业教学指导委会开展了计算机科学与技术专业人才专业能力（简称为计算机专业能力）的培养研究。该项研究明确计算机专业本科人才应具有的四大基本能力——计算思维能力、算法设计与分析能力、程序设计与实现能力、系统能力，并将这四大基本能力分解为82个能力点，探讨如何面对不同类型学生的教育需求，在教学活动中进行落实。

针对计算机应用型人才的培养，由于其培养数量巨大、社会需求广泛和多样化，所以培养应用型人才的专业能力在具体教学实践上有其自身的特点。计算机应用型人才的培养目标是为国家、企事业信息系统的建设与运行培养信息化技术型人才。本类型人才应能承担信息化建设的核心任务，掌握各种计算机软、硬件系统的性能，善于进行系统的集成和配置，有能力管理和维护复杂信息系统的运行，研究如何实现服务及方便有效地利用系统进行计算等。计算机应用型人才的培养凸显了职业特征，使企业与学校的合作更加紧密，部分课程设置凸显能力培养特征，教学模式也呈现了职业化趋势。

为体现研究成果在教学活动中的实现，我们根据《高等学校计算机科学与技术专业人才专业能力构成与培养》和计算机应用型人才培养的特点和社会需求出版了这套教材。本套教材面向高等院校计算机应用型人才培养从知识传授向能力培养转型的需求，在内容的选择、体系安排和教学方法按照专业能力培养和职业特征的需要进行了探索和诠释。

本套教材在体系结构上，遵从公共基础课程平台、专业核心课程平台、专业选修课程平台、方向课程平台和基本素质课程平台的体系。专业核心课程主要有程序设计基础、离散数学、数据结构、计算机组成原理、操作系统原理、计算机网络原理、数据库系统原理、编译原理等课程。方向课程分为计算机网络、软件工程、信息系统、程序设计、电子商务、嵌入式系统、多媒体技术和计算机硬件等方向。在教材编写上，汇集作者才智，重点突出对计算机应用能力和应用技术的培养。

本套丛书的出版是在配合计算机应用型人才专业能力的培养和落实方面的初步尝试，在教材组织和编写上还会有许多不足和缺陷，需要进一步完善，我们衷心希望本套教材的出版能起到抛砖引玉的作用，也希望广大教育工作者加入到计算机应用型人才能力培养的研究和实践中来，并对相关的教材建设提出自己的宝贵意见。

丛书主编

陈明

丛书编委会

前 言

根据应用型人才培养应强化学生的理论应用和工程实践能力的需要，四年教学计划中的实践教学时间应不少于一年。作者和软件工程课程建设小组的教师近6年来一直在研究如何在有限的理论教学时数内帮助学生掌握软件工程理论与方法的应用，理解软件工程过程及其管理。课程建设小组近年来使用和参考了许多国内外的优秀教材，这些教材各有长处，对我们的教学帮助很大。从应用型人才培养目标的要求出发分析这些教材，我们认为现有教材还存在一些问题：一是部分教材篇幅长，不适合48学时的教学需要；二是对软件建模在分析和设计阶段的重要性强调得不够，常常重理论讲解，缺少系统化的实例；三是比较忽视软件项目管理和CMM/CMMI模型的教学。本书在学习和借鉴各种优秀教材的基础上，力求较好地解决上述问题。

本书主要由张燕、洪蕾编写。其中1~3章由钟睿编写；4~6章由张燕编写；7~9章及附录由洪蕾编写；10~12章由李慧编写。全书的结构设计、选材以及最后的统稿工作由张燕完成。全书第一次审稿和课后习题答案的整理由沈维燕完成。本书配套的网络课程（http://it.jit.edu.cn/netclass）以教材的主要内容为参考，结构设计由张燕完成，其他设计由罗扬完成，课后习题答案在网络课程中提供。本书按基本的软件工程过程来组织，并通过分析一个实际案例“开放实验室管理系统”，帮助读者理解软件需求分析与建模以及设计与实现的方法和过程，特别适合用做应用型人才培养的教材。

本书还以“软件工程理论与实践”网络课程的形式给读者提供丰富的学习资源。网络课程由教学内容和网络教学支撑环境两部分组成。其中教学内容部分按照教材章节组织学习内容、辅助资料等，帮助学生有条理地构建自己的知识体系；而网络教学支撑环境是指支持网络教学的软件工具以及实施的教学活动，为学习者设计了探究学习、自我测试、实时交流等虚拟学习环境，培养学生的学习能力、协作能力等。

在此向本书的审阅者及全体作者的家人表示衷心的感谢，感谢他们的大力支持！

鉴于作者在软件工程理论和实践方面的局限性，书中难免有不当之处，诚恳地希望广大读者不吝赐教，帮助我们不断进步。

教学建议

第1章：软件工程概述（3学时）

本章描述了软件工程的发展历程，给出了软件工程过程和管理方面的一些概念。本章的重点是软件、软件工程和软件生存周期的基本概念，软件过程模型的分析和比较，软件过程活动的构成。本章的难点是软件过程的思想。

第2章：系统工程（3学时）

本章描述了系统工程、系统特性及系统建模的基本概念，给出了系统工程过程的有关概念，简述了基于计算机系统的工程类型。2.1.5节简介了本书案例——开放实验室管理系统。本章的重点和难点是理解系统总体特性。

第3章：软件需求工程（5学时）

本章涵盖了与需求工程相关的过程、技术和可交付材料的撰写要求等，阐述了需求分析的任务与重要性，软件需求分析的步骤、方法，需求文档的撰写，以及需求分析阶段存在的常见问题。本章的重点是需求提取和分析方法、书写软件需求文档的基本方法、需求有效性验证。本章的难点是需求提取和分析方法。

第4章：面向对象分析（5学时）

本章涵盖了与面向对象分析有关的概念、方法和技术，概述了UML的有关概念，详细讲解了面向对象分析的步骤、方法。4.4节首先对案例进行了描述，之后对案例进行了面向对象的分析。本章的重点是理解UML的概念，掌握面向对象分析的步骤、方法，理解用例建模、类建模和动态建模在分析中的作用。本章的难点是类建模和动态建模，以及数据封装、对象、继承、多态性等概念。

第5章：软件设计（3学时）

本章介绍了软件设计和设计过程，首先简介了软件体系结构的概念、设计原则和几种典型的体系结构，之后主要针对设计技术和方法进行了深入的讲解。本章的重点是结构化设计方法。

第 6 章：面向对象设计（3 学时）

本章讲解了面向对象设计过程中的重要活动。6.6 节给出面向对象设计示例，按照系统上下文和用例模型、体系结构的设计、对象识别、设计模型和对象接口描述的顺序举例说明了面向对象设计过程。本章的重点和难点是面向对象的设计方法的应用。

第 7 章：软件实现（3 学时）

本章讲解了与面向对象的软件实现相关的概念和技术，首先给出软件实现过程中工具的选择方法和开发的基本原则，之后 7.2.3 节通过案例详细描述了面向对象软件实现的过程。本章的重点和难点是面向对象的软件实现技术和应用。

第 8 章：软件测试（3 学时）

本章涵盖了与测试有关的概念、方法和技术。本章的重点是模块测试用例的选择、白盒测试、黑盒测试。本章的难点是模块测试用例的选择。

第 9 章：软件维护（3 学时）

本章讲解了维护的必要性、工作流程和工作内容，以及面向对象软件的维护方法。本章的重点是维护的主要内容和面向对象软件的维护。本章的难点是逆向工程。

第 10 章：软件质量管理（3 学时）

本章主要给出了与软件质量管理有关的概念、原则和标准，特别阐述了软件质量度量的衡量标准和方法。10.5 节描述了“开放实验室管理系统”案例的软件质量保证工作。本章的重点是理解质量管理过程和产品质量保证的重要性，熟悉质量控制的主要内容。

第 11 章：软件过程改进（3 学时）

本章涵盖了软件过程改进的基本原理，过程度量的概念、原则和主要内容，能力成熟度模型 CMM 的相关概念、基本结构和相关应用。本章的重点是软件过程改进的基本原理、SEI 的能力成熟度模型 CMM。本章的难点是 SEI 的能力成熟度模型 CMM。

第 12 章：软件配置管理（3 学时）

本章讲述了软件配置管理的概念和任务，较详细地描述了软件配置管理活动的主要内容。本章的重点是配置管理活动的主要内容。

此外，本书还安排了 8 学时的实践教学，将相关的理论内容用实验实现。

目录

第1章 软件工程概述

【学习目标】

➢ 了解软件工程与软件开发的关系，理解其中的重要概念；
➢ 了解软件危机，以及软件工程存在的必要性；
➢ 了解软件工程与其他工程管理的内在联系及区别；
➢ 理解软件生存周期。

软件工程（Software Engineering，SE）是计算机学科中一个年轻而充满活力的研究领域。自20世纪60年代末期以来，人们为克服“软件危机”，在这一领域做了大量工作，逐渐形成了系统的软件开发理论、技术和方法，它们在软件开发实践中发挥了重要作用。今天，现代科学技术将人类带入了信息社会，计算机软件扮演着十分重要的角色，软件工程已成为信息社会高技术竞争的关键领域之一，而“软件工程”已成为高等学校计算机教育计划中的一门核心课程。软件工程是一门研究用工程化方法构建和维护有效的、实用的、高质量的软件的学科，涉及程序设计语言、数据库、软件开发工具、系统平台、标准、设计模式等方面。

本章介绍软件和软件工程的概念，软件过程及软件过程模型的建立，软件工程方法的种类及软件工程所面临的问题。通过本章的学习，读者可以初步建立起软件工程的思想，了解软件、软件生存周期及软件工程过程等重要概念，这些对学习、掌握和应用软件工程的方法、技术等是非常必要的。

1.1 软件发展概述

1.1.1 软件

软件就是程序吗？答案当然是否定的。一定要纠正软件就是程序，开发软件就是编写程序的错误观念。那么软件究竟该如何定义呢？

软件（Software）是能够实现预定功能和性能的可执行的计算机程序和使程序正常执行所需要的数据，加上描述软件开发过程及其管理、程序的操作和使用的有关文档。

软件还可以简要地定义为：

软件 = 程序 + 数据 + 文档

其中，“程序”指按事先设计的功能和性能需求执行的指令序列；“数据”是程序能正常操纵信息的数据结构；“文档”是与程序开发及过程管理、维护和使用有关的图文材料。

软件作为一种特殊的产品，它具有以下独特的性质：

1）软件是一种逻辑实体，不是物理实体，它具有抽象性；
2）软件不会磨损和老化，只会随着时间的推移进行升级或淘汰；
3）软件主要是研制，生产是简单的拷贝；
4）软件成本昂贵，其开发方式至今尚未摆脱手工方式；
5）软件维护不同于硬件维修，易产生新的问题；
6）软件具有复杂性，其开发和运行常受到计算机系统的限制，即受环境影响大。

一般情况下，软件被划分为系统软件、应用软件，其中系统软件包括操作系统和支撑软件。

操作系统是一个管理电脑硬件与软件资源的程序，同时也是计算机系统的内核与基石。操作系统身负诸如管理与配置内存、决定系统资源供需的优先次序、控制输入与输出设备、操作网络与管理文件系统等基本事务，同时也提供一个让使用者与系统交互的操作接口。操作系统分为BIOS、BSD、DOS、Linux、Mac OS、OS/2、QNX、UNIX、Windows等。

支撑软件是支撑各种软件的开发与维护的软件，又称为软件开发环境（IDE），它主要包括环境数据库、各种接口软件和工具组。著名的软件开发环境有IBM公司的WebSphere、微软公司的Studio. NET等，它们包括一系列基本的工具，如编译器、数据库管理、存储器格式化、文件系统管理、用户身份验证、驱动管理、网络连接等方面的工具。

系统软件并不针对某一特定应用领域，而应用软件则相反，不同的应用软件根据用户和所服务的领域提供不同的功能。应用软件是为了某种特定的用途而开发的，它可以是一个特定的程序（比如一个图像浏览器），也可以是一组功能联系紧密、可以互相协作的程序的集合（比如微软的Office软件），还可以是一个由众多独立程序组成的庞大的软件系统（比如数据库管理系统）。

较常见的应用软件种类包括行业管理软件、文字处理软件、信息管理软件、辅助设计软件、媒体播放软件、系统优化软件、图形图像软件、数学软件、统计软件、杀毒软件、通信协作软件、远程控制软件、管理效率软件等。

1.1.2 软件危机

软件危机（Software Crisis）指的是计算机软件开发和维护过程所遇到的一系列严重问题，其表现如下：

1）对软件开发成本和进度的估算很不准确，用户很不满意；

2）质量很不可靠；

3）没有适当的文档；

4）软件成本比重上升；

5）供不应求，即软件开发生产率跟不上计算机应用迅速深入的趋势。

软件危机的出现是由于：软件的规模越来越大，复杂度不断增加，软件需求量增大；而软件开发过程是一种高密集度的脑力劳动，软件开发的模式及技术不能适应软件发展的需要，致使大量质量低劣的软件涌向市场，甚至有的软件花费了大量人力财力，却在开发过程中夭折。

例如，IBM公司的OS/360，共约100万条指令，花费了5000人年，经费达数亿美元，而结果却令人沮丧，错误多达2000个以上，系统根本无法正常运行。OS/360系统的负责人Brooks这样描述开发过程的困难和混乱：“……像巨兽在泥潭中做垂死挣扎，挣扎得越猛，泥浆就沾得越多，最后没有一个野兽能够逃脱淹没在泥潭中的命运……”

1963年美国飞往火星的火箭爆炸，造成1000万美元的损失，原因是FORTRAN程序中“DO 5 I=1，3”误写为“DO 5 I=1.3”。这样的例子不胜枚举。

那么，究竟是什么原因导致了软件危机的发生呢？软件本身具有逻辑部件复杂和规模庞大的特点是其客观原因，而不正确的开发方法、忽视需求分析、错误地认为软件开发就是程序编写和轻视软件维护在主观上也导致了软件危机的发生。

软件危机的解决主要通过两个途径，分别是组织管理和技术措施。组织管理主要采用系统工程项目管理方法，而技术措施主要从软件开发技术与方法和软件工具两方面解决。

1.2 软件工程

软件工程是在克服“软件危机”的过程中逐渐形成与发展的。在不到40年的时间里，软件工程在理论和实践方面都取得了长足的进步。软件工程研究的目标是“以较少的投资获取较高质量的软件”。

软件工程是一门指导计算机软件系统开发和维护的工程学科，是一门新兴的边缘学科，涉及计算机科学、工程科学、管理科学、数学等多学科。它研究范围广，主要研究如何应用软件开发的科学理论和工程技术来指导大型软件系统的开发。例如现代操作系统的开发，如果不采用软件工程的方法是不可能完成的。

1.2.1 软件工程概念

软件工程一直以来都缺乏一个统一的定义，很多学者、组织机构都分别给出了自己的定义。

- Barry Boehm 给出的定义：运用现代科学技术知识来设计并构造计算机程序及开发、运行和维护这些程序所必需的相关文件资料。
- IEEE 在软件工程术语汇编中的定义：软件工程是将系统化的、严格约束的、可量化的方法应用于软件的开发、运行和维护，即将工程化应用于软件。
- Fritz Bauer 在 NATO 会议上给出的定义：建立并使用完善的工程化原则，以较经济的手段获得能在实际机器上有效运行的可靠软件的一系列方法。
- 《计算机科学技术百科全书》中的定义：软件工程是应用计算机科学、数学、工程科学及管理科学等原理开发软件的工程。软件工程借鉴传统工程的原则、方法来提高质量和降低成本。其中，计算机科学、数学用于构建模型与算法；工程科学用于制定规范、设计范型（Paradigm）、评估成本及确定权衡；管理科学用于计划、资源、质量、成本等管理。

综合上述的观点，软件工程是研究和应用如何以系统性的、规范化的、可定量的过程化方法去开发和维护软件，以及如何把经过时间考验且被证明是正确的管理技术和当前能够得到的最好的技术方法结合起来，它涉及程序设计语言、数据库、软件开发工具、系统平台、标准、设计模式等方面。

软件开发方法的发展过程可分为3个阶段，即程序设计时代、程序系统时代、软件工程学时代。如表1-1所示，可从名称、生产方式、质量、设计对象、开发工具、维护等方面了解3个阶段各自的特点。从根本上说，软件工程学时代摆脱了软件“个体式”或“作坊式”的生产方法，把软件作为一种社会产品，并进行批量生产。软件工程学研究这种生产过程的有关基础理论、方法论和工具系统。

表1-1 软件开发方法的3个发展阶段

	程序设计时代	程序系统时代	软件工程学时代
名称	程序	软件	软件产品
生产方式	个人	作坊式项目小组	软件组织
质量	取决于个人水平	取决于小集团水平	生产管理可靠性评价和质量控制
设计对象	以硬件为中心	以硬件、软件为中心	以软件为中心
开发工具	无	无系统工具且为个人所有	软件生成器等，为组织所公有
维护	无	由开发者进行维护，且在设计中不重视设计维护问题	设计制作时均考虑维护问题，维护占成本主要部分，近年已达到80%以上
设计方法	没有系统的方法	自顶向下的方法	结构化程序设计及自顶向下和自底向上结合的方法

1.2.2 软件工程研究目标

软件工程的目标是提高软件的质量与生产率，最终实现软件的工业化生产。质量是软件需求方最关心的问题，用户即使不图“物美价廉”，也要求“货真价实”。生产率是软件供应方最关心的问题，他们希望用更少的时间挣更多的钱。质量与生产率之间有着内在的联系，高生产率必须以质量合格为前提。从短期效益看，追求高质量会延长软件开发时间并且增大费用，似乎降低了生产率；但从长期效益看，高质量将保证软件开发的全过程更加规范流畅，大大降低了软件的维护代价，实质上是提高了生产率，同时可获得很好的信誉。质量与生产率之间不存在根本的对立，好的软件工程方法可以同时提高质量与生产率。

软件工程研究的目标是：在给定成本、进度的前提下，开发出具有可修改性、有效性、可靠性、可理解性、可维护性、可复用性、可适应性、可移植性、可追踪性和可互操作性并且满足用户需求的软件产品。追求这些目标有助于提高软件产品的质量和开发效率，减少维护的困难。

- **可修改性**（Modifiability）：容许对系统进行修改而不增加原系统的复杂性。它支持软件的调试与维护，是一个难以达到的目标。
- **有效性**（Efficiency）：软件系统能最有效地利用计算机的时间资源和空间资源。各种计算机软件都将系统的时空开销作为衡量软件质量的一项重要技术指标。在很多场合，在追求时间有效性和空间有效性方面会发生矛盾，这时必须牺牲时间效率换取空间有效性或牺牲空间效率换取时间有效性。时空折中经常出现，有经验的软件设计人员会巧妙地利用折中概念，在具体的物理环境中实现用户的需求和自己的设计。
- **可靠性**（Reliability）：能防止因概念、设计和结构等方面的不完善造成的软件系统失效，具有挽回因操作不当造成软件系统失效的能力。对于实时嵌入式计算机系统，可靠性是一个非常重要的目标。因为软件要实时地控制一个物理过程，如宇宙飞船的导航、核电站的运行，等等。如果可靠性得不到保证，一旦出现问题可能是灾难性的，后果将不堪设想。因此在软件开发、编码和测试过程中，必须将可靠性放在重要位置。
- **可理解性**（Understandability）：系统具有清晰的结构，能直接反映问题的需求。可理解性有助于控制软件系统的复杂性，并支持软件的维护、移植或复用。
- **可维护性**（Maintainability）：软件产品交付用户使用后，能够对它进行修改，以便改正潜伏的错误，改进性能和其他属性，使软件产品适应环境的变化，等等。由于软件是逻辑产品，只要用户需要，它可以无限期地使用下去，因此软件维护是不可避免的。软件维护费用在软件开发费用中占很大比重，所以可维护性是软件工程中一项十分重要的目标。软件的可理解性和可修改性有利于软件的可维护性。
- **可复用性**（Reusability）：概念或功能相对独立的一个或一组相关模块定义为一个软部件。软部件可以在多种场合应用的程度称为部件的可复用性。可复用的软部件有的可以不加修改地直接使用，有的需要修改后再用。可复用软部件应具有清晰的结构和注解，应具有正确的编码和较低的时空开销。各种可复用软部件还可以按照某种规则存放在软部件库中，供软件工程师选用。可复用性有助于提高软件产品的质量和开发效率，有助于降低软件的开发和维护费用。从更广泛的意义上理解，软件工程的可复用性还应该包括：应用项目的复用，规格说明（也称为规约）的复用，设计的复用，概念和方法的复用，等等。一般来说，复用的层次越高，带来的效益也就越大。

- **可适应性**（Adaptability）：软件在不同的系统约束条件下，使用户需求得到满足的难易程度。适应性强的软件应采用广为流行的程序设计语言编码，在广为流行的操作系统环境中运行，采用标准的术语和格式书写文档。适应性强的软件较容易推广使用。
- **可移植性**（Portability）：软件从一个计算机系统或环境搬到另一个计算机系统或环境的难易程度。为了获得较好的可移植性，在软件设计过程中通常采用通用的程序设计语言和运行环境支撑。对依赖于计算机系统的低级（物理）特征部分，如编译系统的目标代码生成，应相对独立、集中。这样，与处理器无关的部分就可以移植到其他系统上使用。可移植性支持软件的可复用性和可适应性。
- **可追踪性**（Traceability）：根据软件需求对软件设计、程序进行正向追踪，或根据程序、软件设计对软件需求进行逆向追踪的能力。软件可追踪性依赖于软件开发各个阶段文档和程序的完整性、一致性和可理解性。降低系统的复杂性会提高软件的可追踪性。软件在测试或维护过程中或程序在执行期间出现问题时，应记录程序事件或有关模块中的全部或部分指令现场，以便分析、追踪产生问题的因果关系。
- **可互操作性**（Interoperability）：多个软件元素相互通信并协同完成任务的能力。为了实现可互操作性，软件开发通常要遵循某种标准，支持折中标准的环境将为软件元素之间的可互操作提供便利。可互操作性在分布式计算环境下尤为重要。

1.2.3 软件工程原则

软件工程的原则是围绕工程设计、工程支持以及工程管理展开的，它们是软件开发过程中必须遵循的原则。软件工程有以下四项基本原则：

1）选取适宜的开发范型。该原则与系统设计有关。在系统设计中，软件需求、硬件需求以及其他因素之间是相互制约、相互影响的，经常需要权衡。因此，必须认识需求定义的易变性，采用适宜的开发范型予以控制，以保证软件产品满足用户的要求。

2）采用合适的设计方法。在软件设计中，通常要考虑软件的模块化、抽象与信息隐蔽、局部化、一致性以及适应性等特征。合适的设计方法有助于这些特征的实现，以达到软件工程的目标。

3）提供高质量的工程支持。“工欲善其事，必先利其器。”在软件工程中，软件工具与环境对软件过程的支持颇为重要，软件工程项目的质量与开销直接取决于对软件工程所提供的支撑质量和效用。

4）重视开发过程的管理。软件工程的管理，直接影响可用资源的有效利用、生产满足目标的软件产品、提高软件组织的生产能力等问题。因此，仅当软件过程得以有效管理时，才能实现有效的软件工程。

1.2.4 软件工程基本原理

自从1968年提出“软件工程”这一术语以来，研究软件工程的专家学者们陆续提出了100多条关于软件工程的准则或信条。

美国著名的软件工程专家 Barry Boehm 综合这些专家的意见，并总结了美国天合公司（TRW）多年的开发软件的经验，于1983年提出了软件工程的七条基本原理。Boehm 认为，这七条原理是确保软件产品质量和开发效率的最基本原理。它们是相互独立的、缺一不可的最小集合；同时，它们又是相当完备的。人们当然不能用数学方法严格证明它们是一个完备的集合，但是可以证明，在此之前已经提出的100多条软件工程准则都可以由这七条原理的任意组合蕴含或派生。软件工程的七条原理包括：

1）用分阶段的生存周期计划严格管理；

2）坚持进行阶段评审；

3）实行严格的产品控制；

4）采用现代程序设计技术；

5）结果应能清楚地审查；

6）开发小组的人员应该少而精；

7）承认不断改进软件工程实践的必要性。

1.3 软件生存周期

软件生存周期（Software Life Cycle，SLC）是软件的产生直到报废的生存周期，周期内包括问题定义、可行性分析、总体描述、系统设计、编码、调试和测试、验收与运行、维护升级到废弃等阶段，这种按时间划分的思想方法是软件工程中的一种原则，即按部就班、逐步推进，每个阶段都要有定义、工作、审查、形成文档以供交流或备查，从而提高软件的质量。但随着新的面向对象设计方法和技术的成熟，软件生存周期设计方法的指导意义正在逐步减少。

把整个软件生存周期划分为若干阶段，使得每个阶段有明确的任务，使规模大、结构和管理复杂的软件开发变得容易控制和管理。通常，软件生存周期包括可行性分析与开发计划、需求分析、设计（概要设计和详细设计）、编码、测试、维护等活动，可以将这些活动以适当的方式分配到不同的阶段去完成。本节将逐一介绍各阶段的工作目标及工作内容。

1.3.1 问题定义阶段

该阶段是由需求方提出初步的需求，并在软件开发人员的帮助下，明确并完善第一版本的需求，内容主要是确定软件的开发目标及其可行性。这一阶段主要存在的问题有两个方面：一是需求方往往无法全面描述本身的业务需求，而开发人员却由于对业务领域本身不够熟悉，无法给需求方提供准确到位的帮助；二是随着对需求理解的加深，需求方对前一阶段完成的需求会进行多次频繁的修改，导致开发方的不满及进度的受阻。因此，对开发方来讲，本阶段的焦点就是如何有效地管理需求方的业务变更，以及在最短的时间内给需求方提供有价值的帮助。

例如，软件工程师要帮助某公司完成将低版本的教学管理系统替换为具有某项特殊需要的新版本教学管理系统。首先要进行工作规划，其内容包括：

1. 合理组合人员

软件工程实践经验表明，无论技术或工作性质是什么，项目工作的成败取决于项目团队的人员，包括人员对工作的胜任情况以及人员自身之间的交流情况。选择一批有类似教学管理系统开发经验的人员组成项目组，项目成功的概率就高于没有类似经验的项目组。

2. 明确项目目标

软件工程过程中，项目需求不可能只有一个版本，也就是说，任何项目都必须接受需求方对项目需求的变更。因此，明确项目目标的重要性，对于开发方而言是很必要的。项目目标的确定有利于工程管理过程中各目标内容的确定，比如成本、工期，或者人员的数量及其他安排。当目标发生变更时，项目组必须在第一时间完成对其他相应工作的变更，其中最重要一点就是成本的变更。因此本阶段的主要工作内容有两个方面：一是尽可能一步到位完成对需求方的需求确定；二是在需求变更的同时，让客户了解本次变更所带来的影响，包括成本的变化、工期的变化等。

以项目章程形式编写的协议至少应该包含以下事项并指派项目经理：

- 选择项目名称：为项目选择一个名称，例如，JX_MIS。
- 目标：项目目标是项目提供的主要业务驱动因素和选择该项目的原因。在此例中，目标是在低版本的教学系统中增加一项指定的功能。
- 范围：范围是将项目的目标进一步细分为成本、时间期限和项目将提供的主要可交付物类别。议定的范围可以最大限度地减少不必要的变更。
- 范围元素：它是将范围进一步细分为离散的可交付物——例如，教学管理系统中，有一项功能是完成对学生成绩（百分制）的各项分析，主要包括分数段分布、及格率及优秀率等。而新的系统要求能在此基础上完成对五分制成绩的分析，这就是需求发生了变更，或者是范围元素有了新的变化。值得在这里指出的是，工作的细分比这更进一步。当分解到最低级别时（例如，定义合并模型、测试和实现），你已构建了项目规划的框架（称为工作细分结构），此框架将用于管理任务、成本、资源和时间期限，以指导和管理项目。

3. 问题确定标准

项目章程和项目范围声明等实现前，必须清楚地说明项目的相关主体、什么、何时、何地、为什么、如何以及将花费多少成本等信息，以确保所有重要的各方都知道各自的职责、可交付物、时间期限等。例如：

- 主体：开发团队、教务处、变更管理和负责功能测试的学生；
- 什么：产生范围元素中定义的新的教学系统；
- 何时：2012 年 9 月 1 日投入使用；
- 何处：本次仅涉及教学机构（各二级学院、学生工作处、教务处、其他校内外机构）；
- 为什么：为了实现 JX_MIS。

1.3.2 需求分析

在确定软件开发可行的情况下，对软件需要实现的各个功能进行详细分析。需求分析阶段是一个很重要的阶段，这一阶段做得好，将为整个软件开发项目的成功打下良好的基础。“唯一不变的是变化本身”，同样需求也是在整个软件开发过程中不断变化和深入的，因此我们必须制定需求变更计划来应付这种变化，以保护整个项目的顺利进行。

项目需求分析是一个项目的开端，也是项目建设的基石。在以往建设失败的项目中，80% 是由于需求分析的不明确而造成的。因此一个项目成功的关键因素之一，就是对需求分析的把握程度。

需求分析的主要任务是：叙述软件开发的意图、应用目标、作用范围以及其他应向读者说明的有关软件开发的背景材料。解释被开发软件与其他有关软件之间的关系。如果本软件产品是一项独立的软件，而且全部内容自含，则说明这一点。如果所定义的产品是一个更大的系统的一个组成部分，则应说明本产品与该系统中的其他各组成部分之间的关系，为此可使用一张方框图来说明该系统的组成和本产品同其他各部分的联系和接口。需求分析的内容在本书第 3 章详细描述。需求分析不需要从细节处入手，而是应该先了解宏观的问题，再了解细节的问题。需求分析工作方法，应该定位在“三个阶段”（也称“三步法”）。

（1）第一阶段：“访谈式”（Visitation）

这一阶段是和具体用户方的领导层、业务层人员的访谈式沟通，主要目的是从宏观上把握用户具体需求的方向和趋势，了解现有的组织架构、业务流程、硬件环境、软件环境、现有的运行系统等具体情况和客观信息。这一阶段还要注意建立起良好的沟通渠道和方式，最好能针对具体的职能部门指定项目的接口人。

实现手段：访谈、调查表格。

输出成果：调查报告、业务流程报告。

(2) 第二阶段："诱导式"(Inducement)

这一阶段是在承建方已经了解了具体用户方的组织架构、业务流程、硬件环境、软件环境、现有的运行系统等具体和客观信息基础上，结合现有的硬件、软件实现方案，做出简单的用户流程页面，同时结合以往的项目经验对用户采用诱导式、启发式的调研方法和手段，和用户一起探讨业务流程设计的合理性、准确性、便易性、习惯性。用户可以操作简单的演示系统来感受一下整个业务流程的设计合理性、准确性等问题，并及时提出改进意见和方法。

实现手段：拜访（诱导）、原型演示。

输出成果：调研分析报告、原型反馈报告、业务流程报告。

(3) 第三阶段："确认式"(Affirms)

这一阶段是在上述两个阶段的成果基础上，进行具体流程细化、数据项确认等，这个阶段承建方必须提供原型系统和明确的业务流程报告、数据项表，并能清晰地向用户描述系统的业务流设计目标。用户方可以通过审查业务流程报告、数据项表以及操作承建方提供的演示系统来提出反馈意见，并对已经可接受的报告、文档签字确认。

实现手段：拜访（回顾、确认），提交业务流程报告、数据项表及原型演示系统。

输出成果：需求分析报告、数据项、业务流程报告、原型系统反馈意见（后三者可以统一归入需求分析报告中，提交用户方、监理方进行确认和存档）。

整体来讲，需求分析的三个阶段是需求调研中不可忽视的重要部分，三个阶段或者说三步法的实施和采用，对用户和承建方都同样提供了项目成功的保证。当然在系统建设的过程中，特别在采用迭代法开发模式时，需求分析的工作需要一直进行下去，而在后期的需求改进中，工作则基本集中在后两个阶段中。

1.3.3 软件设计

此阶段主要根据需求分析的结果对整个软件系统进行设计，如系统框架设计、数据库设计等。软件设计一般分为总体设计和详细设计。好的软件设计将为软件程序编写打下良好的基础，系统通过逐步求精使得设计陈述逐渐接近源代码。

软件设计有两个基本步骤：第一步是初步设计（Preliminary Design），关注于如何将需求转换成数据和软件框架；第二步是详细设计（Detail Design），关注于将框架逐步求精细化为具体的数据结构和软件的算法表达。

软件设计工作应遵循以下指导方针：

1）设计应该展现层次结构，使得软件各部分之间的控制更明智；

2）设计应当模块化，也就是说，软件应在逻辑上分割为实现特定的功能和子功能的部分；

3）设计应当由清晰且可分离的数据和过程表达来构成；

4）设计应当能使模块展现出独立的功能特性；

5）设计应使得界面能降低模块之间及其与外部环境的连接复杂性；

6）设计应源自软件需求分析期间获得的信息所定制的可重复方法的使用。

在设计过程中综合运用基础设计原理、系统方法论以及进行彻底的评审有助于良好的设计。软件设计方法每天都在进化，良好的设计应具有以下四种特征：

1）将信息领域的表达转换为软件设计的表达的机制；

2）表示功能组件及其界面的符号；

3）逐步求精和分割的试探；

4）质量评估的指导方针。

开发软件的时候，不管采用何种设计方法，都必须能够熟练运用一套关于数据、算法和程序设计的基本原理。软件设计的有关内容在本书第4~6章具体描述。

1.3.4 程序编码

此阶段是将软件设计的结果转换成计算机可运行的程序代码。在程序编码中必须要制定统一、符合标准的编写规范，以保证程序的可读性、易维护性，提高程序的运行效率。

软件实现是软件产品由概念到实体的一个关键过程，它将详细设计的结果翻译成用某种程序设计语言编写的、最终可以运行的程序代码，如使用Java或C#等编程语言。虽然软件的质量取决于软件设计，但是规范的程序设计风格将会对后期的软件维护带来不可忽视的影响。

有人认为："软件编码是将软件设计模型机械地转换成源程序代码，是一种低水平的、缺乏创造性的工作。"这种观点显然是错误的，软件编码是设计的继续，它将影响软件质量和可维护性。

正确的观点是："软件编码是一个复杂而迭代的过程，它由设计模型和项目基础设施（诸如所选择的开发工具、标准、准则和过程）所驱动，最终产生集成应用程序，并经得起最终测试。"关于软件实现的内容在本书第7章详细描述。

1.3.5 软件测试

软件设计完成后要经过严密的测试，以便发现存在的问题并加以纠正。整个测试过程分单元测试、组装测试以及系统测试三个阶段进行。测试的方法主要有白盒测试和黑盒测试两种。在测试过程中需要建立详细的测试计划，并严格按照测试计划进行测试，减少测试的随意性。软件测试对于系统的正常运行有着非常重要的意义，关于测试的详细介绍将在第8章给出。

1.3.6 运行维护

软件维护是软件生存周期中持续时间最长的阶段。在软件开发完成并投入使用后，由于多方面的原因，软件不能继续适应用户的要求，要延续软件的使用寿命，就必须对软件进行维护。软件维护包括纠错性维护和改进性维护两个方面。

从概念提出的那一刻开始，软件产品就进入了软件生存周期。在经历需求、分析、设计、实现、部署后，软件将被使用并进入维护阶段，直到最后由于缺少维护费用而逐渐消亡。这样的一个过程，称为"生存周期模型"。

1.4 软件过程

软件工程技术中的"软件过程"及"软件过程工程"概念及其基本结构，是软件工程发展到一定阶段，传统的软件工程难以解决愈发复杂的软件开发问题时提出的新的解决办法，它使软件工程环境进入了过程驱动的时代。

我们知道，"软件工程"技术的形成和发展的基本原动力就是提高软件的质量和软件开发的生产效率，这也是软件开发活动中所一直追求的两个主要目标。长期以来，软件工程学所研究的内容就是围绕着这两个目标的。为了达到这样的目标，软件人员很自然地将注意力集中到软件开发过程中所使用的方法、技术、工具和环境等问题上。这种以探究软件开发过程的方法、机制等内容为基础的思维方式，便是原始的"过程观"，也是"软件过程"概念的基本雏形。

从20世纪70年代初开始，各种软件开发模型相继提出，如瀑布模型、演化模型和螺旋模型等。这些软件开发模型的提出，为最初形成原始的“过程观”注入了具体的内容，即开发人员注重于需求分析、概要设计、详细设计、编码、质量保证、配置管理、维护等若干个活动步骤。这种思维方式和以这种思维方式为基础的软件开发活动，把软件的开发纳入了工程化的轨道。软件工程的这些研究所带来的结果是令人欣慰的：大量有效的方法与工具被开发出来，软件质量得到了改善，软件开发与维护的费用大为减少，用户的满意率提高，等等。“软件过程”概念就是在这样的形势下被提出和发展起来的。

1.4.1 软件过程的概念

1984年10月召开的第一届国际软件过程讨论会，正式提出了“软件过程”的概念并赋予明确定义：软件过程（Software Process）是在软件生存周期中所实施的一系列活动（Activity）的集合，且每个活动可由一些任务（Task）组成。

这是“软件工程”发展史上重要的一个里程碑，它标志着软件界已经认识到软件过程因素对软件开发的重要影响。软件工程概念的提出，促使人们把注意力从过去对抽象的软件生存周期模型的研究中抽取出来，转向那些对软件项目成功起着关键作用的过程细节的研究，软件开发由过去实验室研究转换为跟其他工程管理一样，从虚拟的抽象解释转换为实践活动，同时标志着“软件过程”时代的到来。

进入20世纪90年代以来，对“软件过程工程”技术研究的步伐日益加快，“过程建模”、“过程实施”、“过程度量”、“过程改进”以及其他的诸多相关内容，纷纷纳入“软件过程工程”技术重点研究的范围，这些研究成果的推广应用，有效地推动了软件开发的高速发展。

软件过程也称为软件生存周期过程或软件过程组，是指软件生存周期中的一系列相关过程。活动的执行可以是顺序的、迭代的（重复的）、并行的、嵌套的或者是有条件地引发的，项目管理的各项工作也完全与之相对应。

扩展后的软件过程概念所涵盖的范围，已不再仅限于传统意义上的软件开发及管理问题，它从合同、工程、运作、管理等角度对软件生存周期中所涉及的各种过程、活动进行了探讨。根据IEEE对软件过程概念的解释，软件过程涵盖了软件采购、软件开发、软件维护、软件运作、软件获取、软件管理、软件支持等七大类软件活动；而ISO 12207则分别将这七大类活动划归到基本过程、支持过程和组织过程三大类中。不论软件过程的概念如何解释、如何划分，软件过程应当包含以下3个含义：

- 个体含义：指软件或系统在生存周期中某一类活动的集合，如获取过程、供应过程、开发过程、管理过程等。
- 整体含义：指软件或系统在所有上述含义下软件过程的总体。
- 工程含义：指解决软件过程的工程，它应用软件工程的原则、方法来构造软件过程模型，并结合软件的具体要求进行细化，以及在用户环境中运作，以此进一步提高软件开发率、降低成本。

在上述3个含义中，软件过程的工程含义还可以从如下几个方面去理解：

1）软件过程不仅考虑工程视角，同时也考虑合同视角（包括系统视角和用户视角）。任何软件的开发必然涉及供需双方，从合同视角考虑相关的活动有利于对双方进行管理与约束；同时，由于软件复用技术已经较为成熟，对已有构件或子系统的复用，在某种程度上更好地解决了需求中存在的变数问题。当然，不管是重新开发的构件还是已有构件的复用，相关约束都必须体现在合同管理中。

2）软件过程包含管理视角。提高生产率和软件质量这两个目标能否实现，其关键还在于管理和支持能力。关于管理与被管理、管理与支持等命题已出现越来越多的研究结果，它贯穿于软件生存周期，又同软件开发相对独立。为此，软件过程应当涉及管理过程和支持过程。

3）软件过程应包含运作视角。由于区分了软件开发环境和业务运作环境，并且系统或软件也不一定全部自行开发，可以从获取过程得到所需的部分软件并投入使用，因而需要考虑与软件运作相关的问题，运作过程便从工程过程中独立出来，形成相对独立的过程。

4）不同角色由于其视角不同，所参与的软件过程亦不相同。如管理者从其管理角度参与的是管理过程；用户和操作人员从其运作角度参与的是运作过程；开发人员和维护人员从其工程角度参与的是开发过程和维护过程；获取者（如设备、系统软件采购人员）或供应者（如软件销售人员）从其合同角度参与的是获取过程或供应过程；介入支持活动的人员（如培训工程师、设备管理员等）按他们支持的目标负责支持过程的某些工作。软件过程研究的对象因而扩展到从事软件活动的各类人员上。

1.4.2 软件过程基本活动

软件过程活动主要由软件工程人员完成。所有的软件过程都包含四项基本活动，它们是软件描述、软件开发、软件有效性验证和软件进化。

1. 软件描述

必须定义软件功能及其使用限制。这个过程主要的工作内容是对软件应该满足的功能（即软件需求）及用户对软件在非功能方面的需求进行描述。软件需求包括三个不同的层次——业务需求、用户需求和功能需求，当然还包括非功能需求。业务需求说明了提供给客户和产品开发商的新系统的基本功能，反映了组织机构或客户对系统、产品的高层次目标要求，它们在项目视图与范围文档中予以说明；用户需求描述了用户使用产品必须要完成的任务，这在用例文档或方案脚本说明中予以说明；功能需求定义了开发人员必须实现的软件功能，使得用户能完成他们的任务，从而满足了业务需求。

2. 软件开发

必须制作满足描述的软件。软件开发（Software Development）是指软件产品的生产过程，这个过程也包括生产之前的设计工作。不同类型的软件产品，其开发过程也不尽相同。例如，软件产品研发项目和软件产品开发项目，其开发过程就有不同的特点。但是，软件开发的一些基本活动都是必不可少的。研究软件开发的主要活动就是研究软件开发过程中一些必需的基本活动。本书第 4 ~ 7 章以一个实例对软件开发的过程进行了详细描述。

3. 软件有效性验证

软件必须经过验证以保证能够满足客户的要求。这应该与前面需求的获取工作对应，即分析阶段中对客户提出功能需求、非功能需求，在经历了设计与开发的工作之后，对产品进行一个确认和有效性验证。本书第 8 章对软件的有效性验证及软件测试等内容有详细描述。

4. 软件进化

软件必须随客户需求的变化不断改进。

1.4.3 软件过程标准

软件过程概念提出不久，国际标准化组织纷纷开始将软件过程概念纳入有关的软件开发标准之中。1991 年 9 月，IEEE 标准化委员会制定“软件生存周期过程开展标准”；1994 年，ISO/IEC 制定“软件生存周期过程”标准草案，而我国则根据该草案于 1995 年颁布 GB/T

8566—1995《信息技术软件生存周期过程》国家标准；1995年8月1日，ISO/IEC经过多次讨论和修改后，正式发布了ISO/IEC 12207第1版“信息技术软件生存周期过程”国际标准。

ISO/IEC 12207国际标准集各种相关标准的优点于一体，把软件生存周期的各个过程分成三类，即主要生存周期过程、支持生存周期过程和组织的生存周期过程，软件人员可以根据具体的项目进行剪裁。

1. 主要生存周期过程

主要生存周期过程包括5个，供各当事方在软件生存周期中使用。相关的当事方有软件的需方、供方、开发者、操作者和维护者。

1）获取过程：确定需方和组织从供方获取系统、软件或软件服务的活动。

2）供应过程：确定供方和组织向需方提供系统、软件或软件服务的活动。

3）开发过程：确定开发者和组织定义并开发软件的活动。

4）操作过程：确定操作者和组织在规定的环境中为其用户提供运行计算机系统服务的活动。

5）维护过程：确定维护者和组织提供维护软件服务的活动。

2. 支持生存周期过程

支持生存周期过程包括8个，其目的是支持其他过程或作为其组成部分，它们有助于软件项目的成功和质量的提高。

1）文档编制过程：确定记录生存周期过程中产生的信息所需的活动。

2）配置管理过程：确定配置管理活动。

3）质量保证过程：确定客观地保证软件和过程符合规定的要求以及已建立的计划所需的活动。

4）验证过程：根据软件项目要求，按不同深度确定验证软件所需的活动。

5）确认过程：确定确认软件所需的活动。

6）联合评审过程：确定评价一项活动的状态和产品所需的活动。

7）审核过程：确定判断符合要求、计划和合同所需的活动。

8）问题解决过程：确定一个用于分析和解决问题的过程（包括不合格）。

3. 组织的生存周期过程

组织的生存周期过程包括4个，它们被一个软件组织用来建立和实现构成相关生存周期的基础结构和人事制度，并不断改进这种结构和过程。

1）管理过程：确定生存周期过程中的基本管理活动。

2）建立过程：确定建立生存周期过程基础结构的基本活动。

3）改进过程：确定一个组织为建立、测量、控制和改进其生存周期过程所需开展的基本活动。

4）培训过程：确定提供经适当培训的人员所需的活动。

1.4.4 软件过程周期

软件过程周期，也称为软件过程生存周期或软件过程生命周期，它是指一个软件过程从孕育、诞生、成长、衰老的全部历程。

软件过程在其生存周期中的发展，完全符合事物发展的必然规律，从孕育、诞生到成长这一时期可以称为生长期，而其余时期可称为衰退期。任何一个软件过程的由来，都是针对某类软件项目为实现提高软件质量和降低软件开发成本这两个目标。围绕着这两个目标，该软件过程不断发展并在实际运用中不断改进，逐渐地，该软件过程被那些能更好地实现这两个目标的新的软件过程所取代，最后该软件过程被完全弃用，或者，该软件项目结束，软件不再开发，那么该软件过程也不再被执行。

人们对事物的认识规律相类似，软件过程在其生存周期中的发展亦表现为一种螺旋上升的循环方式。一个完整的软件过程周期包含一个或多个循环过程，每一个循环过程均包含四个典型阶段（又称过程阶段），即规划、设计、建造和使用。

1.5 软件过程模型

软件过程模型是跨越整个软件生存周期的系统开发、运作、维护和实施的全部工作和任务的结构框架。

软件过程模型是从某一特定角度提出的软件过程的简化描述，其本质在于简单化，它是对描述的实际过程的抽象，包括构成软件过程的各种活动、软件产品以及软件工程参与人员的不同角色。软件过程模型实际上是一种开发策略，这种策略针对软件工程的各个阶段提供了一套范型，使工程的进展达到预期的目的。对一个软件的开发，无论其大小，我们都需要选择一个合适的软件过程模型，这种选择基于项目和应用的性质、采用的方法、需要的控制，以及要交付的产品的特点。模型选择错误，将导致迷失开发方向。

从宏观上来看，所有的软件开发过程都可以看成是一个循环解决问题的过程，如图 1-1 所示。问题提出后，通过合适的技术开发，得到一个相对完整的方案，并得到问题的状态描述，然后重新在此基础上对问题有新的认识，并做二次或多次的描述，从而形成一个循环。

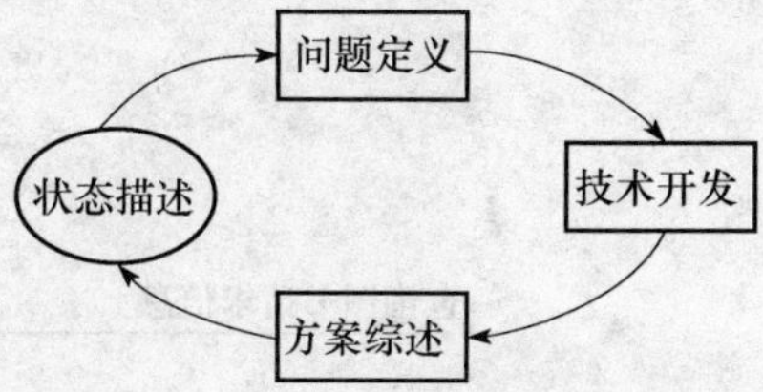

问题定义
技术开发
方案综述
状态描述

图 1-1 问题循环解决的各个阶段

下面介绍几种较常见的软件过程模型。

1. 工作流模型

该模型描述软件过程中各种活动的序列及其输入、输出和相互依赖性，其中的活动皆为人的活动。如描述一个办公自动化系统中公文流转的过程，就是典型的一种工作流的方式，如图 1-2 所示。

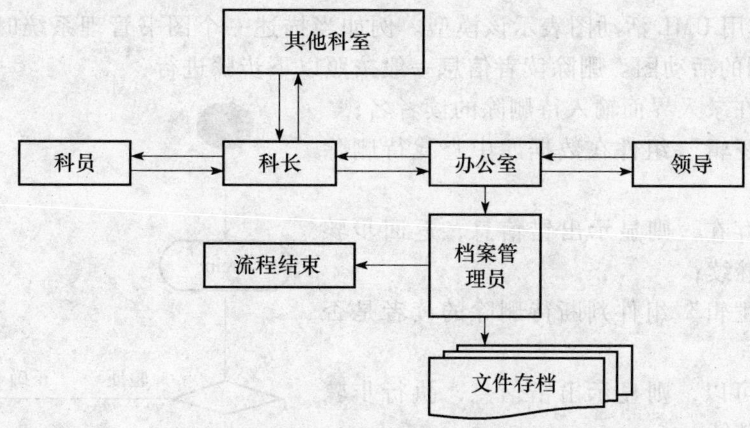

图 1-2 办公自动化系统公文流转流程

在工作流建模中，需要参考组织/角色模型来获得有关组织结构和组织内角色的信息。过程定义指定完成某项活动的组织实体或角色，而不是定义具体人员。工作流执行服务负责在工作流运行环境内将组织实体或角色映射为特定的人员。工作流建模工具主要用于分析、建模、描述并记录经营过程。

2. 数据流模型

数据流模型也叫活动模型，该模型把软件过程描述成一组活动，其中每个活动完成一定的数据转换，这个转换可以由人完成，也可以由计算机完成。它同时也说明了过程输入、输出的相互依赖性。该模型的层次比工作流模型的层次要低。

数据流模型的表示：首先画出系统的输入输出，即先画顶层数据流图。顶层流图只包含一个加工，用以表示被开发的系统，然后考虑该系统有哪些输入数据、输出数据。顶层图的作用在于表明被开发系统的范围以及它和周围环境的数据交换关系。接着对系统内部进行描述，即画下层数据流图。不再分解的加工称为基本加工。一般将层号从0开始编号，采用自顶向下、由外向内的原则。画0层数据流图时，分解顶层流图的系统为若干子系统，决定每个子系统间的数据接口和活动关系。如在一个图书管理系统中，经常会对读者信息及图书信息进行处理，那么可以用这样一个数据流模型来表示这个过程，如图1-3所示。

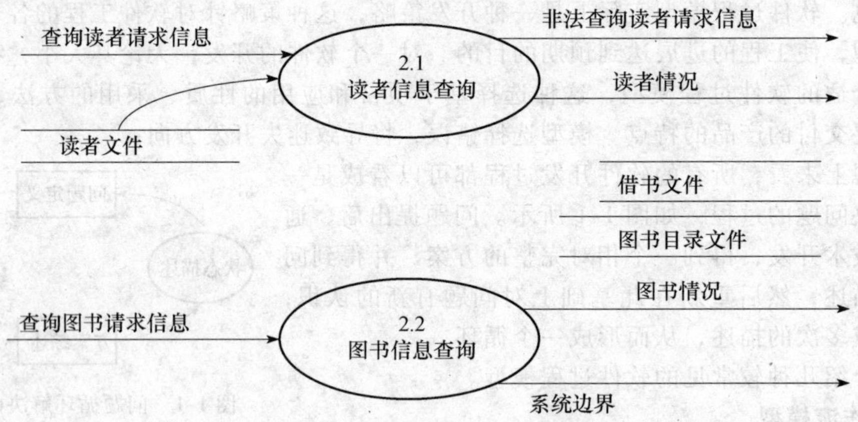

图1-3 读者信息查询和图书信息查询数据流图

3. 角色模型

角色模型也叫动作模型，该模型描述了参与软件过程人员的不同角色和他们各自负责的活动，例如可以用UML活动图表示该模型。例如当描述一个图书管理系统时，绘制“删除读者信息”用例的活动图。删除读者信息一般按照以下步骤进行：

1）管理员在录入界面输入待删除的读者名；

2）“业务逻辑”组件在数据库中查找待删除的读者名；

3）如果不存在，则显示出错信息，返回步骤1，如果存在则继续；

4）“业务逻辑”组件判断待删除的读者是否可以删除；

5）如果不可以，则显示出错信息，执行步骤8，如果可以则继续；

6）在数据库中删除相关信息；

7）显示删除成功信息；

8）结束。

管理员角色在删除读者信息时的活动模型可以用图1-4来表示。

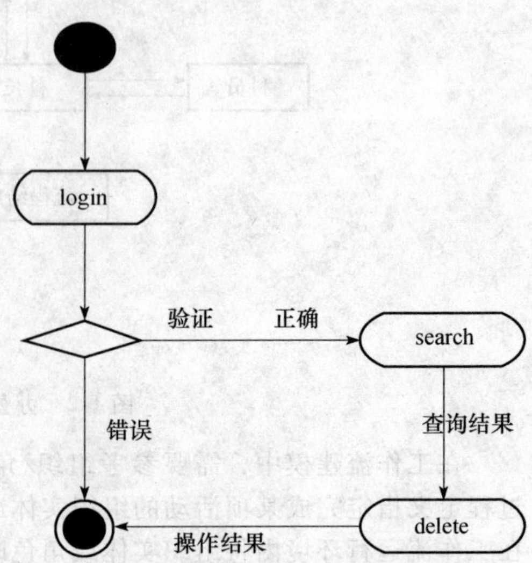

图1-4 管理员删除读者信息

1.5.1 瀑布模型

瀑布模型（Waterfall Model）从发展过程来看，可能分为传统的瀑布模型（如图 1-5 所示）和理想的瀑布模型，瀑布模型软件开发具有以下特点：

1）阶段间的顺序性和依赖性。顺序性是指只有前一阶段的工作完成以后，后一阶段的工作才能开始；前一阶段的输出文档，就是后一阶段的输入文档。依赖性则表明了，只有前一阶段有正确的输出时，后一阶段才可能有正确的结果。

2）推迟实现的观点。过早地考虑程序的实现，常常导致大量返工，有时甚至给开发人员带来灾难性的后果。瀑布模型在编码以前安排了分析阶段和设计阶段，并且这两个阶段都只考虑目标系统的逻辑模型，不涉及软件的物理实现。把逻辑设计与物理设计清楚地划分开来，尽可能推迟程序的物理实现，这是瀑布模型软件开发的一条重要的指导思想。

3）质量保证的观点。为了保证质量，瀑布模型软件开发在各个阶段坚持了两个重要的做法：第一，每一阶段都要完成规定的文档。没有完成文档，就认为没有完成该阶段的任务；第二，每一阶段都要对完成的文档进行复审，以便尽早发现问题，消除隐患。

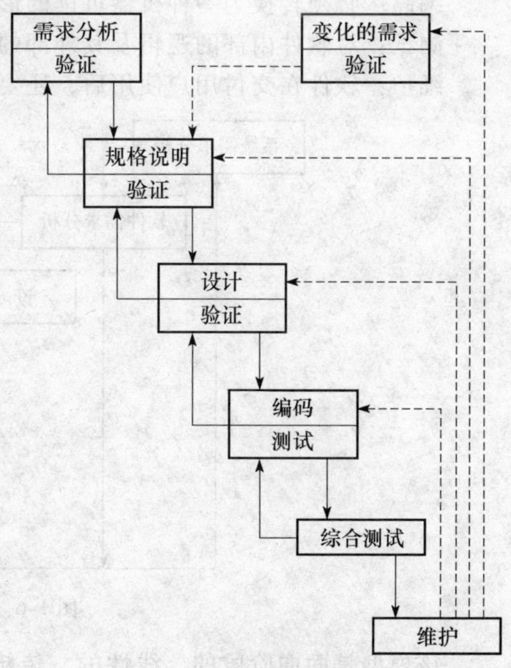

图 1-5 传统的瀑布模型

它提供了一个模板，使得分析、设计、编码、测试与维护工作可以在该模板的指导下有序地展开，避免了软件开发、维护过程中的随意状态。

对于需求确定、变更相对较少的项目，瀑布模型这种线性顺序模型仍然是一种可以考虑采取的过程模型。采用这种模型，曾经成功地进行过许多大型软件工程的开发。

但是，传统的瀑布模型存在以下不足：

1）不适应需求经常发生变更的环境。在项目开发过程中，变更可能会引起混乱。所以，有人形象地把采用瀑布模型这类线性模型进行商业软件开发称之为“在沙滩上盖楼房”。

2）瀑布模型也经常不能接受项目开始阶段自然存在的不确定性。在采用线性顺序模型的时候，用户只有到项目开发晚期才能够得到程序的可运行版本，大的错误如果到这时才被发现，那么造成的后果往往是灾难性的。

3）瀑布模型每一步的工作都必须以前一阶段的输出为输入，这种特征会导致工作中发生“阻塞”状态。

在软件工程过程中，为了解决上述存在的问题，对传统的瀑布模型进行了改造，形成了理想的瀑布模型，如图 1-6 所示。理想的瀑布模型要求后一阶段的工作对前一阶段的工作进行反馈，形成了部分工作的迭代，该模型的各阶段描述如下。

系统需求分析：必须从建立整个系统的所有元素需求工作开始，然后才能确定一些软件子系统的需求。

软件需求分析：为了弄清所编写程序的性质，软件人员必须了解软件的信息域及所要求的功能、性能和接口。

设计：关键在于四种不同程序属性的确定，即数据结构、软件体系结构、过程细节以及接口性质。

编码：必须转换为一种机器可读的形式。

测试：对软件内部的逻辑及其外部的功能进行测试。

维护：软件在交付用户使用后，还要对它进行不断的修改。

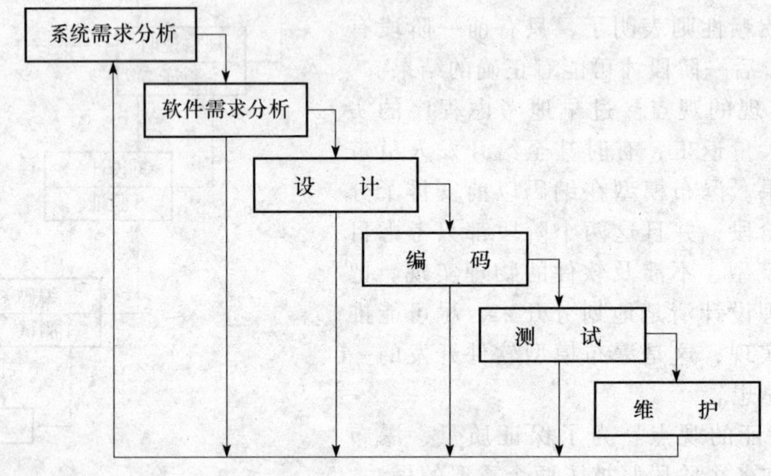

图 1-6 理想的瀑布模型图

该模型是面向阶段的、线性的、传统的开发策略，这种模式在硬件生产中工作得非常好，但对软件开发的适应性变得越来越有争议。

使用瀑布模型的最大优点在于建立一个完整的、简明的、一致的规格说明书，该规格说明书产生于设计与实现阶段之前。而实际上，大多数的规格说明书在设计和实现之前产生，都很难达到完整、简明和一致。

1.5.2 增量模型

增量模型又称渐增模型或有计划的产品改进模型，从一组给定的需求开始，通过构造一系列可执行中间版本来实施开发活动，如图 1-7 所示。

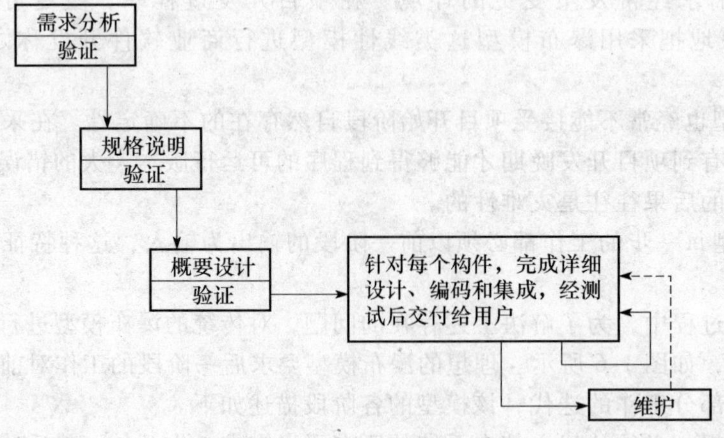

图 1-7 简单的增量模型

由于传统的瀑布模型本身存在的不足，在开发过程中不论怎样严格，终究难以接近理想目标，所以需要考虑能否将整个软件一部分一部分地开发。

在需求难以完全明确的情况下，快速分析并构造一个小的原型系统，满足用户的某些要求后，使用户在使用过程中受其启发后再逐步确定各种需求，这就是增量模型。增量模型融合了线性顺序模型的基本成分（重复地应用这些成分）和原型模型的迭代特征，如图1-8所示。增量模型实际上是一个随着时间的进展而交错进行的线性序列集合。每一个线性序列产生一个软件的可发布“增量”，所有的增量都能够结合到原型模型中去。

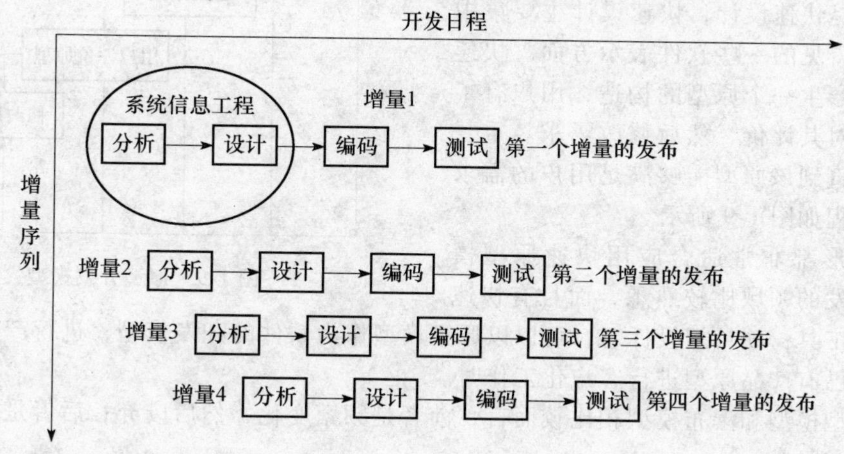

图1-8 实际的增量模型

增量模型有如下特点：

1）第1个增量模型往往是核心部分的产品，它实现了软件的基本需求，但很多已经明确或者尚不明确的补充特性还没有发布。

2）核心产品交由用户使用或进行详细复审。使用或复审评估的结果用于制定下一个增量开发计划，在前面增量的基础上开发后面的增量。

3）每个增量的开发可用瀑布或快速原型模型。

4）和原型模型不一样的是，增量模型虽然也具有“迭代”特征，但是每一个增量都发布一个可操作的产品，不妨称之为“产品扩充迭代”。它的早期产品是最终产品的可拆卸版本，每一个版本都能够提供给用户实际使用。

增量模型是一种十分有用的模型，在克服瀑布模型缺点、减少由于软件需求不明确而给开发工作带来风险方面有显著的效果，而且在缩短产品提交时间上也能起到良好的作用。但是，值得提醒大家的是：在开发软件的过程中，用户往往有“一步到位”的思想，因而采用增量模型开发软件必须取得用户的全面理解与支持，否则是难以成功的。

1.5.3 进化式开发模型

1. 原型开发模型

快速原型开发（Rapid Prototyping）指在项目早期尽快地生产一个便宜、简化的系统原型版本。这个原型就是用户和开发人员用于学习的一种设备，它能为构造系统的规格说明提供必不可少的反馈信息。

原型开发可能采取的三种形式如下：

- 一种纸面的原型或基于PC机的原型，它描绘了人机对话的形式，使用户据此能够了解对话如何进行。
- 一种可运行的原型，它可以实现开发软件所要求功能的一个子集。

- 一种现有程序，它能够完成部分或全部所期望的功能。但还应有其他一些特性，即它能够在此基础上形成所需的新系统。

像所有软件开发方法一样，原型开发从了解需求开始，开发人员和用户一起来定义软件所有的目标，确定哪些需求已经清楚，哪些还需要进一步定义，这些总的要求必须遵循；接着是快速设计，快速设计主要集中在用户能看得见的一些软件表示方面。快速设计就可以产生一个原型的构造，用户有了原型就可以对其评价，然后修改需求。重复上述各步，直到该原型能够满足用户的需求为止，该过程如图 1-9 所示。

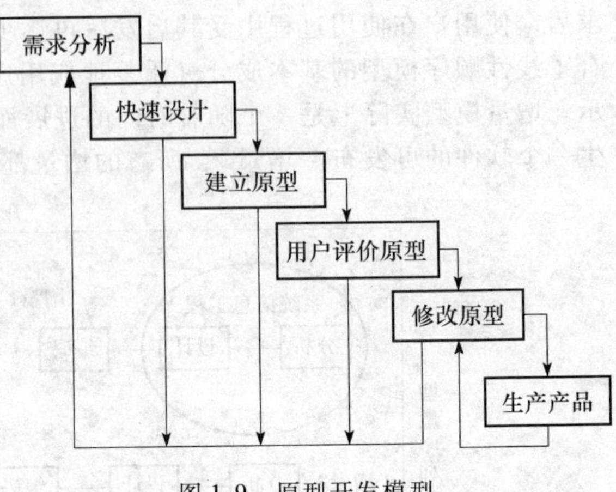

图 1-9 原型开发模型

以下情形都非常适合应用快速原型模型：对所开发的领域比较熟悉，而且有快速的原型开发工具；项目招投标时，可以以原型模型作为软件的开发模型；进行产品移植或升级时，或对已有产品原型进行客户化工作时。

快速原型模型和瀑布模型相比较而言，前者是频繁变化，然后废弃；后者是试图一次就获得正确的产品。

原型开发模型也有其不足：

1）用户看到的是一个可运行的软件版本，但不知道这个原型是临时搭起来的，也不知道开发人员为了使其尽快运行还没有考虑软件整体质量或今后的可维护性问题。

2）为了使原型尽快投入运行，开发人员经常采用一些折中的解决方法。如使用一些不适当的操作系统或编程语言，仅仅因为他们对此比较熟悉或容易得到；采用一些效率不高的算法，仅仅为了证明方法是可行的。

2. 螺旋模型

1988 年，Barry Boehm 正式发表了软件系统开发的“螺旋模型”（Spiral Model），它将瀑布模型和快速原型模型结合起来，强调了其他模型所忽视的风险分析（Risk Analysis）。该模型通常用来指导大型软件项目的开发，它将开发划分为制定计划、风险分析、实施开发和用户评估四类活动。

该模型每个阶段之前确定目标，包括可供选择的办法及其限制条件和风险分析；每个阶段之后评估和计划下一阶段，具体如图 1-10和图 1-11 所示。

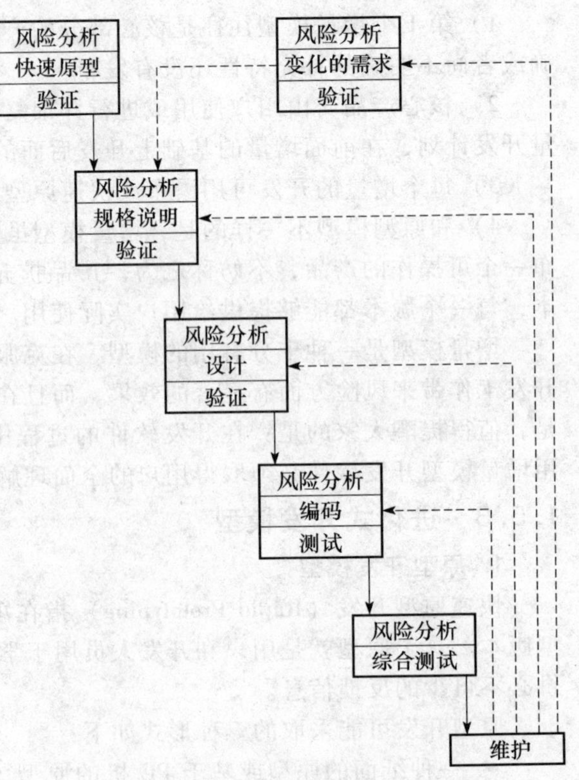

图 1-10 简化的螺旋模型

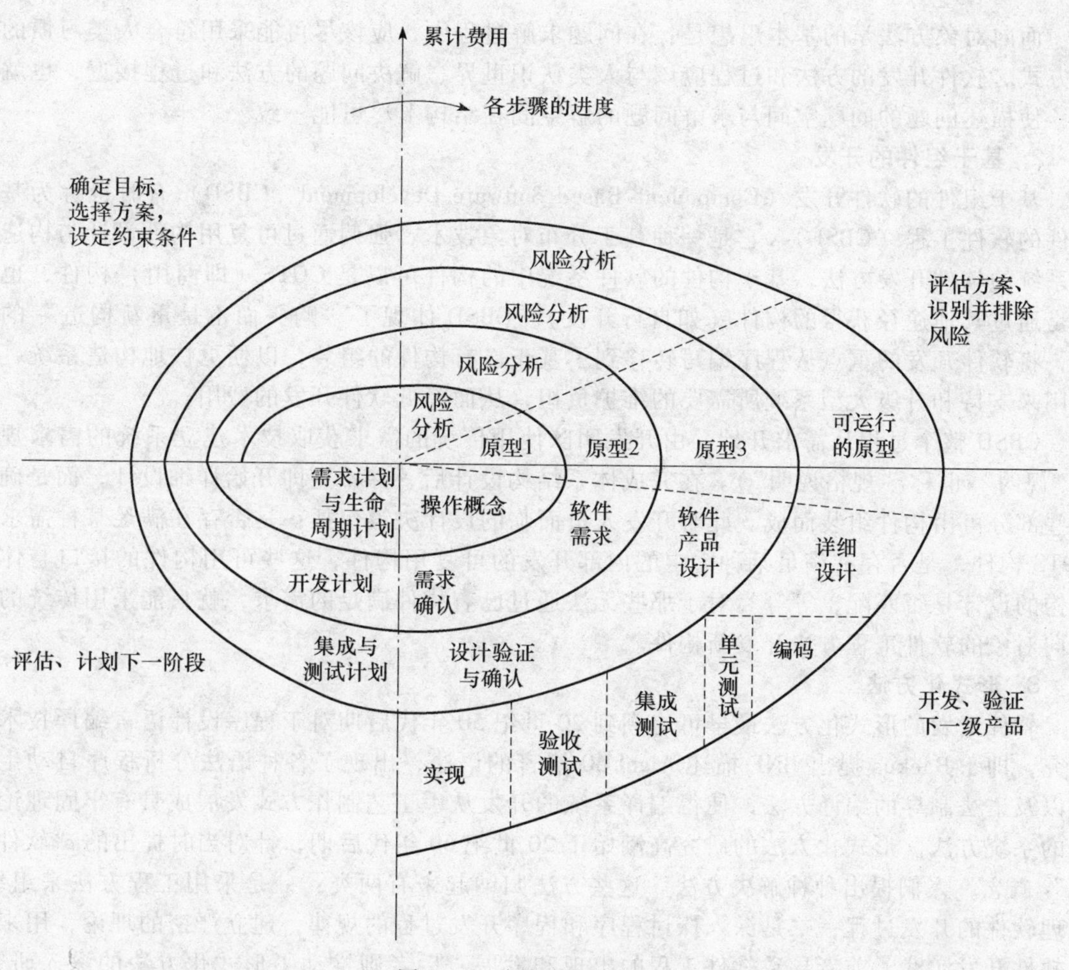

图 1-11　完整的螺旋模型

图 1-11 中四个象限表示了定义的四个主要活动：

1）制定计划：包括目标、可选方案和约束的确定。

2）风险分析：包括可选方案的分析，以及风险的确定和解决。

3）实施开发：开发、验证下一级产品。

4）用户评估：评估、计划下一阶段。

该模型具有以下优点：

1）产品演化的任何阶段都可以采用原型开发方法；

2）保留了传统生存周期逐步求精和细化的方法。

该模型的缺陷是：很难让用户确信这种演化方法是可以控制的，它要求采用专门的风险评价技术，这些专门技术决定了项目的成功与否。

1.5.4 特殊的过程模型

1. 面向对象生存周期模型

用面向对象的观点考虑问题，即注意力瞄准更小的物体——应用中产生的实体或对象，而不是盯着全局性的功能。每个对象都包含一些小的功能和少量数据。

面向对象的方法学可以概括为：

面向对象的方法 = 对象 + 类 + 继承 + 消息通信

面向对象方法学的基本思想是：在问题求解过程中，应该尽可能采用符合人类习惯的思维方式。软件开发的方法和过程应该与人类认识世界、解决问题的方法和过程接近，也就是说，使描述问题的问题空间与求解问题的解空间在结构上尽可能一致。

2. 基于组件的开发

基于组件的软件开发（Component-Based Software Development，CBSD）有时也称为基于构件的软件工程（CBSE），它是一种基于分布对象技术、强调通过可复用构件设计与构造软件系统的软件开发方法。基于构件的软件系统中的构件可以是COTS（即商用）构件，也可以是通过其他途径获得的构件（如自行开发）。CBSD体现了“购买而不是重新构造”的哲学，将软件开发的重点从程序编写转移到了基于已有构件的组装，以便更快地构造系统，减轻用来支持和升级大型系统所需要的维护负担，从而降低软件开发的费用。

CBSD整个过程从需求开始，由开发团队使用传统的需求获取技术建立系统的需求规约（“规约”也称“规格说明”）。在完成体系结构设计后，并不立即开始详细设计，而是确定哪些部分可由构件组装而成。此时开发人员面临的设计决策包括：是否存在满足某种需求的COTS构件，是否存在满足某种需求的内部开发的可复用构件，这些可用构件的接口与体系结构的设计是否匹配，等等。对于那些无法通过已有构件满足的需求，就只能采用传统的或面向对象的软件工程方法开发新构件。

3. 形式化方法

软件开发的形式化方法最早可追溯到20世纪50年代后期对于程序设计语言编译技术的研究，即J. Backus提出BNF描述Algol 60语言的语法，出现了各种语法分析程序自动生成器以及语法制导的编译方法，使得编译系统的开发从手工艺制作方式发展成具有牢固理论基础的系统方法。形式化方法的研究高潮始于20世纪60年代后期，针对当时提出的“软件危机”概念，人们提出种种解决方法。这些方法归纳起来有两类：一是采用工程方法来组织、管理软件的开发过程；二是深入探讨程序和程序开发过程的规律，建立严密的理论，用来指导软件开发实践。前者导致软件工程的出现和发展，后者则推动了形式化方法的深入研究。形式化方法的发展趋势逐渐融入软件开发过程的各个阶段，从需求分析、功能描述（规约）、体系结构/算法设计、编程、测试直至维护。

形式化方法的一个重要研究内容是形式规约（Formal Specification，也称形式规范或形式化描述），它是对程序“做什么”（What to do）的数学描述，是用具有精确语义的形式语言书写的程序功能描述，是设计和编制程序的出发点，也是验证程序是否正确的依据。对形式规约通常要讨论其一致性（自身无矛盾）和完备性（是否完全、无遗漏地刻画所要描述的对象）等性质。形式规约的方法主要可分为两类：一类是面向模型的方法，也称为系统建模，该方法通过构造系统的计算模型来刻画系统的不同行为特征；另一类是面向性质的方法，也称为性质描述，该方法通过定义系统必须满足的一些性质来描述一个系统。

1.5.5 统一过程模型

统一过程模型是一种“用例驱动，以体系结构为核心，迭代及增量”的软件过程框架，由UML方法和工具支持。统一过程定义了五个阶段：

1）起始阶段：包括用户沟通和计划活动两个方面，强调定义和细化用例，并将其作为主要模型。

2）细化阶段：包括用户沟通和建模活动，重点是创建分析和设计模型，强调类的定义和体系结构的表示。

3）构建阶段：细化设计模型，并将设计模型转化为软件构建实现。

4）转化阶段：将软件从开发人员传递给最终用户，并由用户完成 beta 测试和验收测试。

5）生产阶段：持续地监控软件的运作，并提供技术支持。

1.6 软件工程方法

软件工程方法是软件工程学科的核心内容，从 20 世纪 60 年代末以来，出现了许多软件工程方法，其中最具影响的是结构化方法、JSD 方法和面向对象方法。本节从对开发过程的覆盖程度、对问题领域和需求反映的全面和直接程度、方法描述的一致性和完整性、对系统变化的适应和支持能力、对软件复用的支持能力等方面，对这三种方法进行比较分析，以揭示三种方法的内在规律以及它们之间的差异。

所有方法都基于同样的思路：开发能够用图形表示的系统模型，并用这些模型来描述或设计系统。这些方法还包括许多不同的组件，如表 1-2 所示。

表 1-2 方法组件

组件	描述	实例
系统模型描述	对要开发的系统模型和定义这些模型所使用的符号描述	对象模型、数据流模型、状态机模型
规则	系统模型总的使用约束	系统模型中每一个实体都要有一个名字
建议	对系统开发的任何建议都可以列在这里	任何一个对象都不要有超过 7 个以上的相关子对象
过程指南	描述开发系统模型所要遵循的活动以及这些活动的组织结构	在定义与对象关联的操作前应记录对象的属性

1. 开发过程的覆盖程度

从对开发过程的覆盖程度，可以把软件工程方法分为局部方法和全局方法。局部方法仅适用于软件开发的一个或几个阶段，而全局方法则适用于软件开发的全部过程。结构化方法、JSD 方法和面向对象方法都是全局方法，适用于软件开发的全部过程。

2. 对问题领域和需求反映的全面和直接程度

任何开发方法处理的对象都是问题域和系统需求，方法所形成的系统模型也是对问题域和系统需求的反映，但在反映问题域和系统需求的直接程度和全面性方面，方法之间的差异很大，所以，对问题域和系统需求反映的直接和全面程度就成为判断方法优劣的一个重要准则。一般要求在描述系统模型时尽量使用人们日常习惯的并与问题域相一致的概念、术语和系统成分，而且所使用的方法应该能够全面准确地反映问题领域。

(1) 结构化方法

结构化方法采用数据流图和数据字典作为新系统逻辑模型的描述工具，并以数据和信息的处理转换作为方法的主线。结构化分析中运用的数据流图用来反映数据的加工变换过程、结构化设计阶段的系统结构图，也用来构造出多个数据处理的系统模块。每一个模块有输入的数据、对数据的处理过程和处理的输出结果，系统通过多个模块的有序调用运行，把数据源加工处理成为最终所需要的输出信息。数据处理观点是面向对象方法出现之前人们认识软件的基本观点，结构化方法正是从数据处理观点出发构建方法体系，这也是该方法能够被普遍接受的主要原因。

但是，数据处理观点割裂了功能和数据的整体性，是对客观事物的分化和间接反映。功能和数据是客观事物的共同特征。功能反映事物的职能和作用，是事物外在的动态特征；而数据是对事物的固有特性、状态的描述，反映事物的静态特征。结构化分析实际上是基础于功能分析法，这种把事物的整体性强硬地分割开来的数据处理观，既削弱了对事物的整体认识和把握，另外也增加了分析和设计工作的复杂性。

（2）JSD方法

JSD方法在建模阶段主要把重点放在分析客观实体的活动上，把实体的活动按照确定的时序关系构成实体结构，并在此基础上建立进程模型，给进程模型增加功能和时序限制，得出程序结构图，并根据程序结构图生成程序。

客观实体就是系统要反映和处理的客观事物，JSD方法在找出客观实体之后，接下来的工作重点是分析实体的各种活动，把每一个活动作为实体的一个结构单元，构建各个实体的活动结构，在实体结构图的基础上建立进程模型。JSD方法中的进程对应着客观实体，进程模型反映实体在系统中的整个动态活动流程变化过程。所以JSD方法实际上基于实体活动观点，与结构化方法把数据和功能完全割裂开来相比较，JSD方法已经直接面向客观事物，所以它比结构化方法迈进一步。但是JSD方法没有在系统中以客观实体为单位，全面完整地描述和反映客观实体，而是重视构建实体的流程变化结构，而忽略了实体的独立性和静态特性。因此，JSD方法对问题领域事物反映的直接、全面程度仍显不足。

（3）面向对象方法

面向对象方法中的对象就是客观世界中各种事物在系统中的反映。对象与客观事物对应，反映事物的属性和它与事物之间的联系，服务或方法反映事物的动态特征。所以对象是对客观事物的直接、全面的放映。而且在面向对象方法中，采用封装机制保证了对象的相对独立性。

3. 方法描述的一致性和完整性

开发方法应该形成规范、一致、完整的描述体系，并具有连贯性和衔接性，而不应该在各阶段中彼此无关，相互不衔接和不一致。

（1）结构化方法

结构化方法虽然形成了相对完整的描述体系，但该方法的描述体系缺乏连贯性和一致性。结构化方法在分析阶段使用数据流图和数据字典，在设计阶段使用系统结构图、HIPO（Hierarchy Plus Input/Processing/Output）图、判定表、判定树等。数据流图和软件结构图是两种完全不同的描述体系，一个反映数据流和数据的加工变换过程，另一个则反映软件模块的结构和模块相互之间的数据传送关系和模块的内部流程，所以不具有连贯性和一致性。结构化方法在分析阶段得出用数据流图描述的逻辑模型，而到了设计阶段，又必须把分析得出的数据流图转换为系统的软件结构图和IPO图以及判定树。这样一方面给开发人员描述文档和模型带来了困难，同时也使各阶段形成的文档的一致性难以得到保证。根据我们的开发经验，结构化方法在开发过程中很难保证不同工作阶段所产生的各种文档的一致性。

（2）JSD方法

在JSD方法中，采用了实体结构图、规格说明图、结构文本、系统实现图和程序结构图等描述工具。实体结构图描述实体中各活动的构成以及时序结构；规格说明图描述进程模型；结构文本是对规格说明图的补充，是对实体结构图的反映；系统实现图是对规格说明图中的进程分配了处理器之后，以调度进程为中心实现框架的反映；程序结构图则是在系统实现图基础上得出的程序结构。

JSD方法中各个描述工具之间存在着密切的内在联系。一方面都遵从顺序、选择和循环三个结构框架，例如，在实体结构图、结构文本和程序结构图中都按照顺序、选择和循环三种结构来描述。另一方面各个描述工具之间也存在着联系，像规格说明图是对实体以及与实体对应的系统进程的反映，结构文本是对实体结构图中诸活动的文本式描述。

尽管 JSD 方法中各个描述工具之间存在密切的内在联系，但是，并不具有一致的描述体系，描述规则和符号相对复杂，掌握起来也不容易。

（3）面向对象方法

在三种方法中，面向对象方法描述的一致性和完整性最好。面向对象方法中的系统模型是逐步建立的，在分析阶段建立问题域对象模型，到了设计阶段，在问题域对象模型的基础上，扩充了系统的人机界面对象模型、数据处理对象模型和系统接口对象模型。这四个对象模型采用统一的描述规则，从四个不同方面反映系统的逻辑结构，由它们形成完整的系统对象模型。

4. 对系统变化的适应和支持能力

需求不断变化是软件的本质特征。软件所服务的业务过程是不断变化的，软件需求也应随之变化。在软件开发过程中，用户对软件的理解、技术因素变化以及软件投入经费变化等都可能引起软件需求的变化。不同的软件开发方法所描述的系统需求模型对软件变化的表现和反应能力是不相同的。是否支持需求变化就成为判断开发方法好坏的一个很重要标准。

（1）结构化方法

结构化方法基于功能分解法，对需求变化的适应性不好。每一个数据加工都体现了一个系统所具有的功能。有人对功能、接口、数据和对象四个要素在需求变化时的稳定性作过研究，结论是功能是在需求变化过程中最容易发生变化的要素，稳定性最差。结构化方法把功能作为分析的切入点和模型的关键要素，当然难以保证系统的稳定性。

（2）JSD 方法

JSD 方法的稳定性比结构化方法好。主要体现在两个方面：一是 JSD 方法是面向数据结构的方法，数据在变化中比功能的稳定性好；另外，JSD 方法的进程模型本身就是从系统动态性考虑的，对动态变化的考虑比结构化方法要更全面。

（3）面向对象方法

面向对象方法对需求变化的适应能力最强。首先，面向对象方法用对象作为系统模型的构成要素，而对象是变化过程最稳定的要素。另外，面向对象方法有一整套封装、继承、多态性等机制，能够保证对需求变化的快速反应。例如，封装机制能够保证把对象的内部细节隐含在对象内部，只要接口不改变，对象内容的变化将不会影响到其他对象。封装机制减少了变化所引起的连带变化，提高了系统的稳定性。

5. 对软件复用的支持能力

在软件业高度发展的今天，能够被重复利用的系统开发对提高软件开发效率、降低开发成本具有十分重要的意义。复用有不同的层次，包括子程序的复用、程序的复用、设计方案的复用、系统模型的复用、设计思想的复用等。复用与软件开发方法有直接关系，不同的方法对复用支持程度和能力是不一样的。

（1）结构化方法

结构化方法对软件复用的支持能力不强。应该讲模块化思想本身是为了提高软件的复用性，在软件结构设计中把一些可以复用的功能划归到同一模块中，这些模块就可以被不同的模块所调用。但是这种复用方式的局限性很大。一方面在一个系统中可被复用的模块数是有限的，另一方面由于软硬件环境的限制，不同系统之间的模块一般不能被复用。结构化方法除了在相同支撑软件环境下可以做到模块复用外，不同系统之间模块一般不能复用。

（2）JSD 方法

JSD 方法通过分析实体以及实体活动，综合得出系统的进程模型，并在进程模型基础上得出系统的程序结构，没有像面向对象方法那样提供支持软件复用的机制，所以对软件复用性支持不够。

（3）面向对象方法

对软件复用的支持是面向对象方法的主要优点。面向对象方法在软件构件级别提供复用性支持，并提供了继承、封装、多态性等一整套完备的复用支持机制，通过这些机制可以十分方便地实现软件的复用。

综上所述，结构化方法、JSD方法和面向对象方法在五个方面的比较结果如表1-3所示。

表1-3 软件工程方法在各方面的对比

比较项目	结构化方法	JSD方法	面向对象方法
开发过程覆盖程度	全过程	全过程	全过程
直接全面反映问题域	不好	较好	好
方法的一致性和完整性	不好	不好	好
对系统变化的适应和支持	不好	不好	好
对软件复用的支持	不好	不好	好

通过比较可以看出，面向对象方法在多个方面都优于结构化方法和JSD方法，这是近十几年来面向对象方法能够流行的主要原因。

1.7 软件工程所面临的主要问题

1. 发展方向

敏捷开发（Agile Development）被认为是软件工程的一个重要发展，它强调软件开发应当能够对未来可能出现的变化和不确定性做出全面反应。敏捷开发被认为是一种轻量级方法，其中最负盛名的应该是“极限编程”（eXtreme Programming，XP）。与轻量级方法相对应的是重量级方法。重量级方法强调以开发过程为中心，而不是以人为中心。重量级方法的例子如CMM/PSP/TSP。

面向方面的程序设计（Aspect Oriented Programming，AOP）被认为是近年来软件工程的另外一个重要发展，面向方面的程序设计的核心工作是完成一个功能对象和函数集合。这方面相关的内容有泛型编程（Generic Programming）和模板。

2. 面临的问题

- 遗留系统的挑战：维护和更新这些软件，既要避免过多的支出，又要不断地交付基本的业务服务。
- 多样性的挑战：网络中包含不同类型的计算机和支持系统，必须开发新的技术，制作可靠的软件，才能灵活应对这种多样性。
- 交付上的挑战：在不损及系统质量的前提下，缩短大型、复杂系统的移交时间。

3. 职业和道德上的责任

- 机密：工程人员必须严格保守雇主或客户的机密，无论是否签署了保密协议。
- 工作能力：工程人员应该实事求是地表述自己的工作能力，不应有意接受超出自己能力的工作。
- 知识产权：著作权等知识产权使用的地方法律必须谨慎遵守，确保雇主和客户的知识产权受到保护。

- 计算机滥用：软件工程人员不应运用自己的技能滥用他人的计算机。

软件工程从业人员应当遵守 ACM/IEEE-CS 联合制定的用以规范软件工程行业的《软件工程职业道德和职业行为准则》。

本章小结

任何软件的开发过程都属于问题求解过程。如果把用户需求看成软件开发这个状态空间中的初始状态，那么稳定可靠的高质量软件正是该空间中的目标状态，软件开发各个阶段所使用的工具和需遵循的规则就是进行状态变换的算符。划分软件开发的三个阶段，确定各个阶段所需实现的子任务和子目标，都应当遵循自顶向下、逐步求精和过程抽象等原理，都需应用问题归约法。

软件危机的根源是早期个体式、作坊式的软件生产方式和至今仍然在开发人员中存在的对这类落后方式的习惯性。解决办法是了解和应用软件工程学原理，认真按照软件生存周期模型所揭示的规律进行软件开发和维护。正确划分软件开发各个阶段的任务，选用先进的工具，关注并应用软件工程环境的新成就，是按期高质量地完成大型软件开发的重要保证。要开发高质量软件还应该懂得，软件功能的完备性是相对的，决定于用户需求分析时问题边界的清晰度和所建形式模型的完备性，而这些最终取决于用户需求的稳定性。软件开发中使用的术语和符号应保持概念上的一致性，杜绝歧义，这也是重要的。另外，软件开发时经常要使用折中思想，需综合考虑多种因素，以期在状态空间搜索中找到最好的解。

瀑布模型是比较成熟且用得最为广泛的软件开发模型，此外，还有增量模型、螺旋模型等开发模式，这些模型已应用于某些大型软件的开发。

此外，能否按期高质量地完成大型软件开发还与软件的开发计划和管理有着密切关系。

思考题

1. 什么是软件，什么是软件工程？
2. 软件产品的特性是什么？
3. 请补充 1 ~ 2 个关于软件的错误观点，并对其进行分析和解释。
4. 什么是软件危机？简述软件危机的表现和产生原因。
5. 什么是软件工程？它的目标和内容是什么？软件工程面临的问题是什么？
6. 软件开发与程序设计的区别是什么？
7. 什么是软件生存周期？简述软件生存周期各阶段的任务里程碑。
8. 瀑布模型的特点和原则是什么？它有哪些缺点？
9. 简述快速原型法的基本思想，实现快速原型的条件是什么？
10. 当沿着螺旋模型的过程流路径向外移时，你认为正在开发或维护的软件发生了什么变化？
11. 简述结构化分析方法的要点，并分析它的优缺点。
12. 什么是对象？简述面向对象方法的主要优点。
13. 什么是软件过程？它与软件工程方法学有何关系？
14. 优良软件的属性有哪些？
15. 你认为一个软件工程师应肩负的职业和道德责任是什么。
16. 为什么说分阶段的生存周期模型有助于软件项目管理？
17. 简述统一过程模型的思想以及主要阶段。

第2章 系统工程

【学习目标】

➢ 了解系统工程的基本概念；

➢ 掌握系统特性及系统建模；

➢ 了解系统工程过程的有关概念；

➢ 熟悉基于计算机系统的工程类型。

系统工程是描述、设计、实现、有效性验证、实施和维护等一系列活动。由于软件工程问题都来自于系统工程的总体决策，因此对软件工程从业人员而言，就需要了解系统工程的知识。上一章介绍了软件工程的相关基础知识，本章将继续介绍基于计算机的系统工程。

通过本章的学习，读者将了解系统的概念及组成，还可以掌握系统特性和系统建模的方法，了解系统工程过程。

2.1 系统概述

“系统”是在人类的长期实践中形成的概念。由于人们的实践目的、思维方式、认识角度和专业学科不同，所以对系统概念有着不同的理解。为了科学地认识系统，准确地把握系统概念，应该给系统确定一个科学的定义。

究竟什么是系统呢？必须撇开一切具体系统的具体形态和性质，发现一切系统都具有的共同点，才能正确地定义。

2.1.1 系统的定义

古希腊哲学家早就已经使用了系统这个概念，据说德谟克利特就写过一本《宇宙大系统》的书。从词源上讲，它的拉丁语 Systema 由接头词“共同地”和动词“使他于”结合而成，是表示群、集合等含义的抽象名词。英文 system 一词在中文中有许多解释，诸如体系、系统、体制、制度、方式、秩序、机构、组织等。

在马克思、恩格斯的著作中，系统的概念也是经常用到的，例如，恩格斯在《路德维希·费尔巴哈和德国古典哲学的终结》中谈到自然科学研究方法和思维方法的转变时说：当旧的形而上学的研究方法“进展到可以向前迈出决定性的一步，即可以过渡到系统地研究这些事物在自然界本身中所发生的变化的时候，在哲学领域内也就响起了形而上学的丧钟”。恩格斯把这一认识上的飞跃称之为“一个伟大的基本思想，即认为世界不是一成不变的事物的集合体，而是过程的集合体”。恩格斯所说的过程的集合体，就是“系统”的哲学概念。

系统概念真正作为一个科学概念进入到科学领域，还是 20 世纪 20 年代以后的事。到了 20 世纪 50 年代以后，才把系统的科学内涵逐步明确下来，并在工程技术系统的研究和管理中得到了广泛的应用。

长期以来，关于系统的定义和系统特征的描述没有统一规范的定论。虽然系统一词频繁出现在学术讨论和社会生活中，但往往不同的人或同一个人在不同的场合会对它赋予不同的含义。系统一词包罗万象的外延，使之成为逻辑上空无一物的概念，即内涵为零。这给系统科学研究带来一定的困难。概念上的混淆是许多对系统科学持批评态度的人用以非难系统科学的焦点之一。

钱学森给出的对系统的描述性定义：系统是由相互作用和相互依赖的若干组成部分结合成的、具有特定功能的有机整体。这个定义，与类似的许多定义一样，指出了作为系统的三个基本特征。第一，系统是由若干元素组成的；第二，这些元素相互作用、互相依赖；第三，由于元素间的相互作用，使系统作为一个整体具有特定的功能。虽然系统的定义形形色色，但都包含了这三个方面，即这三点是定义系统的基本出发点。

2.1.2 系统的特性

系统具有如下特性：

- 一个系统存在于一个环境中。
- 一个系统通过边界从环境中被分隔出来。
- 系统具有若干输入和输出，它们从其所处的环境中接受输入，并将输出发送到环境中。
- 系统通过一些方法将输入转换成输出，例如将简单的原材料组合在一起构成一个复杂的产品。我们通常关注的系统都有一个明确的目的，系统所要达到的目的与将输入转换成输出的方式密切相关。
- 系统有若干接口。接口用于连接两个系统之间的通信。
- 一个系统可以有子系统。一个子系统仍然是系统，并且可以有自己的子系统。
- 系统的维持需要一个控制机制。
- 系统的控制依赖于反馈（有时可以是前馈）。这些包括有关系统的运作，或它所处环境的信息被传递给控制机制。
- 系统拥有的一些特性不直接依赖于其组成元素的特性。这些特性被称为系统的总体特性，它仅在系统作为一个整体的时候才能呈现出来。

图 2-1 概要地展现了系统特性相关概念之间的关系。

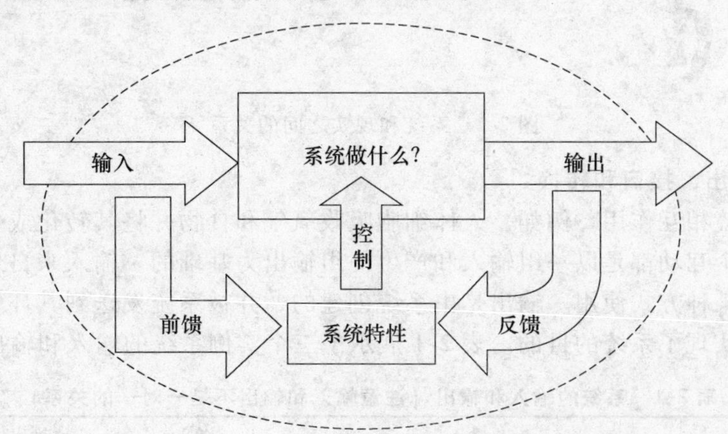

图 2-1 一个系统的组成和它们之间的关系

1. 边界和环境

边界和环境是紧密相关的概念，并且理解这两个概念是感知任何一个系统的基础。实际上，理解一个系统的第一步就是选择所要理解的系统，这很大程度上意味着选择它的边界。

例如，一个细胞生物学家认为一个单个的人类细胞就是一个系统。生物化学家可能对更大一些的系统感兴趣，可能是一组特定细胞中的化学反应。一个专业的内科医师在诊断疾病时可能将一个肾脏视为一个系统。

实际上选择与某个感兴趣的主题相关的系统并不是一件简单的事情。系统之间可能会重叠，这会使确定边界遇到困难。实际上，两个系统可能会紧密相关，可能有可标识的边界，也可能无法区分。这就是系统理论一个潜在的不确定的部分。在哪个点上，一个系统结束而另一个系统开始呢？这个问题的回答依赖于这样的事实：系统的用途是帮助我们理解一些关于客观世界运转的事件。实现用途的方式是采用抽象的方法将客观世界表示成由一些确定的部分组成。在绝大多数情况下，这个系统的组成部分是否已被足够细致地表示并不重要。图2-2对上述观点进行了描述。许多系统是由实在的部件组成的。例如，可以触摸到一个重要的温度控制系统的所有部分。但是这是一个选择的问题，依赖于我们某个时刻的兴趣，即我们是否考虑选择它作为一个系统。我们思考的任何一个系统必须存在于我们的思想中，而不是在现实世界中，并且这样的系统，不管它与现实世界的符合程度如何，仍然是一个现实的主观看法，而不是现实本身。

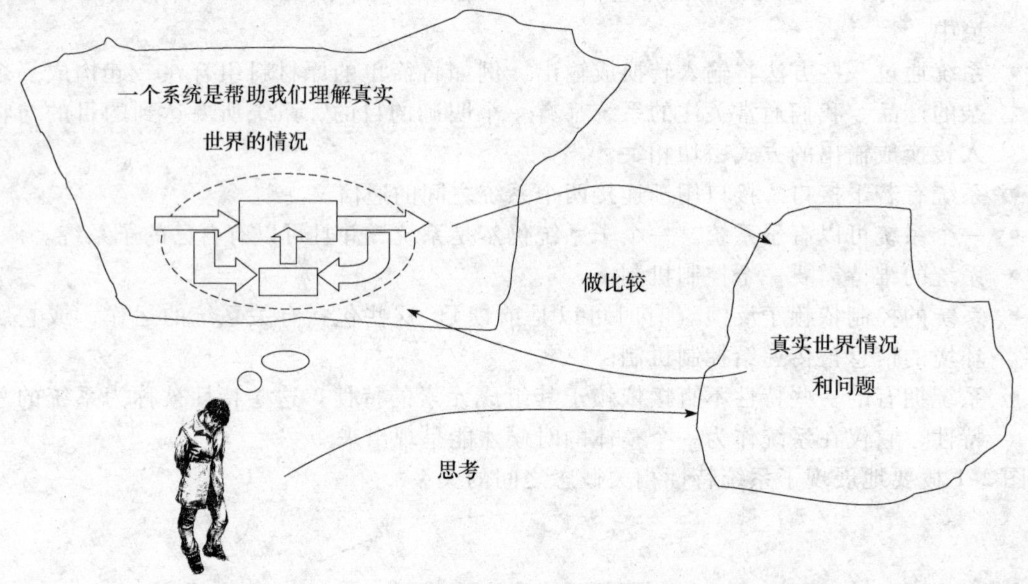

图 2-2 系统和现实之间的关系

2. 输入、输出、接口和转换

系统与其环境相互作用。例如，人体细胞吸收氧气和食物并将其转化成蛋白质、能量和其他产品。每一个互动都是以一组输入和产生一组输出为基础的。输入来自外部的系统，并被系统吸入和以某种方式使用。输出是由系统创建的，并被系统发送到其环境中，以便产生某些效果。输出实现了系统的目的。表2-1展示了三个实例系统的输入和输出。

表2-1 系统的输入和输出（注意输入和输出不是一对一的关系）

系统	输入	输出
一个学生	信息 练习 指导	新知识 新主意 解决问题的办法
一个家庭	金钱 社会道德标准及法律观念 购买力 每日新闻	新的居民 家庭成员工作产出 对社会的影响 在选举中投票

（续）

系统	输入	输出
一个企业	原料和劳力 资本 信息（如，客户信息）	收益和纳税 最终产品 信息（如，企业年报）

输入到输出的转化是一个有目的的系统的重要特征，例如表 2-1 中的企业，企业如何实现他们的目标，依赖于你对系统产品的兴趣，明确输入与输出的关系也许就足够了。来自于一个系统的输出可能同时是另一个系统的输入，这两个系统共享它们的边界，输入和输出在它们之间"穿过"，这个共享的边界就是接口。例如，客户订购冰箱所使用的网页就是客户与在线购物系统之间的接口。数据内容和网页结构的定义限制了客户与网上购物系统的相互作用。若网页上没有"客户填写地址"的字段定义，新冰箱是无法送到客户家的。我们将在后面的章节看到，接口的标识和理解对一个信息系统的开发而言是特别重要的。

3. 子系统

子系统是以上介绍的其他系统思想的自然结果。例如，一个白细胞中的一种抗体可被看做是该细胞的一个子系统，这个抗体作为一个子系统为更大的系统做贡献。图 2-3 说明了存在于本书综合案例"开放实验室管理系统"中的一些子系统。

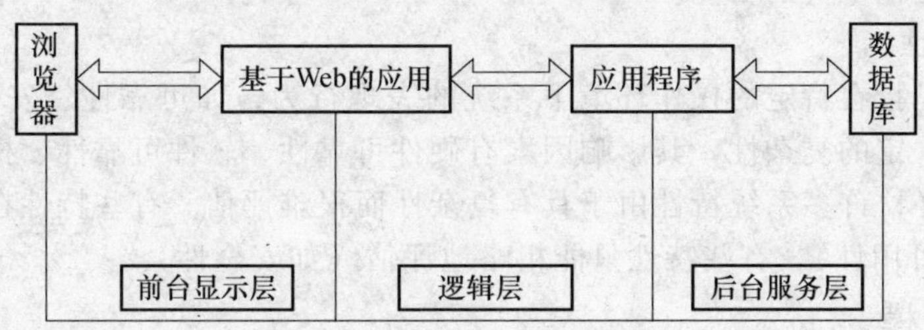

图 2-3 开放实验室管理系统的系统结构图

子系统既是一个大系统的组成部分，又是一个自组织的系统。子系统通过接口进行通信。图 2-3 可以被看成是一个系统的映射。其他的系统和子系统的组织形式采用分层。分层是系统理论的一个重要方面，我们将在后面的章节中学习。

4. 系统的控制

许多系统有一个专门的子系统，其功能是控制整个系统的运作。事实上，系统论的兴起，部分来自神经机械学，它研究自然和人工系统的控制。家用的恒温控制装置就是一类常见的神经机械学控制装置，它能控制中央供暖、热水和空气调节系统，也可以控制冰箱和烤炉等其他温控设备。许多控制系统基于简单的反馈循环，如图 2-4 所示。系统控制通常是基于两个或两个以上的输入值，它们的相同或不同决定哪一个控制行为被执行。

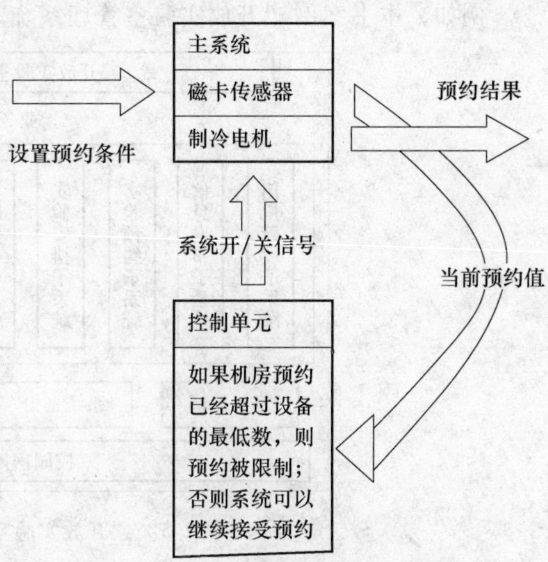

图 2-4 开放实验室管理系统——一个简单的负反馈系统

5. 反馈

术语“反馈”表示系统的一个或多个输出被采样，并且逐个地返回给控制单元。图2-4是负反馈，因为它是通过控制相对标准的偏离而保持系统的平衡。负反馈被广泛地应用于物理系统，例如电子设备和制造系统。相反，正反馈通过加强偏差，而不是抑制它们，因此，往往促使运动远离平衡。例如，有时从公共广播系统听到震耳欲聋的呼啸是一种积极的反馈循环结果，它发生时，从扬声器输出的声音被一个麦克风捕捉并再次输入到放大器，声音信号的共振反复进行致使放大器达到了阈值。

6. 前馈

前馈信息的采样来自于系统的输入而不是输出。例如，企业通过市场调研来预测哪种产品有销路，而不是等产品销售完成后通过产品销售量反馈来确认销路好的产品信息。

2.1.3 系统总体特性

系统总体特性是系统整体上的属性。系统特性有两种类型，包括功能特性和非功能特性。

1. 功能特性

当系统的所有部分一起工作以达到一些目标的时候表现出来的特性即为功能特性。例如，自行车作为运输工具的功能。

2. 非功能特性

非功能特性是指在特定的操作环境下系统的表现行为，如可靠性、安全性、保密性等。系统的可靠性有一定的复杂性，其影响因素有硬件可靠性、软件可靠性、操作员可靠性等。

像可靠性一样，许多系统特性由于具有复杂性而很难评估。有些特性在系统运行时可以测量（如性能和可用性），有些特性只能粗略地评估（如安全性）。

2.1.4 系统建模

作为系统需求和设计活动的一部分，系统必须被建模成一系列组件和组件间的关系。通常，在系统体系结构模型中这些是以图的形式进行描述，以便让读者对系统有一个总体概念。例如，本书案例“开放实验室管理系统”的系统模型如图2-5所示。

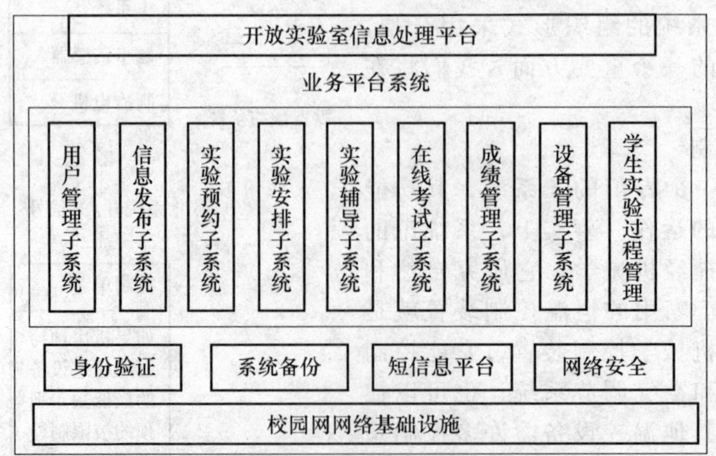

图2-5 “开放实验室管理系统”的系统模型

每个子系统以相似的方式表示，直到系统被分解为功能组件。从子系统的角度来看，功能组件是提供一个单一功能的组件，而一个子系统通常可提供多个功能。从组件制造商的角度来看，一个功能组件本身可能就是一个系统。

在一个系统中每个功能组件又可以分为以下几类：

传感器组件：该组件收集来自系统环境的信息。

执行机构组件：引起一些系统环境的改变。

计算组件：给定输入，执行计算并产生输出。

通信组件：用于实现与其他系统组件之间的通信。

调度组件：要协调其他组件间的操作。

界面组件：将一个组件中的表示转换成另一个组件中的表示。

从应用的角度看，当采用面向对象技术设计系统时，首先是描述需求，其次根据需求建立系统的静态模型，构造系统的结构，第三步是描述系统的行为。其中在第一步与第二步所建立的模型都是静态的，包括用例图、类图（包括包图）、对象图、组件图和部署图——这是标准建模语言 UML 的静态建模机制。在第三步所建立的模型或者可以执行，或者表示执行时的时序状态或交互关系，包括状态图、活动图、顺序图和合作图——这是标准建模语言 UML 的动态建模机制。

2.1.5 本书案例：开放实验室管理系统

下面介绍本书案例“开放实验室管理系统”的总体特性。

1. “开放实验室管理系统”的定位

传统的教学模式是注重理论教学，忽视实践教学，而且实验教学的内容陈旧，多为验证性的实验，同学们只需在规定的时间内进入实验室，按照实验教科书上的步骤操作即可得出正确的结果。即使结果有误也很容易找到出错的地方，大多数学生在实验课上充当的是实验记录员的角色，创新意识和创造性思维根本没有得到锻炼。“开放实验室管理系统”的目的是培养学生创新精神和实践能力，提高学生独立实验能力以及基础知识综合运用能力、创新能力。因此，实验室开放的内容应以设计性、综合性实验和自带课题实验为主。学生通过综合设计和自带课题实验，经过思考、失败、再思考的训练，得到整体素质的提高。

2. “开放实验室管理系统”的功能特性/功能需求

开放实验室的运作模式和传统的实验室有很大的差异，针对开放实验室设计的管理系统应具有如下性质：

1）系统应构建在 Internet 上，任何一台联网的计算机都可以通过 Internet 访问该系统，通过网页发布实验室综合信息，包括教学设备、教学计划、实验课程介绍、规章制度、操作规程、数据图表、教师队伍、实验教材讲义、开放实验室管理、通知、成绩公布等。

2）通过开放实验室管理系统，学生可以提出问题，参加讨论，发表见解，向教师提交设计性实验方案，预约实验内容和时间。教师可以辅导答疑，介绍有关知识。学生可根据自己的学习进度方便地查阅有关的实验教学内容。教师可以对实验安排、实验完成情况进行查询，可以统计数据，打印报表，并在网上公布。

3）系统还应具有系统监控、实验排课、实验成绩管理等功能。

4）系统应具有一定程度的自动化处理功能。由于该系统的实验内容和实验时间对学生是开放的，这给实验的管理带来了困难，因此系统具有一定程度的自动化处理功能显得很重要。

3. “开放实验室管理系统”的非功能特性/非功能需求

1）性能需求：对该系统来说，比如要求页面访问时间不得大于 5 秒，数据查询时间不得大于 10 秒。还有，对系统增加用户有限制，如最多不超过 5000 个。当然，随着情况的变化人数可以适当调整。

2）安全性需求：系统安全性要求包括权限的设置，对用户重要信息进行加密保护，对查看重要信息、群发邮件、群发信息设置安全保护，保证信息不能外泄。对用户密码最好进行加密，使其在数据库中不以明码显示，等等。

3）可用性需求：从用户的角度出发，让用户能够方便地使用本系统。例如用户登录此系统时，进入首页显示的就是自己的任务安排、自己最近的安排，活动一目了然。系统简单易懂，只要有自己的账号就能登录。系统对录入项进行控制，确保用户的信息尽可能真实，避免恶意刷号、恶意攻击网站。同时对录入项进行统一提示，使用户一看就能明白。系统具有一定的容错能力，在非人为、非硬件故障、非通信故障时，能够自动保存用户当前信息，让用户下次能够继续编辑。当用户下次登录的时候，给予提示，方便用户能够有效正确地完成任务。操作完成界面，成功时有统一规范的提示信息，例如进行删除操作时，系统弹出提示框"您确定删除吗?"，避免用户不小心删除重要的信息。删除后返回前一页面。整个网站具有统一的风格，或者用户可以自定义选择所需要的风格。

4）用户帮助：用户登录自己的主页后，找不到所需要的功能时，可以查看网站上的帮助，帮助用户解决疑难问题。若仍然找不到自己所需要的功能时，返回一个页面，页面中包含对用户的抱歉信息并提醒用户及时发邮件给超级管理员，将问题反馈给网站，然后返回用户的主页。在网站主页下方有自己独特的标志，可设有"联系我们"、"信息技术学院版权所有"等。用户可以点击"联系我们"申请账号，或者反馈信息。

2.2 系统工程过程

系统工程是从整体出发合理开发、设计、实施和运用系统科学的工程技术。它根据总体协调的需要，综合应用自然科学和社会科学中有关的思想、理论和方法，利用计算机作为工具，对系统的结构、要素、信息和反馈等进行分析，以达到最优规划、最优设计、最优管理和最优控制的目的。

系统工程方法论中影响最大的是霍尔三维结构，它是美国通信工程师和系统工程专家A·D·霍尔于1969年提出的。它以时间维、逻辑维、知识维组成的立体空间结构来概括地表示出系统工程的各阶段、各步骤以及所涉及的知识范围。也就是说，它将系统工程活动分为前后紧密相连的七个阶段和七个步骤，并同时考虑到为完成各阶段、各步骤所需的各种专业知识，为解决复杂的系统问题提供了一个统一的思想方法。系统工程过程如图2-6所示。系统工程过程和软件开发过程有着重要的区别，系统工程包含许多其他的工程学科。

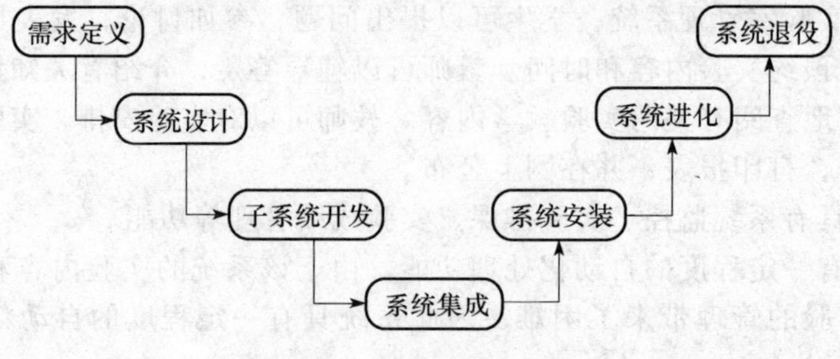

图2-6 系统工程过程

系统开发期间的返工余地在缩小，一旦某些系统工程的决策做出，再对决策进行改变是非常昂贵的，重做系统设计来解决这些问题是不可能的。而软件具有很强的灵活性，可以根据需求的变更做出相应的修改。

本书关注基于计算机的系统工程，主要涉及硬件工程、软件工程、人机工程、数据库工程等领域的知识。

2.2.1 系统需求定义

即发现系统整体的需求，需求定义阶段通常侧重导出三种类型的需求：

- 抽象的功能需求：系统必须提供的基本功能被定义在这个层次。
- 系统特性：非功能性的系统总体特性。
- 系统一定不要有的性质：有时说明系统一定不要有什么与说明系统一定要有什么同样重要。

需求定义阶段的重要任务之一是建立系统要达到的一些总的目标。建立系统需求一个主要的困难是遇到“极复杂的问题”是指该问题具有非常多的关联体，并且无法给出问题的确切描述，通常为此专门建立一个复杂系统来帮助解决。

2.2.2 系统设计

系统设计是新系统的物理设计阶段。在用户提供的环境条件下，根据系统分析阶段所确定的新系统的逻辑模型和功能要求，设计出一个能在计算机网络环境实施的方案，即建立新系统的物理模型。

在系统分析的基础上，系统设计的目标是设计出能满足预定目标的系统。系统设计的研究内容主要包括：确定设计方针和方法，将系统分解为若干子系统，确定各子系统的目标、功能及其相互关系，决定对子系统的管理体制和控制方式，对各子系统进行技术设计和评价，对全系统进行技术设计和评价等。

系统设计的工作主要是将不同的组件整合成一个能提供所需功能的系统，它包含的活动如图 2-7 所示。

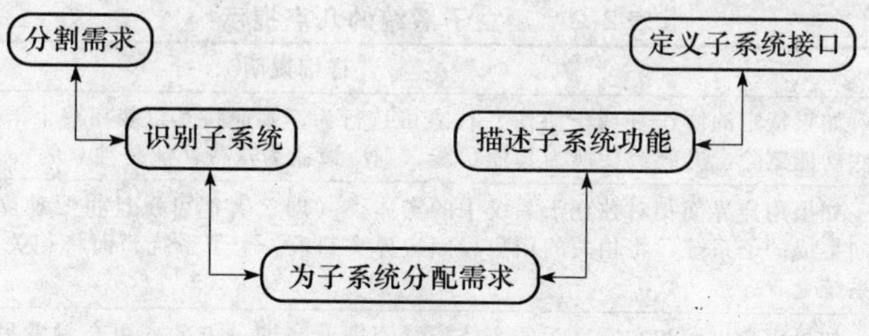

图 2-7 系统设计过程

1）分割需求：分析需求，进一步将其归结到相关的集合。

2）识别子系统：将独立或联合满足需求的子系统识别出来。

3）为子系统分配需求：将需求分配到子系统上。

4）描述子系统功能：描述每个子系统的功能。子系统之间的关系需在此阶段识别出来。

5）定义子系统接口：定义每个子系统提供的和需要的接口。

这个阶段的任务是设计软件系统的模块层次结构，设计数据库的结构以及设计模块的控制流程，其目的是明确软件系统“如何做”。这个阶段又分两个步骤：概要设计和详细设计。概要设计解决软件系统的模块划分和模块的层次结构以及数据库设计；详细设计解决每个模块的控制流程、内部算法和数据结构的设计。

系统设计通常应用两种方法：一种是归纳法，另一种是演绎法。应用归纳法进行系统设计的程序是：首先尽可能地收集现有的和过去的同类系统设计资料；在对这些系统的设计、制造和运行状况进行分析研究的基础上，根据所设计的系统功能要求进行多次选择，然后对少数几个同类系统做出相应修正，最后得出一个理想的系统。演绎法是一种公理化方法，即先从普遍的规则和原理出发，根据设计人员的知识和经验，从具有一定功能的元素集合中选择符合系统功能要求的多种元素，然后将这些元素按照一定形式进行组合，从而创造出具有所需功能的新系统。在系统设计的实践中，这两种方法往往是并用的。

系统的设计方案可能有多个，它们是包括硬件因素、软件因素和人的因素在内的多种组合的选择。

2.2.3 子系统开发

子系统开发是指实现在系统设计期间识别出来的那些子系统。若这个子系统本身又是一个大系统，则可能进入另一个系统工程过程；若子系统是一个软件系统，那么包括需求、设计和实现等阶段的软件过程就启动了。

子系统是一种模型元素，它具有包（其中可包含其他模型元素）和类（其具有行为）的语义。子系统的行为由它所包含的类或其他子系统提供。子系统实现一个或多个接口，这些接口定义子系统可以执行的行为。可以通过多种互补的方法来使用子系统，将系统分为若干个单元，这些单元可以独立预定、配置或交付，可以独立开发（只要接口保持不变），可以在一组分布式计算节点上独立部署，可以在不破坏系统其他部分的情况下独立地进行更改。此外，子系统还可以将系统分为若干单元，以提供对关键资源的有限安全保护。

我们可以从类协作中确定子系统。如果某个协作中的各个类只是在相互之间进行交互，并且可生成一组定义明确的结果，就应将该协作和它的类封装在一个子系统中。这一规则同样适用于协作的子集。可以对协作的任何部分或全部进行封装和简化，这将会使设计更易于理解。关于将类聚集成子系统的提示见表2-2。

表2-2 建立子系统的几点提示

提示	详细说明
注意可选性	如果特定的协作（或子协作）代表可选行为，则应将其封装在一个子系统中。如果可以将某些功能删除、升级或替换为其他功能，则应该认为这些功能是独立的
注意系统的用户界面	如果用户界面相对独立于系统中的实体类（即二者都可以且将要独立地变更），则应创建横向集成的子系统：将相关的用户界面边界类归入一个子系统，而将相关的实体类归入另一个子系统
注意类与子系统的相关	如果用户界面和它所显示的实体类紧密耦合（即一方的变更会触发另一方的变更），则应创建纵向集成的子系统：将相关的边界类和实体类装入共同的子系统中
注意主角	将两个不同主角使用的功能分开，因为每个主角可能会独立变更自己对系统的需求
查找类与类之间的耦合和内聚	耦合度或内聚度较高的类彼此协作，以提供某一组服务。将耦合度较高的类组织成子系统，沿着弱耦合的界线将类分开。在某些情况下，可以将类分成更小的类，使其具有内聚度更高的职责，从而完全消除弱耦合
注意替换	如果为某项特定功能指定了几个服务级别（例如，高、中、低可用性），则要将每个服务级别表示成一个独立的子系统，每个子系统都将实现同一组接口。这样，子系统就可互相替换
注意分布	虽然一个特定子系统可能有多个实例，每个实例都在不同的节点上执行，但不可能在各节点间拆分子系统的单个实例。如果必须在各节点间拆分子系统行为，则需要将子系统分成更小的子系统，使其具有限制更严格的功能。确定必须存在于每个节点上的功能，并创建一个新的子系统，使其“拥有”该功能，然后相应地在该子系统内分布职责和相关元素

一旦创建了子系统，要提供一个名称和一段简短说明。如果工具支持包不支持子系统，可以用包来记录子系统；在此环境中应使用包构造型表示子系统。应将原始分析类的职责转

移给新建的子系统，并使用该子系统说明来记录职责。子系统与包在语义上具有差异：子系统是一种通过一个或多个它所实现的接口来提供行为的包。包并不提供行为，它们只不过是用来容纳提供行为的对象的容器。之所以要使用子系统而不使用包，是因为子系统完全封装自己的内容，只通过自己的接口提供行为。其好处在于，与包不同，只要子系统的接口保持不变，就可以完全自由地更改子系统的内容和内部行为。另外，子系统还提供了一种“可替换的设计”元素：任何两个实现相同接口的子系统都可以互换。

为确保子系统在模型中是可互换的，需要执行以下几条规则：

1）子系统不应暴露自己的任何内容（即子系统所包含的元素都不应有“公有”的可见性）；

2）子系统外部的元素都不应依赖于子系统内部特定元素的存在。

子系统只应依赖于其他模型元素的接口，因此它不直接依赖于子系统外部的任何特定模型元素。例外情况是，许多子系统共享一组类定义，在这种情况下，这些子系统将“导入”包含公共类的包中内容。这一操作应只对位于构架低层的包执行，并且只能是为了确保必须在子系统之间传递的公共类定义保持一致。

2.2.4 系统整合

系统整合方法是指：人们在考虑和处理复杂问题时始终要从整体出发，从部分之间相互整合入手，去揭示或构建整体大于部分之总和的机制的一种思维原则和方法。系统整合将一个个独立开发的子系统整合为一个完整的大系统。整合的方式有大爆炸方式——同时将所有的子系统整合在一起；增量式——整合过程被分为多个子过程，每个整合子过程只能整合一部分子系统。

通常情况下，增量方式是最合适的，因为不同子系统的开发时间是无法准确预计的，做到“同时”不大可能。而且，这种方式还可以减少错误定位的成本。

一般的整合包括数据整合、业务整合、流程整合。当然在系统整合中，也存在用户与人机交互上的整合需求，使用户能够有统一的入口进入到被整合的各个应用中，包括统一的身份认证、统一的权限管理、门户、单点登录等。

2.2.5 系统安装

系统安装是指系统进入实际的工作环境。安装阶段可能出现的问题有：

- 安装系统的环境与系统开发者假定的环境不同。
- 系统的用户不能善意地对待新引入的系统。
- 一个新的系统可能必须与一个已存在的系统并存，直到机构满意新系统的工作为止。
- 可能有物理的安装问题。

2.2.6 系统操作

系统操作是指系统进入运行阶段。运行一个系统可能包括组织操作人员培训，改变正常的工作过程以适应新的系统。当系统运行到有问题的地方时，它的功能可能就不符合真正的操作需要，结果系统的使用模式就不再如系统设计者所预期的那样。

2.2.7 系统进化

大型和复杂的系统都会有一个非常长的生存期，在整个生存期内，必须改进原先系统需求中的错误进而满足出现的新需求。评估原系统的步骤包括：与资深业务职员的面谈；与资深软件开发人员的面谈；与信息服务（IS）人员的面谈；根据会谈结果和文档评审，对业务操作建模；获取软件功能流（包括 UML 活动图）；确定系统集成点和依赖。可以通过执行这些步骤来了解“已建立”系统的状态。此外，由于已书写的文档很少在系统变更时得到更新，系统信息的最好或者说唯一来源是开发或维护那些系统的人。

必须对系统进行核查才能决定是否让系统进化。核查应该针对具体的系统信息（如表2-3中所概括的），这些信息对制定关于任何特定遗留系统的支持或替代决策是很关键的。

表2-3 组织技术核查的领域和方法

核查领域	方法
业务过程和软件支持	获取图中具体的业务缺陷，表明软件所使用的领域
系统内部依赖	记录软件系统在哪里依赖另一系统中信息和功能。特别是记录两个或更多系统在哪里有循环依赖
监控器	描述系统性能监控程序
安全	记录所有系统用户的角色和责任，详述每个角色的系统权限
运作级别	设定每个系统对整个业务运作的重要性等级（例如，必要的、重要的、支持的、临界的）
并发	确定每个系统的平均和高峰用户负载
事务复杂性	对数据操作的复杂性分级（例如，复杂的、详细的、简单的）
内容变更的速率	记录用户变更内容的频率（例如，每小时的、每天的，等等）。这主要与信息的应用程序有关（例如，Web站点）
报告	定义业务报告需求
性能（例如，“实时”）	为系统性能正常运行时间定义需求。这些可能受到并发和事务复杂性的影响
数据完整性	记录确保数据完整性，包括备份和恢复的方法（或者其中的缺陷）
系统配置	描述系统配置的复杂性（例如，复杂的、详细的、简单的）。一个复杂的系统可能会有成百上千的相关配置值

总的来说，核查报告应该帮助确定哪个系统是仍然可以投入成本的，以及哪些是需要替代的。可以从两方面考虑，即根据维护成本的客观评定，加上来自系统用户更主观的评定。综合这两个值来考察，从而决定哪些系统是需要替代的，哪些是需要增强的。

2.2.8 系统退役

系统退役是指在它的有效生存期结束之后从系统服务中退出。系统工程活动应该预计到系统退役以及由此带来的废料丢弃问题。软件没有物理上的退役问题，然而，一些软件的功能对系统退役过程有所帮助。例如，软件能识别出未损坏的组件，并留作他用。

2.2.9 系统获得

系统的获得方式有几种情况：

- 系统整体购买；
- 购买其中一部分，然后整合出新的系统；
- 为其特别地设计和开发。

图2-8描述了包含现成系统和必须特别设计的系统两者的系统获得过程。

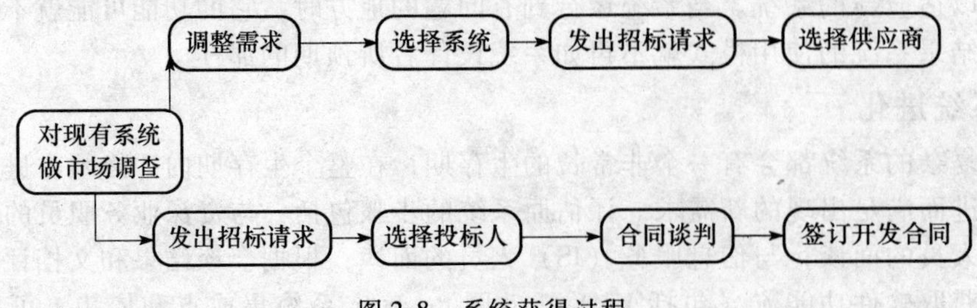

图2-8 系统获得过程

图 2-8 所示的系统获得过程的要点如下：

1）现成产品的组件通常不能完全地满足需求，除非描述需求时已经考虑到了将采用这些组件。因此，选择一个系统就是最大限度地找到系统需求和现成产品组件之间的结合点。

2）当一个系统需要被专门开发的时候，需求描述是签订系统获得合同的基础。因此，它既是法律文件，又是技术文件。

3）在选择了系统开发承包商之后，进一步的合同谈判开始。对需求进一步的变更以及变更成本将被讨论。

4）几乎没有单个机构有能力进行设计、制造并且测试大型复杂系统的所有组件。接受总包任务的承包商就是主承包商，他们可能把不同子系统的开发转包给许多子承包商。承包商/子承包商模型大大减少了订货机构需要面对的承包商个数。

2.3 基于计算机的系统工程

基于计算机的系统工程是通过和用户协商，揭示并分析客观的功能需求，把整体需求化整为零，分配给计算机系统中的各个元素去完成。

系统分析员从界定目标与约束条件开始，导出针对本系统的功能、性能、接口、环境、数据结构的表示，并据此选择必要的元素，进行功能分配，设计元素间的关联关系，也就是针对用户的需求进行基于计算机的系统设计。具体的硬件工程、软件工程、人机工程和数据库工程的作用就是细化功能和性能的范围，产生一个能够和其他元素适当集成的可操作系统元素。

基于计算机的系统工程主要由硬件工程、软件工程、人机工程组成。

2.3.1 硬件工程

在硬件工程中，需要选择某种硬件元素的组合构成计算机系统的硬件元素。在选择硬件元素时，应当考虑以下特性：

1）从集成化的角度考虑，对各种元件打包形成单独的构件块；

2）各个元件/构件块之间尽量采用标准接口；

3）性能、成本、有效性比较容易确定；

4）尽量提供多种可供权衡选择的硬件方案。

计算机硬件工程是在电子设计和电子工程的基础上发展起来的，它分三个阶段：计划与定义，设计与样机实现，制造、销售与售后服务。

1. 计划与定义阶段

制定开发计划，经过评审确定项目成本预算和工程进度；进行详细需求分析，经过评审确定硬件规格说明。具体过程如图 2-9 所示。

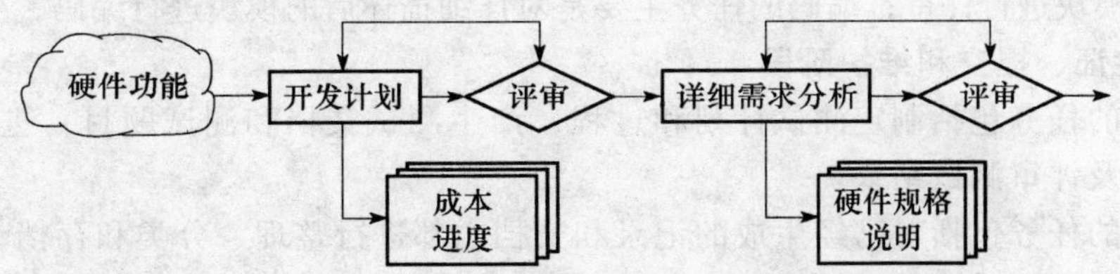

图 2-9 硬件工程计划与定义阶段

2. 设计与样机实现阶段

进行设计分析，画出设计图纸；必要时建立样机并对样机进行测试；进行生产分析，画出生产图纸。具体过程如图 2-10 所示。

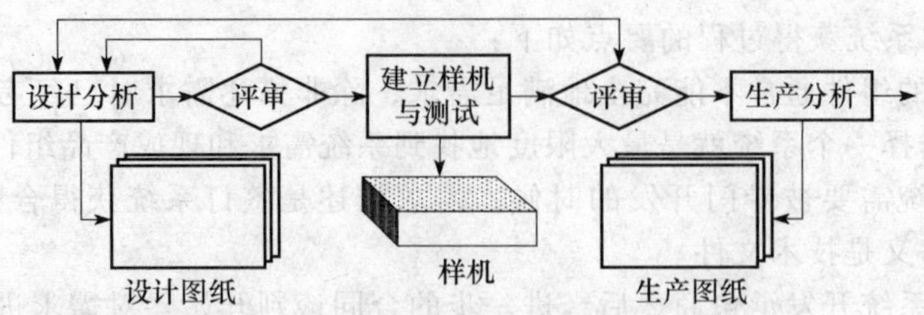

图 2-10 硬件工程的设计与样机实现阶段

3. 制造、销售与售后服务阶段

按照质量保证计划和要求生产硬件产品，并实施销售与售后服务。具体过程如图 2-11 所示。

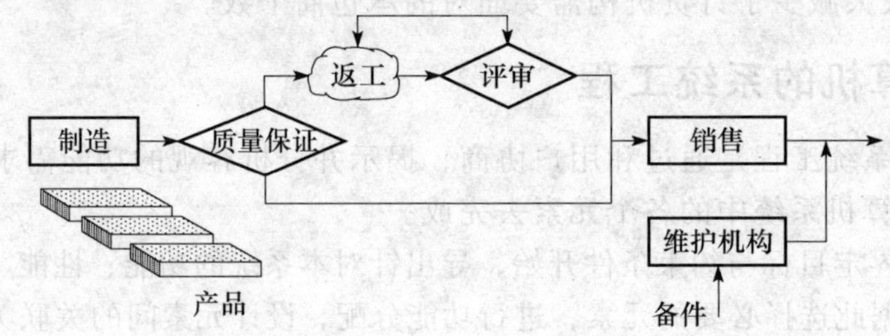

图 2-11 硬件工程的制造、销售与售后服务阶段

2.3.2 软件工程

在系统工程中，一般把部分功能和性能要求分配给软件来实现。在某些情况下，可以把功能看做是一个顺序的数据处理过程，对性能不做显式定义；在另一些情况下，可以把功能看做是对内部各个系统元素的协调和对其他并发程序的控制，而性能则显式定义为响应和等待时间。软件工程师必须获取或者开发一系列的软件部件。与硬件不同的是，软件部件很难标准化，尽量采用可复用构件是选择软件部件的第一原则。

软件工程包含如下三个阶段：软件项目的定义，开发，软件验证、提交和维护。

1. 软件项目的定义阶段

主要是制定软件项目规划，进行软件需求分析和定义，确定软件性能和资源约束，为软件要素定义验收标准等。

2. 开发阶段

这个阶段的任务包括总体设计、过程设计及编码工作。总体设计的工作内容包括定义模块结构、定义界面和数据结构、评审；而过程设计的主要任务是详细描述软件规格说明书中的每个模块以及对模块进行评审；编码的任务主要是对详细描述后的模块进行编码，生成程序。

3. 软件验证、提交和维护阶段

软件验证的任务包括制定测试计划和过程，产生测试文档和测试题目，进行单元测试、集成测试，以及评审测试结果。

软件提交的任务包括对已经生成的记录和文档内部进行整理、分类和存档，开发用户手册，提交软件和用户手册。

软件维护的任务包括修改运行中的错误。

2.3.3 人机工程

人机工程学是从 20 世纪 50 年代开始迅速发展起来的一门新兴边缘科学。人机工程学是从人的生理和心理特性出发，研究人、机、环境的相互关系和相互作用的规律，以优化人－

机－环境的一门科学。

计算机人机工程主要应用在显示与控制布局设计、人机界面设计与评价。软件人机工程主要应用在计算机产品和外设的设计与布局、办公环境人机工程研究、人机界面形式等方面，其目标是开发出“人机友好”的界面，需要计算机、心理学、美学、人体工程学等理论和技术的支持。

建立人机系统必须考虑以下5个方面：人员选择、训练（包括训练设备）、设备设计、操作程序和环境。建立复杂的人机系统，除了这5个方面外还要考虑人机系统的系统性能、人和机器的特性等，采用系统科学或信息科学的方法来设计和分析，然后进行系统试验，检查系统性能和操纵人员操作的难易程度。一般说来，人机系统要反复试验和使用才能逐渐完善。人机系统中，操纵人员是人机系统中的主体，设计和运用人机系统时应当充分发挥人在人机系统中的能动和主导作用。设计人员要和操纵人员密切配合，使人机系统达到要求的性能和指标，同时保证操纵人员操作简便、安全舒适和提高系统工效。

人机工程过程包括：

1）活动分析：对分配给人的每一项活动，在与其他系统生成元素进行交互的环境中进行评价。活动还要划分成任务，并在以后对它们进一步分析。

2）语义分析和设计：对用户要求的每一个动作和机器产生的每一个动作的精确含义进行定义，并进行能够传递正确语义的对话设计。

3）语法和词法设计：标识与描述各个动作和命令的特定形式，然后设计每一动作或命令的硬件与软件实现。

4）用户环境设计：将硬件、软件和其他系统生成元素组合起来形成用户环境。环境包括物理设备以及人机对话界面。

5）原型：利用原型能够形式化地定义人机界面，并能够使用户积极地参与而不是被动地评价它们。应当重复地使用原型化方法运行和评价所有的人机工程。

本章小结

本章主要介绍了系统的基本概念、系统工程过程和基于计算机的系统工程的组成。

系统是由相互作用和相互依赖的若干组成部分结合成的、具有待定功能的有机整体。

系统工程过程包括系统需求定义、系统设计、子系统开发、系统整合、系统安装、系统操作、系统进化和系统退役。

基于计算机的系统工程主要由硬件工程、软件工程、人机工程组成。

思考题

1. 请描述系统的定义，并列举出身边现实生活中的三个系统。
2. 你对系统整体特性是如何理解的？
3. 功能与非功能特性的区别是什么？
4. 系统工程的过程有哪些？请列举并描述。
5. 列举基于计算机的系统工程组成，并简要介绍。
6. 如何判断遗留系统？
7. 如何评估遗留系统？
8. 在人机环境中，系统与环境的关系如何？
9. 人机界面的设计可分为哪几个步骤？

第3章　软件需求工程

【学习目标】

➤ 了解软件需求分析的任务与重要性，理解其中的重要概念，如 SRS、里程碑等；
➤ 掌握软件需求分析的步骤、方法；
➤ 了解软件需求分析内容与后续工作的关系；
➤ 理解软件需求工程知识；
➤ 掌握软件需求分析文档的撰写；
➤ 需求分析阶段存在的常见问题。

软件需求分析是软件生存期中重要的一步，是软件定义阶段的最后一步，是关系到软件开发成败的关键步骤。软件需求分析过程就是对经可行性研究确定的系统功能进一步具体化，并通过系统分析员与用户之间的广泛交流，最终完成一个完整、清晰、一致的软件需求规格说明书的过程。通过需求分析能把软件功能和性能的总体概念描述为具体的软件，从而奠定软件开发的基础。

本章的 3.1 节主要介绍需求分析基本概念，3.2 节介绍软件需求分析的任务，3.3 节介绍软件需求分析的常见类型，3.4 节简单介绍需求分析原则，3.5 节介绍需求分析方法，3.6 节介绍需求工程管理，3.7 节主要介绍软件需求文档的编写。

3.1　概述

“需求分析”是对要解决的问题进行详细分析，弄清楚问题的要求，包括需要输入什么数据，要得到什么结果，最后应输出什么。可以说，软件工程中的“需求分析”就是确定要计算机“做什么”，准确地说，应该是最终用户得到的系统或软件能完成哪些功能。

在软件工程领域，需求分析指的是：在建立一个新的或改变一个现有的电脑系统时，描写新系统的目的、范围、定义和功能所要做的所有工作。需求分析是软件工程中的一个关键过程，在这个过程中，系统分析员和软件工程师确定顾客的需要，只有在确定了这些需求后他们才能够分析和寻求新系统的解决方法。

在软件工程的历史中，很长时间里人们一直认为需求分析是整个软件工程中最简单的一个步骤，在很多系统开发企业或组织中，由于对需求分析阶段工作的不重视，导致最终产品质量下降甚至工程没有顺利完成。在软件行业，很多企业或组织最终退出的主要原因，就是忽视了软件需求分析的管理工作。过去十多年中，越来越多的人认识到软件需求分析是整个工程过程中最关键的一个环节。假如在需求分析时分析者们未能正确地认识到顾客的需求，那么最后的软件实际上不可能满足顾客的要求，或者软件无法在规定的时间里完工，这些结果都会导致工程失败。

开发软件系统最为困难的部分就是准确说明开发什么。因为，客户并非全部来自计算机领域，他们在描述业务流程时，会使用用户领域中的专业术语来说明软件的功能，而这些术语对于需求分析人员来说都是陌生或不熟悉的。最为困难的概念性工作便是编写出详细技术需求，这包括所有面向用户、面向机器和其他软件系统的接口。同时这也是一旦做错将最终会给系统带来极大损害的部分，并且以后再对它进行修改也极为困难。目前，国内产品庞杂，一家企业可能有几个系统并立运行，它们之间的接口是系统开发人员最头痛的问题。对于商业最终用户应用程序，企业信息系统和软件作为一个大系统的一部分产品是显而易见的。但是对于开发人员来说，在没有编写出客户认可的需求文档的情况下，如何知道项目于何时结束？而如果开发人员不知道什么对客户来说是重要的，那又如何能使客户感到满意呢？

软件需求过程将软件计划阶段所确定的软件范围逐步细化到可详细定义的程度，并分析出各种不同的软件元素，然后为这些元素找到可行的解决方法。总的来说，软件需求分析过程实际上是一个调查研究、分析综合的过程，是一个抽象思维、逻辑思维的过程，是对软件计划阶段建立的软件工作范围的求精和细化。它准确回答了“系统该做什么”的问题。

软件开发项目的过程可以用如图 3-1 所示开发过程模型来说明。先看图中几个概念的含义。

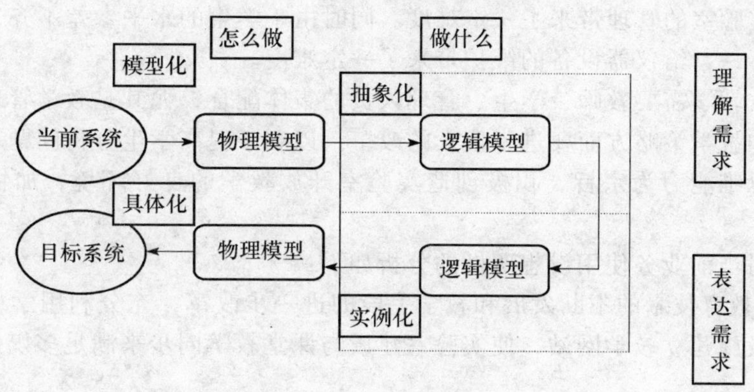

图 3-1 开发过程模型

当前系统：将用户正在使用的系统，可能是需要改进的已经使用计算机进行数据处理的系统，或者是一个人工处理数据的过程，称为当前系统。如本书中所讲案例“开放实验室管理系统”中提到的旧的管理模式，即为当前系统。

目标系统：将经过改进或者由纯人工方式处理的数据过程在应用计算机后所实现的系统，即要完成的软件系统，称为目标系统。在本书案例中指的是系统最终的成果，即“开放实验室管理系统”。

当前系统的物理模型：通过分析现实世界，理解当前系统的运行过程，用一个具体化的模型模拟、了解当前系统的组织机构、资源利用情况和日常数据处理过程，这一模型称为当前系统的物理模型。合理的物理模型应该客观反映现实世界的实际情况。这是软件开发计划中较重要的一步，也是软件需要分析中的第一步。

当前系统的逻辑模型：在理解当前系统的具体运行过程后，从个体的细节抽象出本质的过程模型，即当前系统的逻辑模型。

目标系统的逻辑模型：分析当前系统与目标系统逻辑上的差别，明确目标系统要“做什么”的实质工作，从当前系统的逻辑模型导出目标系统的逻辑模型。

目标系统的物理模型：要确定待开发系统的系统元素，并将功能和数据结构分配到系统元素中。这是软件开发项目的目的。它的具体物理模型则是由它的逻辑模型经实例化后具体到某个业务领域得到的。

3.2 需求分析任务

软件需求分析阶段研究的对象是软件项目的用户要求，如何准确表达用户的要求，怎样与用户共同明确将要开发的系统，是需求分析要解决的主要问题。也就是说需求分析阶段的任务并不是确定系统怎样完成工作，而仅仅是确定系统必须完成哪些工作，即对目标系统提出完整、准确、清晰、具体的要求。需求分析阶段所要完成的任务是以软件计划阶段确定的软件工作范围为指南，通过分析、综合建立分析模型，编制出软件需求规格说明书。

首先应该了解当前业务领域所使用的系统现状，并根据新的业务需求，对比新旧系统中存在的功能差，可以通过表格形式的功能业务需求对比来得到这个功能差。

"开放实验室管理系统"案例中对当前业务使用现状所做的分析如下：

"开放前的实验室管理是比较单一的，管理人员的任务主要是对物的管理，同时采用的是人工记录本和计算机相结合的传统管理模式。实验室开放后学生的实验是自主实验，较为零散，这样给实验室的管理带来了一定难度。同时由于学生的水平参差不齐，对操作仪器设备的熟悉程度不一，给仪器设备的维护带来了一定难度。

实验室开放教学需要教师、学生、管理人员的集体配合，尤其是教学管理部门在教学资源、教学模式和教学策略方面要进行重大的改革，以利于提高学生分析问题、解决问题、科学研究和创新思维能力为宗旨，积极创造实验室开放教学的良好环境，加快教学管理现代化、科学化。"

本案例中对当前业务使用设想所做的分析如下：

"随着现代教育技术的不断发展和教学手段的进一步改革，充分利用学校现有的多媒体设施、校园网设施建立教学网站，使实验室建设与课堂教学同步来满足多媒体和网络教学的需求。

在此基础上，学院考虑设计一个开放实验室管理系统，用以进行开放实验室的管理，提高工作效率。系统构建在 Internet 上，任何一台联网的计算机都可以通过 Internet 访问本系统，通过网页发布实验室综合信息，包括教学计划、实验课程介绍、规章制度、操作规程、数据图表、教师队伍、实验教材讲义、开放实验室管理、通知、成绩公布等。通过开放实验室管理系统，学生可以提出问题，参加讨论，发表见解，向教师提出设计性实验方案，预约实验内容和时间，根据自己的学习进度查阅有关的实验教学内容。教师可以辅导答疑，介绍有关知识，对实验安排、实验完成情况进行查询，还可以统计数据，打印报表，在网上公布。系统还具有系统监控、实验安排、实验成绩管理以及一定程度的自动化处理等功能。"

这样，在这个基础上，可以先得到系统的最简单也是最原始的系统功能图，详见图 2-5 所示。

下面简要叙述需求分析阶段的具体任务。

1. 确定对系统的综合要求

对系统的综合要求有下述四个方面：

1）系统功能要求：应该划分出系统必须完成的所有功能。

2）系统性能要求：例如，联机系统的响应时间（即对于从终端输入的一个事务，系统在多长时间之内可以做出响应)，系统需要的存储容量以及后援存储，重新启动和安全性等方面的考虑也都属于性能要求。

3）运行要求：这类要求集中表现为对系统运行时所处环境的要求。例如，支持系统运行的系统软件是什么，采用哪种数据库管理系统，需要什么样的外存储器和数据通信接口等。

4）将来可能提出的要求：应该明确地列出那些虽然不属于当前系统开发范畴，但是据分析将来很可能会提出来的要求。这样做的目的是在设计过程中对系统将来可能的扩充和修改预先做准备，以便一旦需要时能比较容易地进行这种扩充和修改。

2. 分析系统的数据要求

任何一个软件系统本质上都是信息处理系统，系统必须处理的信息和系统应该产生的信息在很大程度上决定了系统的面貌，对软件设计有深远影响。因此，必须分析系统的数据要求，这是软件需求分析的一个重要任务。分析系统的数据要求通常采用建立概念模型的方法。

复杂的数据由许多基本的数据元素组成，可以用数据结构表示数据元素之间的逻辑关系。利用数据字典可以全面准确地定义数据，但是数据字典的缺点是不够形象直观。为了提高可理解性，常常利用图形工具辅助描绘数据结构。常用的图形工具有层次方框图和Warnier图。

软件系统经常使用各种长期保存的信息，这些信息通常以一定方式组织并存储在数据库或文件中，为减少数据冗余，避免出现插入异常或删除异常，简化修改数据的过程，通常需要把数据结构规范化。

3. 导出系统的逻辑模型

综合上述两项分析的结果可以导出系统的详细逻辑模型，通常用数据流图、数据字典和主要的处理算法描述这个逻辑模型。

4. 修正系统开发计划

根据在分析过程中获得的对系统的更深入、更具体的了解，可以比较准确地估计系统的成本和进度，修正以前制定的开发计划。

5. 开发原型系统

在计算机硬件和许多其他工程产品的设计过程中经常使用样机，建造样机通常有两个主要目的：检验关键设计方案的正确性，以及确认系统是否真正满足用户的需要。对于软件系统的开发，使用“样机”（更正确的名称应该是原型系统）的主要目的是：使用户通过实践获得关于未来系统将怎样为他们工作的更直接、更具体的概念，从而可以更准确地提出和确定他们的要求。

把建立原型系统作为一种可能采取的策略的主要理由如下：

1）由于人类认识能力的局限，不能预先指定所有要求；

2）在用户和系统分析员之间存在固有的通信鸿沟；

3）用户需要一个“活的”系统模型，以便获得实践经验；

4）在开发过程中重复和反复是必要的和不可避免的；

5）目前有快速建立原型系统的工具可供选用。

用户试用了原型系统以后能够指出系统的哪些特性是他们喜欢的，哪些是他们不能接受的，以及他们还需要哪些新的功能。根据经过实践检验的用户需求而开发出来的系统，更可能真正满足用户的需要。特别在所开发的系统是全新的，用户没有使用类似系统的经验时，更应该认真考虑开发原型系统的必要和可能。

在软件开发中采用样机策略的主要困难是成本问题。对于一次设计后大批量生产的产品（例如，计算机硬件和绝大多数工业产品），设计和制造样机的费用可以分摊到每件产品上，因此每件产品的成本增加很少。软件，特别是应用软件，通常一次只开发出一件产品，采用样机策略则成本增加很多，因此过去很少采用这种策略。但是，由于正确地提出用户需求是软件开发工程成功的基础，近年来主张采用样机策略的人逐渐增多。此外，目前有一些较好的工具可供建立软件的原型系统，这就为在软件开发中采用样机策略奠定了必要的物质基础。

3.3 软件需求分析类型

软件需求的来源广泛，有来自于计算机领域的客户需求，也有可能来自于与计算机专业完全无关的其他行业。需求的提出、分析以及形式化描述与最终得到系统产品有着至关重要的关系，因此，有必要了解不同阶段、不同领域、不同类型的相关人员对软件需求的类型。

3.3.1 软件需求基本分类

软件系统需求通常情况下分为三类：

功能需求：包括对系统应该提供的服务、如何对输入做出反应以及系统在特定条件下行为的描述。在某些情况下，功能需求可能还需要明确声明系统不应该做什么。

非功能需求：对系统提供的服务或功能给出的约束。包括时间约束、开发过程的约束、标准等。

领域需求：来自系统应用程序领域的需求，反映了该领域的特点。它们也可能是功能需求或非功能需求。

1. 功能需求

功能需求描述系统所预期提供的功能或服务，它取决于开发的软件类型、软件未来的用户以及开发的系统类型。如果是用户需求，就用较一般的描述给出，若是功能性的系统需求，则需要详细地描述系统功能、输入和输出、异常等。

理论上，系统的功能需求描述应该既全面又一致。全面意味着用户所需的所有服务都应该描述出来。一致意味着需求描述不能前后矛盾。在实际过程中，对大型而又复杂的系统而言，要做到需求描述既全面又一致几乎是不可能的。一方面是由于系统固有的复杂性，一方面是因为观点不同，需求也会发生矛盾。

功能需求的数据采集主要来自于与客户的大量沟通，并亲自到业务领域现场了解或熟悉业务流程，通过对新业务需求的了解和掌握，与客户进行详细的交流，确定初步的需求，该阶段工作有以下特点：

1）用户与开发人员很难进行交流。在软件生存周期中，其他四个阶段都是面向软件技术问题，只有本阶段是面向用户的。需求分析是对用户的业务活动进行分析，明确在用户的业务环境中软件系统应该“做什么”。但是在开始时，开发人员和用户双方都不能准确地提出系统要“做什么”。因为软件开发人员不是用户问题领域的专家，不熟悉用户的业务活动和业务环境，又不可能在短期内了解清楚；而用户不熟悉计算机应用的有关问题。由于双方互相不了解对方的工作，又缺乏共同语言，所以在交流时存在着隔阂。

2）用户的需求是动态变化的。对于一个大型而复杂的软件系统，用户很难精确完整地提出其功能和性能要求。一开始只能提出一个大概、模糊的功能，只有经过长时间的反复，需求才逐步明确，有时进入到设计、编程阶段才能明确，更有甚者，到开发后期还在提新的要求。这无疑给软件开发带来困难。

3）系统变更的代价呈非线性增长。需求分析是软件开发的基础。假定在该阶段发现一个错误，解决它需要用一小时的时间，到设计、编程、测试和维护阶段解决，则要花 2.5、5、25、100 倍的时间。

基于上述的三个特点，开发人员通常要对大型复杂系统的需求进行可行性研究。开发人员对用户的要求及现实环境进行调查、了解，从技术、经济和社会因素三个方面进行研究并论证该软件项目的可行性，根据可行性研究的结果，决定项目的取舍。研究的主要内容包括下述四个方面：

1）首先调查组织机构情况，包括了解该组织的部门组成情况，各部门的职能等，为分析信息流程做准备。

2）然后调查各部门的业务活动情况，包括了解各个部门输入和使用什么数据，如何加工处理这些数据，输出什么信息，输出到什么部门，输出结果的格式是什么。

3）协助用户明确对新系统的各种要求，包括信息要求、处理要求、完全性与完整性要求。

4）确定新系统的边界，确定哪些功能由计算机完成或将来准备让计算机完成，哪些活动由人工完成。由计算机完成的功能就是新系统应该实现的功能。

为了更好地了解用户需求，常用的需求调查方法有：

1）跟班作业：通过亲身参加业务工作来了解业务活动的情况。这种方法可以比较准确地理解用户的需求，但比较耗费时间。

2）开调查会：通过与用户座谈来了解业务活动情况及用户需求。座谈时，参加者之间可以相互启发。

3）请专人介绍。

4）询问：对某些调查中的问题，可以找专人询问。

5）设计调查表请用户填写：如果调查表设计得合理，这种方法很有效，也很易于为用户接受。

6）查阅记录：即查阅与原系统有关的数据记录，包括原始单据、账簿、报表等。

通过调查了解了用户需求后，还需要进一步分析和表达用户的需求。分析和表达用户需求的方法主要包括自顶向下和自底向上两类方法。

2. 非功能需求

非功能需求是指那些不直接与系统具体功能相关的一类需求，它们与系统的总体特性相关，如可靠性、反应时间和储存空间等。

许多非功能需求关心的是系统整体特性而不是个别特性，因此，非功能需求比功能需求对系统更关键。一个功能需求没有满足可能降低系统的能力，而一个非功能系统需求没有满足则可能使整个系统无法使用。

不同的非功能需求通常依照其起源分为三大类（如图 3-2 所示）：

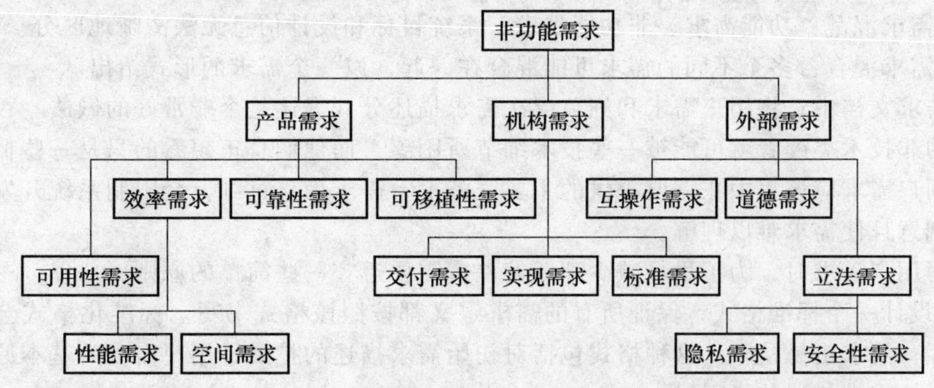

图 3-2　非功能需求的类型

1）产品需求：是叙述产品行为的需求，包括系统运行速度和内存消耗等性能需求、系统可靠性需求（如系统可以接受的出错率等）、可移植性和可用性需求。

2）机构需求：源于客户所在的机构和开发者所在机构中的政策和规定。

3）外部需求：其范围较广，包括所有系统外部因素和开发过程，如互操作需求、法律需求、道德需求等。

检验非功能需求的常见问题是非常困难的。这些非功能需求可能是对系统易用性、系统可恢复性和对用户输入快速反应性能的要求。尽可能量化非功能需求，在系统交付之际可以大大地减少客户和开发者之间引发的争议。理论上非功能需求是可以进行量化验证的，但量化验证成本极高。常见的非功能需求量化方法见表3-1：

表3-1 非功能需求量化方法

性质	度量方法
速度	每秒处理的事务，用户/事件响应时间，屏幕刷新时间
规模	千字节，RAM芯片数
易用性	培训时间，帮助画面数
可靠性	失败平均时间，无效的概率，失败发生率，有效性
鲁棒性	失败之后的重启次数，事件引起失败的百分比，失败中数据崩溃的可能性
可移植性	依赖于目标的语句百分比，目标系统数

3. 领域需求

领域需求起源于系统的应用领域而不是系统的用户，它们可能是一个新的特有的功能需求、对已存在的功能需求的约束或者是需要实现的一个特别计算。它们时常反映应用领域的基本问题，所以领域需求很重要。

3.3.2 用户需求

用户需求是从用户角度来描述系统功能和非功能需求，以便让不具备专业技术方面知识的用户能看懂。这样的需求描述只描述系统的外部行为，要尽量避免描述系统设计特性。因而，用户需求就不可能使用任何实现模型来描述，而是用自然语言、图表和直观的图形来叙述。

然而，用自然语言描述的需求可能会出现以下问题：

1）描述不够清楚：使用自然语言描述，既要精确无二义，又要保证叙述不至于晦涩难懂，往往是件不容易做到的事情。

2）需求混乱：功能需求、非功能需求、系统目标和设计信息无法清晰地区分。

3）需求混合：多个不同的需求可能混合在一起，以一个需求的形式给出。

在需求文档中，将用户需求和细节层次需求描述分开表述是个非常好的做法。否则，用户需求的非技术类读者就可能被一些技术细节所困惑，而他们真正想看的只是一些概念性的内容。用户需求应该集中在需要提供的主要服务上，需求信息过细，会限制系统开发者解决问题的创意且使需求难以理解。

在写用户需求时，为了尽量减少理解偏差，需要遵守一些简单的原则：

1）设计一个标准格式，保证所有的需求定义都按照该格式书写。标准化格式会使遗漏不易发生，需求更易检查。这种格式包括对初始需求描述的扩展、用户需求的基本原理以及详细的系统需求描述的索引。

2）使用一致的语言，尤其要区别强制性和希望性的需求。定义强制性需求时要使用

“必须”，定义希望性需求时应使用“应该”。

3）对文本加亮（使用黑体或斜体）来突出显示关键性的需求。

4）尽量避免使用计算机专业术语。然而，在用户需求中肯定会包含对应用领域的一些描述，而这些描述包含一些详细的技术条款，这就不可避免地会用到专业术语。

3.3.3 系统需求

系统需求是比用户需求更详细的需求描述，是系统实现的基本依据，因此，它是一个完全和一致的系统描述，是软件工程人员系统设计的起点。

原则上讲，系统需求应该陈述“系统应该做什么”而不包括“系统应该如何实现”。然而，要在细节层次上给出系统完善的定义，不提到任何设计信息是不可能的。主要理由如下：

首先要给出系统的初始体系结构，借助这个框架来构造需求描述。系统需求依照构成系统的不同子系统结构来给出。在大部分情况下，系统和其他已存在的系统存在互操作。这就约束了系统的设计，同时这些约束又构成了新系统的需求。使用特别的设计是系统的一个外部需求。

替代自然语言的描述方式如表3-2所示。

表3-2 可以替换自然语言的方法

符号	描述
结构化自然语言	该方法依赖于定义标准格式或模板来表达需求描述
设计描述语言	该方法使用一种类似于程序设计语言的语言，但是具有更多的抽象特征，通过定义系统的操作模型来定义需求
图形化符号	用图形语言辅之以文本注释来定义系统的功能需求
数学描述	是基于像有限状态机或集合这样的数学概念符号。这种无二义的描述减少了客户和承包商之间关于功能的争论。然而，绝大多数客户不懂形式化描述，因而不愿接受这样的系统合同

3.4 软件需求分析原则

需求分析的前提是准确、完整地获取用户需求。向问题领域的专家学习，进行用户需求调查是需求分析的第一步。用户需求通常可以分为功能需求和非功能需求两类。功能需求定义了系统应该做什么，系统要求输入什么信息、输出什么信息，以及如何将输入变换为输出。非功能需求则定义了软件运行的状态特征，如系统运行效率、可靠性、安全性、可维护性等。

综合起来，应该获取用户需求的内容包括：

1）物理环境。系统运行的设备地点、位置是集中式的还是分布式的，对环境的要求如何（如温度、湿度，电磁场干扰等）。

2）系统界面。要求与其他系统进行数据交换的内容与格式，终端用户的类型与熟练程度，用户对界面的特定要求，用户操作的易接受性等。

3）系统功能。系统应该完成的功能以及何时完成，对于系统运行速度、响应时间或者数据吞吐量的要求，系统运行的权限规定，系统可靠性要求，是否要求可移植，未来扩充或者升级的要求。

4）数据要求。输入输出数据的种类与格式，计算必须达到的精度，数据接收与发送的频率，数据存储的容量和可靠性，数据或者文件访问的控制权限，数据备份的要求。

5）系统文档规格。系统要求交付什么文档，各类文档的编制规范和预期使用对象。

6）系统维护要求。系统出错后可以允许的最大恢复时间，对错误修改的回归测试要求，系统运行日志规格，是否允许对系统修改，系统变化如何反映到设计中。

在获取需求过程中遇到的典型问题是：

1）如何理解问题。大多数情况下，软件开发人员不是问题领域的行家。但是要准确、完整地获取需求必须对问题具有深入的理解与把握。许多问题即使是用户业务人员也可能没有自觉的认识。

2）分析员与用户的通信问题。分析员对问题的理解必须从信息处理要求出发，而用户考虑更多的是本身的业务领域。与用户相互建立信任，进行有效的沟通是分析员的首要任务。

3）用户需求的可变性。用户需求通常是不断变化的，而软件开发人员则希望将需求冻结在某一时刻。影响用户需求变化的因素可以是用户领域的业务扩充或者转移，市场竞争的要求，用户主管人员的变更等。现实情况是分析员只能接受需求不断变化的事实，应该千方百计地使其工作适应需求的变化。

现实世界是复杂多变的。为了将现实世界中问题的求解映射为信息处理模型，对问题进行分解与抽象是普遍有效的基本法则。

分解是将复杂问题求解分解为若干相对简单问题求解的组合。例如为实现一个计算机考试系统，可以将该系统分解为试题库维护、试题生成、考务管理、学生考试和计算机阅卷五个子系统，定义好各子系统之间的相互联系，对每个子系统分别求解。分解的目的是为了降低问题求解的复杂性。如子问题仍然较复杂，则可以进一步分解。抽象是认识问题的一般与特殊的关系。例如对于上面的考试系统我们可以考虑考试要求的不同试题类型，构造每种类型的典型试题，通过对典型试题的答题要求和阅卷判定方法的分析，抽象出各类试题的不同答题模式和计算机阅卷策略与算法。

问题分解与抽象定义了问题的层次结构，在问题求解中应该反映出这种层次结构。问题结构与问题求解结构的对应关系保证了问题定义的完整性、正确性和可跟踪性。

3.5 需求分析方法

在需求分析中通常采用结构化分析技术、面向对象分析技术等。

下面仅对结构化分析技术做详细的介绍。

3.5.1 结构化分析方法

结构化分析技术是20世纪70年代中期由E. Yourdon等人倡导的一种面向数据流的分析方法。按照T. Demarco的定义："结构化分析就是使用数据流图、数据词典、结构化语言、判定表和判定树等工具来建立一种新的称为结构化说明书的目标文档。"这里的结构化说明书就是需求规格说明书。结构化分析技术将软件系统抽象为一系列的逻辑加工单元，各单元之间以数据流发生关联。按照数据流分析的观点，系统模型的功能是数据变换，逻辑加工单元接收输入数据流，使之变换成输出数据流。数据流模型常用数据流程图表示。

结构化分析是面向数据流进行需求分析的方法，经过20多年的发展，已经成为广泛应用的技术之一。结构化分析方法以数据字典为核心，采用实体关系图、数据流图和状态转换图等图形来表达需求，直观明了且易于理解和掌握。其中，数据流图是结构化分析的基本工具，体现了自顶向下逐步求精的分析过程，确定了系统的任务流和数据流；实体关系图描述了系统的数据关系，从而帮助开发人员分析和理解系统数据的组成，并为系统设计阶段定义系统数据库的物理结构打下基础；状态转换图描述了系统状态之间的变化过程，它对于实时系统和控制系统尤为重要。

1. 建立功能模型

数据流程图又称数据流图，它是以图形的方式来表达数据处理系统中信息的变换和传递过程。数据流图是一种描述手段，它可以模拟手工的、自动的以及两者兼而有之的混合的数据处理过程。

数据流程图有三个重要属性：

1）可以表示任何一个系统（人工的、自动的或混合的）中的信息流程。

2）每个圆圈可能需要进一步分解以求得对问题的全面理解。

3）着重强调的是数据流程而不是控制流程。

“开放实验室管理系统”案例中，图 3-3 给出了实验预约过程中数据加工过程各项活动的数据流程图。

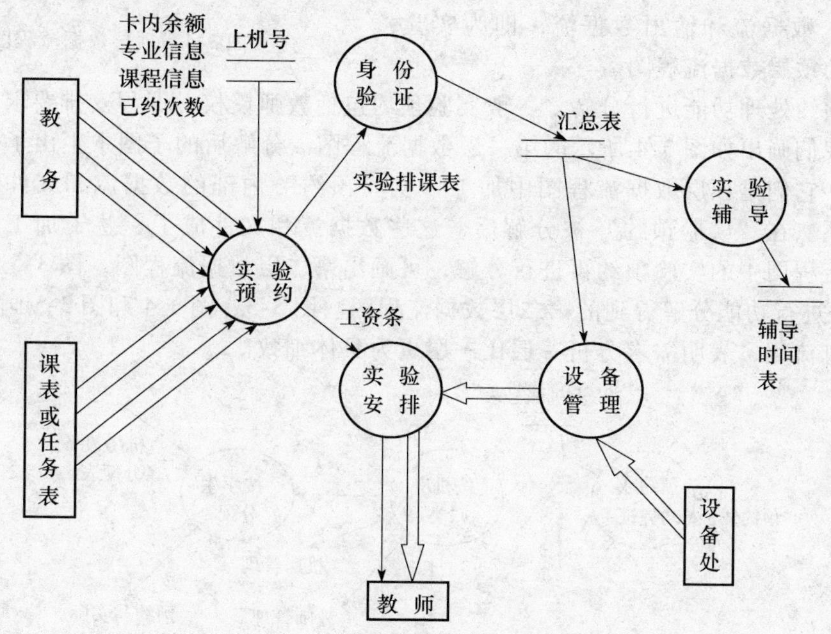

图 3-3　实验室预约处理数据流程图

数据流程图中的基本符号包括以下几种：

1）数据流。数据流是有名字、有流向的数据，在数据流程图中，数据流用标有名字的箭头来表示，如图 3-3 中的“工资条”、“实验排课表”等。

2）加工。加工又称逻辑处理，表示数据所进行的加工或变换，以标有名字的圆圈表示，如图 3-3 中的“实验预约”、“实验安排”等。指向加工的数据流是该加工的输入数据，离开加工的数据流是该加工的输出数据。

3）文件。文件是数据暂存的处所，可对文件进行必要的存取，在图中以标有名字的双直线段表示，如图 3-3 中的“辅导时间表”、“汇总表”等。对文件的存取分别以指向或离开文件的箭头表示。由于文件的内容能顾名思义，因而对其进行存取的箭头即使没有名字也不会造成混乱。

4）数据源及数据终点。表明数据处理过程的数据来源或数据去向的标志称为数据源及数据终点，在数据流程图中均以命名的方框来表示，如图 3-3 中的“教师”等。

一般情况下，为了表达数据处理的数据加工过程，只用一个数据流程图是不够的。对稍为复杂一些的实际问题，常以层次结构的数据流程图来表示。

任何系统都是有层次的结构，如果按照层次结构对系统进行逐步分解，就能很清楚地表达和理解整个系统。在每一个层次上，最核心的部分就是数据加工以及相关的数据流。

除了上述 4 种基本成分外，数据流程图还有几种附加成分，例如，星号“＊”表示几股数据流之间是“与”的关系，加号“＋”表示“或”的关系，⊙号表示从几股数据流中选取一股，即表示“互斥”的关系。

下面根据案例中开放实验室的预约情况进一步说明数据流程图的应用。图 3-4 中的基本系统模型把实验预约工作抽象成一个加工，并标上所有的输入数据流和输出数据流，即为实验预约子系统的顶层数据流程图。

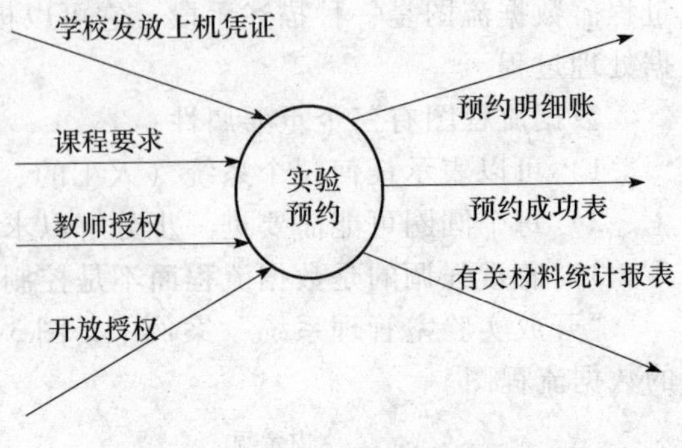

图 3-4　顶层数据流程图

把实验预约处理功能进行分解。一般实验预约包括教师授权、课程安排要求、开放授权等，据此，我们画出如图 3-4 所示的第一层数据流程图。分解后的子图中生出了一些新的数据流和文件，它们是顶层数据流程图中加工“实验预约”内部的数据流和文件，与其外部元素没有联系。在“实验预约”被分解后，这些数据流和文件成了一些子加工的界面。把第一层数据流程图中的实验预约再进行分解，可画出第二层数据流程图，图 3-5 就是对加工“实验预约”进行功能分解得到的第二层数据流程图。图 3-3、图 3-4 和图 3-5 画出了 3 种不同层次的信息流程，表明需求分析一层比一层更为具体细致。

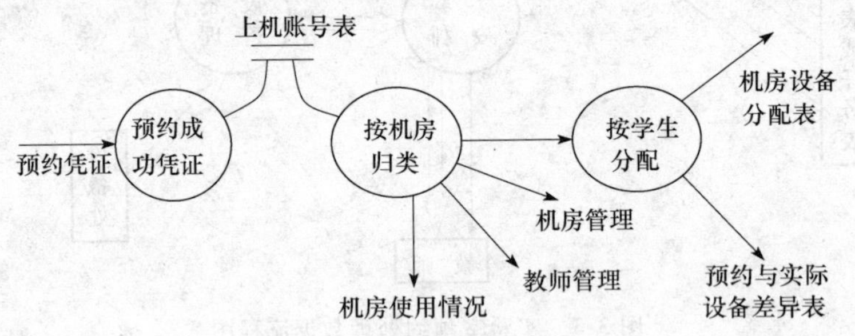

图 3-5　第二层数据流图

数据流程图是一种图解方法，它在软件需求分析中是非常有用的。然而，如果它的作用与程序流程图混淆的话，也会引起混乱。数据流程图描绘的是信息流，没有明显的控制说明（例如条件或循环），它不是一个用圆圈表示的程序流程图。

在推导面向软件的数据流时有几个非常有用而简单的准则：

1）一层数据流程图应当是基本系统模型。

2）应当仔细说明原始的输入/输出文件。

3）所有箭头和圆圈均应加上标注（使用有意义的名字）。

4）必须维持信息的连续性。

5）每一次只应当细化一个圆圈。

6）可以在数据流程图中加上物质流，这样有助于帮助用户理解该数据流程图。

在画分层数据流程图时，要特别注意下面几个问题：

1）加工的编号方法。加工的编号遵循两条原则：第一，从加工的编号能知道该加工处在哪一层分解；第二，从加工编号知道该加工是从父图中哪个加工分解得来的。

2）分解程度。分解程度包括两个方面：其一是确定每个加工每次分解成几个子加工比较恰当；其二是分解深度，即分解的层数问题。这两个问题之间有一定的联系。经验表明，一个加工的分解以不超过7个子加工为比较合适，这样，一个加工的分解完全可以在一张图纸上画下来。过多的子加工使图纸显得拥挤，而每个加工分解的子加工个数太少，就会使整个数据流程图的分解层数增加，这会给阅读和理解带来困难。

3）父图和子图之间的平衡。多层数据流程图中的父图和子图之间的数据流必须保持一致（或称保持“平衡”），即父图中出现的输入数据流和输出数据流都应在子图中出现，以保证加工过程的连续性和一致性。

有时，当在子图中对父图的数据流做了分解后，检验父图和子图的平衡还需借助于数据字典。因为自顶向下逐层对数据流程图分解，实际上不仅是对加工进行分解，同时也对数据流进行分解。

2. 建立数据模型

软件系统本质上是信息处理系统，因此，在软件系统整个开发过程中都必须考虑两方面的问题——“数据”及对数据的“处理”。在需求分析阶段既要分析用户的数据要求（即需要哪些数据、数据之间有什么联系、数据本身有什么性质、数据的结构等），又要分析用户的处理要求（即对数据进行哪些处理、每个处理的逻辑功能等）。

为了把用户的数据要求清晰明确地表达出来，系统分析员通常建立一个概念性的数据模型（也称为信息模型）。概念性数据模型是一种面向问题的数据模型，是按照用户的观点来对数据和信息建模。它描述了从用户角度看到的数据，反映了用户的现实环境，且与在软件系统中的实现方法无关。

最常用的表示概念性数据模型的方法是实体 - 关系方法（Entity-Relationship Approach）。这种方法用实体关系（ER）图描述现实世界中的实体，而不涉及这些实体在系统中的实现。用这种方法表示的概念性数据模型又称为ER模型。

通常，软件系统中有许多数据是需要长期保存的，为减少数据冗余，简化修改数据的过程，应该对数据进行规范化。

ER模型中包含“实体”、“关系”和“属性”三个基本成分。

下面分别介绍这些概念。

（1）实体

实体是客观世界中存在的且可相互区分的事物。实体可以是人也可以是物，可以是具体事物也可以是抽象概念。例如，职工、学生、课程、教师等都是实体。在ER图中用矩形框代表实体。

（2）关系

客观世界中的事物彼此间往往是有关系的。例如，教师与课程间存在“教”这种关系，而学生与课程间则存在“学”这种关系。关系可分为三类：

1）一对一关系（1:1）。例如，一个部门有一个经理，而每个经理只在一个部门任职，则部门与经理的关系是一对一的。

2）一对多关系（1:N）。例如，某校教师与课程之间存在一对多的关系“教”，即每位教师可以教多门课程，但是每门课程只能由一位教师来教。

3）多对多关系（M:N）。例如，学生与课程间的关系（“学”）是多对多的，即一个学生可以学多门程，而每门课程可以有多个学生来学。

在ER图中，用连接相关实体的菱形框表示关系。

(3) 属性

属性是实体或关系所具有的性质。通常一个实体由若干个属性来刻画。例如，“学生”实体有学号、姓名、性别、系、年级等属性；“教师”实体有教工号、姓名、性别、职称、职务等属性；“课程”实体有课程号、课名、学时、学分等属性。

关系也可能有属性。例如，学生“学”某门课程所取得的成绩，既不是学生的属性也不是课程的属性。由于“成绩”既依赖于某名特定的学生又依赖于某门特定的课程，所以它是学生与课程之间的关系“学”的属性。

在ER图中用椭圆形或圆角矩形表示实体（或关系）的属性，并用无向边把实体（或关系）与其属性连接起来。

人们通常就是用实体、关系和属性这三个概念来理解现实问题的，因此，ER模型比较接近人的习惯思维方式。此外，ER模型使用简单的图形符号表达系统分析员对问题域的理解，不熟悉计算机技术的用户也能理解它，因此，ER模型可以作为用户与分析员之间有效的交流工具。

(4) 范式

通常用“范式（Normal Form）”来定义消除数据冗余的程度。第一范式（1NF）数据冗余程度最大，第五范式（5NF）数据冗余程度最小。首先，范式级别越高，存储同样数据就需要分解成更多张表，因此，“存储自身”的过程也就越复杂。第二，随着范式级别的提高，数据的存储结构与基于问题域的结构之间的匹配程度也随之下降，因此，在需求变化时数据的稳定性越差。第三，范式级别提高则需要访问的表增多，因此性能（速度）将下降。从实用角度看来，在大多数场合选用第三范式都比较恰当。

通常按照属性间的依赖情况区分规范化的程度。属性间的依赖情况满足不同程度要求的范式不同，满足最低要求的是第一范式，在第一范式中再进一步满足一些要求的为第二范式，以此类推。下面给出第一、第二和第三范式的定义。

1）第一范式：每个属性值都必须是原子值，即仅仅是一个简单值而不含内部结构。

2）第二范式：满足第一范式条件，而且每个非主属性完全依赖于某个候选键（而不是部分依赖于某个候选键）。

3）第三范式：符合第二范式的条件，所有非主属性即不部分依赖于某个候选键，也不传递依赖于某个候选键。

3. 建立行为模型

状态转换图如图3-6所示，通过描述状态以及导致系统改变状态的事件来表示系统的行为，它没有表示出系统所执行的处理，只表示了处理结果的可能的状态转换。状态转换图中用带标记的圆圈或矩形表示状态，用箭头表示从一种状态到另一种状态的变换，箭头上的文本标记表示引起变换的条件。

图3-6 状态转换图基本图形元素

分析建模是实现真实世界模型向计算机模型转换的核心环节，也是一种处理软件复杂性的有效手段。在需求开发阶段，分析建模的关键是针对用户需求建立抽象的分析模型，从而有助于开发人员理解用户需求，同时增强自然语言的需求规格说明的表达能力。分析模型往往采用一些图形化的表示方式，从数据、功能和行为等不同角度表达用户需求。

4. 数据字典

数据字典是结构化分析方法的一个有力工具，它对数据流程图中出现的所有数据元素给出逻辑定义。有了数据字典，使数据流程图上的数据流、加工和文件能得到确切的解释。

数据字典的条目可以分成四大类，即数据流条目、文件条目、数据项条目、加工条目。数据字典中的数据构成如图 3-7 所示的层次关系。这些数据元素的定义通常用“定义式”的形式给出。根据所考虑问题的大小，一个数据处理系统的数据字典可能有几十、几百甚至几千个定义式。

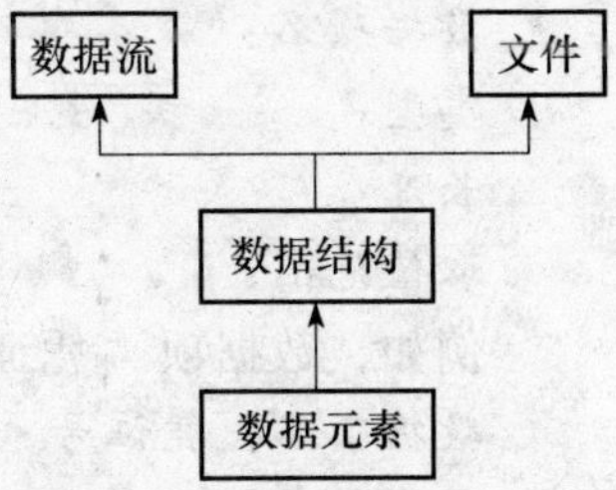

数据流　文件
数据结构
数据元素

图 3-7　数据字典中数据的层次关系

通常，在数据字典的定义式中可能出现的符号及其含义如下（设 x 和 a、b 都是数据元素）：

x = a + b	x 由 a 和 b 构成
x = [a | b]	x 由 a 或 b 构成
x = (a)	数据元素 a 在 x 中可出现，也可不出现
x = {a}	x 由 0 个或多个重复的 a 构成

（1）数据流条目

数据流条目主要说明数据流是由哪些数据项组成的，以及数据在单位时间内的流量，它的来源、去向等。

数据流条目的格式如下：

数据流名：
组成：
流量：
来源：
去向：

例如，数据流“银行对账单”条目的格式如下：

数据流名：银行对账单
组成：月份 + 日期 + 银行支票 + 金额
流量：2 张 / 3 天，每张约 40 笔数据
来源：开户银行
去向：资金管理组

（2）文件条目

文件条目主要说明文件由哪些数据项组成，以及它的存储方式和存取频率等。

文件条目的格式如下：

文件名：
组成：
存储方式：
存储频率：

例如，文件“现金日记账”条目的格式如下：

文件名：现金日记账
组成：月份 + 日期 + 摘要 + 收入 + 支出 + 结存
存储方式：顺序
存储频率：20 笔 / 天

(3) 数据项条目

数据项条目主要说明数据项类型、长度、取值范围等。

数据项条目的格式如下：

数据项名：

类型：

长度：

取值范围：

例如，数据项“凭证号”条目的格式如下：

数据项名：凭证号

类型：数值

长度：6位（含小数一位）

取值范围：1000.0～4999.9

(4) 加工条目

加工条目主要说明加工的输入数据、输出数据及其加工逻辑等。

加工条目的格式如下：

加工名：

输入数据：

输出数据：

加工逻辑：

例如，加工“工资分配”条目的格式如下：

加工名：工资分配

输入数据：工资结算单（汇总表）

输出数据：工资费用分配表

加工逻辑：各车间根据工资结算单，按产品种类或批别，分别分配管理人员工资和生产工人工资，并按比例提取福利基金。

与数据流程图的层次概念相类似，一个数据字典的定义式不宜包含过多的项，这可以采取逐级定义的方式，使得一些复杂的数据元素自顶向下多层定义，直到最后给出无需定义的基本数据元素。

数据字典就是这样构造起来的一组定义式。必要时，定义式之间还可能有一些特定的注释行出现，以利于理解。

数据字典所收集的数据定义通常都按词典的编辑方法顺序排列，以方便使用。当然，不允许出现一个数据元素有多个定义的现象。

数据字典的建立和维护是件细致而又复杂的工作，大的数据处理系统在数据字典上投入的工作量也是相当可观的。人工建立和维护数据字典常采用卡片方式记载数据定义，也可以采用计算机进行数据字典的自动管理（机读数据词典），其管理功能包括对数据定义的修改、补充、查询、自身的一致性检查（发现冲突的定义式）以及与数据流程图的一致性检查等。

3.5.2 面向对象分析方法

面向对象方法是一种把面向对象的思想应用于软件开发过程，指导开发活动的系统方法，简称OO方法，它是建立在对象概念（对象、类和继承）基础上的方法。20世纪60年代后期出现了面向对象的编程语言，在Simula-67语言中引入了类和对象的概念，20世纪70

年代初 Xerox 公司推出了 Smalltalk 语言，奠定了面向对象程序设计的基础，而 Smalltalk-80 的出现标志着面向对象程序设计进入了实用阶段。自 20 世纪 80 年代中期起，人们越来越注重面向对象分析和设计的研究，逐步形成了面向对象方法学，典型的有：P. Coad 和 E. Yourdon的面向对象分析（OOA）和面向对象设计（OOD），G. Booch 的面向对象开发方法，J. Rumbaugh 等人提出的对象建模技术（OMT），Jacobson 的面向对象软件工程（OOSE）等。面向对象方法的出现很快受到计算机软件界的青睐，并成为 20 世纪 90 年代的主流开发方法，其原因主要在于：

1）从认知学的角度来看，面向对象方法符合人们对客观世界的认识规律。面向对象方法以客观世界中系统的实体为基础，将客观实体的属性及其操作封装成对象。在分析阶段，识别系统中的对象以及它们之间的关系；在设计阶段，仍沿用分析的结果，并根据实现的需要增加、删除或合并某些对象，或在某些对象中添加相关的属性和操作，同时设计实现这些操作的方法；在实现阶段，用程序设计语言来描述这些对象以及它们之间的关系。因此，面向对象方法的分析、设计、实现的结果能直接映射到客观世界中系统的实体上，也就是说，解空间的结构与问题空间的结构是一致的，分析、设计、实现一个系统的过程与认识这个问题的过程是一致的。

2）面向对象方法开发的软件系统易于维护，其体系结构易于理解、扩充和修改。面向对象方法开发的软件系统由对象类组成，对象的封装性很好地体现了抽象和信息隐蔽的特征。对象以属性及操作作为接口（界面），使用者只可通过接口访问对象（请求其服务），对象的具体实现细节对外是不可见的。这些特征使得软件系统的体系结构是模块化的，这种体系结构易于理解、扩充和修改。当对象的接口确定以后，实现细节的修改不会影响其他对象，不仅易于维护，而且也便于分配给不同的开发人员去实现，依据规定的接口能方便地组装成系统。

3）面向对象方法中的继承机制有力地支持软件复用。在同一应用领域的不同应用系统中，往往会涉及许多相同或相似的实体，这些实体在不同的应用系统中存在许多相同的属性和操作，也存在一些不同的应用系统所特有的属性和操作。在开发一个新的软件系统时，可复用已有系统中的某些类，通过继承和补充形成新系统的类。在同一个应用系统中，某些类之间存在一些公共的属性和操作，也含有它们各自私有的属性和操作，可以通过继承来复用公共的属性和操作。

UML 语言建立在面向对象的基础上，它采用面向对象的概念和范型。UML 语言的体系结构建立在 4 层元模型结构之上，这 4 层元模型分别为：元元模型、元模型、模型、用户对象。

在 UML 的核心包中定义分类符，如对象类、接口、数据类型、节点、组件、信号、用例、子系统等。有关面向对象分析与设计的内容，在本书的第 4 章会有重点介绍。

3.5.3 结构化语言描述

结构化自然语言是书写系统需求时对自然语言做了严格的规定，这种方法的好处是：保持了自然语言中绝大部分好的性质，包括表现能力和易懂性，同时又在不同程度上对描述做了一致性的约束。可以使用模板来定义系统需求，它综合了源于程序语言的控制结构和图形化的突出显示方法来划分系统描述。

需求描述的结构化是围绕三个主要内容进行的，一是系统操作的对象，二是系统运行的功能，三是系统处理的事件。

当使用一个标准格式描述功能需求时，下列各项信息应该被包括在内：

- 实体或功能描述。
- 输入及输入来源描述。
- 输出及输出去向描述。
- 其他被引用实体的索引。
- 如果一个功能性方法被用到，前置条件设定在什么逻辑子句为真时执行该功能？后置条件设定该功能执行之后什么逻辑子句应该为真？
- 对操作的副作用（如果有的话）的描述。
- 使用 PDL 的需求描述。
- 接口描述。

为了解决自然语言描述固有的二义性问题，一个可行的方法是使用程序描述语言来描述需求，这样的语言称为 PDL。PDL 起源于像 Java 或 Ada 这样的程序设计语言，它包含附加的、更抽象的构造来提高它的表达能力。使用 PDL 的好处是可以用软件工具对其进行语法和语义检查，需求遗漏和不一致也可以通过这些检查来发现。

适合使用 PDL 的情况包括：

1）当操作能分解为一个比较简单的动作序列并且执行顺序非常关键的时候。这样的顺序描述在自然语言中有时是紊乱的，特别是在有内嵌条件和循环的时候。

2）当硬件和软件接口已经被定义的时候。在许多情况下，子系统之间的接口在系统需求描述中已被定义，使用 PDL 可以定义接口对象和类型。

这种需求描述的缺点是：

1）这种语言表达系统功能的能力不够充分。

2）使用的符号只有那些有程序语言知识的人们才可以理解。

3）需求被看成了一个设计描述的设计，而不是帮助用户了解系统的一个模型。

该方法的一个有效的使用方式是与结构化自然语言结合使用。

绝大多数的软件系统是要与其他已经实现的或在环境中运行着的系统进行交互的，如果新系统要和已存在的系统一起工作，已存在的系统接口必须被精确地定义。这些描述在过程的早期阶段就应该给出，也可以以附录的形式在需求文档中给出。

有三种类型的接口必须定义：

1）程序接口：已存在的子系统提供的子程序接口，通过调用这些接口过程来执行子系统提供的服务。

2）数据结构：从一个子系统到其他子系统之间的数据交换所用的数据结构。基于 Java 的 PDL 可以用来描述这样的数据结构，用类来定义数据结构，用属性表示结构中的域。

3）数据表示：一个已存在的子系统建立的数据表示。

3.6 软件需求工程管理

软件需求管理指的是一个为系统需求进行启发、组织、建档的系统方法，一个建立和维护客户与项目团队之间关于变更系统需求所达成的一致性的过程。

软件需求管理过程主要分为以下几个阶段。

3.6.1 定义需求

当完成用户需求调查后，首先要对用户需求说明书进行细化，对比较复杂的用户需求进行建模分析，以帮助软件开发人员更好地理解需求。例如采用 Rational Rose 工具进行需求的建模分析。如果使用工具进行建模分析，对需求分析人员的要求比较高。

当完成需求的定义及分析后，需要将此过程书面化，要遵循既定的规范将需求形成书面的文档，我们通常称之为需求规格说明书。

邀请同行专家和用户（包括客户和最终用户）一起评审需求规格说明书，尽最大努力使需求规格说明书能够准确无误地反映用户的真实意愿。需求评审之后，开发方和客户方的责任人对需求规格说明书作书面承诺。

3.6.2 需求确认

需求确认是需求管理过程中的一种常用手段。确认有两个层面的意思：第一是进行系统需求调查分析人员与客户间的一种沟通，通过沟通对需求不一致的地方进行剔除；另外一个层面的意思是，对于双方达成共同理解或获得用户认可的部分，双方需要进行承诺。

3.6.3 建立需求状态

顾名思义，状态就是一种事物或实体在某一个时刻或点所处的情况，何谓需求状态是指用户需求的一种状态变换过程。

为什么要建立需求状态？在整个软件生存周期中，存在着有几种不同的情况。在需求调查人员或系统分析人员进行需求调查时，客户存在的需求可能有多种：一类是客户可以明确且清楚地提出的需求；一类是客户知道需要做些什么，但又不能确定的需求；还有一类是客户本身可以得出这类需求，但需求的业务不明确，还需要等待外部信息；还有的需求是客户本身也说不清楚的。

在开发过程中，这些需求可以分几种情况处理：有些需求可能要取消；有些需求因为不明确而可以后延，同时可能转化为被取消的需求；有些需求是与客户经过沟通或确认的，此处又分两种情况，一种是确认双方达成共识，另一种是还需要进一步沟通。

下面是一个简单的状态例子：

CLOSED：经过确认，双方认可并达成共识；

OPEN：双方确认，但没有达成共识；

待定：客户提出需求，但双方没有经过沟通或确认；

3.6.4 需求评审

对工作产品的评审有两类方式，一类是正式技术评审，也称同行评审，另一类是非正式技术评审。对于任何重要的工作产品，都应该至少执行一次正式技术评审。在进行正式评审前，需要有人对要进行评审的工作产品进行把关，确认其是否具备进入评审的初步条件。需求评审的规程与其他重要工作产品（如系统设计文档、源代码）的评审规程非常相似，主要区别在于评审人员的组成不同。前者由开发方和客户方的代表共同组成，而后者通常来源于开发方内部。

需求评审究竟要评审什么？要细到什么程度？怎样进行呢？

严格地讲，应当检查需求文档中的每一个需求、每一行文字、每一张图表。评判需求优劣的主要指标有：正确性、清晰性、无二义性、一致性、必要性、完整性、可实现性、可验证性、可测性。如果有可能，最好可以制定评审的检查表。

1. 需求评审面临的困难及对策

需求评审的一个通病是“虎头蛇尾”。需求评审比较乏味，也比较费神。刚开始评审时，大家都比较认真，越到后头越马虎。当需求文档很长时，几乎没人能够坚持到最后。会议主持人事先要强调需求评审的重要性：认真评审一小时可能会避免将来数十天的“返工”，让大家足够重视。评审组长还要设法避免大家在昏昏沉沉中评审。如果评审时间比较长，建议每隔两小时休息一次。另外，如果系统比较大，也可以细分成不同的部分分别进行，严格控制每一次评审的文档规模及持续时间。

需求评审涉及的人员可能比较多，有些时候让这么多人聚在一起花费比较长的时间开会并不容易（例如有些人可能出差在外，有些人可能事务缠身）。没有必要把所有事情挤在一块做，需求开发是循序渐进的过程，需求评审也可以分段进行。这样每次评审的时间比较短，参加评审的人员也少一些，组织会议就比较容易。对于需求的工作产品——需求规格说明书，我们可以标明几种文档状态，如草稿状态、评审状态、初始状态等。只有进入评审状态时，我们才可以用不同的方式来对文档进行评审。但当其评审状态转化为初始状态时，需要进行严格的正式的同行评审。

开评审会议时经常会“跑题”，导致评审效率很低。有时话匣子一打开后关不上，大家越扯越远，结果评审会议变成了聊天会议。主持人应当控制话题，避免大家讨论与主题无关的东西。对于自主研发的产品，由于需求评审人员大部分是开发人员，大家会不知不觉地谈论软件“如何做”。由于需求是否“可实现、可验证、可测试”本来就属于需求评审的范畴，所以强制大家“只谈做什么，不谈怎么做”几乎是不可能的。所以，在需求评审会上，要允许开发人员谈如何做，但不需太细，要适可而止。同时，评审会必须明确一位评审组长，对时间与问题进行控制。

开评审会议时经常会发生争议。适当的争议有利于澄清问题，比什么东西都一致赞成要好。然而当争议变为争吵时就不好了。争吵不仅对评审工作没有好处，而且会无意中伤害同事间的感情，同时也解决不了问题。所以，在开评审会的过程中，我们要尽可能阐述事实与证据，而不是想着要如何说服别人。

人们在很多时候分不清楚自己究竟是在“坚持真理”还是“固执己见”。毫不妥协或者轻易妥协都不是好办法。我们应当养成良好的习惯：不要一棍子打死异己的观点，尝试站在他人的立场思考问题，这样就会找到比较满意的答案。试着从不同的角度去看同样的问题。

2. 需求评审报告的格式

需求评审报告的格式一般如图 3-8 所示。

{项目名称}评审报告_需求

基本信息

工作产品.版本号

名称，标识符，版本，作者，时间

工作产品标识号

评审方式

第几次评审

工作产品存放路径

评审地点

评审时间

参与人员

评审人员名字

工作单位或部门

职务、职称

签字

问题记录及处理意见

问题编号

位置

问题描述

问题类型

严重程度

Problem A

Problem B

评审结论

【 】工作产品合格，无需修改或者需要轻微修改但不必再审核。

【 】工作产品基本合格，需要作少量的修改，之后通过评审组长检查即可。

【 】工作产品不合格，需要做比较大的修改，之后必须重新评审。

签字

图 3-8 需求评审报告格式

3. 需求承诺

需求承诺是指开发方和客户方的责任人对通过了同行评审的需求阶段的工作产品作出承诺，同时该承诺具有商业合同的同等效果。需求承诺的格式通常如图 3-9 所示。

> **需求承诺**
>
> XXX项目需求文档_XXX需求说明书，版本号：X.X.X，是建立在XXX与XXX双方共同对需求理解的基础之上，同意后续的开发工作根据该工作产品开展。如果需求发生变化，双方将共同遵循项目定义的“变更控制规程”执行。需求的变更将导致双方重新协商成本、资源和进度等。
>
> 甲方签字
>
> 乙方签字

图 3-9 需求承诺的格式

4. 需求跟踪

在整个开发过程中，进行需求跟踪的目的是为了建立和维护从用户需求开始到测试之间的一致性与完整性，确保所有的实现是以用户需求为基础，检查需求实现是否全部覆盖，同时确保所有的输出与用户的需求相符合。

需求跟踪有两种方式，正向跟踪与逆向跟踪：

- 正向跟踪：以用户需求为切入点，检查用户需求说明书和需求规格说明书中的每个需求是否都能在后继工作产品中找到对应点。
- 逆向跟踪：检查设计文档、代码、测试用例等工作产品是否都能在需求规格说明书中找到出处。

正向跟踪和逆向跟踪合称为“双向跟踪”。不论采用何种跟踪方式，都要建立与维护需求跟踪矩阵。需求跟踪矩阵保存了需求与后续开发过程输出的对应关系。矩阵单元之间可能存在“一对一”、“一对多”或“多对多”的关系，如表 3-3 所示。

表 3-3 简单的需求跟踪矩阵示例

需求代号	需求规格说明书 V1.0	设计文档 V1.2	代码 1.0	测试用例	测试记录
R001	标题或标识符	标题或标识符	代码文件名称		测试用例标识或名称
R002	…	…	…		…
…	…	…	…		…

使用需求跟踪矩阵的优点是很容易发现需求与后续工作产品之间的不一致，有助于开发人员及时纠正偏差，避免做无用功。

很多人有这样的误解：如果依照“需求开发 - 系统设计 - 编码 - 测试”这样的顺序开发产品，由于每一步的输出就是下一步的输入，所以不必担心设计、编程、测试会与需求不一致，因此可以省略需求跟踪。但是，需要指正的是，按照软件生存周期严格线性顺序的开发模型并不能保证各个开发阶段的工作产品与需求保持一致。因为开发者是人而不是机器，会存在的着需求变化的必然性，对于这一点，大多数开发人员也都深有体会。

3.6.5 需求变更控制

在软件开发过程中，随着用户对系统认识的逐步加深，或者业务范围及业务需要的变化，原先对新系统的描述存在不清晰、不完整的问题会慢慢表现出来，这时用户会对原来的需求做出更改，甚至抛弃了原来部分或全部需求，提出了新的或更完整的要求。对于系统分析人员来说，这意味着前面的工作需要部分或全部进行调整，无论是从时间上、财力上都需要额外再付出，可能造成无法按时完成工程项目。因此，需求的变更控制就显得尤为重要。

需求变更通常会对项目进度、人力资源产生很大的影响，这是开发商非常畏惧的问题，也是必须面临和需要处理的问题。作为软件项目，特别是在外地实施的工程软件项目，需求发生若干次变更似乎是不可避免的。需求发生变更的起因主要有：

1）随着项目的不断往前推进，项目相关人员对需求的了解越来越深入，原先提出的需求可能存在一定的缺陷，因此要变更需求。

2）市场业务需求发生了变化，原先的需求可能跟不上当前的业务发展，因此要变更需求。

3）在项目开发的初始阶段，开发人员和用户没有搞清楚需求或者搞错了需求，到了项目开发后期才将需求纠正过来，导致产品的部分内容需要重新开发。毫无疑问，这种需求变化是工作失误造成的，双方应当好好反省，认真学习需求开发和管理的方法，避免再犯相似的错误。

总而言之，人们提出需求变更，目的是想让产品更加符合市场或客户需求，出发点本身是好的。但对于开发小组而言，需求的变更意味着需要重新进行估计、调整资源、重新分配任务、修改前期工作产品等，而开发商则需要增加预算与投资，开发组要为此付出较重的代价。假定每次需求变更请求都被接受的话，那么这个项目将会成为一个连环式的工程。

需求变更控制的原则是：

1）如果需求变更带来的好处大于坏处，那么允许变更，但必须按照已定义的变更规程执行，以免变更失去控制。

2）如果需求变更带来的坏处大于好处，那么拒绝变更。

当然，好处与坏处并不是主观的，而是通过客观分析与评价得出的。

对于需求的变更，在某种程度上来说是项目的范围进行了变化。因此，对需求进行变更通常需要客户与开发方共同参与，包括负责人及市场人员。

需求变更控制过程中最难办的事情莫过于“拒绝客户提出的需求变更请求”。客户会想当然地认为变更需求是他的权利，因为他付钱给开发方。通常开发方是不敢得罪客户的，但是无原则地退让将使开发小组陷入困境。怎么解决这个问题呢？我们的建议是：事先建立一个“游戏规则”。

当然，如果事先没有“游戏规则”，开发方的负责人要有一些社交技巧来缓和矛盾。例如首先承认客户提出的需求变更请求是合理的，再阐述己方的难处，最后建议在开发该产品新版本时修改需求。这种方式比直接拒绝有效得多，既不得罪客户，又为自己争取了余地。

另外还有一种方法，就是将变更需求先进行记录，并通知给客户，当其需求变化让开发组不能接受时，再进行相关的协调。

需求变更是正常的，它并不可怕，可怕的是需求的变更得不到控制。

3.7 软件需求文档

软件需求规格说明（Software Requirement Specification，SRS）又称软件需求说明，它是系统分析人员在需求分析阶段完成的文档，是软件需求分析的最终结果。它的主要作用是：作为软件人员与用户之间事实上的技术合同书；作为软件人员下一步进行设计和编码的基础；作为测试和验收的依据。SRS必须用统一的文档格式进行描述。为了使需求分析描述具有统一的风格，可以采用已有的且能满足项目需要的模板，如国家标准GB/T 9385—1988《计算机软件需求说明编制指南》中描述的SRS模板；也可以根据项目特点和软件开发小组的特点对标准进行适当的改动，形成自己的模板。软件需求说明主要包括引言、任务概述、需求规定、运行环境规定和附录等内容。

软件需求规格说明是需求分析阶段的主要文档，它以一致的、无二义性的方式完整、准确地表达目标系统应该实现的用户需求。SRS 既是软件开发设计的依据，也是将来用户测试验收的依据。提交通过复审的 SRS 是需求分析结束的里程碑。SRS 围绕以下四个方面组织：

1）系统规格说明：目标系统的总体概貌；系统功能、性能要求；系统运行要求；将来可能的修改扩充要求。如果采用结构化分析方法进行需求分析，则数据流图是描述系统逻辑模型的主要工具。

2）数据要求：建立数据词典描绘系统数据要求，给出系统逻辑模型的准确、完整定义。

3）用户描述：它是从用户使用角度对系统进行描述，相当于初始的用户手册，内容包括系统功能、性能概述、预期的系统使用步骤与方法、用户运行维护要求等。

4）修正的开发计划：是指经过需求分析后对系统开发的成本估计、资源使用要求、项目进度计划的可能修改。

一份好的软件需求规格说明应该具有唯一性、完整性、可验证性、一致性、可修改性、可跟踪性等特征。

1. 唯一性

用户的每一个要求/系统功能仅有一种解释。自然语言的二义性可能导致对于系统功能、性能的不同理解。例如，“某数据集合包含字符文件的结束符”可以理解为：有且仅有一个文件结束符；某一字符被指定为文件结束符；至少有一个文件结束符。“所有顾客具有相同的控制字段”可以理解为：所有顾客在控制字段中具有相同的值；所有顾客控制字段具有相同的控制格式；所有顾客发出同一控制字。使用形式化语言书写数据词典是避免二义性的有效方法。形式化语言的另一个好处是可以进一步实现需求分析自动化，而且形式化语言编制的需求分析说明在语法、语义方面的错误可以通过形式语言处理器自动地检出甚至更正。

2. 完整性

需求分析的完整性包括：系统包含全部重要的用户需求（功能、性能、设计约束、外部接口）；规定每种输入数据的软件响应（正确输入的响应和不正确输入的响应）；全部术语、图表完整，符合需求规范标准。完整性是需求分析最难以保证的要求，需求分析不完整意味着某些功能、性能在 SRS 中没有出现。这种疏忽或者遗漏只有用户才能发现，因此需求分析复审必须要求用户参与。

3. 可验证性

SRS 中每个功能、性能需求是可以验证的。一个需求是可验证的，是指存在一个有限的人工或者机器执行的过程，以确认该需求是否符合用户要求。

任何二义性必然导致不可验证性。例如对于“软件产品具有良好的用户界面”的要求，用户和开发人员可以有很不相同的理解，因此是不可验证的。似是而非的要求是不可验证的。例如“程序系统将永不进入无限循环”在理论上是无法判定的，因此该要求也是不可验证的。不可度量的描述是不可验证的。例如“用户命令响应通常不超过 10 秒钟”，其中“通常”的理解是不可度量的。

4. 一致性

SRS 陈述的各项功能、性能要求是相容的，没有互相矛盾或者冲突的地方。SRS 中可能出现的冲突有：描述同一对象存在两个以上的不同术语；要求的某一数据对象的内部属性可能产生冲突；两个规定的处理在时间上或者处理顺序上产生矛盾或者冲突。

5. 可修改性

SRS 的组织结构使得当需求发生必需的变化时，对 SRS 的修改能够保证完整、一致且容易完成。在 SRS 中，如果存在一个有关 SRS 内容的列表、索引和交叉引用表，则当某个需求发生变化时就可以方便地对 SRS 中必须修改的部分进行定位和修改。

6. 可跟踪性

对于软件开发中的每个需求在 SRS 中可以追溯出其来源。实现可跟踪性的常用方法是对 SRS 中的每个段落按层编号，每个需求给出唯一编码，使用特殊指示字对同一需求在 SRS 中的不同出现进行标识。

对于提交的 SRS，必须进行全面、仔细的复审，防止理解错误和需求遗漏。

需求分析复审的具体过程可以是：项目组织部门将软件需求规格说明和有关用户原始需求文档发给用户、软件开发人员、用户单位管理人员，要求他们阅读、审查，并为提出问题和建议做好准备。根据系统规模进行充分准备以后，召开需求分析评审会，对 SRS 中的需求进行逐项认定。

复审通常围绕以下问题进行：预期的软件系统与用户目标是否一致；软件系统的已有接口是否已经充分描述；用户现在和将来可能的需求是否已经考虑；数据流图和数据词典是否完整、一致，是否存在冗余；系统设计约束是否能够实现；系统的重要功能、性能指标是否可以验证；软件计划中的成本、进度是否受到影响；用户对于初步的用户手册和运行维护要求是否认可。需求复审中，通常参照类似系统的开发经验对现有系统实现的硬件支持及软件技术给予评估。大的系统进行需求复审时，可能要求采用仿真技术对关键技术进行论证。

传统的需求分析采用自然语言书写，只能通过人工技术审查验证。当系统规模庞大以后，冗余、遗漏、不一致很难避免。因此大系统的人工审查是没有保证的。为此，人们提出需求分析的形式化语言以及相应的验证工具软件系统。完全自动化的需求分析工具目前尚不多见，当前常见的主要是为了保证需求的一致性。这类工具的基本要求是：具有形式化语法；能够导出详细文档；提供分析测试 SRS 不一致和冗余的手段与报告；有助于改进通信状况。

本章小结

需求分析是软件生存周期的基础，其根本任务是确定所要开发的软件是否可行，以及确定用户对软件系统的需求。

本章主要介绍了需求分析的主要任务、步骤、工具，以及需求分析的过程和如何制定项目计划，并在此基础上介绍了需要项目管理的概念、基本要素及一般特征等。

思考题

1. 怎样建立目标系统的逻辑模型？要经过哪些步骤？
2. 什么是需求分析？需求分析阶段的基本任务是什么？
3. 需求分析的目的是什么？
4. 需求分析由哪些部分组成？需求分析为什么要研究问题域？
5. 需求分析的难点主要表现在哪几个方面？
6. 讨论用自然语言定义的用户需求和系统需求的问题，使用小例子说明格式化的自然语言能帮助避免一些表述困难。
7. 使用自然语言描述技术，为下面的功能写出用户需求：一个无人看守的汽油泵系统，设有一个信用卡读卡机。用户刷卡后定义所需的数量，燃料被递送，用户的支出计入账户。
8. 对负责提取系统需求描述的工程人员如何搞清功能需求和非功能需求之间的关系给出你

的建议。

9. 常用的软件需求分析方法有哪些？
10. 软件需求分析有哪些基本原则？
11. 结构化方法通过哪些步骤来实现？
12. 什么是结构化分析？它用什么工具描述？
13. 简述结构化分析方法的优缺点。
14. 选择一个合适的系统，用结构化方法对它进行分析，画出数据流图，编出数据字典，并写出需求分析报告。
15. 结构化分析方法通过哪些步骤实现？
16. 某高校可用的电话号码有以下几类：校内电话号码由 4 位数字组成，第 1 位数字不是 0；校外电话又分为本市电话和外地电话两类，拨校外电话需先拨 0，如果是本地电话再接着拨 8 位电话号码（第 1 位不是 0），如果是外地电话则先拨 3 位区号，再拨 8 位电话号码（第 1 位不是 0）。请用文中讲述的数据字典的知识定义上述的电话号码。
17. 银行计算机储蓄系统的工作过程大致如下：储户填写的存款单或取款单由业务员键入系统，如果是存款则系统记录存款人姓名、住址（或电话号码）、身份证号码、存款类型、存款日期、到期日期、利率及密码（可选）等信息，并打印出存款存单给储户；如果是取款而且存款时留有密码，则系统首先核对储户密码，若密码正确或存款时未留密码，则系统计算利息并打印出利息清单给储户。请用数据流图描绘本系统的功能，并用实体关系图描绘系统中的数据对象。
18. 请为某仓库的管理设计一个 ER 模型。该仓库主要管理零件的订购和供应等事项，仓库向工程项目供应零件，并且根据需要向供应商订购零件。
19. 目前住院病人主要由护士护理，这样做不仅需要大量护士，而且由于不能随时观察危重病人的病情变化，还会延误抢救时机。某医院打算开发一个以计算机为中心的患者监护系统，请分层画出描述本系统功能的数据流图。

    医院对患者监护系统的基本要求是随时接收每个病人的生理信号（脉搏、体温、血压、心电图等），定时记录病人情况以形成患者日志，当某个病人的生理信号超出医生规定的安全范围时向值班护士发出警告信息，此外，在需要时护士还可以要求系统输出某个指定病人的病情报告。

第4章　面向对象分析

【学习目标】

➢ 了解面向对象技术，理解其中的重要概念；
➢ 了解统一建模语言，理解 UML 的有关概念；
➢ 掌握面向对象分析的步骤、方法；
➢ 熟悉用例建模、类建模和动态建模；
➢ 了解在面向对象分析阶段的测试和度量方法；
➢ 了解面向对象分析阶段面临的挑战。

系统分析将产生系统模型，系统模型被用来描述一个新系统的需求。例如，某个机构的业务分析是给出一个描述该机构如何工作的模型，系统分析将产生一个更加抽象的模型用于描述该机构业务中的对象和对象的交互。并不是所有的人都认为给一个新系统建立系统分析模型是有必要的。例如，极限编程和敏捷方法的支持者就质疑大量的分析文档存在的必要性。有经验的开发人员可能会沿用熟悉的模式或框架，而不是制作一个具体的模型。然而，对于一个进入软件行业的新开发人员来说，分析软件需求并建立系统模型是大有裨益的。在这一章中，我们将描述如何产生分析模型，以帮助减少在软件设计和构造阶段出现的错误和不一致性。本章的 4.1 节概述了面向对象方法的有关基本概念，4.2 节介绍了统一建模语言（Unified Modeling Language，UML）及其在面向对象分析中的应用，4.3 节介绍了面向对象分析的具体内容，4.4 节通过一个具体案例来更加详细地描述面向对象分析的具体操作，4.5 节简要介绍面向对象分析阶段的 CASE 工具，4.6 节将阐述面向对象分析阶段面临的挑战。

4.1　面向对象方法概述

传统的软件工程方法学曾经给软件产业带来巨大的进步，部分地缓解了软件危机，使用这种方法学开发的许多中、小规模软件项目都获得了成功。但是，人们也注意到当把这种方法学应用于大型软件产品的开发时，似乎很少取得成功。到了 20 世纪 90 年代以后，面向对象方法学已经成为人们在开发软件时首选的范型。面向对象技术已成为当前最好的软件开发技术。

面向对象方法是一种新的思维方式，它不是把程序看成是工作在数据上的一系列过程或函数的集合，而是把程序看成是相互协作而彼此独立的对象的集合。每个对象就是一个微型程序，有自己的数据、操作、功能和目的。这样做，在许多系统中解空间对象都可以直接模拟问题空间的对象，解空间与问题的结构十分一致，因此基于面向对象方法设计的程序易于理解和维护。

4.1.1　什么是面向对象

1. 面向对象

面向对象方法（Object Oriented Method）的基本思想是从现实世界中客观存在的事物（即对象）出发，尽可能地运用人类的自然思维方式来构造软件系统。面向对象的软件开发思想比较自然地模拟了人类认识客观世界的方式，成为当前计算机软件工程学中的主流方法。它更加强调运用人类在日常逻辑思维中经常采用的思想方法与原则，例如抽象、分类、继承、聚合、封装等，使开发者以现实世界中的事物为中心来思考和认识问题，并以人们易于理解的方式表达出来。

面向对象技术（Object Oriented Technology）是基于面向对象思想的软件开发技术，是软件工程领域中的重要技术，它以对象（Object）为核心，即用这种技术开发出的软件系统由对象组成。应该特别强调的是，面向对象技术不仅仅是一种程序设计方法，更重要的是一种对真实世界的抽象思维方式。

概括地说，面向对象方法具有下述四个特点：

1）客观世界是由对象组成的，任何客观的事物或实体都是对象，复杂的对象可以由简单的对象组成。按照这种观点，可以认为整个世界就是一个最复杂的对象。因此，面向对象的软件系统是由对象组成的，软件中的任何元素都是对象，复杂的软件对象由比较简单的对象组合而成。

2）具有相同数据和相同操作的对象可以归并为一个类，对象是对象类的一个实例。数据用于表示对象的静态属性，是对象的状态信息。因此，每当建立该对象类的一个实例时，就按照类中对数据的定义为这个新对象生成一组专用的数据，以便描述该对象的属性值。类中定义的方法，是允许施加于该类对象上的操作，是该类所有对象共享的，不需要为每个对象都复制操作的代码。

3）类可以派生出子类（又称为派生类），子类继承父类（又称为基类）的全部特性（数据和操作），又可以有自己的新特性。子类与父类形成类的层次结构，子类自动具有与父类相同的特性（包括数据和方法），这种现象称为继承（Inheritance）。但是，如果在子类中对某些特性又做了重新描述，则在子类中的这些特性将以新描述为准，即低层的特性将屏蔽高层的同名特性。

4）对象之间通过消息传递相互联系。类具有封装性，其数据和操作等对外界是不可见的，外界只能通过消息请求进行某些操作，提供所需要的服务。也就是说，一切局部于该对象的私有信息，都被封装在该对象类的定义中，就好像装在一个黑盒子中，从外界看不见里面，更不能直接使用。

软件工程学家 Codd 和 Yourdon 认为，面向对象方法可以用下列方程式来概括：

面向对象 = 对象 + 类 + 继承 + 通信

如果一个软件系统采用这些概念来建立模型并予以实现，那么它就是面向对象的。

2. 面向对象技术的发展历史

面向对象方法起源于面向对象程序设计语言，后来才逐步形成了面向对象的分析和设计方法，其发展过程大体上经历了初始阶段、发展阶段和成熟阶段等过程。

（1）初始阶段

20 世纪 60 年代末挪威奥斯陆大学和挪威计算中心共同研制的 Simula 语言是面向对象语言发展历史上的第一个里程碑，它首先引入了类的概念和继承机制，后来的一些著名面向对象编程语言（如 Smalltalk、C++、Eiffel）都受到 Simula 的启发。20 世纪 80 年代，Xerox 研究中心推出了 Smalltalk 语言和环境，它具备了面向对象语言的继承和封装的主要特征，使面向对象程序设计方法趋于完善，掀起了面向对象研究的高潮。

（2）发展阶段

从 20 世纪 80 年代中期到 90 年代，面向对象语言十分热门，大批比较实用的面向对象编程语言（Object Oriented Programming Language，OOPL）涌现出来，如C++、Objective-C、Object Pascal、CLOS（Common Lisp Object System）、Eiffel、Actor等，特别是C++语言已成为目前应用最广泛的OOPL。

面向对象编程语言的繁荣是面向对象方法走向实用的重要标志，也是面向对象方法在计算机学术界、产业界和教育界日益受到重视的推动力。

(3) 成熟阶段

在C++语言十分热门的时候，人们开始了对面向对象分析（Object Oriented Analysis，OOA）的研究，进而延伸到面向对象设计（Object Oriented Design，OOD）。特别是20世纪90年代以后，许多专家都在尝试用不同的方法进行面向对象的分析与设计，其中比较著名的有Booch的方法、Rumbaugh的OMT方法、Coad/Yourdon的方法、Wirtf-Brock的RDD方法、Shlear-Mellor的方法、Gibon的OBA方法、Jacobson的OOSE方法、Martin-Odell的方法、Fusion方法等，这些方法各有所长，都力图解决复杂软件系统的开发问题。在这段时期，面向对象的分析和设计技术逐渐走向实用，最终形成了从分析、设计到编程、测试与维护的一整套的软件工程体系。

4.1.2 面向对象的基本概念

要正确使用面向对象技术进行软件开发，就需要正确理解面向对象方法的基本思想，以及相关的基本概念。

1. 对象

对象从不同的角度有不同的含义，我们针对系统开发来讨论对象的概念，其定义是：对象是系统中用来描述客观事物的一个实体，它是构成系统的一个基本单位，由一组属性和对这组属性进行操作的一组服务组成。在这里，属性和服务是构成对象的两个基本要素，其定义是：属性是用来描述对象静态特征的一个数据项，服务是用来描述对象动态特征（行为）的一个操作序列。从一般意义上讲，对象是现实世界中的一个实际存在的事物，它可以是有形的，如车辆、房屋等，也可以是无形的，如国家、生产计划等。而人们在开发一个系统时，则在一定的范围（也称问题域）内考虑和认识与系统目标有关的事物，并用系统中的对象来抽象地表示它们。在这里，对象只描述客观事物本质的、与系统目标有关的特征，而不考虑那些非本质的、与系统目标无关的特征。同时，对象是属性和服务的结合体，对象的属性值只能由这个对象的服务来读取和修改。

2. 类

类（Class）是具有相同属性和服务的一组对象的集合，它为属于该类的全部对象提供了统一的抽象描述，其内部包括属性和服务两个主要部分。类好比是一个对象模板，用它可以产生多个对象。类所代表的是一个抽象的概念或事物，在客观世界中实际存在的是类的实例，即对象。

例如，在学校教学管理系统中，“学生”是一个类，其属性具有姓名、性别、年龄等，可以定义“入学注册”、“选课”等操作。一个具体的学生“王平”是一个对象，也是“学生”类的一个实例。把众多的事物归纳并划分成一些类是人类在认识客观世界时经常采用的思维方法。分类的原则是抽象，从那些与当前目标有关的本质特征中找出事物的共性，并将具有共同性质的事物划分成一类，得出一个抽象的概念。

人、房屋、树木等都是一些抽象的概念，它们是一些具有共同特征的事物的集合，称为类。类的概念使我们能对属于该类的全部个体事物进行统一的描述，“树具有树根、树干、树枝和树叶，它能进行光合作用”，这个描述适合所有树，而不必对每一棵具体的树进行描述。

3. 封装

封装（Encapsulation）是把对象的属性和服务结合成一个独立的系统单位，并尽可能隐藏对象的内部细节。封装是面向对象方法的一个重要原则，系统中把对象看成是属性和服务的结合体，使对象能够集中而完整地描述一个具体事物。封装的信息隐藏作用反映了事物的相对独立性，当我们从外部观察对象时，只需要了解对象所呈现的外部行为（即做什么），而不必关心它的内部细节（即怎么做）。

例如，电视机包括外形尺寸、分辨率、电压、电流等属性，具有打开、关闭、调谐频道、转换频道、设置图像等服务，封装意味着将这些属性和服务结合成一个不可分的整体，它对外有一个显示屏、插头和一些按钮等接口，用户通过这些接口使用电视机，而不关心其内部的实现细节。

与封装密切相关的概念是可见性，它是指对象的属性和服务允许对象外部存取和引用的程度。在软件上，封装要求对象以外的部分不能随意存取对象的内部数据（属性），从而有效地避免了外部错误对它的“交叉感染”，使软件错误能够局部化，大大减少了查错和排错的难度。另外，当对象内部需要修改时，由于它只通过少量的服务接口对外提供服务，便大大减少了内部修改对外部的影响，即减少了修改引起的“波动效应”。封装也有副作用，如果强调严格的封装，则对象的任何属性都不允许外部直接存取，因此就要增加许多没有其他意义、只负责读或写的服务，从而为编程工作增加了负担，增加了运行开销。为了避免这一点，语言往往采取一种比较灵活的做法，即允许对象有不同程度的可见性。

4. 继承

继承（Inheritance）是指子类可以自动拥有父类的全部属性和服务。

继承简化了人们对现实世界的认识和描述，在定义子类时不必重复定义那些已在父类中定义过的属性和服务，只要说明它是某个父类的子类，并定义自己特有的属性和服务即可。

例如，考虑轮船和客轮两个类，轮船具有吨位、时速、吃水线等属性和行驶、停泊等服务，客轮具有轮船的全部属性和服务，又有自己的特殊属性（如载客量）和服务（如供餐），因此客轮是轮船的子类，轮船是客轮的父类。

与父类/子类等价的其他术语有一般类/特殊类、超类/子类、基类/派生类等。一个类可以是多个父类的子类，它从多个父类中继承了属性与服务，这称为多继承（Multiple Inheritance）。例如，客轮既是一种轮船，又是一种客运工具，它可以继承轮船和客运工具这两个类的属性和服务。继承对于软件复用是十分有益的，如果将面向对象方法开发的类作为可复用构件，那么在开发新系统时可以直接复用这个类，还可以将其作为父类，通过继承而实现复用，从而大大扩展了复用的范围。

5. 消息

消息（Message）是对象发出的服务请求，一般包含提供服务的对象标识、服务标识、输入信息和应答信息等信息。通常，一个对象向另一个对象发出消息请求某项服务，接收消息的对象响应该消息，激发所要求的服务操作，并将操作结果返回给请求服务的对象。例如，使用电视机时，用户通过按钮或遥控器发出转换频道的消息，电视机变换对电视台的接收信号频率，并将结果显示给用户。在这里，用户发出的信息包括：接受者——电视机；要求的服务——转换频道；输入信息——转换后的频道序号；应答信息——转换后频道的节目。

面向对象技术的封装机制使对象各自独立，各司其职，消息通信则为它们提供了唯一合法的动态联系途径，使它们的行为能够相互配合，构成一个有机的运动的系统。

6. 结构与连接

任何事物之间都不是互相孤立，而是彼此联系的，并因此构成一个有机的整体。对象之间常见的联系包括：

- 分类关系，即一般与特殊结构；
- 组成关系，即整体与部分结构；
- 对象属性之间的静态联系，即实例连接；
- 对象行为之间的动态联系，即消息连接。

7. 多态性

多态性（Polymorphism）是指在父类中定义的属性或服务被子类继承后，可以具有不同的数据类型或表现出不同的行为。

在体现一般与特殊关系的一个类层次结构中，不同层次的类可以共享一个操作，但却有各自不同的实现。当一个对象接收到一个请求时，它根据其所属的类，动态地选用在该类中定义的操作。例如，在父类“几何图形”中定义了一个服务“绘图”，但并不确定执行时绘制一个什么图形。子类“椭圆”和“多边形”都继承了几何图形类的绘图服务，但其功能却不相同，一个是画椭圆，一个是画多边形。当系统的其他部分请求绘制一个几何图形时，消息中的服务都是“绘图”，但椭圆和多边形接收到该消息时却各自执行不同的绘图算法。

多态性机制不但为软件的结构设计提供了灵活性，减少了信息冗余，明显提高了软件的可复用性和可扩充性。多态性的实现需要 OOPL 提供相应的支持，与多态性实现有关的语言功能包括：重载（Overload）、动态绑定（Dynamic Binding）、类属（Generic）。

8. 主动对象

主动对象（Active Object）是一组属性和一组服务的封装体，其中至少有一个服务不需要接收消息就能主动执行（称为主动服务）。

主动对象的作用是描述问题域中具有主动行为的事物以及在系统设计时识别的任务，其主动服务描述相应任务所应完成的操作。在系统实现阶段，主动服务应该被实现为一个能并发执行的、主动的程序单位，如进程或线程。

除了具有主动服务外，主动对象的其他方面与被动对象没有什么不同，主动对象中也可以有一些在消息驱动下执行的一般任务。

4.2 UML 概述

UML（统一建模语言）是一种面向对象的建模语言，它的主要作用是帮助用户对软件系统进行面向对象的描述和建模。建模是将用户的业务需求映射为代码，保证代码满足这些需求，并能方便地回溯需求的过程，它可以描述这个软件开发过程从需求分析直到实现和测试的全过程。UML 通过建立各种类、类之间的关联、类/对象怎样相互配合实现系统的动态行为等成分（这些都称为模型元素）来组建整个模型。UML 提供了各种图形，比如用例图、类图、序列图、协作图和状态图等，用图形把这些模型元素及其关系可视化，让人们可以清楚容易地理解模型。可以从多个视角来考察模型，从而更加全面地了解模型，这样同一个模型元素可能出现在多个图中，对应多个图形元素。

4.2.1 UML 的组成

UML 由视图（View）、图（Diagram）、模型元素（Model Element）和通用机制（General Mechanism）等几个部分组成。

视图是表达系统某一方面特征的UML建模元素的子集，由多个图构成，是在某一个抽象层上对系统的抽象描述。

图是模型元素集的图形表示，通常由弧（关系）和顶点（其他模型元素）相互连接构成的。

模型元素代表面向对象中的类、对象、消息和关系等概念，是构成图的最基本的常用概念。

通用机制用于表示其他信息，比如注释、模型元素的语义等。另外，UML还提供扩充机制（Extension Mechanism），使UML语言能适应一个特殊的方法（或过程），或扩充至一个组织或用户。

4.2.2 UML中的模型元素

UML用来描述模型的内容有3种，分别是事物（Thing）、关系（Relationship）和图（Diagram）。事物是UML中重要的组成部分，它是模型中最具有代表性成分的抽象。关系把事物联系在一起，组成有意义的结构模型。每一个模型元素都有一个与之对应的图形元素，这种图形表示使UML的模型图形化。

事物主要有四种：结构事物、行为事物、组织事物和辅助事物，具体描述如下。

1. 结构事物

结构事物是模型中的静态部分，描述概念或物理元素，主要有7种，分别是类、接口、协作、用例、活动类、组件和节点。

（1）类（Class）

类是具有相同属性、相同方法、相同语义和相同关系的一组对象的集合。在UML图中，类通常用一个矩形来表示，如图4-1所示。

（2）接口（Interface）

接口是指类或组件所提供的、可以完成特定功能的一组操作的集合，换句话说，接口描述了类或组件对外的、可见的动作。通常，一个类实现一个或多个接口。在UML图中，接口通常用一个带尾线的圆圈来表示（俗称棒棒糖表示），如图4-2所示。

（3）协作（Collaboration）

协作定义了交互的操作，表示一些角色和其他元素一起工作，提供一些合作的动作。在UML图中，协作通常用一个虚线椭圆来表示，如图4-3所示。

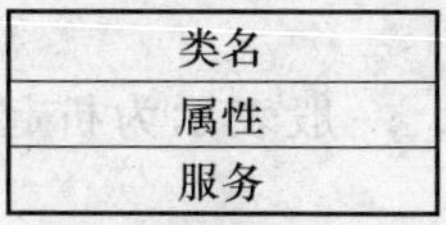

类名
属性
服务

图4-1 UML图中类的描述

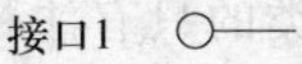

接口1 ○—

图4-2 UML图中接口的描述

图4-3 UML图中协作的描述

（4）用例（Use Case）

用例定义了系统执行的一组操作，对特定的用户产生可以观察的结果。在UML图中，用例通常用一个实线椭圆来表示，如图4-4所示。

（5）活动类（Active Class）

活动类是对拥有线程并可发起控制活动的对象（往往称为主动对象）的抽象。在UML图中，活动类的表示方法与普通类的表示方法相似，也是使用一个矩形，只是最外面的边框使用粗线，如图4-5所示。

(6) 组件 (Component)

组件是物理上可替换的、实现了一个或多个接口的系统元素。在UML图中，组件的表示方法比较复杂，如图4-6所示。

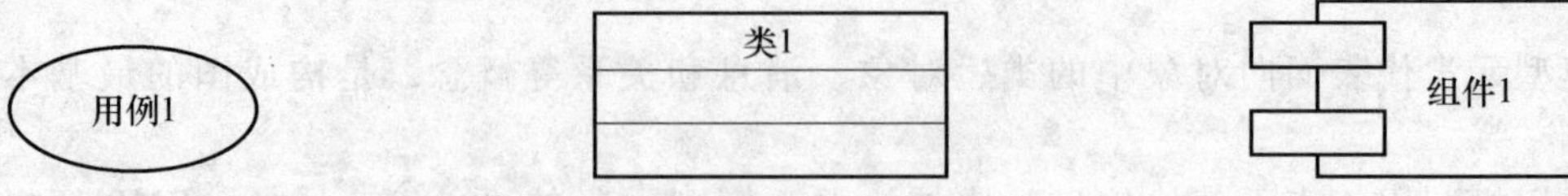

图4-4 UML图中用例的描述　图4-5 UML图中活动类的描述　图4-6 UML图中组件的描述

(7) 节点 (Node)

节点是一个物理元素，它在运行时存在，代表一个可计算的资源，比如一台数据库服务器。在UML图中，节点使用一个立方体来表示，如图4-7所示。

2. 行为事物 (Behavior Thing)

行为事物是模型中的动态部分，是一种跨越时间、空间的行为，主要有两种：交互和状态机。

(1) 交互 (Interaction)

在UML图中，交互的消息通常画成带箭头的直线，如图4-8所示。

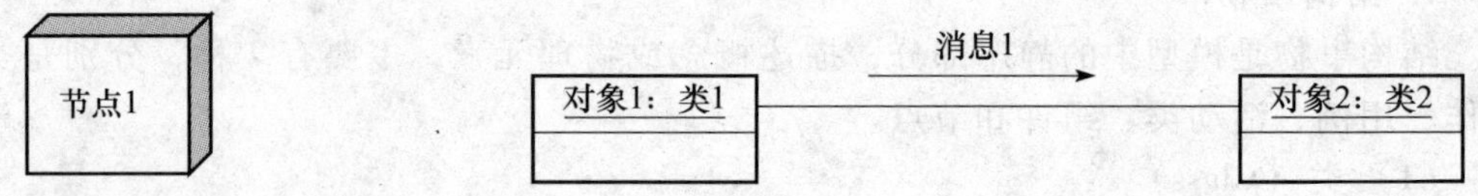

图4-7 UML图中节点的描述　图4-8 UML图中交互的描述

(2) 状态机 (State Machine)

状态机是对象的一个或多个状态集合。在UML图中，状态机通常用一个圆角矩形来表示，如图4-9所示。

3. 组织事物 (Grouping Thing)

组织事物是UML模型中负责分组的部分，可以把它看做是一个个盒子，每个盒子里面的对象关系相对复杂，而盒子与盒子之间的关系相对简单。组织事物只有一种，称为包(Package)。包是一种有组织地将一系列元素分组的机制。包与组件的最大区别在于：包纯粹是一种概念上的东西，仅仅存在于开发阶段结束之前；而组件是一种物理元素，存在于运行时。在UML图中，包通常表示为一个类似文件夹的符号，如图4-10所示。

4. 辅助事物 (Annotation Thing)

辅助事物也称注释事物，属于这一类的只有注释。在UML图中，一般表示为折起一角的矩形，如图4-11所示。

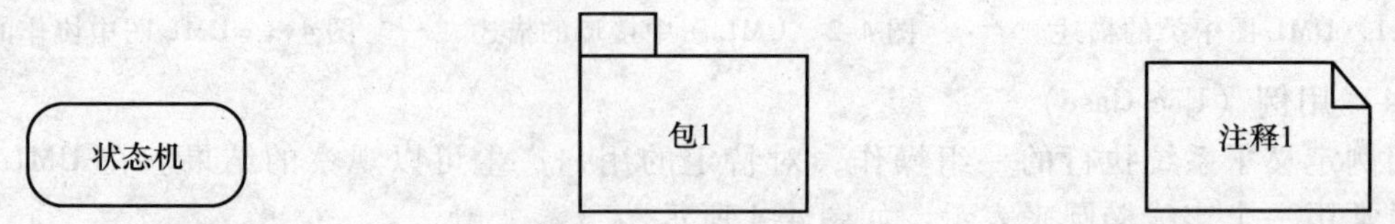

图4-9 UML图中状态机的描述　图4-10 UML图中包的描述　图4-11 UML图中注释的描述

UML中的关系包含四种：关联关系、依赖关系、泛化关系和实现关系。

1. 关联关系 (Association)

关联关系是一种结构化的关系，指一种对象和另一种对象有联系，如图4-12所示。

2. 依赖关系

对于两个对象 X、Y，如果对象 X 发生变化，可能会引起另一个对象 Y 的变化，则称 Y 依赖 X，如图 4-13 所示。

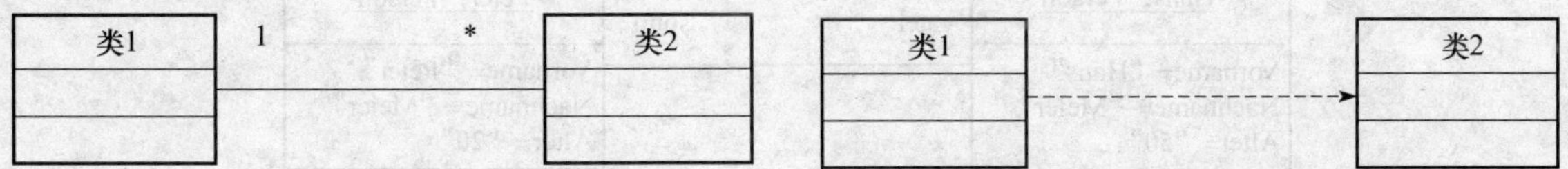

图 4-12 UML 图中关联关系的描述　　图 4-13 UML 图中依赖关系的描述

3. 泛化关系（Generalization）

UML 中泛化关系定义了一般元素和特殊元素之间的分类关系，如图 4-14 所示。

4. 实现关系

实现关系将一种模型元素（如类）与另一种模型元素（如接口）连接起来，其中接口只是行为的说明而不是结构或者实现，如图 4-15 所示。

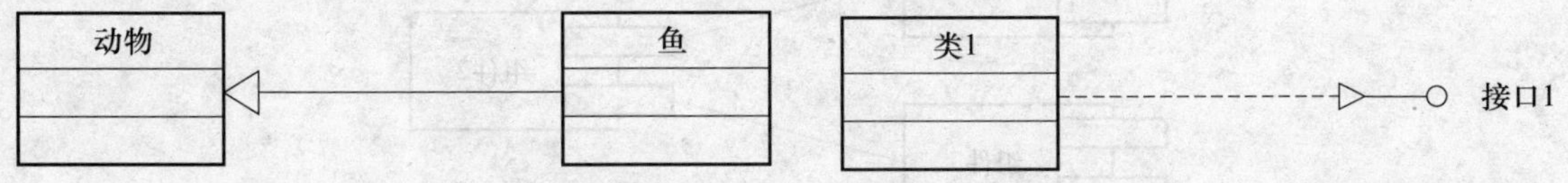

图 4-14 UML 图中泛化关系的描述　　图 4-15 UML 图中实现关系的描述

4.2.3 UML 中的图

本节将详述在面向对象分析与建模中常用的 9 种图。根据它们在不同架构视图的应用，可以把 9 种图分为三类：

1）结构图：类图，对象图，组件图，部署图；

2）行为图：用例图，活动图，状态图；

3）交互图：序列图，协作图。

1. 结构图

系统分析与建模过程中，结构图用来描述系统静态的部分，经常使用的结构图有 4 种：类图、对象图、组件图和部署图。

（1）类图（Class Diagram）

类图展示了一组类、接口和协作及它们之间的关系。在建模中所建立的最常见的图就是类图，用类图说明系统的静态设计视图，包含主动类的类图——专注于系统的静态进程视图。系统可有几个类图，单个类图仅表达了系统的一个方面。一般在高层给出类的主要职责，在低层给出类的属性和操作。类图如图 4-16 所示。

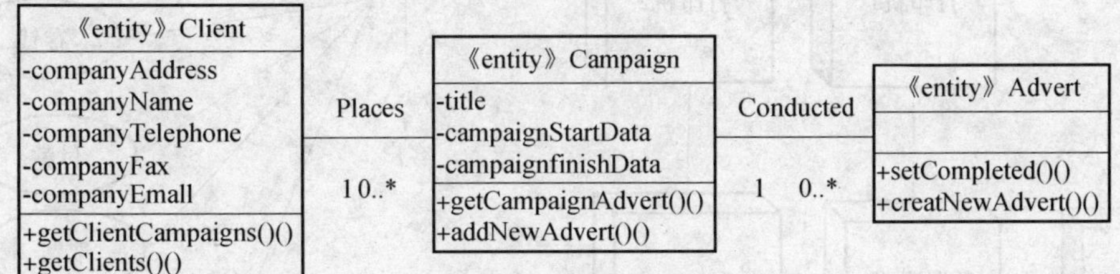

图 4-16 类图

（2）对象图（Object Diagram）

对象图展示了一组对象及它们之间的关系。用对象图说明类图中所反应的事物实例的数据结构和静态快照。对象图表达了系统的静态设计视图或静态过程视图，除了现实和原型方面的因素外，它与类图的作用是相同的。对象图如图 4-17 所示。

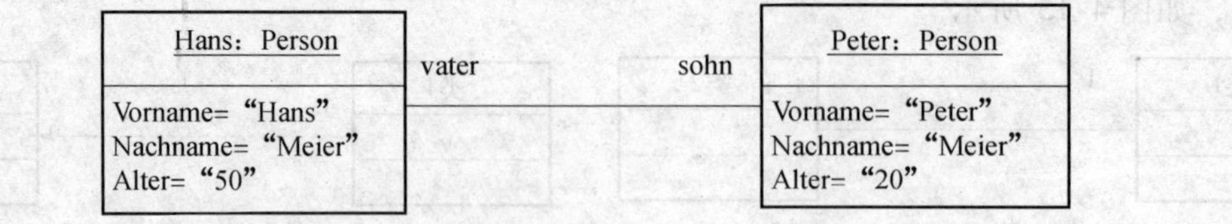

图 4-17 对象图

（3）组件图（Component Diagram）

组件图又称构件图，展现了一组组件之间的组织和依赖，用于对源代码、可执行的发布、物理数据库和可调整的系统建模。组件图的例子如图 4-18 所示。

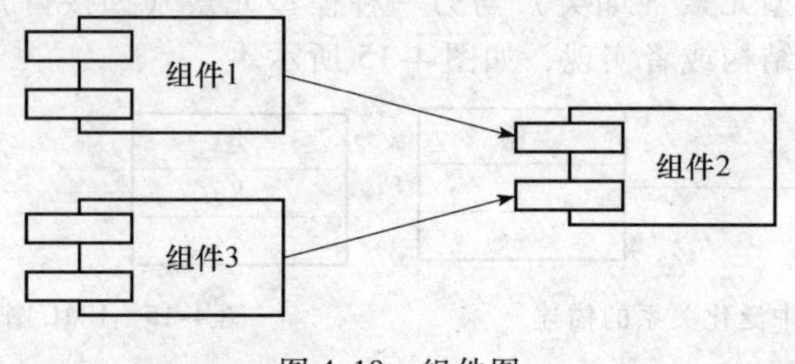

图 4-18 组件图

（4）部署图（Deployment Diagram）

部署图是说明系统结构的静态部署图，即说明分布、交付和安装的物理系统。部署图的例子如图 4-19 所示。

2. 行为图

行为图用来描述系统的动态部分，本节将介绍 3 种行为图：用例图、状态图和活动图。

（1）用例图（Use Case Diagram）

用例图展现了一组用例、参与者以及它们间的关系。可以用用例图描述系统静态使用的情况。在对系统行为组织的建模方面，用例图是相当重要的。用例图如图 4-20 所示。

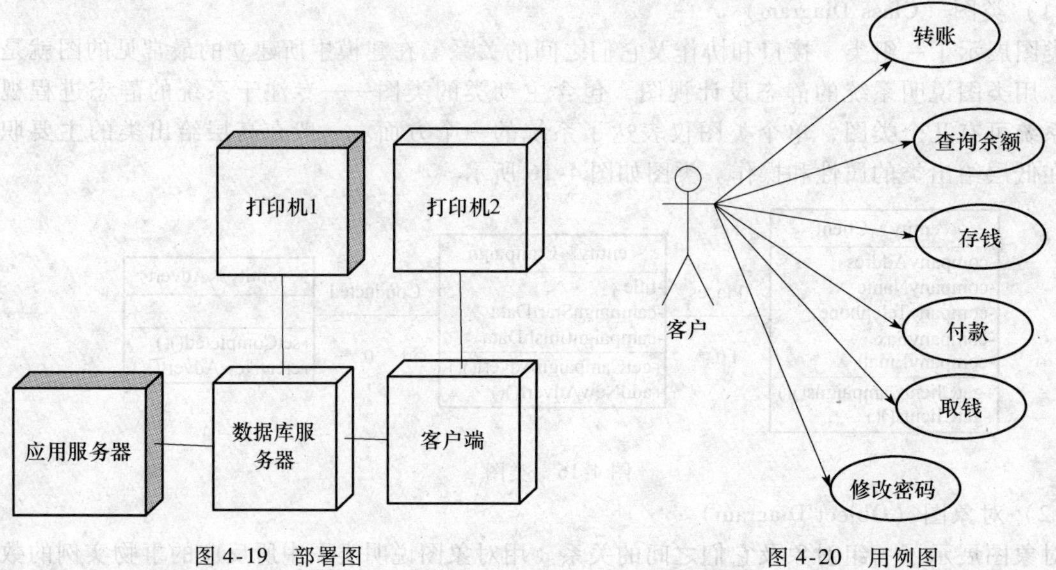

图 4-19 部署图　　图 4-20 用例图

(2) 状态机图(State Machine Diagram)

状态机图(或称状态图)展示了一个特定对象的所有可能状态以及由各种事件的发生而引起的状态间的转移。状态图如图4-21所示。

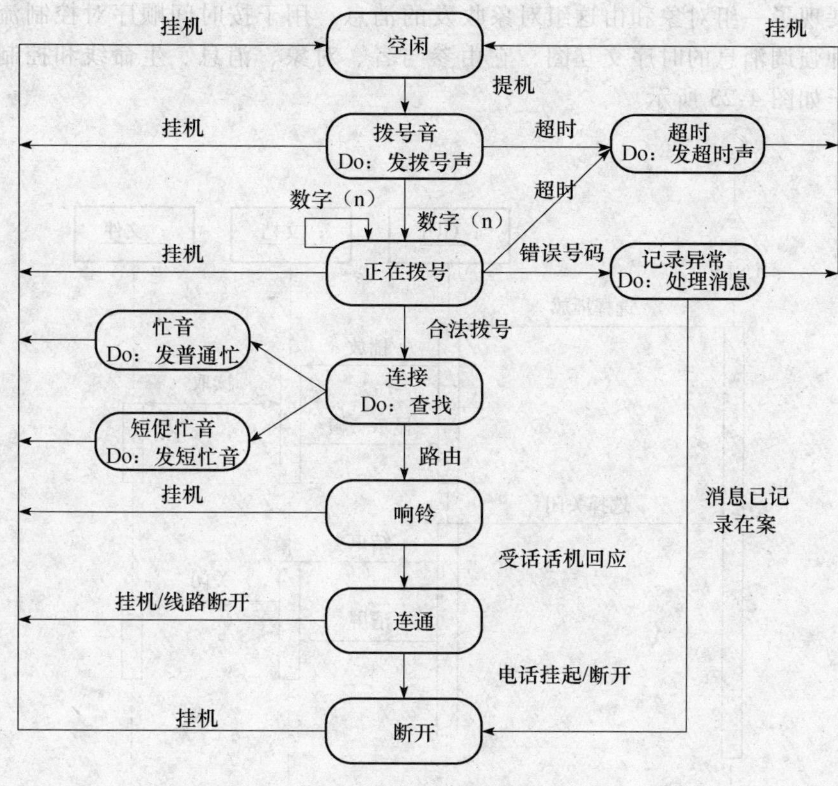

图4-21 状态图

(3) 活动图(Activity Diagram)

活动图显示了系统中从一个活动到另一个活动的流程。活动图显示了一些活动,强调的是对象之间的流程控制。活动图如图4-22所示。

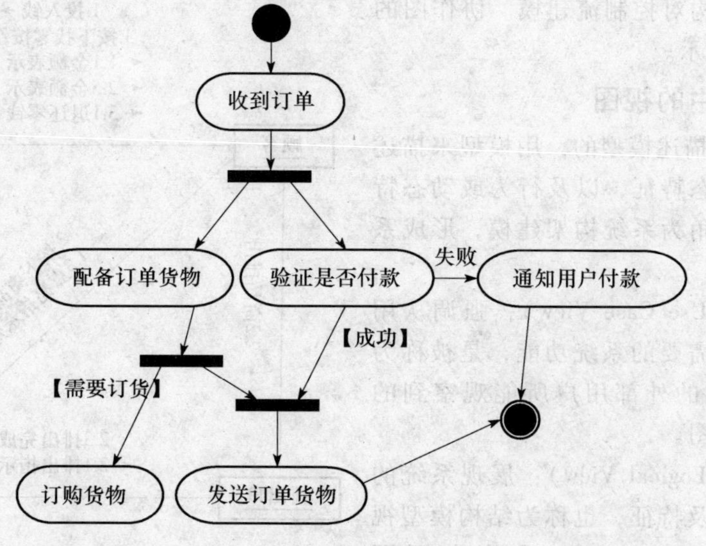

图4-22 活动图

3. 交互图

交互图描述系统中对象之间的交互，本节将介绍2种交互图：序列图和协作图。

(1) 序列图（Sequence Diagram）

序列图展现了一组对象和由这组对象收发的消息，用于按时间顺序对控制流进行建模。序列图是一种强调消息的时序交互图，它由参与者、对象、消息、生命线和控制焦点组成。序列图的例子如图4-23所示。

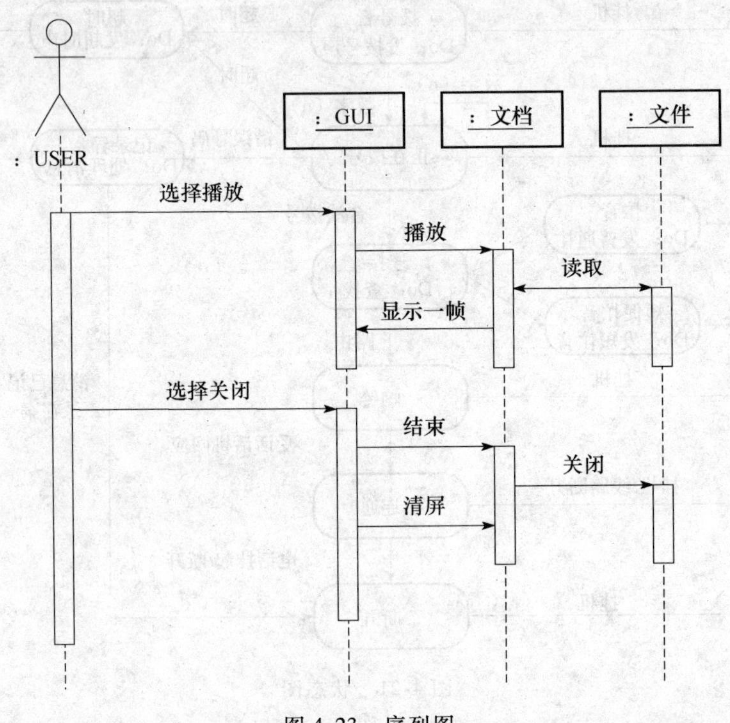

图4-23 序列图

(2) 协作图（Collaboration Diagram）

协作图展现了一组对象间的连接以及这组对象收发的消息。它强调收发消息对象的组织结构，按组织结构对控制流建模。协作图的例子如图4-24所示。

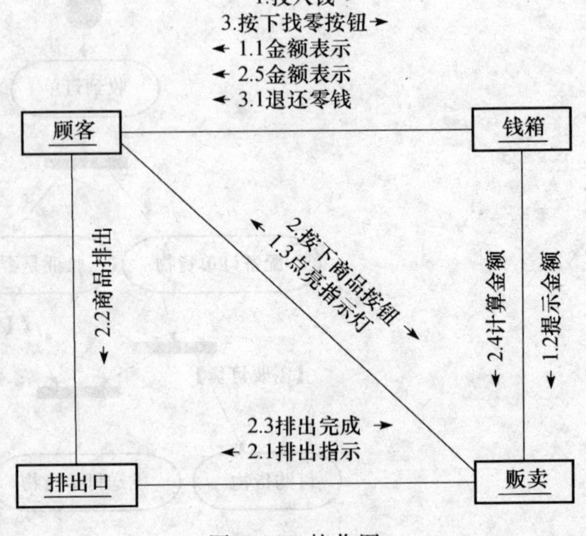

图4-24 协作图

4.2.4 UML中的视图

UML是用来描述模型的，用模型来描述系统的结构或静态特征，以及行为或动态特征。从不同的视角为系统构架建模，形成系统的不同视图。

用例视图（Use Case View）：强调从用户角度看到的或需要的系统功能，是被称为参与者（Actor）的外部用户所能观察到的系统功能的模型图。

逻辑视图（Logical View）：展现系统的静态或结构组成及特征，也称为结构模型视图（Structure Model View）或静态视图

(Static View)。

并发视图（Concurrent View）：体现了系统的动态或行为特征，也称为行为模型视图（Behavioral Model View）或动态视图（Dynamic View）。

组件视图（Component View）：体现了系统实现的结构和行为特征，也称为实现模型视图（Implementation Model View）。

配置视图（Deployment View）：体现了系统实现环境的结构和行为特征，也称为环境模型视图（Environment Model View）或物理视图（Physical View）。

4.3 面向对象分析过程

在长期的软件开发实践中，人们提出了多种软件分析和建模的方法，其中占有主导地位的主要有结构化分析和面向对象分析两种。结构化分析是第一代软件工程时期最有代表性的应用系统开发方法，不仅适用面广、流行时间长，而且与模块设计共同构成了第一代软件工程时期最为常用的技术，至今仍在某些特定类型的软件开发中有所应用。20 世纪 90 年代以后面向对象方法成为主流的开发方法。面向对象方法以客观世界中的实体为基础，将客观实体的属性及其操作封装成对象。面向对象分析是一种从问题空间通过提取类和对象来进行分析的方法，用于建立一个与具体实现无关的面向对象分析模型。在系统分析阶段，重点是识别系统中的对象以及它们之间的关系。

4.3.1 面向对象分析概述

传统的结构化分析方法主要针对行为进行分析和建模，这种方式忽略了数据的重要性，因此需要寻找一种同等对待数据和行为的分析方法。同时，结构化分析方法没有很好的感知特性，换句话说，这种方式不符合一般的思维过程。随着现代软件功能需求的不断增加，代码规模越来越大，需要一种模块化能力强、易维护、可复用的分析设计方法，在这种背景下，面向对象的分析方法应运而生。

面向对象分析（Object-Oriented Analysis，OOA）是关于面向对象范型的一个半形式化规格说明技术。因为面向对象分析是一种半形式化的技术，OOA 每项技术的一个本质上固有的部分是与该项技术有关的图形表示法（Graphical Notation），因此，学习使用某项技术就是学习该技术相应的图形表示法。目前有许多的面向对象分析方法和建模技术，从本质上讲它们都是一致的，随着 Rumbaugh、Booch 和 Jacobson 的合作，“统一建模语言”被开发出来并越来越有影响，之后他们又共同研究出一种软件开发方法学“统一软件开发过程”，这种情况改变了。

1. OOA 的主要任务

首先要理解用户的需求，包括全面理解和分析用户需求，明确所开发的软件系统的职责，形成文件并规范地加以表述。然后进行分析，提取类和对象，并结合分析进行建模。其基本步骤是：标识类，定义属性和方法；刻画类的层次；表示对象以及对象与对象间的关系；对对象的行为建模。

这些步骤可反复进行，直到完成建模，实现以下目标：

1）模型必须包含对一个软件应该做什么的一个全面的描述。

2）模型必须将任何一个对分析人员理解应用领域需求而言是重要的人、物理事物和概念表示出来。

3）模型必须显示这些人、事物和概念之间的联系和交互。

4）模型必须足够详细地显示业务情景以便评价可能的设计。

5）模型对后续的软件设计而言是有帮助的。

2. 面向对象分析的步骤

面向对象分析过程主要由三个活动组成，即用例建模、类建模和行为建模。

（1）用例建模

用例建模是建立以用例模型为主体的需求模型。当软件开发小组获得软件需求后，分析员可以据此建立一组场景（Scenario）。用一个用例图描述一组相似事物场景。这个步骤有时称为功能建模，因为主要是面向行为的。

（2）类建模

确定类和它们的属性，以及类间的相互关系和交互作用。用类图的形式表示上述信息。这个步骤主要是面向数据的。

（3）行为建模

确定由每个类或子类发出的或对它们进行的行为（动作）。以一个某种程度上与有限状态机相似的图的形式表示这个信息，称为状态图，这个步骤也是面向行为的。

在实践中，这三个活动不是纯粹顺序执行的。一个图的变化将相应引起另外两个图的修改。这样，从效果上看，OOA 的三个活动是并行进行的。从这个角度来看，数据和行为都不能优先于另一方，保证了设计过程中数据和行为得到同等的重视。

虽然类图和状态图类似实体关系图和有限状态机，但是不能简单地认为面向对象分析技术就是这两种结构化规格说明技术的结合。可以这样理解，面向对象分析技术从一个新的角度提出了新的理念，在这个新的理念框架下采用了很多在传统的结构化建模中所包含的成熟的技术。

4.3.2 用例建模

用例是从用户的角度出发来描述系统的功能。用例图用于展示系统将提供什么样的功能，以及用户将如何与系统交互来使用这些功能。尽管可以用多种方式度量计算机的系统或产品，但用户的满意度仍是最重要的。如果软件工程师了解最终用户或其他参与者希望如何与系统交互，软件团队将能够更好地、准确地刻画系统特征，完成更有针对性的分析和设计模型。因此，使用 UML 分析建模，将从描述场景的用例建模开始。下面以“开放实验室管理系统”中的实验预约子系统为例说明用例建模。

1. 编写用例

用例捕获信息的产生者、使用者和系统本身之间发生的交互。首先是提供开始编写用例所需要的信息。可以运用会议、调查问卷和其他需求获取技术确定信息持有者，定义问题的范围，说明整体的操作目标，概述所有已知的功能需求，描述系统将处理的信息（对象）。例如，实验预约子系统的描述如下：

实验预约子系统的主要功能是学生进行实验预约，预定实验的内容、实验的时间和实验的地点，查询预约审核情况。本系统包括两个功能页面查询——可预约实验查询和已预约实验查询。可预约实验查询主要是针对学生进行可以预约的实验查询。学生输入实验日期、时间、地点或者实验项目等查询条件，进行查询后显示出匹配的结果表，学生可以对每条结果即实验进行预约操作，同时还可以导出查询结果表。已预约实验查询主要是针对学生进行已预约的实验查询。学生输入实验日期、时间、地点或者实验项目等查询条件，进行查询后显示出匹配的结果表，同时还可以查询所有预约的实验，结果表中学生可以看到自己预约的每一个实验的相关信息，包括预约成功或者失败，还可以看到实验预约失败的原因。

在与系统信息持有者有效地交谈后，需要收集团队为每个标记的功能开发的用例。通常，用例首先用非正式的描述性风格编写。如果需要更正式一些，可以使用结构化的形式重新编写同样的用例。表 4-1 给出了实验预约子系统每个标记的功能的用例描述。表 4-2 是实验预约用例的结构描述。

表 4-1 实验预约子系统用例描述

用例	描述
查询可预约实验	学生查询可以预约的实验。学生输入实验日期、时间、地点或者实验项目等查询条件，进行查询后显示出匹配的结果表，它支持模糊查询功能
实验预约	学生可以对查询结果（即可以预约的实验）进行预约操作，同时还可以导出查询结果表
查询预约审核	可以查询所有预约实验的结果，其中学生可以看到自己预约的每一个实验的相关信息，包括预约成功或者失败的审核结果，还可以看到实验预约失败的原因
查询已预约实验	学生输入实验日期、时间、地点或者实验项目等查询条件，进行查询后显示出匹配的结果表，学生可以得到已预约成功的实验时间、地点表

表 4-2 实验预约用例的结构描述

用例	实验预约
主参与者	学生
环境目标	完成预约操作，导出查询结果
前提条件	
触发器	
场景	
异常处理	
后置条件	
参与者的联系	

2. 用例图

图形化的表示可以促进理解，尤其是当场景比较复杂时。图 4-25 描述了实验预约子系统的一个初步的用例图，每个用例由一个椭圆表示。

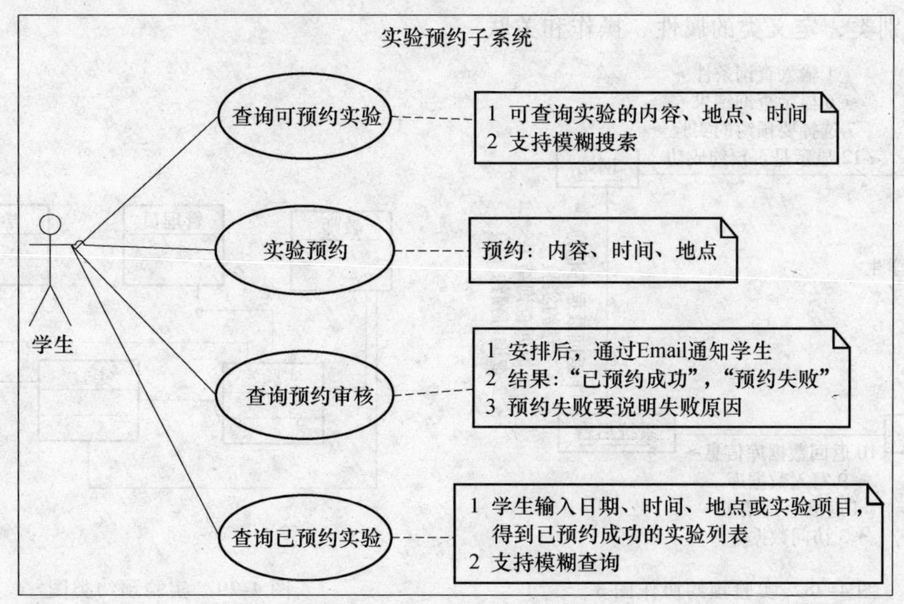

图 4-25 实验预约用例图

对于一个成功的信息系统项目而言，最重要的因素是软件产品是否满足用户的需要。从一个分析人员的角度构建模型的目的就是确定这些需求。这就意味着不仅仅是对机构中存在的一些事实和用户的请求进行收集和建档。用例模型从用户的角度描述了系统如何帮助他们完成其任务。为了设计软件来实现这些需求，分析人员还需要深入地分析，并将正确的和无歧义地对用户需求的理解传达给那些将来设计和构建软件的人。这种深入的分析工作是通过建立一系列的模型来实现的。仅采用用例建模是无法实现上述目标的，需要在用例建模的基础上进行类建模。

4.3.3 类建模

类建模就是实现一个用例，它的任务是识别一组可能的类，理解这些类如何通过交互来实现这个用例的功能。一组类被称为一个协作。图4-26描述了一个协作的简单表示，说明了一个协作对应着一个用例的实现。图4-27给出了这个协作的更加细致的描述，显示出了协作的组成对象和它们之间的连线。对象交互的细节不需要在协作中给出。通信图是描述协作内部细节的有用的视图，它明确地显示出了对象的交互。图4-28在图4-27所表示的协作上增加了交互，显示了组成协作的对象间的通信。在通信图中，交互以对象间消息的形式表示。

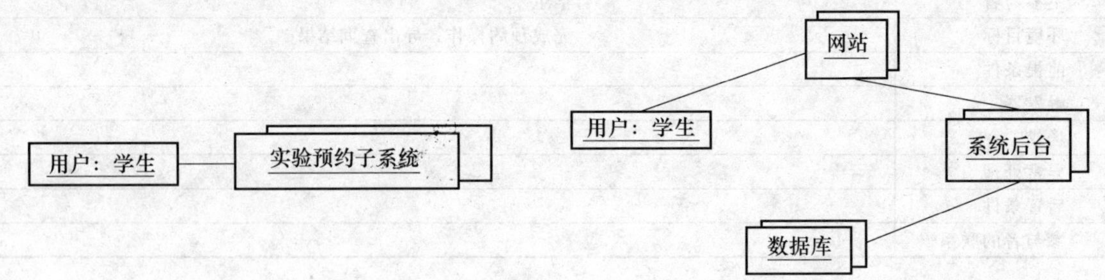

图4-26 实验预约协作图1

图4-27 实验预约协作图2

最后，一个协作可以被表示成一个类图。图4-29显示了这个例子的类图，为每个对象定义了一个类，对象间的连接对应着类间的关联。类建模的最终结果是生成类图，其具体过程包含识别类，定义类的属性、操作和关联。

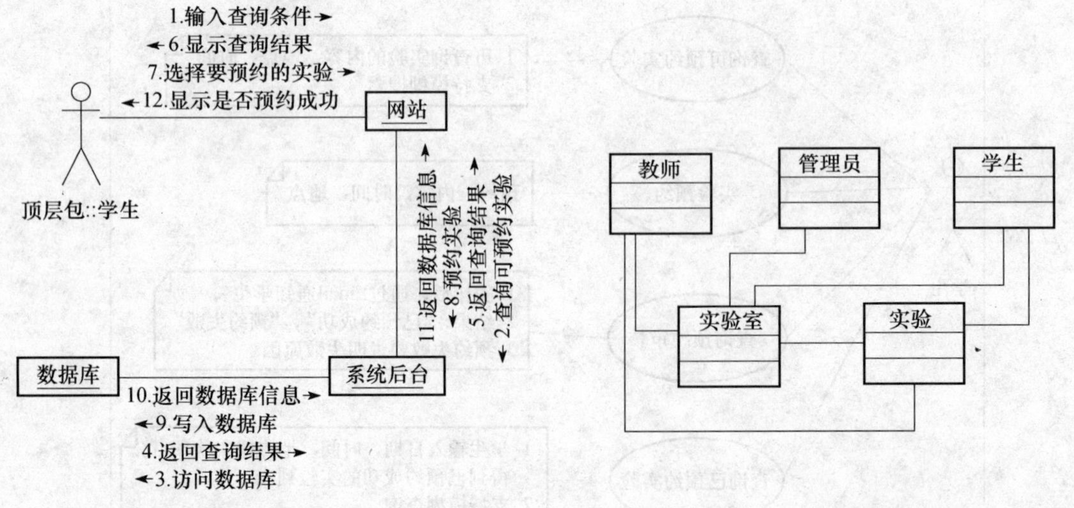

图4-28 实验预约协作图3

图4-29 实验预约类图

1. 分析类的构造类型

从以文字说明的软件需求过渡到以图形来描述的分析模型，是一个渐进的过程。而识别类是这个过程的第一步。类的构造类型有三种：边界类、控制类和实体类，可分别用《boundary》、《control》和《entity》来表示。它们依次代表系统与外部环境之间交互的边界、系统在运行过程中的控制逻辑以及系统要存储和维护的信息。把类分为不同的构造类型有助于建立一个稳固的对象模型。这是因为分类之后，对模型的变更往往只影响到某一特定的部分。例如，用户界面的变更只影响到边界类，控制流的变更仅仅影响控制类，系统存储信息的变更仅仅影响实体类。此外，通过区分类型也有助于在分析和初期设计阶段中辨识类。

(1) 边界类

边界类提供了对参与者或外部系统交互协议的接口，边界类将系统和外界的变化隔离开，使外界环境的变化不会直接影响系统的内部元素。一个系统可能有多种边界类，如用户界面类、系统接口类、设备接口类。

用户界面类：用于和系统用户进行通信。

系统接口类：用于和其他软件系统进行通信。

设备接口类：为硬件设备（如传感器）提供接口。

边界类对系统中依赖于环境的那些部分进行建模。实体类和控制类对与系统外部环境无关的那部分进行建模。因此，如果更改 GUI 或通信协议，将只更改边界类，对实体类和控制类毫无影响。边界类的描述如图 4-30 所示。

(2) 控制类

控制类用于封装一个或几个用例所特有的流程控制行为，通过它可建立系统的动态行为模型。控制类的描述如图 4-31 所示。它有效地分离了边界类和实体类对象，使系统更能承受边界的变更，它还将用例所特有的行为与实体类对象分开，使实体类对象在用例和系统中具有更高的可复用性。

但是，边界类和实体类之间并非始终需要一个控制类，只有当用例的事件流比较复杂并具有可以独立于系统的接口（边界类）或者存储信息（实体类）的动态行为时，才需要控制类。例如，事务管理器、资源协调器和错误处理器等都可以作为控制类。控制类所提供的行为具有以下特点：

1) 独立于环境，不随环境的变更而变更；
2) 确定用例中的控制逻辑（事件顺序）和事务；
3) 在实体类的内部结构或行为发生变更时，它也不会变更；
4) 使用或规定若干实体类的内容，协调这些实体类的行为；
5) 可能按不同的流程或方法执行（事件流具有多种状态）。

(3) 实体类

实体类用于对必须存储的信息和相关的行为建模，其主要职责是存储和管理系统中的信息。实体类的描述如图 4-32 所示。它通常具有持久性，即它们的属性和关系需要长期保存，有时甚至在系统整个生存周期都存在。

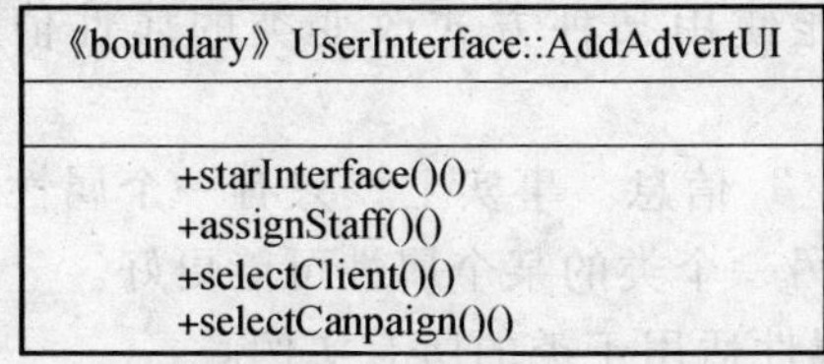

图 4-30 边界类的描述

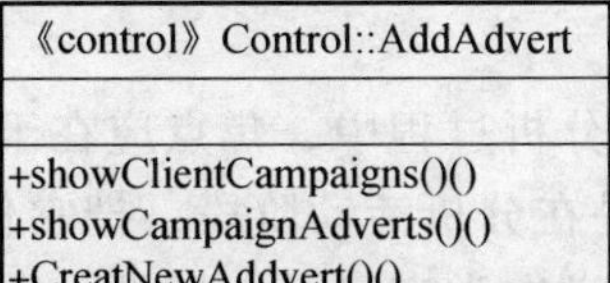

图 4-31 控制类的描述

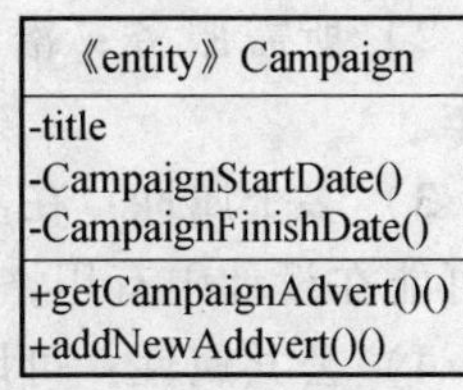

图 4-32 实体类的描述

实体类对象（实体类的实例）用于保存和更新一些对象的有关信息，例如，事件、人员或者一些现实生活中的对象。一个实体类对象通常不是一个用例所特有的，有时一个实体类对象甚至不专用于一个系统，其属性和关系的值通常来自于参与者。实体类对象是独立于外部环境的。

2. 识别类

如果环顾房间，就可以发现一组容易识别、分类和定义的物理对象。但当你“环顾”软件应用的问题空间时，了解类和对象就没有那么容易了。通过检查问题的陈述，或通过对为系统开发的用例或处理叙述进行“语法分析”，可以开始类的识别。例如，实验预约子系统中有如下的描述：“实验预约子系统的主要功能是学生进行实验预约，预定实验内容、实验时间和实验地点，查询预约审核情况。”带有下划线的名词或名词词组可以确定为类，并将这些名词输入到一个简单的表中，如表4-3所示。如果有同义词，同义词应该被标注出。如果要求某个类实现一个解决方案，那么这个类就是解决方案的一部分；而如果某个类只需要说明一个解决方案，那么这个类就是问题空间的一部分。一旦所有的名词都被分离出来，我们就可以从中识别类了。类以如下方式之一表现：

外部实体（例如，实验），产生或使用基于计算机的系统信息。

事物（例如，实验项目），问题信息域的一部分。

发生或事件（例如，实验预约），在系统操作环境内发生。

角色（例如，学生），由和系统交互的人员扮演。

组织单元（例如，预约审核），和某个应用相关。

场地（例如，实验室），建立问题的环境和系统的整体功能。

结构（例如，用户），定义了对象的类或与对象相关的类。

表4-3 潜在的类

潜在类	一般分类
学生	角色
实验，实验内容，实验时间，实验地点	外部实体
实验预约，预约查询	事件
实验项目，查询结果	事物
预约审核	组织单元
实验室	场地
用户	结构

还需要特别注意的是：什么不能是类或对象。通常，绝不应该用“强制性的过程的名称”为类命名。为了说明在建模的早期阶段如何定义、分析类，再次以“开放实验室管理系统”的实验预约子系统为例进行说明。通过对功能描述进行“语法分析”，提取名词，可以获得如表4-3所示的一些潜在的类。

表4-3应不断完善，直到处理叙述中所有的名词都已经考虑到。注意，列表中的每一项被称为潜在的对象，在进行最终的决定之前还必须对每一项深思熟虑。Cord 和 Yourdon 建议了6个选择特征，分析师在考虑每个潜在的类是否应该包含在分析模型中时可以参考：

1）保留信息：只有当相关信息必须被记录才能保证系统正常工作时，潜在类在分析过程中才是有用的。

2）所需服务：潜在类必须具有一组可确认的、能使用某种方式改变类的属性值的操作。

3）多个属性：在需求分析过程中，焦点应在于“主”信息。事实上，只有一个属性的类可能在设计中有用，但是在分析活动阶段，把它作为另一个类的某个属性可能更好。

4）公共属性：可以为潜在类定义一组属性，这些属性适用于类的所有实例。

5）公共操作：可以为潜在类定义一组操作，这些操作适于类的所有实例。

6）必需要求：在问题空间出现的外部实体，或者任何系统解决方案的运行所必需的信息，几乎都被定义为需求模型中的类。

判定潜在类是否包含在分析模型中多少有点主观，而且后面的评估可能会舍弃或恢复某个类。然而，基于类的建模的首要步骤就是定义类，因此必须进行决策。以此为指导，需要对列出的潜在类根据上述特征进行删选，如表4-4所示。

表4-4 潜在的类及其所适用的特征

潜在类	所适用的特征
学生	保留信息
实验	必需要求
实验预约	所需服务
实验项目	公共属性
预约审核	公共操作
实验室	必需要求
预约查询	公共操作

应该注意到上面的表是不全面的——必须添加其他类以使模型更完整。某些被拒绝的潜在类将成为那些被接受的类的属性。问题的不同陈述可能导致做出不同的“接受或拒绝”决定。

3. 定义类的属性

属性描述已经有选择地包含在分析模型中的类里，即在建立分析模型时，有一些名词被分析为类，有一些被分析为某个类的属性。实质上，属性是定义类，即明确类在问题空间下意味着什么。为了给已划分出的类开发一个有意义的属性集合，软件工程师可以再次研究用例并选择那些合情合理的“属于”类的“东西”。此外，每个类都应该回答如下问题：什么数据项（组合的/基本的）在问题空间下能够完整地定义这个类？

为了说明这个问题，可以给实验预约子系统中定义的“实验”类分配“实验内容”、“实验时间”、“实验地点”等属性。

4.3.4 行为建模

4.3.3节中阐述的类图和其他面向对象模型表现了分析模型中的静态元素，本节关注的是系统或产品的动态行为。要实现这一点，必须把系统的行为表现为特定事件和时间的函数。

行为模型显示了软件如何对外部事件或激励做出响应。要生成模型，分析师必须按如下步骤进行：

1）评估所有的用例，以保证完全理解系统内的交互序列；

2）识别驱动交互序列的事件，并理解这些事件如何和具体的类相互关联；

3）为每个用例生成序列；

4）创建系统状态图；

5）评审行为模型以验证准确性和一致性。

下面将具体讨论行为建模的步骤。

1. 识别用例事件

就像在4.3.2节用例建模中提到的，用例表现了涉及的参与者和系统的活动顺序。一般而言，只要系统和参与者之间交换了信息就发生事件。应该注意到事件不是被交换的信息，而是信息已被交换的事实。

为了说明如何从信息交换的角度检查用例，考虑“开放实验室管理系统”中的“实验预约”用例场景：“已预约实验查询主要针对学生进行已预约的实验查询。”用例场景中下划线部分表示事件。应该确认每个事件的参与者，应标记交换的所有信息，而且应该列出每个事件的条件和限制。一旦确定了所有的事件，这些事件将被分配到所涉及的对象，对象负责生成事件或识别已经在其他地方发生的事件。

2. 状态表现

在行为建模的场合下，必须考虑两种不同的状态描述：一是系统执行其功能时每个类的状态；二是系统执行其功能时从外部观察到的系统的状态。类状态具有被动和主动两种特征。被动状态是某个对象所有属性的当前状态。一个对象的主动状态是指对象进行持续变换和处理时的当前状态。必须发生事件（有时被称为触发器）才能迫使对象从一个活动状态到另一个活动状态的转移。

下面讨论两种不同的行为表现形式。第一种显示独立的类如何基于外部事件变化状态，用 UML 中的状态图描述；第二种是以时间函数的形式显示软件的行为，用序列图来描述。

3. 状态图

状态图为每个类表现活动状态和导致这些活动状态变化的事件（触发器）。图 4-33 举例说明了学生预约实验查询功能中学生类的状态图。

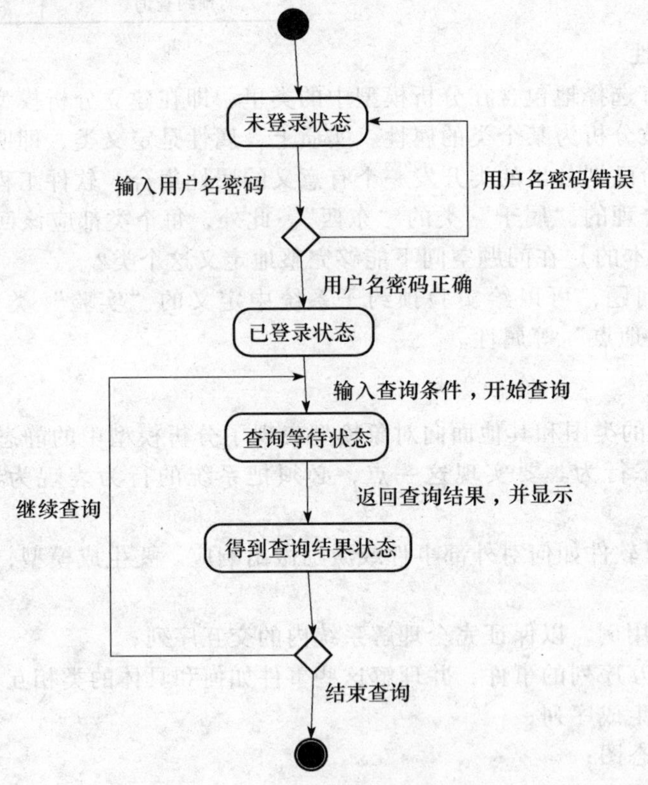

图 4-33 学生预约实验查询状态图

4. 序列图

序列图说明事件如何引发一个对象到另一个对象的转移。一旦通过检查用例确认了事件，建模人员就创建一个序列图——用时间函数表现事件如何引发流从一个对象到另一个对象。事实上，序列图是用例的速记版本，它表现了导致一个类流到另一个类的关键类和事件。

图 4-34 所示的序列图用来表示学生预约实验的行为过程，首先查询可以进行预约的实验，在返回查询结果后进行实验的预约，完成实验预约以后，等待实验预约的审核，最后查看是否预约成功。

一旦完成了完整的序列图，所有导致系统对象之间转移的事件都可以被整理为输入事件集合和输出事件集合。对于将要构建的系统而言，这些信息对于创建有效的设计非常有用。

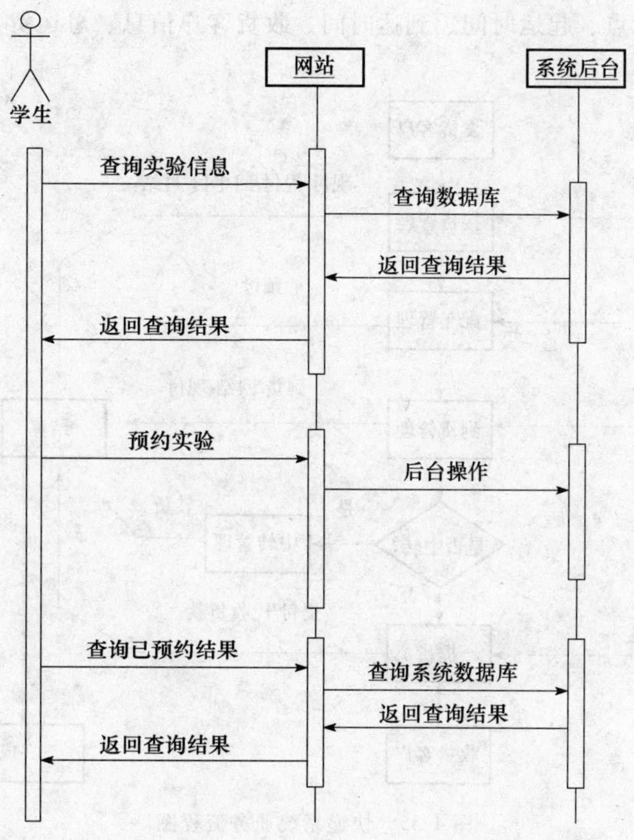

图 4-34 学生预约实验序列图

4.4 面向对象分析方法举例

4.4.1 案例描述

随着快递公司业务的发展，业务量不断增多，跨区域工作的需求，使得客户需要一种能够运行于 B/S 模式的网络数据管理系统。该软件能满足快递公司与客户之间的业务需求和快递公司与承运人之间的业务需求，并能对业务数据进行统计和管理，最后以报表的形式体现出来。本系统新增了客户服务，使快递公司与客户之间能随时沟通。

本系统的业务描述为：发货客户与快递公司签订货运合同（货运单），把货物交给快递公司来托运，并按照货运合同的付款方式付款。快递公司根据货物运输线路，为货物配车，找到合适的车辆，然后与司机签订运输合同（回执单），并按照运输合同的运费结算方式结算。司机对货物检查无误后，装车，然后发车，发车后货物的任何损失由司机承担。

司机到达目的地后，需要经过货物验收，验收通过后填写一份司机回执单，快递公司同时通知发货客户和收货客户，货物已到达。如果货物没有通过验收，则填写差错记录。如果该货物不需要中转，通知收货客户来提货，客户验收通过后，填写客户回执单，快递公司这时通知发货客户，所发货物已被提走。如果该货物需要中转，则填写一份中转信息单，快递公司这时同时通知发货客户和收货客户，货物已被中转。中转成功后，收货客户来提货，并通知发货客户，货物已被提，然后进行转货结算。根据上面的业务描述给出如图 4-35 的业务流程图，本节主要以配车管理子系统为例介绍面向对象分析。

配车管理子系统的具体功能为：填写一份运输合同，该合同内容包括合同编号、承运人信息、发货点、交货点、起运时间、到达时间、收货客户信息、总运费、保险费等；为本次托运装货，然后发车。

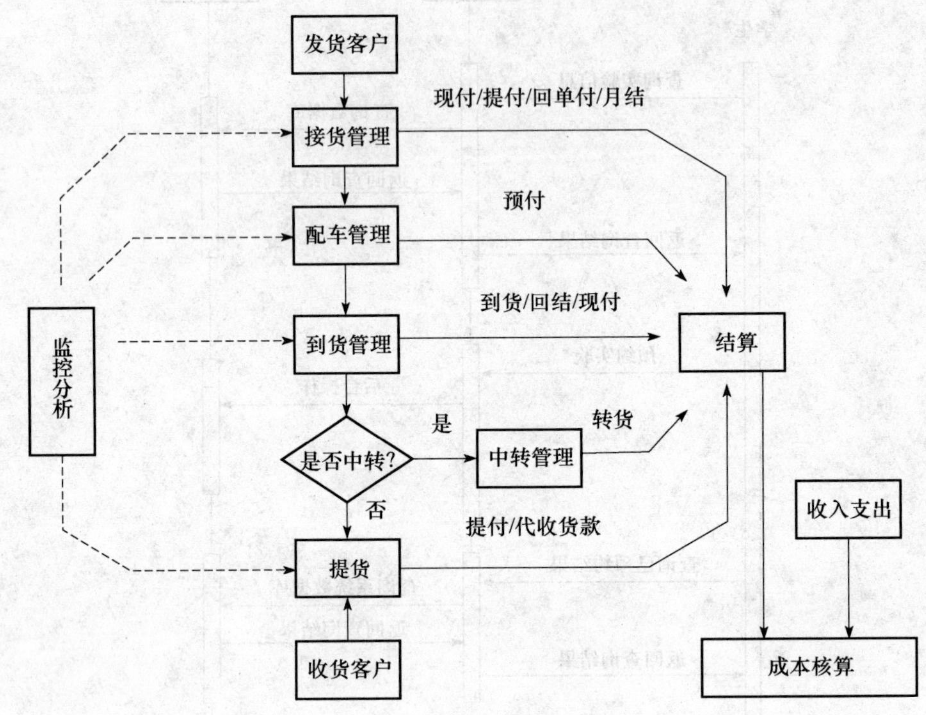

图 4-35 快递系统业务流程图

可以查看运输合同在不同阶段的状态，如未出合同、未到车辆、未结车辆。填写完运输合同后，在未发货之前，该合同状态为未出合同；发货但未到达的合同，为未到车辆；所有未结算的运输合同都为未结合同。只有运输合同状态为未出合同时，才可以对此合同进行修改和删除。其他状态不能对其进行数据操作，其业务流程见图 4-36。

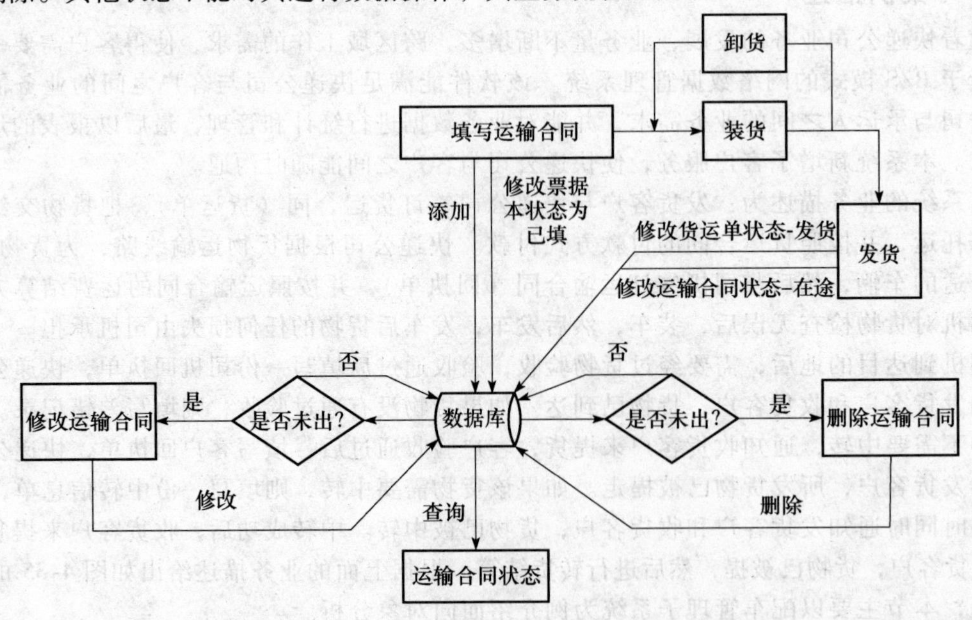

图 4-36 配车管理子系统业务流程图

4.4.2 案例分析

具有配车管理权限的人可以进行配车管理子系统的各项操作。

1. 第一步，用例建模

用例描述产品的功能，提供对全部功能的总的描述。情景是用例的具体实例，二者之间有点像对象和类的关系。用例是软件产品类和用户的交互，情景则是特定对象和用户的交互。表 4-5 给出了配车管理子系统的用例描述。

表 4-5 配车管理子系统用例描述

用例	描述
填写运输合同	填写一份运输合同，该合同内容包括合同编号、承运人信息、发货点、交货点、起运时间、到达时间、收货客户信息、总运费、保险费等
查询运输合同	查看运输合同在不同阶段的状态，如未出合同、未到车辆、未结车辆。填写完运输合同后，在未发货之前，该合同状态为未出合同；发货但未到达的合同，为未到车辆；所有未结算的运输合同都为未结合同。只有运输合同状态为未出合同时，才可以对此合同进行修改和删除，其他状态不能对其进行数据操作

针对上述的用例描述给出其用例图，见图 4-37。

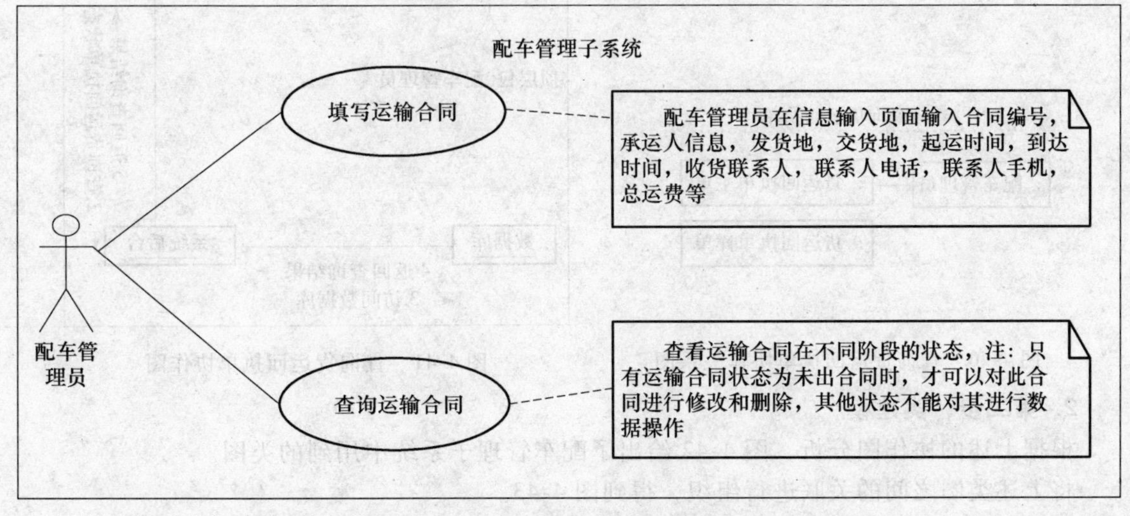

图 4-37 配车管理子系统用例图

用例的实现包含识别可能的类，同时理解类间如何交互以实现用例的功能。当对象及其连接有利于理解交互时，选择协作图；当需要了解时间次序时，选择序列图；协作图清晰地显示了对象间关系，但时间次序必须从序号来获得；序列图清晰地显示了时间次序，但没有清楚地指明对象间的关系。因此，在将用例图转换为类图的过程中，需要给出系统的协作图。

在配车管理子系统中，其主要功能是配车管理员在货运回执单信息输入页面输入合同编号、承运人信息、发货地、交货地、起运时间、到达时间、收货联系人、联系人电话、联系人手机、总运费等，同时还可以通过关键词进行运输合同的查询。图 4-38 和图 4-39 分别描述了配车管理员填写货运回执单的协作关系图和协作图。图 4-40 和图 4-41 分别描述了配车管理员查询货运回执单的协作关系图和协作图。

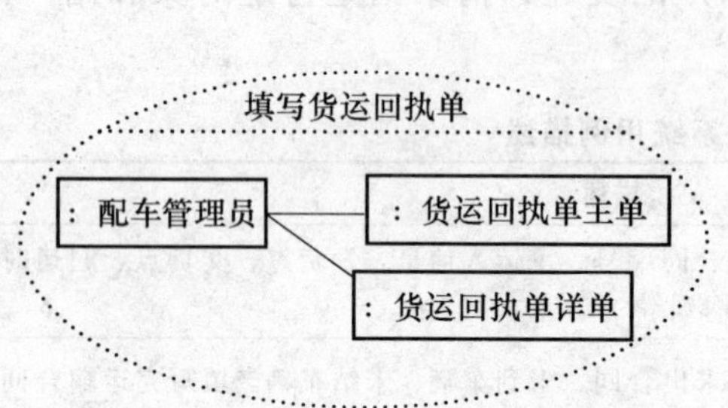

图 4-38 填写货运回执单协作关系图

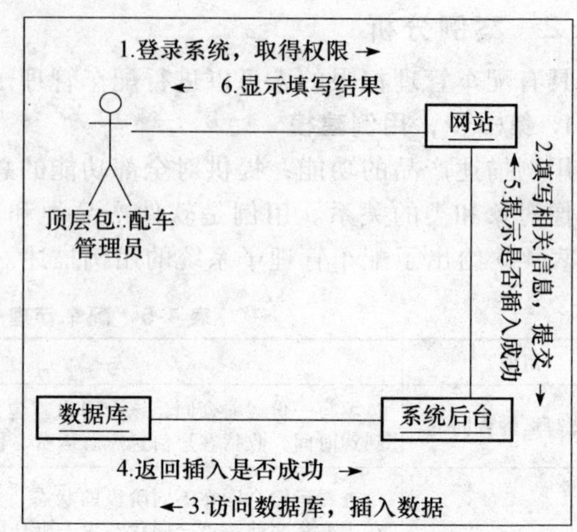

图 4-39 填写货运回执单协作图

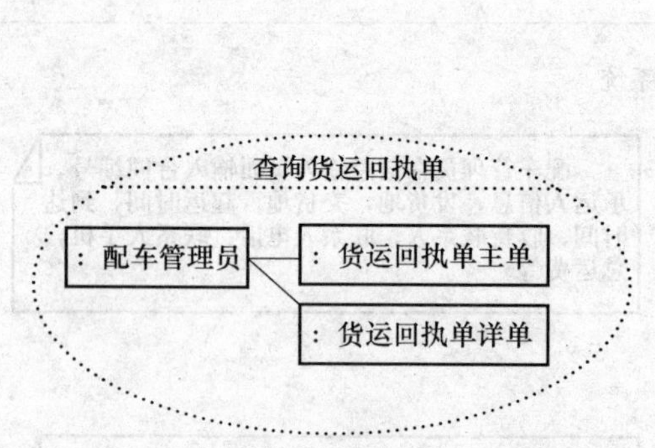

图 4-40 查询货运回执单协作关系图

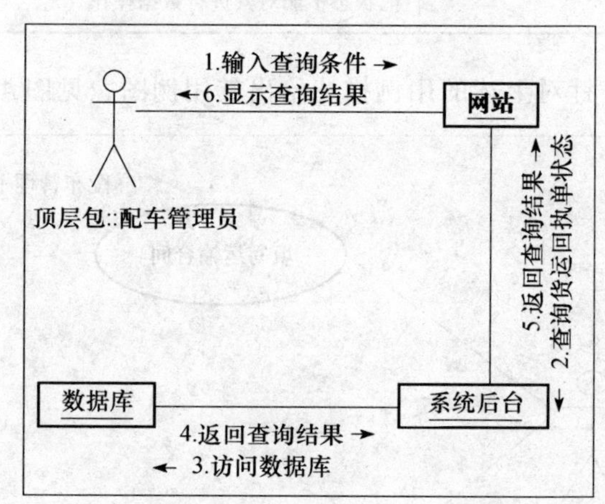

图 4-41 查询货运回执单协作图

2. 第二步，类建模

根据上述的协作图分析，图 4-42 给出了配车管理子系统中用到的类图。

将上述类图之间的关联进行组织，得到图 4-43。

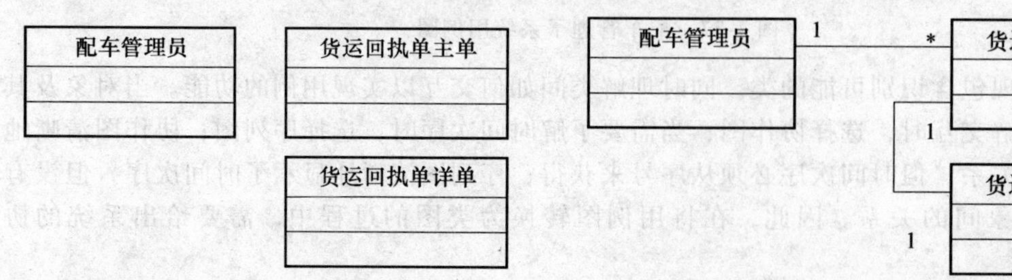

图 4-42 配车管理子系统类图　　图 4-43 配车管理子系统类之间的关联

根据上述的分析，配车管理员属于用户类，在用户管理子系统里统一设计和定义，其他两个类按照三层结构的设计可以分别定义，以货运回执单主单为例，其类的具体设计见表 4-6。

表4-6 运输合同类详细分析

BLL：ReturnReceiptBill	业务逻辑层：运输合同类	
	方法：Add	添加运输合同
	方法：FindUnboundGoods	查找还没有出车的回执单信息
	方法：AddCarryingGoods	添加货物
	方法：ModifyExecute	修改货运单执行情况
	方法：ModifyState	修改货运单状态
	方法：FindReturnReceiptBill	查找货运单
DALFactory：ReturnReceiptBill	数据访问层工厂：运输合同类	
	方法：Create	创建接口
IDAL：IReturnReceiptBill	数据访问层接口：运输合同接口	
	方法：Insert	调用SQLServer：ReturnReceiptBill的Insert方法
	方法：InsertDetails	调用SQLServer：ReturnReceiptBill的InsertDetails方法
	方法：GetPieceNum	调用SQLServer：ReturnReceiptBill的GetPieceNum方法
	方法：DeleteDetails	调用SQLServer：ReturnReceiptBill的DeleteDetails方法
	方法：ModifyDetails	调用SQLServer：ReturnReceiptBill的ModifyDetails方法
	方法：ModifyRemainder	调用SQLServer：ReturnReceiptBill的ModifyRemainder方法
	方法：ModifyExecute	调用SQLServer：ReturnReceiptBill的ModifyExecute方法
	方法：ModifyState	调用SQLServer：ReturnReceiptBill的ModifyState方法
	方法：FindReturnReceiptBill	调用SQLServer：ReturnReceiptBill的FindReturnReceiptBill方法
SQLServer：ReturnReceiptBill	数据访问层：运输合同类	
	方法：Insert	向数据库中插入一条记录
	方法：InsertDetails	向数据库中插入记录
	方法：GetPieceNum	向数据库中查询记录
	方法：DeleteDetails	删除数据库中的记录
	方法：ModifyDetails	修改数据库中的记录
	方法：ModifyRemainder	修改数据库中的记录
	方法：ModifyExecute	修改数据库中的记录
	方法：ModifyState	修改数据库中的记录
	方法：FindReturnReceiptBill	从数据库中查询记录
Model：ReturnReceiptBillData	实体层：运输合同实体类	运输合同的属性

3. 第三步，行为建模

行为建模主要达到两个不同的目标。第一个目标是加强对本领域的理解和进一步扩充该模型在其他领域内的应用。这意味着类模型复用机会的识别能力的提高。第二个目标是加强对模型细节的识别和对用户需求的响应。通过对行为的合适分类，可以使用序列图和状态机来转换成类的行为方法。

通过以上的工作，分析类模型并对其进行修正，以更好地反映对需求的理解。可以使用序列图和状态机来帮助我们理解类模型的方法。

例如，图4-44表示配车管理员填写货运回执单的行为过程。首先配车管理员登录，获得可操作权限；然后按照要求填写好货运回执单的各项属性，提交到系统；最后查看是否提交保存成功。图 4-45 表示配车管理员查询货运回执单的过程。首先配车管理员登录系统，获得可操作的权限；然后填写查询条件提交，得到查询结果，根据货运回执单的状态决定是否可以修改和删除单据；最终将结果反馈给系统管理员。

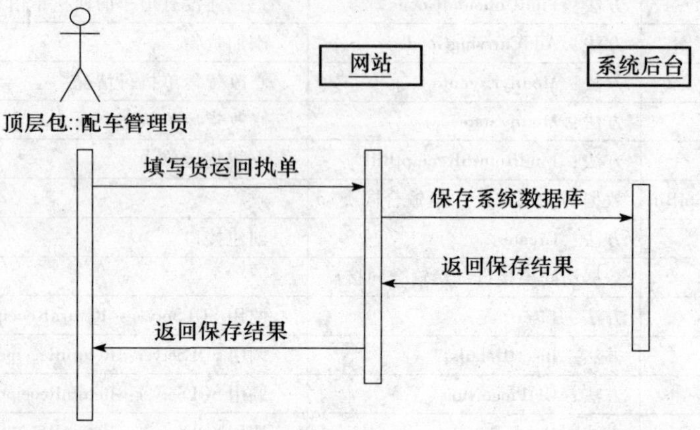

图 4-44 填写货运回执单序列图

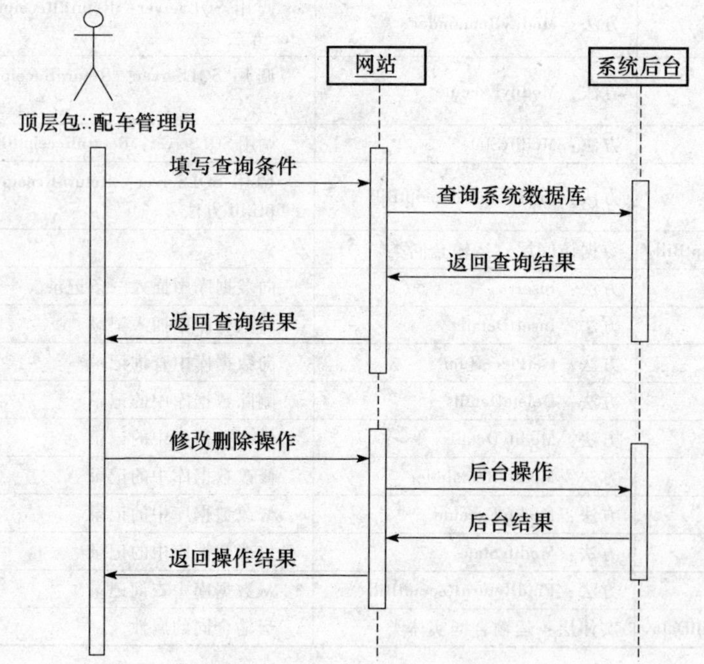

图 4-45 查询货运回执单序列图

序列图可以帮助需求分析进入一个新的更为详细的阶段，对于用例功能的定义是非常有必要的。

4. 面向对象分析阶段的测试

面向对象分析阶段的测试就是通过反复分析验证规格说明的准确性和完整性。为什么需要多次反复呢？首先，开发模型就有反复的需要，比如递增模型和螺旋模型；其次，对所有软件项目，都具有反复性这一根本属性。特别对于大型的项目和面向对象范型，反复性都是需要特别注意的方面，其根本目的是保证分析文档的完整性和准确性。

4.5 面向对象分析阶段的 CASE 工具

面向对象分析阶段的辅助工具本质上是一个绘图工具，它可以使开发者更加轻松地完成每个步骤。这些绘图工具可以规范开发者的绘图方法，而且便于修改。有些工具还支持 CRC 卡片的创建和修改。最重要的是，由于所有的分析图都有着内在的联系，利用辅助工具进行修改时，所做的修改可以自动反映在全部受影响的图中。这些工具一般都支持 UML。主要的工具包括：Rose，Together。

Rose 是美国 Rational 公司开发的面向对象建模工具，利用这个工具，可以建立用 UML 描述的软件系统的模型，而且可以自动生成和维护 C++、Java、VB 和 Oracle 等语言和系统的代码。Rational Rose 包括了统一建模语言 UML、OOSE 和 OMT。

4.5.1 UML 建模工具

1. Rational Rose

这是一个推荐使用的高端工具，它使改进和维护设计、从模型生成报表、在平行协作环境中与他人共同进行建模工作变得很方便。Rose 目前在国内正被越来越多的公司所使用，其原因一方面是随着软件规模的扩大，面向对象分析和设计的优势凸现出来，软件企业正在从面向过程向面向对象过渡。另一方面，Rose 集中体现了统一软件建模的先进设计思想，能够通过一套统一的图形符号简洁有效地表达各种设计思想。当然，Rose 本身在设计上的完善及其与 Rational CASE 家族的完美集成，也是它成为一款最成功的 CASE 产品的基础。

Rose 2002 可以完成 UML 的 9 种标准建模，即静态建模（用例图、类图、对象图、组件图、部署图）和动态建模（协作图、序列图、状态图、活动图）。为了使静态建模可以直接作用于代码，Rose 提供了类设计到多种程序语言代码自动生成的插件。同时，作为一款优秀的分析和设计工具，Rose 具有强大的正向和逆向工程能力——正向工程指的是由设计产生代码，逆向工程指的是由代码归纳出设计。通过逆向工程，Rose 可以对历史系统做出分析，然后进行改进，再通过正向工程产生新系统的代码，这样的设计方式我们称之为再工程。

2. Borland Together

Borland Together 技术通过以设计为中心的解决方案，加速更高质量应用的开发。以设计为中心的解决方案支持可视化建模、衡量设计与代码的质量，从而提高开发团队生产力。Borland Together 版本与平台 Borland JBuilder、Eclipse、SAP Netweaver Studio、Microsoft Visual Studio.NET 以及 Borland C++ BuilderX 进行了集成，一般推荐使用 JBuilder。虽然它的界面不是很吸引人，但它的功能还是很强大的，尤其是逆向工程用起来很方便。EJB 项目都非常大，动辄几千行，用它生成的序列图非常详细，很多情况下需要删掉细节仅保留框架，建议非不得已不要使用这个庞然大物，否则对你的机器和耐心都是一个考验。它的 For Eclipse、VS. net 等插件使用效果也不错。

3. MS Visio 2003 for Visual Studio

Visio Professional 2000 开始提供内建的 UML 支持，Enterprise 版更加完整。这是一个功能强大的工具，与 VS. net 结合不错，但是仅限于 VS. net 的代码生成。

4. Visual Paradigm

Visual Paradigm 是一个 UML 建模工具，主要是为面向对象系统提供可靠的建模和分析工具。它支持最新的 Java 标准和 UML 图，此外还可以和其他工具整合，包括 Eclipse/IBM WebSphere 等。

4.5.2 图稿绘制工具

常用的图稿绘制工具是Visio，它是目前国内用得最多的Case工具。它提供了日常使用中的绝大多数框图的绘画功能（包括信息领域的各种原理图、设计图），同时提供了部分信息领域的实物图。Visio的精华在于其使用方便，它既可以单独运行，也可以在Word中作为对象插入，与Word集成良好，生成的图在没有安装Visio的Word中仍然能够查看。使用过其他绘图工具的朋友肯定会感受到Visio在处理框和文字上的流畅，同时在文件管理上Visio提供了分页、分组的管理方式。Visio支持UML的静态和动态建模，对UML的建模提供了单独的组织管理。从2000版本后，Visio被Microsoft收购，正式成为Office家族的一员，目前最新版是2007。纳入名门的Visio 2007被微软的风格所同化，样子出现了一些华而不实的东西，但是功能上Visio不减从前，各种器件模板有了许多增进。

Visio的好处是易用性高，特别是对不善于自己构造图的人。但是，它存在专业程度较低的不足：

- 画工程管理类的图显然不如Project 2000好用；
- 画IDEF0图显然不如BPWIN好用；
- 画IDEF1X图显然无法与ERWIN相比；
- 画组织机构图Word足够用了，且普遍适用；
- 画网络拓扑结构图只要有相应的图素，用什么画都行；
- 画有关图表类的显然不如Excel好用；
- Visio的图只能以对象的方式插入主文档，只有在它本身环境下才能修改。

4.6 面向对象分析阶段面临的挑战

面向对象分析是规格说明阶段的一个特定方法，规格说明阶段所遇到的一般问题也同样适用于面向对象分析。

从面向对象分析到面向对象设计的转变，比在传统范型中从规格说明阶段向设计阶段的转变平滑得多。在传统范型中，设计阶段的首要任务是将产品分解为模块，而面向对象设计阶段的模块“类”，是在面向对象分析阶段抽取的，并在面向对象设计阶段求精。由于在OOA阶段的早期就给出类，这意味着OOA“做过头”的诱惑是很大的。

以给类分配方法的问题为例，在面向对象分析阶段就确定模块（类）和它们的相互作用，并且结果体现在类图中。因此，显然没必要等到面向对象设计阶段才给类分配方法。

尽管如此，记住面向对象的分析是一个反复的过程很重要。在求精各种模型的过程中，常常需要重新组织大部分的类模块，重新组织类和它们的属性可能很费时间，因而重新分配方法就会产生不必要的附加工作。

在OOA过程的每一步中，减少在反复期间重新组织的信息是一个好主意。因此，不管在面向对象分析期间向前迈出一小步的诱惑有多大，为类设计方法应该到设计阶段进行。

本章小结

这一章讲述了如何产生分析模型来帮助减少在软件设计和构造阶段出现的错误和不一致性。面向对象方法的基本思想是从现实世界中客观存在的事物（即对象）出发，尽可能地运用人类的自然思维方式来构造软件系统。面向对象技术是基于面向对象思想的软件开发技术，是软件工程领域中的重要技术，它以对象为核心，用这种技术开发出的软件系统由对象组成。UML是一种面向对象的建模语言，它的主要作用是帮助用户对软件系统进行面向对象的描述和建模。建模是将用户的业务需求映射为代码，保证代码满足这些需求，并能方便地回溯需求的过程，它可以描述这个软件开发过程从需求分析直到实现和测试的全过程。面向对象分析是一种从问题空间通过提取类和对象来进行分析的方法，用于建立一个与具体实现无关的面向对象分析模型。在系统分析阶段，重点是识别系统中的对象以及它们之间的关系。面向对象分析过程主要由三个活动组成，即用例建模、类建模和行为建模。

思考题

1. 对象和属性之间有何区别？
2. 什么是对象？它与传统的数据有何异同？
3. 使用一种形式而不是本章所描述的状态图来表示动态模型，这是否可能？解释你的答案。
4. 为什么你认为在面向对象分析期间决定的是类的属性而不是类的方法？
5. 用面向对象范型开发软件与用结构化范型开发软件相比较，软件的生命周期有何不同？这种差异带来了什么后果？
6. 为什么在开发大型软件时，采用面向对象范型比采用结构化范型较易取得成功？
7. 什么是模型？开发软件时为什么要建立模型？
8. 试建立下述订货系统的用例模型。

   假设一家工厂的采购部每天需要一张订货报表，报表按零件编号排序，表中列出所有需要再次订货的零件。对于每个需要再次订货的零件应该列出下述数据：零件编号，零件名称，订货数量，目前价格，主要供应者，次要供应者。零件入库或出库称为事务，通过放在仓库中的终端把事务报告给订货系统。当某种零件的库存数量少于库存量临界值时就应该再次订货。
9. 用非正式分析法确定下述杂货店问题中的对象，并确定所述杂货店问题中对象类之间可能有的继承关系。

   一家杂货店想使其库存管理自动化。这家杂货店拥有能够记录顾客购买的所有商品的名称和数量的销售终端。顾客服务台也有类似的终端，用以处理顾客的退货。它在码头有另一个终端处理供应商发货。肉食部和农产品部也有终端用于输入由于损耗导致的损失和折扣。
10. 对下述牙科诊所管理系统，确立对象模型、用例模型，用数据流程图建立其功能模型，画出状态图。

    王大夫在小镇上开了一家牙科诊所，他有一个牙科助手、一个牙科保健员和一个接待员。王大夫需要一个软件系统来管理预约。

    当病人打电话预约时，接待员将查阅预约登记表，如果病人申请的就诊时间与已定下的预约时间冲突，则接待员建议一个就诊时间以安排病人尽早得到诊治。如果病人同意建议的就诊时间，接待员将输入约定时间和病人的名字。系统将核实病人的名字并提供记录的病人数据，数据包括病人的病历号等。在每次治疗或清洗后，助手或保健员将标记相应的预约诊治已经完成，如果必要的话会安排病人下一次再来。

    系统能够按病人姓名和日期进行查询，能够显示记录的病人数据和预约信息。接待员可以取消预约，可以打印出前两天预约尚未接诊的病人清单。系统可以从病人记录中获知病人的电话号码。接待员还可以打印出关于所有病人的媒体和每周的工作安排。

第5章 软件设计

【学习目标】

➢ 了解软件体系结构的概念、研究内容和范畴；

➢ 掌握软件体系结构设计原则和熟练掌握几种典型的体系结构；

➢ 理解面向行为和面向数据两种设计技术的差别；

➢ 掌握软件设计阶段三个活动（概要设计、详细设计、设计测试）的主要内容；

➢ 掌握面向行为的设计方法（数据流分析、事务分析）；

➢ 了解面向数据的设计方法（Jackson 方法）；

➢ 了解在设计阶段所使用的度量。

软件设计阶段主要根据需求分析的结果，对整个软件系统进行设计，好的软件设计将为软件程序编写打下良好的基础。在系统分析和建模工作完成后，“系统是什么”的问题已经得到了回答。在设计阶段，软件工程师要回答的是“怎样得到系统”，要从分析阶段得到的分析模型导出软件的设计模型。设计工作可以在不同的层面进行，系统设计或体系结构设计关注于影响整个系统的结构层面，详细设计关注于系统的具体工作层面。本章的5.1节概述了软件体系结构设计的相关概念。5.2节介绍软件体系结构设计原则和体系结构风格。5.3介绍典型的软件体系结构。5.4节阐述了设计过程及其包含的活动。5.5节介绍面向行为的设计方法。5.6节介绍面向数据的设计方法。5.7节简要介绍设计期间的度量。5.8节简要介绍了面向对象设计方法，这种方法及其实际应用将在第6章详细阐述。

5.1 软件体系结构概述

随着软件系统的规模和复杂性不断增加，系统全局结构的设计和规划变得比算法的选择以及数据结构的设计更加重要。这种全局结构的设计和规划问题包括全局组织结构、全局控制结构、通信和同步以及数据存取的协议、设计元素的功能、设计元素的组合、物理分布、规模和性能、演化的维度、设计方案的选择等。这些就是软件体系结构所要讨论的问题。

良好的体系结构意味着普适、高效和稳定。抽象地说，软件体系结构包括构成系统的设计元素的描述、设计元素的交互、设计元素组合的模式，以及在这些模式中的约束。一般来说，一个具体的系统由构件的集合以及它们之间的关系组成。这样的系统又有可能成为一个更大的系统的组成元素。

5.1.1 软件体系结构的概念以及研究内容和范畴

1. 软件体系结构的概念和发展

软件体系结构概念在20世纪80年代就已经提出，但到90年代才引起人们的重视，并逐步在学术界成为研究的热点及在软件开发中得到一定的应用。目前业界还没有对软件体系结构给出一个统一的、广泛认可的定义，很多研究人员从不同角度提出了各自对软件体系结构的定义，较为典型的有以下几种：

（1）定义1：Perry & Wolf模型

SA = {elements, form, rational}

该定义由 Dewayne Perry 和 Alex Wolf 于 1992 年提出，即软件体系结构是由一组元素（elements）构成。这组元素分成 3 类：处理元素、数据元素和连接元素。软件体系结构形式（form）是由专有特性和关系组成。专有特性用于限制软件体系结构元素的选择，关系用于限制软件体系结构元素组合的拓扑结构，而在多个体系结构方案中选择合适的方案往往基于一组准则（rational）。

（2）定义 2：Vestal 模型

SA = {component，idioms/styles，common patterns of interaction}

该定义由 David Garland 和 Mary Shawn 于 1995 年提出，即软件体系结构由构件（component）组成，构件之间通过通用的互操作模式（common patterns of interaction）相连。体系结构风格（styles）描述了一种通用的设计模式，可满足特定系列的应用需求。

（3）定义 3：IEEE 给出的定义

SA = {component，connector，environment，principle}

该定义为 IEEE 610.1221990 软件工程标准词汇中的定义，即软件体系结构是以构件、构件之间的关系、构件与环境之间的关系为内容的某一系统的基本组织结构，以及指导上述内容设计与演化的原理。

比较上述几种定义可知，它们的核心内容都是软件系统的结构，并且都涵盖了如下一些实体：构件、构件之间的交互关系、限制、设计约束和指导方针等。软件体系结构是指一个或者多个结构，结构中包括软件的组件、组件的外部可见属性以及它们之间的相互关系。体系结构的设计是设计过程的第一个阶段，并且成为设计和需求工程过程之间的桥梁，时常与一些需求描述活动齐头并进。体系结构设计所关心的是建立一个基本的结构框架，能够识别出系统的组件（又称系统成分或构件）以及它们之间的通信。

2. 软件体系结构的研究内容和范畴

在了解了软件体系结构的概念之后，我们来看看软件体系结构所研究的内容。软件体系结构虽脱胎于软件工程，但其形成同时借鉴了计算机体系结构和网络体系结构中很多宝贵的思想和方法，最近几年软件体系结构研究已完全独立于软件工程的研究，成为计算机科学的一个最新的研究方向和独立学科分支。

软件体系结构研究的主要内容涉及软件体系结构描述、软件体系结构风格、软件体系结构评价和软件体系结构的形式化方法等。解决好软件的复用、质量和维护问题是研究软件体系结构的根本目的。

虽然体系结构对系统设计至关重要，但过去人们对体系结构的理解和使用却是非常不规范的，往往是隐含的、粗糙的、片面的。直到 20 世纪 90 年代，人们才开始较系统地研究软件系统的体系结构问题。

软件体系结构已经成为软件工程实践者和研究者的一个重要的研究领域。很多领域的研究工作使得关于软件体系结构的许多问题正在被解决，这些领域包括模块接口语言、特定领域的软件体系结构、软件的重用、软件组织结构模式的规范化编纂、体系结构描述语言、体系结构设计形式化的支持和体系结构设计环境。

可以将当前软件体系结构分为 4 个研究领域：

1）通过提供一种新的体系结构描述语言（Architectural Description Language）解决体系结构描述问题。这种语言的目标是向实践者提供更好的体系结构设计方法，以便设计人员相互交流，并可以使用支持体系结构描述语言的工具来分析案例。

2）体系结构领域知识的总结性研究。这一领域关心的是软件实践中总结出来的各种体系结构原则和模式的分类与阐释。

3）针对特定领域的框架研究。这类研究产生了针对一类特殊软件的体系结构框架，比如，航空电子控制系统、移动机器人、用户界面。这类研究一旦成功，这样的框架便可以被毫不费力地实例化来生产这一领域新的产品。

4）软件体系结构形式化支持的研究。随着新的符号的产生，以及人们对体系结构设计实践的理解的逐步深入，需要用一种严格的形式化方法刻画软件体系结构及其相关性质。

5.1.2 体系结构风格、设计模式和框架的概念

1. 体系结构风格（Architecture Style）

体系结构风格是描述特定系统组织方式的惯用范例，强调组织模式和惯用范例。组织模式即静态表述的样例，惯用范例则是反映众多系统共有的结构和语义。通常，体系结构风格独立于实际问题，强调了软件系统中通用的组织结构，比如管道线、分层系统、客户机-服务器等。体系结构风格以这些组织结构定义了一类系统族。

2. 设计模式（Design Pattern）

设计模式是软件问题高效和成熟的设计模板，包含了固有问题的解决方案。设计模式可以看成规范了的小粒度的结构成分，并且独立于编程语言或编程范例。设计模式的应用对软件系统的基础结构没有什么影响，但可能对子系统的组织结构有较大影响。每个模式处理系统设计或实现中一种重复出现的特殊的问题。例如，Bridge 模式，它为解决抽象部分和实现部分独立变化的问题提供了一种通用结构。因此，设计模式更强调直接复用的程序结构。

3. 应用框架（Application Framework）

可以说，一个框架是一个可复用的设计构件，它规定了应用的体系结构，阐明了整个设计、协作构件之间的依赖关系、责任分配和控制流程，表现为一组抽象类以及其实例之间协作的方法，它为构件复用提供了上下文关系。在很多情况下，框架通常以构件库的形式出现，但构件库只是框架的一个重要部分。框架的关键还在于框架内对象间的交互模式和控制流模式。

4. 体系结构风格、设计模式与框架的区别

设计模式是对某种环境中反复出现的问题及其解决方案的描述，它比框架更抽象；框架可以用代码表示，也能直接执行或复用。对模式而言，只有实例才能用代码表示。设计模式是比框架更小的元素，一个框架中往往含有一个或多个设计模式。框架总是针对某一特定应用领域，但同一模式却可适用于各种不同的应用。体系结构风格描述了软件系统的整体组织结构，它独立于实际问题。而设计模式和应用框架更加面向具体问题。

体系结构风格、设计模式和应用框架是从不同的目的和出发点讨论软件体系结构，它们的概念经常可以互相借鉴和引用。

5.2 软件体系结构的设计原则和风格

5.2.1 设计原则

软件工程师在多年的实践中，对软件体系结构的设计总结出一些带有普遍性的原则，这些原则和策略多年来一直被广泛运用着，它们独立于具体的软件开发方法。

这些基本原则包括：

- 抽象。
- 分而治之。

- 封装和信息隐藏。
- 模块化。
- 高内聚和低耦合。
- 关注点分离。
- 策略和实现的分离。

1. 抽象的原则

抽象是人们认识复杂事物的基本方法，它的实质是集中表现事物的主要特征和属性，隐藏和忽略细节部分，并用于概括普遍的、具有相同特征和属性的事物。

人们一直都在使用抽象。如果每天你开门的时候都要单独考虑那些木纤维、油漆分子以及铁原子的话，你就别想再出入房间了。正如图 5-1 所示，抽象是我们用来得以处理现实世界中复杂度的一种重要手段。

图 5-1 抽象可以让你用一种简化的观点来考虑复杂的概念

2. 分而治之的原则

该原则是将大的问题分成几个小的问题。软件设计中的分解包括：

- 横向分解：按照从底层基础到上层问题的方式，将问题分解成相互独立的层次。每层完成局部问题并对上层提供支持。
- 纵向分解：在每个层次上，将问题分解成多项，相互配合实现完整的解。

例如，接口和实现分离，就是"按问题深度分而治之"的一个例子。在架构设计时，往往无需深入到一个子系统的实现细节中去，而是分而治之，先确定该子系统的接口。软件架构通过明确每个子系统所要实现的接口及所要调用的接口，为我们展现了一个软件系统如何分割为多个相互协作的子系统。

"按问题广度分而治之"的例子也很常见，比如应用中的表现层、业务层和数据层的开发往往需要不同的技术，可以分派给不同的小组承担等。

3. 封装和信息隐藏原则

采用封装的方式，隐藏各部分处理的复杂性，只留出简单的、统一形式的访问方式。这样可以减少各部分的依赖程度，增强可维护性。封装填补了抽象留下的空白。抽象是"可以让你从高层的细节来看待一个对象"；而封装则是"除此之外，你不能看到对象的任何其他细节层次"。

4. 模块化原则

模块是软件被划分成独立命名的并可独立访问的成分。模块划分的粒度可大可小，划分的依据是对应用逻辑结构的理解。

模块化设计是在对一定范围内的不同功能或相同功能而不同性能、不同规格的产品进行功能分析的基础上，划分并设计出一系列功能模块，通过模块的选择和组合构成不同的顾客定制的产品，以满足市场的不同需求。它已经从理念转变为较成熟的设计方法。

5. 高内聚和低耦合原则

内聚性是指软件成分的内部特性，成分中各处理元素的关联越紧密越好；耦合性是指软件成分之间关系的特性，软件成分间的关联越松散越好。

内聚性源于结构化设计，并且经常与耦合性结合在一起讨论。内聚性反映类内部的子程序或者子程序内的所有代码在支持一个中心目标上的紧密程度。包含一组密切相关功能的类被称为有着高内聚性。内聚性是用来管理复杂度的有用工具，因为当一个类的代码越集中在一个中心目标的时候，你就越容易记住这些代码的功能。

模块之间的好的耦合关系应该是松散到恰好能使一个模块能够很容易地被其他模块使用。在软件中，要确保模块之间的耦合性低。

6. 关注点分离原则

软件成分被用于不同的场景时，会有对于不同场景的适应性问题。但是，所必须适应的内容并非全部，只是一部分，即所谓的关注点。软件设计要将关注点和非关注点分离，关注点的部分可以设定，而非关注点的部分可以复用，非关注点应选择与条件、场景独立的软件成分。

7. 策略和实现的分离原则

策略指的是软件中用于处理上下文相关的决策、信息语义和解释转换、参数选择等成分。实现指的是软件中规范且完整的执行算法。

软件设计中要将策略成分和实现成分分离，至少在一个软件成分中应明显分开。这样可以提高维护性，因为实现的变动远比策略要少得多。

5.2.2 软件体系结构风格

软件体系结构风格是指在众多系统中所拥有的共同的组织结构框架和语义特性，它用于指导如何将各个模块和子系统组织成一个完整的系统。通过对软件体系结构风格的研究和实践，促进了设计和过程的复用，基于软件体系结构风格构建的系统可使别的设计者很容易地理解系统的体系结构。随着软件研发技术的不断进步，近年来一些学者们总结出了一些软件体系结构风格，对软件工程师开展软件体系结构设计有很好的借鉴意义。

1. C/S 体系结构风格

C/S（Client/Server，客户端/服务器）风格是20世纪90年代管理信息系统中较为先进的技术。典型的C/S结构由三部分组成：客户端组件、服务器组件和中间层组件。客户端组件是用户前端部分，一般表示为图形用户界面；中间层组件是体系结构的连接器，一般由一些API和协议组成；服务器组件是C/S结构的核心，用于执行客户端请求。C/S结构应用系统基本运行关系为“请求/响应”模式。当需要服务时客户端发出“请求”，服务器接受“请求”并“响应”，然后执行相应的服务，把执行结果送回给客户端，由它进一步处理后再提交给用户。C/S结构最鲜明的特征是共享资源，它可以分配处理任务和数据给客户端和服务器，使系统可以共享从数据到处理能力的每一种资源。C/S结构的缺点是客户端很庞大，应用程序升级和维护十分困难，对应用程序的一点小改动就必须对每台客户端更新，并且系统移植复杂，对于不同的操作系统要求有不同的客户端软件。

2. MVC 体系结构风格

模型（Model）-视图（View）-控制器（Controller）风格（简称为MVC风格）是为Smalltalk-80编程语言发明的一种软件设计风格，它强制性地使应用程序的输入、处理和输出分开。使用MVC结构的应用程序被分成三个核心部件：模型、视图、控制器，它们各自处理自己的任务。其中视图为用户显示模型信息。视图从模型获取数据，一个模型可以对应多个视图。模型是应用程序的核心，它封装内核数据和状态，对模型的修改将扩散到所有视图中，所有需要从模型获取信息的对象都必须注册为模型的视图。控制器是提供给用户进行操作的接口。每个视图与一个控制器构件相关联。控制器接收用户输入，将输入翻译成服务请求，送到模型或视图，用户只通过控制器与系统交互。目前这种三层架构的风格应用得最为广泛，我们在这里加以详细介绍。首先我们看一个饭店的三层结构的例子，见图 5-2。饭店的视图对应服务员，她直接面向客户提供服务；饭店的模型对应厨师，他处理相关的配菜和制作；饭店的控制器对应于采购员，他负责去菜场购置厨师需要的材料。在这样的结构中，如果服务员、厨师或采购员有人请假或者离职，将不会影响到其他岗位的正常工作，我们只需要找到适合的服务员、厨师或采购员加以替代即可。

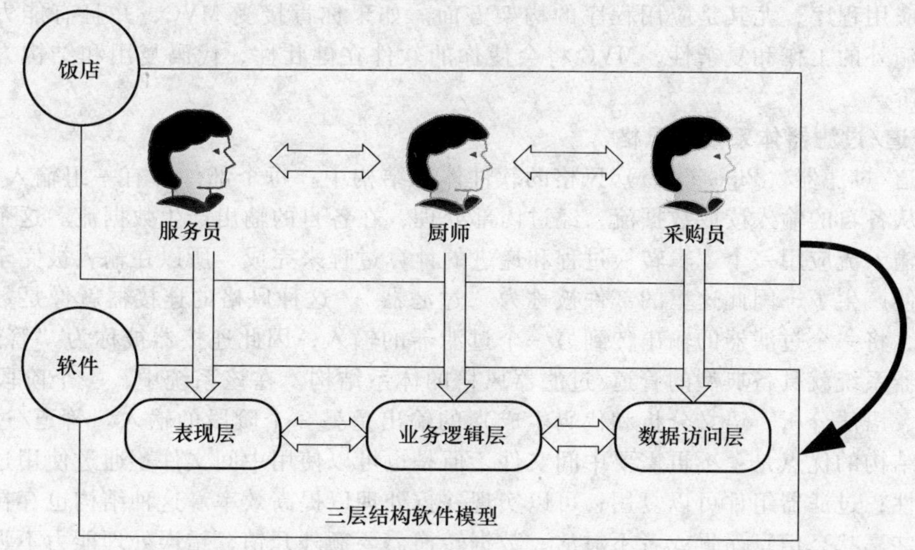

图 5-2　饭店三层架构示例

对于如图 5-2 所示的三层结构来说，各层的功能如下：

1）数据访问层：数据访问层执行从数据库（或其他数据服务）获取数据或向数据库发送数据的功能。其具体功能如下：

- 从业务逻辑层接收请求，从数据服务获取数据或向其发送数据；
- 使用存储过程获取数据，并向数据库发送数据；
- 将数据库查询结果返回到业务层逻辑。

2）业务逻辑层：业务逻辑层包含业务对象本身以及应用于它们的规则，这也是主要业务对象所在的位置，它们实现业务实体或系统对象。系统的业务规则将在这些对象中编码，尽管部分业务规则可能已在数据库的存储过程和触发器中进行了编码。其具体功能如下：

- 从表现层接受请求；
- 根据编码的业务规则处理请求；
- 从数据访问层获取数据或将数据发送到数据访问层；
- 将处理结果传递回表现层。

3）表现层：表现层是指在应用程序中实现的客户端。在分布式应用程序结构中，用户服务可以是 Web 客户端或 Windows 客户端，这取决于特定的应用程序。通常，这种类型的应用程序一般包含以下功能：

- 管理 Web 页或 Windows 界面的呈现和行为；

- 显示数据;
- 捕获数据;
- 数据验证检查;
- 为用户提供任务指南;
- 向业务逻辑层发送用户输入;
- 从业务逻辑层接收结果;
- 向用户显示错误。

MVC 设计模式是一个很好的创建软件的途径，它所提倡的一些原则，像内容和显示相分离，使得软件比较好理解。但是，如果要隔离模型、视图和控制器的构件，可能需要重新思考你的应用程序，尤其是应用程序的构架方面。如果你肯接受 MVC，并且有能力应付它所带来的额外的工作和复杂性，MVC 将会使你的软件在健壮性、代码复用和结构方面上一个新的台阶。

3. 管道/过滤器体系结构风格

在管道/过滤器（Pipe/Filter）风格的软件体系结构中，每个部件都有一组输入和输出，每个部件从各自的输入读取数据流，经过内部处理，在各自的输出产生数据流。这个过程通常通过对输入流应用一个逻辑转换过程和递进的计算过程来完成，所以在输入被完全消费之前，输出便产生了，因此这里的部件被称为“过滤器”。这种风格的连接器就像是数据流传输的管道，将一个过滤器的输出传到另一个过滤器的输入，因此连接器被称为“管道”。传统的编译器系统就具备典型的管道/过滤器风格的体系结构。在该系统中，一个阶段（包括词法分析、语法分析、语义分析和代码生成）的输出是另一个阶段的输入。管道/过滤器风格的体系结构的优点是：不再需要中间文件，但是也可以使用中间文件；通过使用过滤器增加了灵活性；过滤器组件可以复用；可以实现并行处理以提高效率。这种结构也存在一些弱点，比如共享状态信息昂贵或者不灵活，数据转换需要额外开销，错误处理能力不强等。

4. 正交风格体系结构

正交风格体系结构是一种以垂直线索为基础的层次化结构，它由组织层和线索构件构成，不同线索中的构件之间没有相互调用，即线索之间是相互独立的。层由一组具有相同抽象级别的构件构成。线索是子系统的特例，它由完成不同层次功能的构件组成（可通过相互调用来关联），每一条线索完成整个系统中相对独立的一部分功能。正交体系结构的基本思想是把应用系统的结构按功能的正交相关性（即相互独立性）垂直分割为若干个线索（子系统），线索又分为几个层次，每个线索由多个具有不同层次功能和不同抽象级别的构件构成。如果不同线索间的构件之间完全没有相互调用，那么此结构就是完全正交的。对于大型的、比较复杂的软件系统，线索还可以划分为更低一级的线索，组成子正交结构，依次再划分下去，形成多级正交软件体系结构。正交软件体系结构具有结构清晰、易于理解、易于修改、可维护性强和可移植性强等优点。它可以为一个领域内的所有应用程序所共享，这些软件有着相同或类似的层次和线索，可以实现体系结构级的复用。

5.3 典型体系结构介绍

5.3.1 TAFIM 体系结构

TAFIM（Technical Architecture For Information Management）体系结构的主要目的是为了实现互操作和信息系统集成，所以首先提出了信息管理与集成模型。集成的目的是实现和改进系统的互操作性，与各种国际、政府标准相兼容，并为用户提供一个单一的接口。

系统的集成功能和技术需求可以由图 5-3 中的集成模型体现。

标准格式 →	图形信息窗口、个人工具、查询语言、用户定制应用程序、原型工具、私有应用和文件	个人层
第三层集成 →	应用程序开发和维护	应用层
	功能 功能 功能 功能 功能 功能 功能 功能 功能 功能 功能 功能 功能 功能 功能	功能层
第二层集成 →	智能系统 / 命令和控制系统 / 作战支持系统	任务层
第一层集成 →	方针、标准、参考模型、结构、数据管理和工具、共享、计算和通信	企业层

图 5-3 TAFIM 信息管理集成模型

1. 集成的类型和层次

集成既可在层次内部，也可在层次之间，但是集成类型的需求必须被定义。集成可以获得互操作、效率、优化、节省资源或者其他好处。

- 功能函数集成：功能函数集成通常包括将两个或多个具有相似功能的软件模块融合为一个新的软件模块，或者将两个或多个不相似的软件模块通过一个公共数据库相关联。
- 技术集成：技术集成通常包括硬件互操作性的兼容性和连接性，以及软件的相关性（例如，协议之间的对话）。

2. TAFIM 通用技术参考模型

通用技术参考模型是一个概念、实体、接口以及提供标准规范的集合。在很大的范围内，通用技术参考模型采用了 IEEE POSIX P1003.0 工作组的基础性工作，如图 5-4 所示。模型包括三种实体和两种接口。

模型的这种构造程度使得它可以容纳各种类型的通用的和特定的系统。

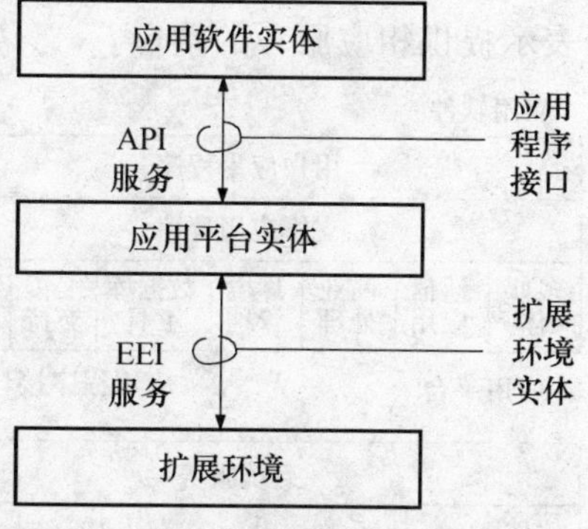

图 5-4 TAFIM 通用技术参考模型

5.3.2 DOD 体系结构

DOD（United States Department of Defense，美国国防部）体系结构的研究着眼于从大系统的整体性出发，统一组织制定公共的体系结构框架等规范文件来指导美军各军兵种和 DOD 各机构的体系结构开发，其研究重点是体系结构框架。DOD 体系结构遵从通用开放体系结构（General Open Architecture，GOA）框架，如图 5-5 所示。GOA 中定义了四层结构、九类接口。GOA 的下面三层结构与 TAFIM 应用平台层兼容。

GOA 框架由四个层次构成：第一层一般包括硬件，但也可以包括固件和非常底层的软件；第二层是底层服务和功能实体，通常指设备和硬件驱动；第三层是系统服务层；第四层是 DOD TRM 应用软件实体。

接口分为逻辑接口和直接接口：

- 逻辑接口（虚线表示）：点对点实体之间支持信息（对象、数据、参数、状态以及控制）共享的规范，独立于交换机制和媒体。

- 直接接口（实线表示）：各层实体之间支持物理信息（对象、数据、参数、状态以及控制）传输的规范。

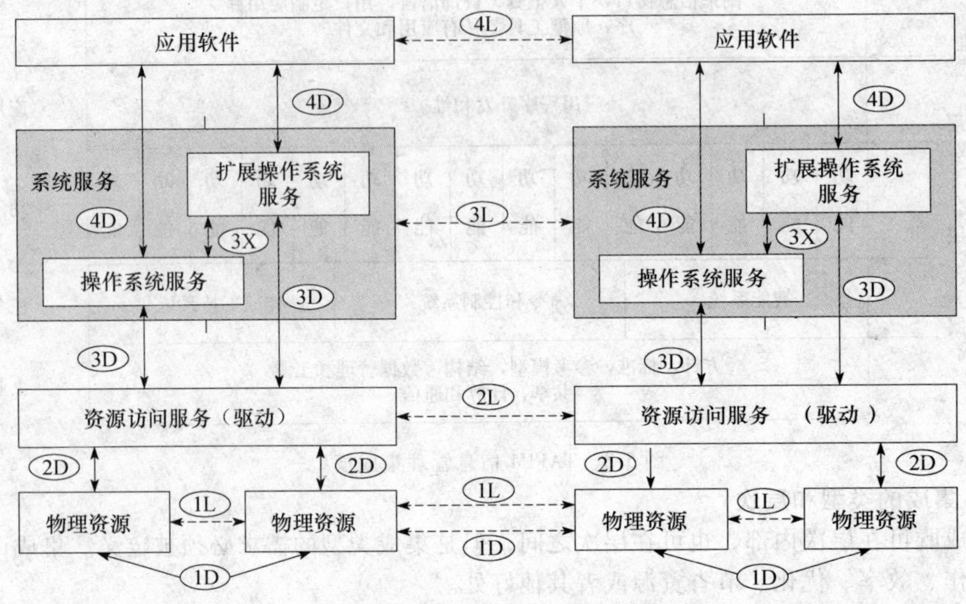

图 5-5 通用开放体系结构框架

DOD 技术参考模型

DOD 技术参考模型集成了服务视图和接口视图，如图 5-6 所示，按照应用软件、应用平台和外部环境三个层次排列，左侧为服务视图，提供了服务相关说明，右侧为接口视图，表示提供相应服务的接口。

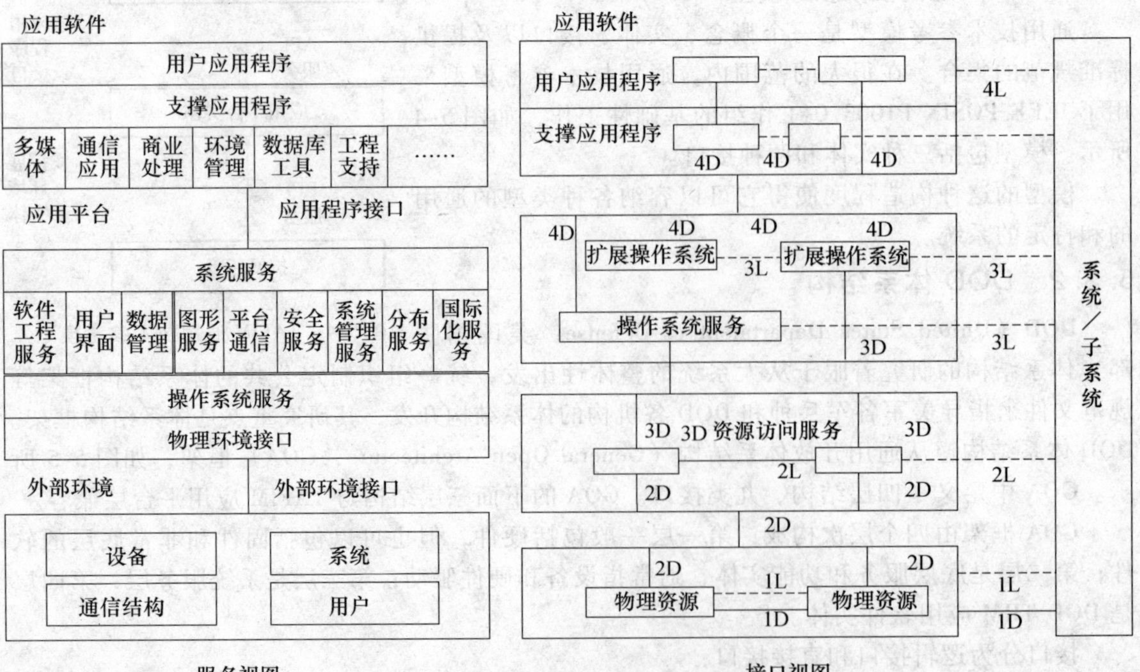

图 5-6 DOD 技术参考模型的服务视图和接口视图

5.3.3 TOGAF 体系结构

TOGAF（The Open Group Architecture Framework）设计用于支持 IT 体系结构的开发，它主要关心用于支持核心配置和任务关键性应用的软件基础结构。

TOGAF 包括两个主要部分：

1）TOGAF 基础体系结构。公共服务和功能的体系结构，为构建具体的体系结构及其构造块提供基础。这个基础体系结构包括以下部分：TOGAF 标准信息库（Standards Information Base，SIB），它是开放产业标准数据库，用于定义特定的服务组件；TOGAF 技术参考模型（Technical Reference Model，TRM），提供一般平台服务的模型和分类。

2）TOGAF 体系结构开发方法（Architecture Development Method，ADM）。它正确地解释如何从基础体系结构获取具体组织的体系结构。ADM 提供：一个可靠的、被证实的体系结构开发途径；体系结构视图，使体系结构的构造者能够确保一组复杂的需求可被充分地定位；一个处理过的实例，以及与实际案例研究的连接；体系结构开发的工具。

简单地说，TOGAF 提供一个实际的、谨慎的和有效的开发 IT 体系结构的方法。

推荐一个循环的体系结构开发途径，如图 5-7 所示。

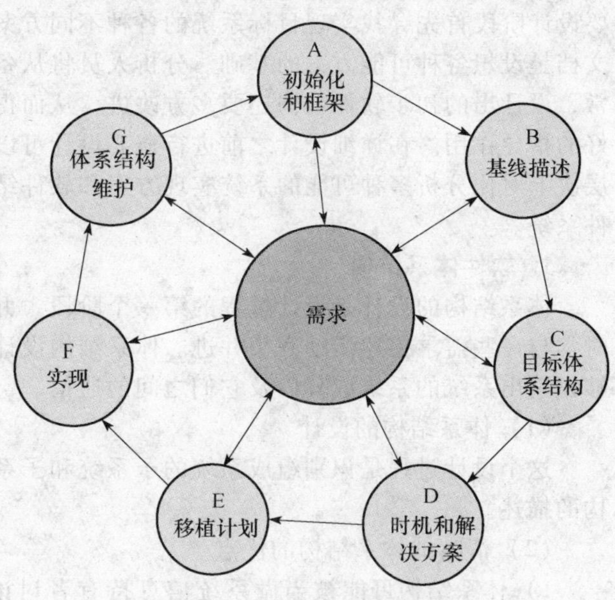

图 5-7 体系结构开发循环

5.4 设计过程

软件设计的重要内容是对软件的逻辑构成做出决策。有些时候，你可以用像 UML 这样的指定建模语言将逻辑构成表示成模型，有时候你可能仅仅使用非正规的符号系统和草图来表达设计。目前已有的设计技术达到了几百种之多，有些技术是对现有技术的改进，还有一些则是与前人技术完全不同的新方案。当然，只有少数几个设计技术被推广，很多设计技术仅仅被它的提出者使用过。目前大多数设计方案都是基于人工的，但是自动化的技术逐渐成为发展的趋势。

任意一个产品都具有两个基本方面：数据和行为。因此设计产品的两种基本方法是面向行为的设计和面向数据的设计。前者强调行为，如数据流分析，其目标是具有高内聚性的模块；后者则重点考虑数据，如 Jackson 方法。面向行为和面向数据的设计方法都片面地强调了产品的一个方面，更好的方法是采用面向对象的技术，它对行为和数据给予了同等的重视。

设计是把用户的需求准确地转换为软件产品或系统的唯一方法。无论是传统的设计或面向对象的设计，都要从分析阶段得到的分析模型导出软件的设计模型。传统软件设计所产生的数据设计、体系结构设计、接口设计和过程设计，均可从分析模型中所包含的各种图形和说明中找出所需的信息。软件设计过程由三个活动组成：

- 概要设计（体系结构设计，逻辑设计，高层设计）：对软件产品进行模块化分解，即仔细分析规格说明，产生具有所需功能的模块结构。

- 详细设计（模块化设计，物理设计，低层设计）：对每个模块进行详细设计。例如，选择特定的算法和数据结构。
- 设计测试：与概要设计和详细设计形成不可分割的整体，是整个软件开发和维护过程的一个完整的部分。

5.4.1 概要设计

经过需求分析阶段的工作，系统必须“做什么”已经清楚了，现在是决定“怎样做”的时候了。概要设计的基本目的就是回答“概括地说，系统应该如何实现”这个问题。概要设计阶段首先寻找实现目标系统的各种不同方案，需求分析阶段得到的需求分析与建模的文档是设想各种可能方案的基础。分析人员将从备选方案中选择最佳方案设计软件结构。通常，设计出的初步软件结构还要多方改进，从而得到更合理的结构，以便对详细设计起到更好的指导作用。在详细设计之前进行概要设计可以站在全局的角度，花较少的成本，从抽象层次上对比分析多种可能的系统实现方案和软件结构，从而用较低成本开发出较高质量的软件系统。

1. 软件体系结构

体系结构的设计是设计过程的第一个阶段，并且作为设计和需求工程过程之间的桥梁，时常与一些需求描述活动齐头并进。体系结构设计所关心的是建立一个基本的结构框架，能够识别出系统的系统成分以及它们之间的通信。

（1）体系结构的设计

这个设计过程是识别组成系统的子系统和子系统的控制与通信，它的输出是软件体系结构的描述。

（2）清晰的体系结构的优点

1）体系结构可能被当做系统信息持有者讨论的焦点，并成为信息持有者之间的沟通桥梁；

2）通过体系结构的清晰分析，可以判断系统能否符合它的非功能需求；

3）有利于实现复用。

（3）体系结构的设计过程

首先是系统构成，系统被分解成一些主要的子系统，同时识别出它们之间的通信；其次是控制与建模，建立了系统的不同部分之间的控制关系模型；最后是模块的分解，将被识别出的子系统分解成组件。子系统和组件是不同的概念：一个子系统本身就是一个系统，它的操作独立于由其他子系统提供的服务；一个模块是一个系统组件，它能提供服务给其他组件，但是不能认为是一个独立的系统。

（4）体系结构模型

可能在设计过程期间会创建不同的体系结构模型，每个模型代表了从不同角度对系统结构的认识。

2. 数据设计

数据设计是把在分析模型中定义的数据对象转化成组件级的数据结构，并且在必要时转化为应用程序集的数据库体系结构。当今时代，大大小小的业务均充斥着数据，甚至一个中型规模的企业拥有几十个数据库也不是什么新鲜事。问题在于如何从这样庞大的数据环境中提取有用的信息。为了解决这个问题，可以采取数据挖掘技术和数据仓库（Data Warehouse）。数据挖掘技术也称为数据库中的知识发现（Knowledge Discovery in Database，KDD）。

组件级的数据设计关注于那些被一个或多个软件组件直接访问的数据结构的表示。Wasserman 提出了一些原则，这些原则能够用来说明和设计这种数据结构。在实际应用中，数据设计在创建分析模型期间就已经开始了。考虑到需求分析和设计活动经常会重叠，在此只考虑以下数据规格说明原则：

1）应用于功能和行为的系统分析原则也可应用于数据。

2）标识所有数据结构及其完成的操作。

3）应该建立定义数据对象内容的机制，并且用于定义数据及其操作。

4）低层的数据设计决策应该延迟到设计过程的后期。

5）只有那些直接使用数据结构内部数据的模块才能够看到该数据结构的表示。

6）应该开发一个由有用的数据结构及其操作组成的库。

7）软件设计和程序设计语言应该支持抽象数据类型的规格说明和实现。

3. 体系结构风格与模式

一种体系结构风格就是一种加在整个系统设计上面的变换，它的目的就是为系统的所有组件建立一个结构。在对已有体系结构进行再加工时，强制采用一种体系结构风格会导致软件结构的根本性改变，包括对构件功能的再分配。

与体系结构风格一样，体系结构模式也对体系结构的设计施加一种变换。然而，体系结构模式与体系结构风格在许多基本方面存在不同：一是体系结构模式涉及的范围要小一些，它更多集中在体系结构的某一局部而不是体系结构整体；二是模式在体系结构上施加规则，描述了软件是如何在基础设施层次上处理某些功能性方面问题的；三是体系结构模式倾向于在系统结构的环境中处理特定的行为问题，例如，一个实时应用系统如何处理同步和中断。模式可以和体系结构风格结合起来，用于建立整个系统结构的外形。

4. 体系结构设计

在体系结构设计开始的时候，软件必须放在所处环境进行开发，也就是说，设计应该定义与软件交互的外部实体（其他系统、设备、人）和交互的特性。一般在分析模型阶段可以获得这些信息，而所有其他的信息都是在需求工程阶段获得的。一旦建立了软件的环境模型，并且描述出所有的外部软件接口，那么设计师就可以通过定义和求精实现体系结构的组件来描述系统的结构。这个过程不停地迭代，直到获得一个完善的体系结构。在体系结构设计之初，软件架构师用体系结构环境图（Architectural Context Diagram，ACD）对软件与外部实体交互方式进行建模。然后，定义一个原始模型（Archetype），即一个类或者一个模式，描述一个目标系统体系结构设计的核心抽象。整个系统的体系结构可以用 UML 构件图表示。至此所建立的体系结构设计仍然处于比较高的层次，更进一步的精化是必要的。

5. 评估可选的体系结构设计

设计会导致多种可供选择的候选体系结构，其中每一种候选体系结构都需要评估，以确定哪种体系结构最适合要解决的问题。卡内基·梅隆大学软件工程研究所（SEI）开发了一种体系结构权衡分析方法（Architecture Trade-off Analysis Method，ATAM），该方法建立了一个迭代的软件体系结构评估过程。下面的设计分析活动是迭代进行的。

1）收集场景。开发一系列的用例，从用户的角度描述系统。

2）诱导需求、约束和环境描述。这些信息是作为需求工程的一部分，并用于保证所有利益相关者的关注点均会涉及。

3）描述那些已被选用于解决场景和需求的体系结构风格/模式。

4）通过孤立地考虑每个属性来评估质量属性。体系结构评估的质量属性包括：可靠性、性能、安全性、可维护性、灵活性、可测试性、可移植性、可复用性和互操作性。

5）针对特定的体系结构风格，弄清质量属性对各种体系结构属性的敏感性。这可以通过对体系结构做小的变更并确定某质量属性（如性能）对该变更的敏感性而进行。受体系结构的变更影响很大的属性称为敏感点。

6）使用在第5步中进行的敏感性分析鉴定候选的体系结构。

这6个步骤描述了第一次ATAM迭代。基于第5步和第6步的结果，某些候选体系结构可能被删除，剩余的体系结构可能被修改和进一步细化，然后，ATAM步骤被再次应用。

5.4.2 详细设计

选择完系统结构之后，就需要决定采用什么样的方法将子系统分解为一些模块。在系统组成和模块分解之间并没有一个非常严格的界限。然而，模块中的组件总是小于子系统的。在详细设计阶段，全部的数据和软件的程序结构都已经建立起来，其目的是将设计模型转化为运行软件。但是现有的设计模型的抽象层次相对较高，而可运行程序的抽象层次又相对较低。这种转化具有挑战性，因为肯定会在软件过程后期阶段引入难于发现和改正的微小错误。

1. 模块设计

最早试图描述模块的是Stevens、Myers和Constantine，他们把模块定义为：“一个或多个邻接的程序语句的集合，它有一个名称以便系统的其他部分调用它，并且最好具有自己的专用的变量名集。”

简单地说，一个模块由一个单独的代码块组成，它可像过程、函数或方法一样被调用。

Yourdon和Constantine给出了一个更广泛的定义：“模块是一个词汇上邻接的程序语句序列，由边界元素限制范围，有一个集合标识符。”它特别强调的是：传统范型的过程和函数都是模块。在面向对象范型中，一个对象是模块，对象内的方法也是模块。

下面将通过一个具体的例子说明模块设计的必要性。例如，John Fence是一个极不胜任的计算机体系结构设计师，她一直未发现NAND（与非）门和NOR（或非）门是完备的，即每个电路都可以仅使用与非门或仅用或非门建造。因此，John决定使用与门（AND）、或门（OR）和非门（NOT）来建造一个ALU、移位器和16位寄存器（见图5-8）。

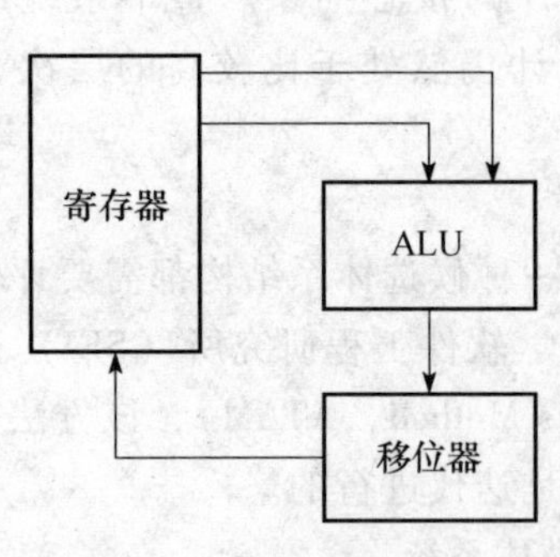

图5-8 一个计算机的设计

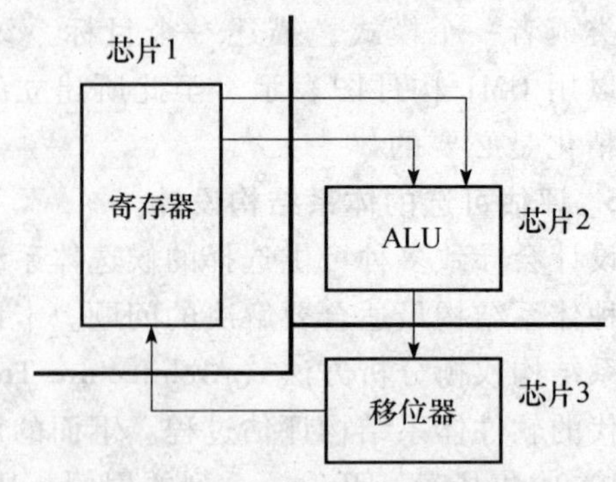

图5-9 计算机建造在三个芯片上

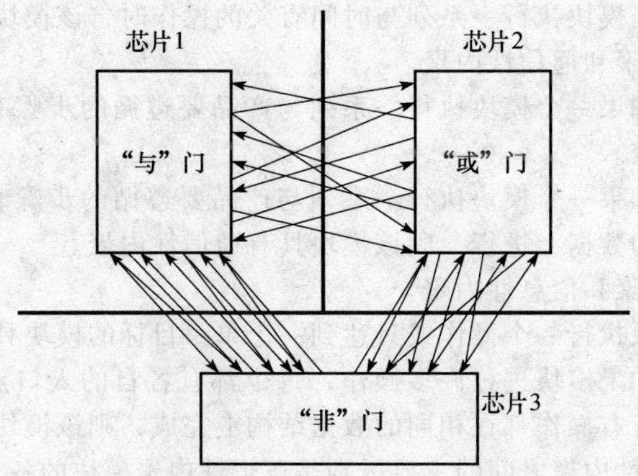

图 5-10 将计算机建立在三个芯片上

从上面三个图中可以看出图 5-9 和图 5-10 的功能是一样的，它们做的是实现一个计算机的设计。然而，它们具有不同的结构，由此造成图 5-9 清晰易懂，图 5-10 很难理解。图 5-10的电路很难进行纠错性维护，而图 5-9 中的计算机瘫痪了，当然很容易确定应替换哪一个芯片。图 5-10 中的计算机难于扩展和提高。如果需要新的 ALU 或更快的寄存器，必须从最初的设计阶段重新开始。

软件产品与硬件产品一样，在设计时应按图 5-9 的理念进行设计，以取得可理解性（可读性）、可维护性和可扩展性。当每个模块内部有最大的关联而模块之间有最小的关联时，不管是纠错性、完善性还是适应性维护，维护的工作量都会减小。

模块的设计需要遵循高内聚、低耦合和一些启发式规则，下面将逐一阐述。

(1) 内聚

Myers 提出了模块“内聚”（Cohesion，即一个模块内部的交互程度）和模块“耦合”（Coupling，即两个模块之间的交互程度）的思想。在讲解下面的内容之前，区分以下概念：

- 模块行为：模块做什么，也就是它的工作情况。
- 模块逻辑：指模块如何完成它的行为。
- 模块内容：指的是模块的特定用途。

结构化设计的关键在于制定模块是根据它的行为，而不是它的逻辑和内容。内聚标志着一个模块内各个元素彼此结合的紧密程度，它是信息隐藏和局部化概念的自然扩展。简单地说，理想内聚的模块只做一件事情。内聚按模块内各个元素彼此结合的紧密程度通常分为高内聚、中内聚和低内聚三类，设计时应力求做到高内聚。图 5-11 展示了内聚的级别。

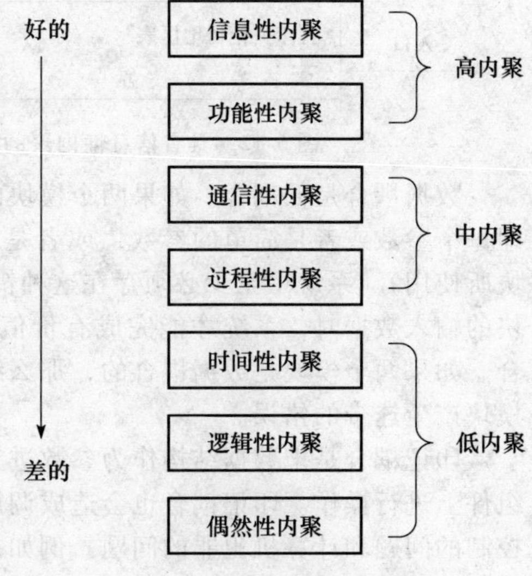

图 5-11 内聚的级别

低内聚有偶然性内聚、逻辑性内聚和时间性内聚。

- 偶然性内聚：如果一个模块执行多个完全不相关的行为，则其具有偶然性的内聚。
- 逻辑性内聚：当一个模块进行一系列的相关操作，每个操作由调用模块来选择时，该模块就具有逻辑性的内聚。

- 时间性内聚：当模块执行一系列与时间有关的操作时，该模块具有时间性内聚。

中内聚有过程性内聚和通信性内聚。

- 过程性内聚：如果一个模块执行一系列与产品要遵循的步骤有关的操作，则该模块具有过程性内聚。
- 通信性内聚：如果一个模块执行一系列与产品要遵循的步骤有关的操作，并且所有操作都在相同的数据上进行，则该模块具有通信性内聚。

高内聚有功能性内聚和信息性内聚。

- 功能性内聚：只执行一个操作或只达到一个单一目标的模块具有功能性内聚。
- 信息性内聚：如果模块进行许多操作，每个都有各自的入口点，每个操作的代码相对独立，而且所有操作都在相同的数据结构上完成，则该模块具有信息性内聚。

逻辑性内聚和信息性内聚之间的主要区别是逻辑性内聚模块的各个操作之间是互相纠缠的，而信息性内聚模块的各操作之间的代码是完全独立的，如图5-12所示。

(2) 耦合

耦合是对一个软件结构内不同模块之间互相关联程度的度量。耦合强弱取决于模块间接口的复杂程度、进入或访问一个模块的点，以及通过接口的数据。在软件设计中应该追求尽可能松散耦合的系统。在这样的系统中可以研究、测试或维护任何一个模块，而不需要对系统的其他模块有很多了解。此外，由于模块间的关联简单，发生在一处的错误传播到整个系统的可能性就很小。因此，模块间的耦合程度强烈影响着系统的可理解性、可测试性、可靠性和可维护性。根据模块间相互关联的程度，耦合可以被分为数据耦合、印记耦合、控制耦合、共用耦合和内容耦合，图5-13说明了耦合的级别。

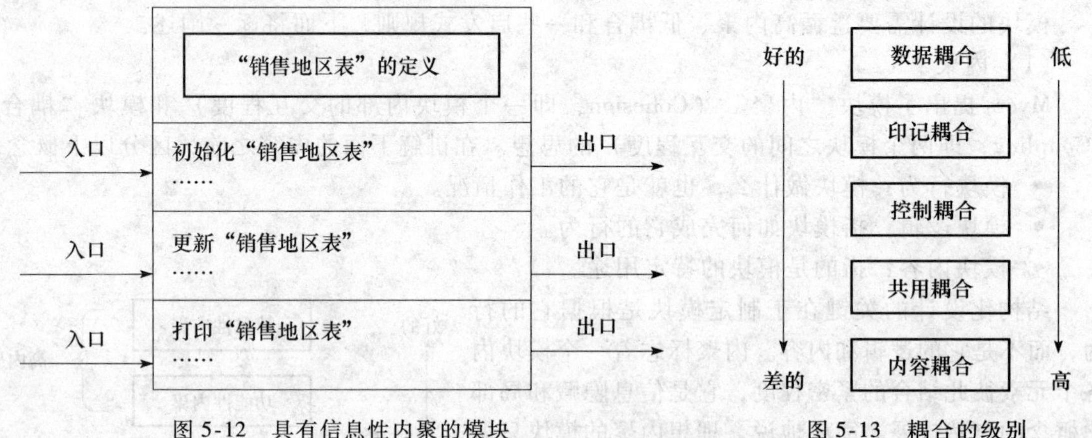

图5-12 具有信息性内聚的模块　　图5-13 耦合的级别

数据耦合是低耦合。如果两个模块的所有参数是同构的数据项，则它们具有数据耦合，即每个参数或者是简单的参数，或者是数据结构（该数据结构中的所有元素为被调用的模块所使用）。系统中至少必须存在这种耦合，因为只有当某些模块的输出数据作为另一些模块的输入数据时，系统才能完成有价值的功能。一般来说，一个系统内可以只包含数据耦合。如果两个模块是数据耦合的，那么维护很容易，因为对一个模块的修改很少会给另一个模块产生连带的错误。

印记耦合是把数据结构作为参数进行传递，但被调用的模块只在该数据结构的一些个别组件上进行操作。印记耦合也会造成调用过程传递了比需要的更多的数据、对数据访问无法控制的问题和计算机犯罪的问题。例如，在像C或C++这样的语言中，把指向记录的指针作为参数传递时就会出现印记耦合。

控制耦合是中等程度的耦合。如果两个模块中一个模块给另一个模块传递控制要素（而非简单的数据），则它们具有控制耦合，即一个模块明确地控制另一个模块的逻辑。图 5-14 所示就是控制耦合的例子，如果模块 Q 给模块 P 传回信息，而且模块 P 决定收到信息后进行什么操作，那么 Q 是在传递数据。但如果模块 Q 不仅传回信息，还传回模块 P 应执行什么操作的指示，那么二者之间存在着控制耦合。控制耦合的一个主要问题是两个模块是非独立的，被调用的模块（如 Q）需要知道调用模块（如 P）的内部结构和逻辑，因此降低了复用的可能性。

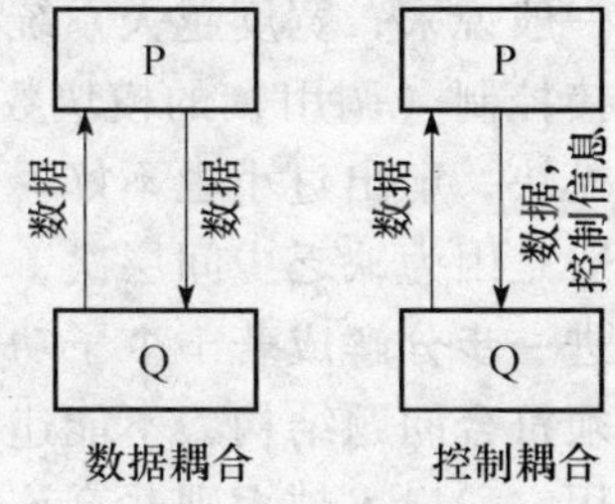

图 5-14 控制耦合示例

共用耦合是高耦合。如果两个模块都可存取相同的全局数据（而非传递参数），则它们是共用耦合。共用耦合的两个或多个模块通过一个公共的数据环境相互作用，这个公共环境可以是全程变量、共享的通信区、内存的公共覆盖区、任何存储介质上的文件或物理设备。共用耦合的复杂程度随着耦合模块个数而变化，当耦合的模块数增加时，复杂程度显著增加。这种形式的耦合存在的问题是它与结构化编程相矛盾，因为生成的代码完全不可读。共用耦合的模块难于复用，因为每次复用该模块时必须提供使用同一个全局变量的清单。一个潜在的危险问题是计算机犯罪，因为公共环境可能暴露出比需要的更多的数据。

内容耦合是最高程度的耦合。如果发生了下列情况之一，两个模块间就发生了内容耦合。

1）一个模块访问另一个模块的内部数据；

2）一个模块不通过正常入口而转到另一个模块的内部；

3）两个模块有一部分程序代码重叠（只可能出现在汇编程序中）；

4）一个模块有多个入口（意味着一个模块有多种功能）。

例如，模块 P 的分支转移到模块 Q 的一个局部标号。这种情况下存在的危险是：几乎对 Q 的任何修改，甚至用一个新的编译器或汇编器重新编译 Q，也要求对 P 修改。

内聚和耦合是密切相关的，模块内的高内聚往往意味着模块间的松耦合。内聚和耦合都是进行模块化设计的有力工具，但是实践表明内聚更重要，应该把更多注意力集中到提高模块的内聚程度上，致力于通过修改设计提高模块的内聚程度并且降低模块间的耦合程度，从而获得较高的模块独立性。

（3）启发式规则

人们在开发计算机软件的长期实践中积累了丰富的经验，总结这些经验得出了一些启发式规则。这些经验的总结虽不像基本原理和概念那样普遍适用，但是在许多场合仍然给软件工程师以有益的启示，能帮助设计人员提高软件设计质量。启发式规则主要有：

1）改进软件结构提高模块的独立性。设计出软件的初步结构以后，应该审查分析这个结构，通过模块分解与合并，力求降低耦合提高内聚。例如，多个模块公有的一个子功能可以独立成一个模块，由这些模块调用；有时可以通过分解或合并模块以减少控制信息的传递及对全程数据的引用，并且降低接口的复杂程度。

2）模块的规模应适中。经验表明，一个模块的规模不应过大，最好能写在一张纸内（通常不超过 60 行语句）。过大的模块往往是由于分解不充分。但是进一步分解必须符合问题结构，一般说来分解后不应该降低模块独立性。过小的模块，其开销大于有效操作，而且模块数目过多将使系统接口复杂。因此过小的模块有时不值得独立存在，特别是只有一个模块调用它时，通常可以把它合并到上级模块中。

3）深度、宽度、扇出、扇入应适当。深度表示软件结构中控制的层数，它往往能粗略地标志一个系统的大小和复杂程度。宽度是软件结构内同一个层次上的模块总数的最大值。一般说来，宽度越大系统越复杂。对宽度影响最大的因素是模块的扇出。扇出是一个模块直接控制（调用）的模块数目，扇出过大意味着模块过分复杂，需要控制和协调过多的下级模块；扇出过小也不好。经验表明，一个设计得好的系统的平均扇出是3~4。扇出太大一般是因为缺乏中间层次，应该适当增加中间层次的控制模块。扇出太小时，可以把下级模块进一步分解成若干个子功能模块，或者合并到它的上级模块中。当然分解模块或合并模块必须符合问题结构，不能违背模块独立性原则。一个模块的扇入表明有多少个上级模块直接调用它，扇入越大则共享该模块的上级模块数目越多，这是有好处的，但是，不能违背模块独立性原则单纯追求高扇入。

4）模块的作用域应该在控制域内。模块的作用域定义为该模块内一个判定影响的所有模块的集合。模块的控制域是这个模块本身以及所有直接或间接从属于它的模块集合。在一个设计得很好的系统中，所有受判定影响的模块应该都从属于做出判定的那个模块，最好局限于做出判定的那个模块本身及它的直属下级模块。

5）力争模块接口简单。模块接口复杂是软件发生错误的一个主要原因，应该仔细设计模块接口，使得信息传递简单并且和模块的功能一致。接口复杂或不一致是紧耦合和低内聚的征兆，应该重新分析这个模块的独立性。应尽可能保证模块是单入口和单出口的，杜绝内容耦合的出现，提高软件的可理解性和可维护性。

2. 从模块到对象

（1）数据封装

数据封装就是把数据结构连同该数据结构上的操作集中在一起。使用数据封装设计产品的好处有：

1）数据封装有利于产品开发。数据封装是“抽象”的一个例子。“抽象”只是一种通过抑制不必要的细节并强调有关的细节达到逐步求精的方法。“封装”是把真实世界中实体的各个方面集中在一个对该实体进行建模的单元中。数据抽象允许设计者在数据结构的层次及其上进行的操作的层次思考问题，并且随后才考虑如何实现数据结构和操作这些细节。

2）数据封装有利于产品维护。从维护的角度来考虑封装，基本的问题是识别产品可能需要改变的方面，并且以使将来的改变影响最小来设计产品。数据封装以简化产品维护的方式支持了数据抽象的实现，从而减小了出现回归错误的可能性。

（2）抽象数据类型

Grady Boach 说“抽象是人类处理复杂问题的基本方法之一”。当我们考虑某一问题的模块化解决方案时，可以给出许多抽象级别。设计人员努力获取过程抽象和数据抽象。过程抽象是指具有明确和有限功能的指令序列。过程抽象的命名暗示了这些功能，但是隐藏了具体的细节。数据抽象是描述数据对象的冠名数据集合。例如，对于过程抽象“开”，我们可以定义一个名为“门”的数据抽象。同任何数据对象一样，门的数据抽象将包含一组属性(例如，门的类型、转动方向、开门机构、重量和尺寸)。因此，过程抽象“开”将利用数据抽象“门”的属性所包含的信息。

一个数据类型连同在该数据类型上进行的操作，这样的构造称为抽象的数据类型。抽象数据类型是一个有广泛用途的设计工具，它支持数据抽象和过程抽象。当修改产品时，通常不会修改抽象的数据类型，最多需要增加额外的操作到抽象数据类型中。

（3）信息隐藏

1972年，D. L. Parnas 提出了一个更通用的概念——信息（细节）隐藏，其意图是面向未来的维护。他认为，模块内部的数据与过程，应该对不需要了解这些数据与过程的模块隐藏起来。其目的是为了提高模块的独立性，在修改或维护模块时减少把一个模块的错误扩散到其他模块中去的机会。

隐藏意味着通过定义一系列独立的模块可以得到有效的模块化，独立模块之间只交流实现软件功能所必需的那些信息。抽象有助于定义构成软件的过程（或信息）实体。隐藏定义并加强了模块内的过程细节和模块所适用的任何局部数据结构的访问约束。把信息隐藏用作模块化系统的一个设计标准，在测试和随后的软件维护过程中，在需要修改时将提供最大的益处。因为大多数数据和程序对软件的其他部分是隐藏的，所以在修改过程中意外地引入错误并传播到软件其他地方的可能性会很小。

(4) 对象

"对象"的一个不完全定义是：对象是抽象数据类型的一个具体的例子（实例）。即产品根据抽象数据类型进行设计，产品的变量（对象）就是抽象数据类型的实例。在面向对象的语言中，可以将"类"定义为支持集成的抽象数据类型，那么"对象"就是类的实例。对象是一种模块，前面关于高内聚和低耦合的内容同样适用于对象。一个类可包含两种操作：继承的方法和该类专有的方法。若两个类具有相同的功能，则它们具有相同层次的内聚。继承并没有产生新的耦合形式。无论传统范型与面向对象范型有多大区别，面向对象范型并不能产生新的内聚或耦合类型。

看待软件产品有两种方式：一种是只考虑数据，包括局部和全局的变量、参数、动态数据结构、文件等；另一种是只考虑对数据的操作，也就是说过程和函数。按照把软件分为数据和行为这种分法，结构化技术主要分为两种：

- 面向数据的：强调产品的数据，只在数据的框架内考察行为。
- 面向行为的：强调行为，只在深入分析产品行为后考察数据。

面向对象的技术可以同等地对待数据和行为，一个对象是由数据和行为组成的。从模块设计的角度看，有三种设计思想：面向过程的、面向功能的、面向对象的。第一种思想的设计结果，各模块的功能可能相互交叉或重叠，模块间常常存在数据的共享或数据结构的共享，很难把这些模块移用到其他应用中。第二种思想设计出来的模块，各模块的功能单一，如能将与其他模块的数据共享降低到最低限度，就可以在某些应用中复用。第三种思想设计出来的是一个个独立的单元，不仅复用性好，而且易于测试、联调和维护。

5.4.3 设计测试

4.4.2 节中面向对象分析阶段的测试是通过反复分析验证规格说明已经准确和完整地结合在分析中。设计阶段测试的目标是验证规格说明已经准确和完整地结合在设计中了，同时还要确保设计本身的正确性。例如，设计必须没有逻辑错误，并且所有的接口必须正确地定义了。重要的是在编码开始前检查出设计中的错误，这将大大降低开发成本。在问题检测与排除方面，技术复核方法被证明是成本效益最高的。技术复核是开展走查（或者同级团体复审）、审查和技术复审的流程，同时还为每一种接受复审的材料（包括规格说明、设计和代码复审）配备了翔实的检查表。

技术复核是一项复杂的工作，这里仅以设计审查为例说明设计期间测试的重要性。当产品是面向事务的时候（参见 5.5.2 节），应当安排包括所有可能服务类型的审查，评审者需要将设计中的每个事务与规格说明联系起来，显示事务是如何出自规格说明文档的。例如，如果应用是一个自动柜员机，事务就与客户会执行的每个操作有关，如向一个信用卡账户存入或支取现金。将评审仅限于事务驱动的审查有局限性，这可能检查不出设计者忽略了那些规格说明所需要的事务实例的情形。例如，交通灯控制器的规格说明可能规定，在下午 11 点到上午 6 点之前，所有的灯将在一个方向上闪现为黄色，而在另一个方向上闪现为红色。如果设计者没有注意到这个规定，那么在下午 11 点和上午 6 点时由时钟生成的事务将不包括在设计中，而且如果忽略了这些事务，它们就不会在基于事务的设计审查中测试到。因此，规格说明驱动的审查对于确保不遗漏或曲解规格说明文档中的语句是必要的。

在下面的各节中，将重点讲解面向行为的设计和面向数据的设计，面向对象的设计在本章中仅做概要介绍，将在第 6 章详细讲解。

5.5 面向行为的设计

面向行为的设计将一个产品分解成具有高内聚和低耦合的模块。常用的技术为：数据流分析和事务分析。理论上说，只要规格说明可以用数据流图来描述，就可以使用数据流分析来设计。一般的规格说明都用数据流图来说明，因此数据流分析方法被广泛地使用。

5.5.1 数据流分析

1. 数据流分析的概念

数据流分析（Data Flow Analysis，DFA）是一种获得高内聚模块的设计技术。根据规格说明文档中的数据流图，软件设计人员就可以得到关于产品输入输出的精确和完整的信息。图 5-15 显示了产品的数据流和行为。

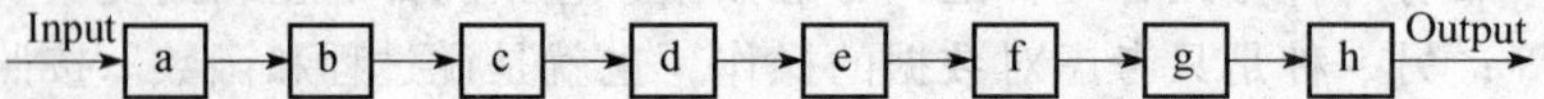

图 5-15 产品的数据流和行为的数据流图

从另一个角度来看，产品就是要将输入数据转化为输出数据，因此在数据流图的某些位置，输入数据的输入性质转变为某种内部数据，同样在另一些点上，内部数据转化成输出数据。

图 5-16 显示了一些细节，将那些作为输入并且简单地变为由产品操作的内部数据的点，称为输入的最高抽象点。输出的最高抽象点与此类似，就是数据流图中输出可以像这样识别的第一点，而不是将输出识别为某种内部数据。

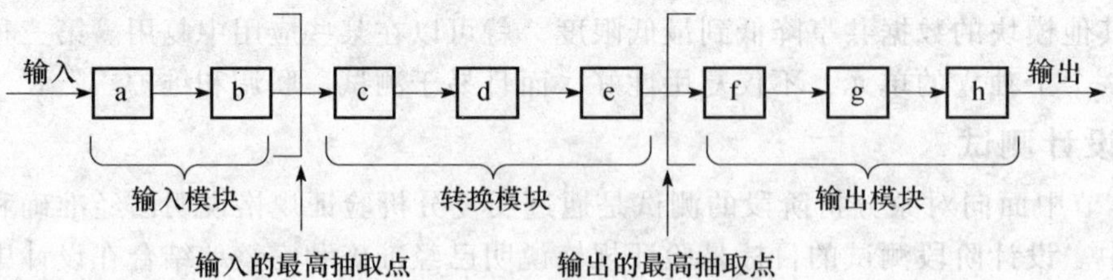

图 5-16 输入和输出的最高抽取点

通过使用输入和输出的最高抽取点，将产品分解为三个模块：输入模块、转换模块、输出模块。转换模块的任务就是通过计算或者处理，把系统的输入流变换为系统的输出流。输入流是指离物理输入端（输入始端）最远，但仍可以被看做系统输入的那些数据流。输出流是指离开物理输出端（输出末端）最远，但仍可视为系统输出的所有数据流。

数据流分析就是先依次获得每个模块，找到它的最高抽取点，然后对模块再进行分解。对这个过程连续进行求精，直到每个模块执行单个行为，也就是说，该设计由具有高内聚的模块组成。由于数据流分析没有将耦合考虑在内，所以在一个用这种方法构建的设计中，稍不注意就会出现控制耦合，即一个模块给另一个模块传递控制要素（而非简单的数据），明确地控制另一个模块的逻辑。在这种情况下，所需要的就是修改所涉及的两个模块，以便在它们之间传递的是数据而不是控制。

2. 结构图

Yourdon 提出的结构图是进行软件结构设计的一个有力工具，可用于基于数据流分析的设计工作。图中一个方框代表一个模块，框内注明模块的名字或主要功能；方框之间的箭头（或直线）表示模块的调用关系。按照惯例，图中位于上方的方框所代表的模块调用下方的模块，所以即使不用箭头也不会产生二义性，为了简单起见，可以用直线而不用箭头表示模块间的调用关系。

在结构图中通常还用带注释的箭头表示模块调用过程中传递的信息。如果希望进一步表明传递的信息是数据还是控制信息，则可以利用注释箭头尾部的形状来区分：尾部是空心圆表示传递的是数据，实心圆表示传递的是控制信息。图 5-17 给出了一个结构图的例子。此外，还可以用一些特殊符号表示模块的选择调用或循环调用。图 5-18 表示当模块 M 中某个判定为真时调用模块 A，为假时调用模块 B。图 5-19 表示模块 M 循环调用模块 A、B 和 C。

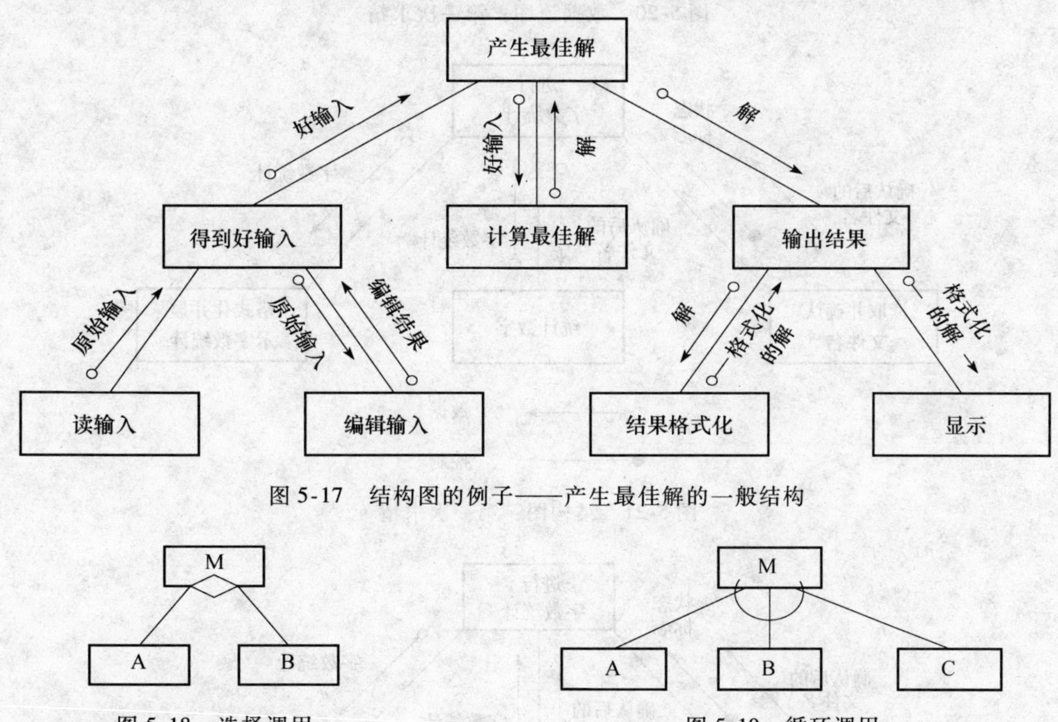

图 5-17　结构图的例子——产生最佳解的一般结构

图 5-18　选择调用

图 5-19　循环调用

注意，结构图并不严格表示模块的调用次序，也并不指明什么时候调用下层模块。通常上层模块中除了调用下层模块的语句之外还有其他语句，究竟是先执行调用下层模块的语句还是其他语句在图中没有指明。

3. 过程设计语言

详细设计可以采用过程设计语言（Process Design Language，PDL）。过程设计语言也称程序描述语言（Program Description Language，PDL）。PDL 本质上是由所选择的实现语言的控制语句连接起来的注释组成的。PDL 的优点在于它通常是清晰和准确的，实现步骤常常仅由少数的从注释到相应的编程语言的翻译组成。缺点是容易变成模块完整的代码实现。

4. 数据流分析示例

设计一个软件产品，将一个文件名作为输入，并返回那个文件中的字数，就像 UNIX 中的 wc 实用程序。

使用图 5-20 中的两个最高抽取点分解产品的结果显示在图 5-21 中。图 5-21 中的两个模块（“读取并确认文件名”模块和“格式化并显示字数统计”模块）具有通信性内聚，必须对它们做进一步分解，最后结果显示在图 5-22 中。全部 8 个模块拥有功能性内聚，在它们之间或者有数据耦合或者没有数据耦合。

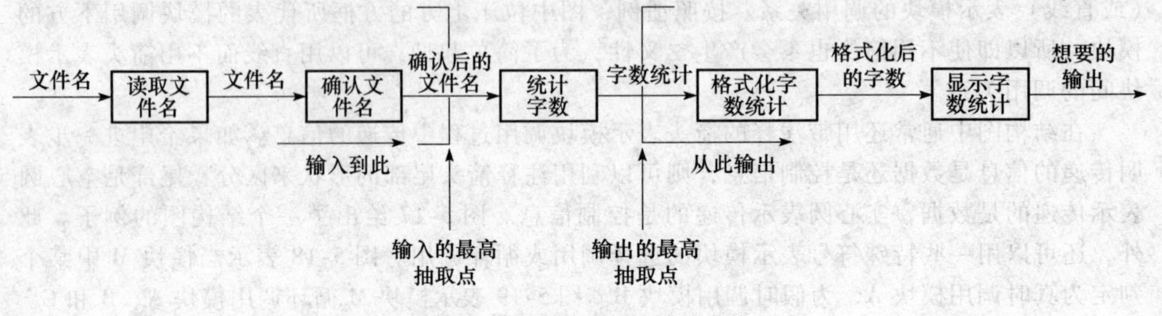

图 5-20 数据流图：第一次求精

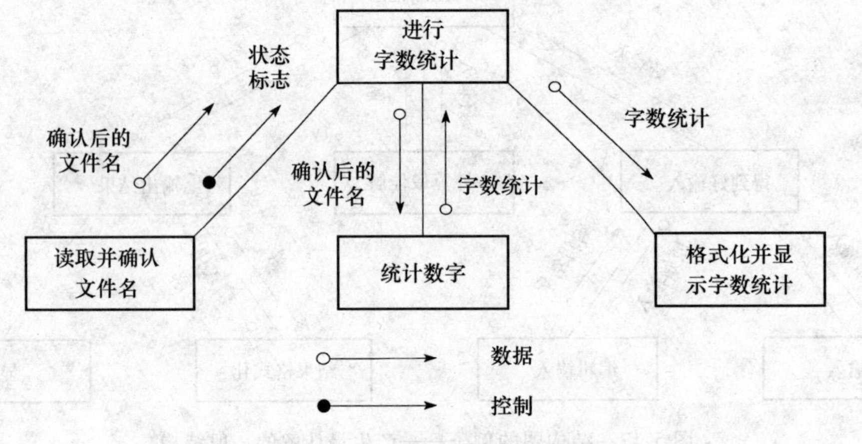

图 5-21 结构图：第一次求精

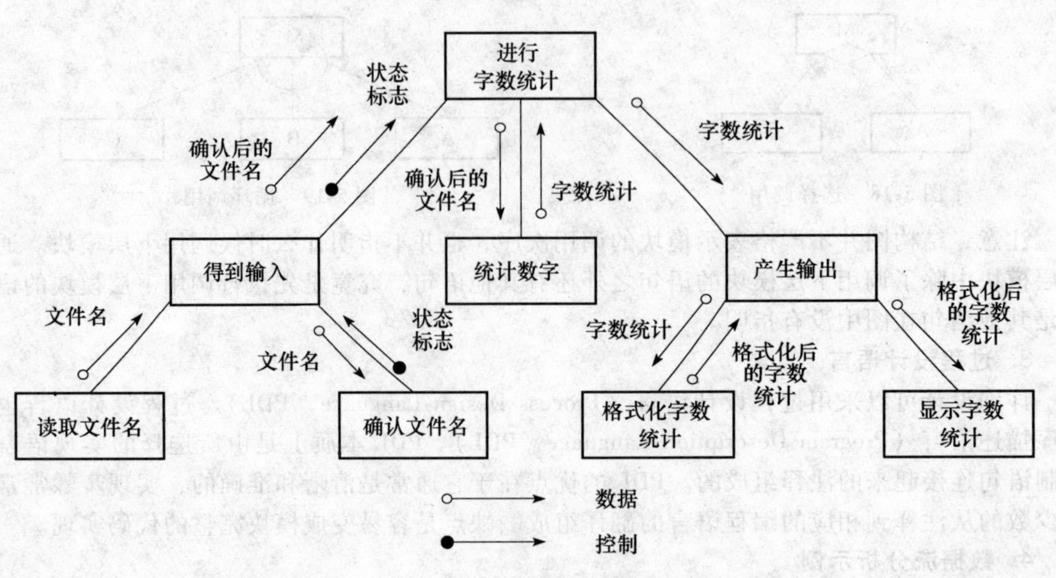

图 5-22 结构图：第二次求精

结构化设计完成后，下一步就是详细设计。此处，只针对数据结构和算法，每个模块的详细设计交给程序员完成。表 5-1 至表 5-4 所示的设计独立于编程语言，是用结构化语言描述的。

表 5-1 “读取文件名”模块的设计

模块名	读取文件名
模块类型	函数
返回类型	string
输入参数	无
输出参数	无
差错信息	无
文件存取	无
文件改变	无
模块调用	无
描述	本产品由用户通过命令字符串 word count <file name> 调用，通过使用一个操作系统调用，这个模块访问用户输入的命令字符串的内容，提取出 <file name>，然后作为该模块的值返回它

表 5-2 “确认文件名”模块的设计

模块名	确认文件名
模块类型	函数
返回类型	boolean
输入参数	file name：string
输出参数	无
差错信息	无
文件存取	无
文件改变	无
模块调用	无
描述	这个模块进行一个操作系统调用，以决定文件 file name 是否存在。如果该文件存在，模块返回 true，否则返回 false

表 5-3 “统计字数”模块的设计

模块名	统计字数
模块类型	函数
返回类型	integer
输入参数	validated file name：string
输出参数	无
差错信息	无
文件存取	无
文件改变	无
模块调用	无
描述	这个模块确定 validated file name 是否是一个文本文件，即划分为字符行数。如果是，模块返回文本文件中的字数，如果不是，模块返回 -1

表5-4 “产品输出”模块的设计

模块名	产品输出
模块类型	函数
返回类型	void
输入参数	word count：integer
输出参数	无
差错信息	无
文件存取	无
文件改变	无
模块调用	格式化字数统计 参数：word count：integer formatted word count：string 显示字数统计 参数：formatted word count：string
描述	这个模块接收由调用模块传递给它的整数 word count，并且调用“格式化字数统计”模块，使该整数按照规格说明格式化，然后它调用“显示字数统计”模块，打印行

5. 例子的扩展

图5-23显示了具有多个输入流和输出流的数据流图。在这种复杂情况下进行数据流分析的方法是重复下面三个步骤，直至生成的模块具有高内聚：

1）找到每个输入流的输入最高抽取点。

2）找到每个输出流的输出最高抽取点。

3）使用这些最高抽取点分解数据流图。

如果得到的耦合太紧，调整设计。

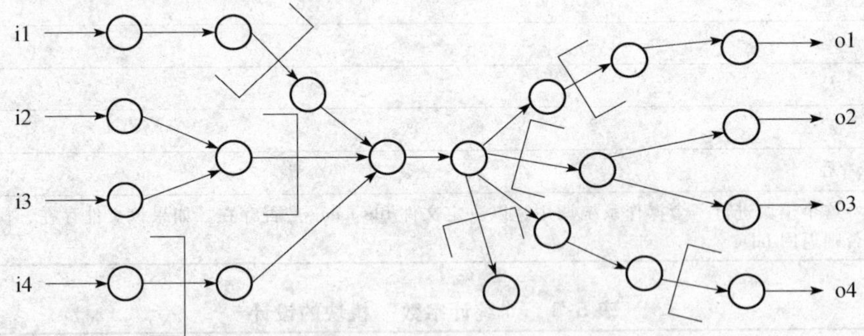

图5-23 具有多个输入流和输出流的数据流图

5.5.2 事务分析

事务（Transaction）是从产品用户的观点来看一个操作，如“处理一个请求”或“打印一份今天订单的列表”。例如在实时系统中，事务可用来表示数据采集、过程控制或分时系统的交互；在数控机床中，可用来表示程序控制。数据流分析对于事务类产品是不合适的，在事务处理中必须完成一些相关的行为，这些行为总体上相似但细节不同。

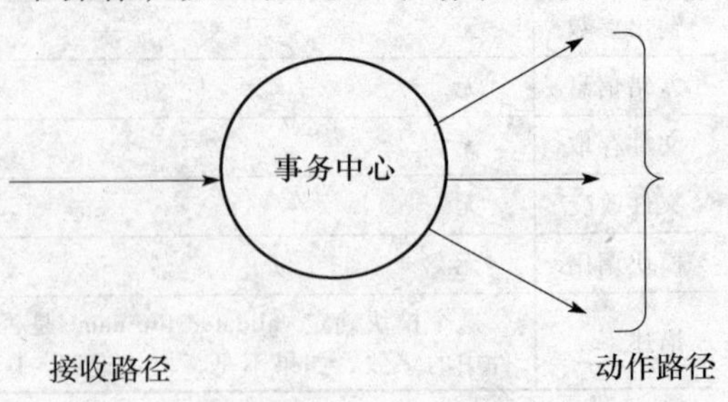

图5-24 事务型结构

事务型结构（如图5-24所示）由至少一条接收路径、一个事务中心与若干条动作路径组成。这类系统的特征是具有在多种事务中执行某类事务的能力。当外部信息沿着接收路径进入系统后，经过事务中心（或处理）获得某一特定的值，就能据此启动某一条动作路径的操作。在数据处理系统中，事务型结构是经常遇到的。如软件控制的自动柜员机，顾客先在槽中插入磁卡，再键入口令密码，然后执行动作——如向支票账户、储蓄账户或信用卡账户存款，或从一个账户提款，或确定一个账户的收支平衡等。这种类型的产品描述如图 5-25 所示。设计这样的产品，好的办法是将它分成两部分——分析器和分配器。分析器确定事务类型并将这个信息送到分配器，分配器进行事务处理。

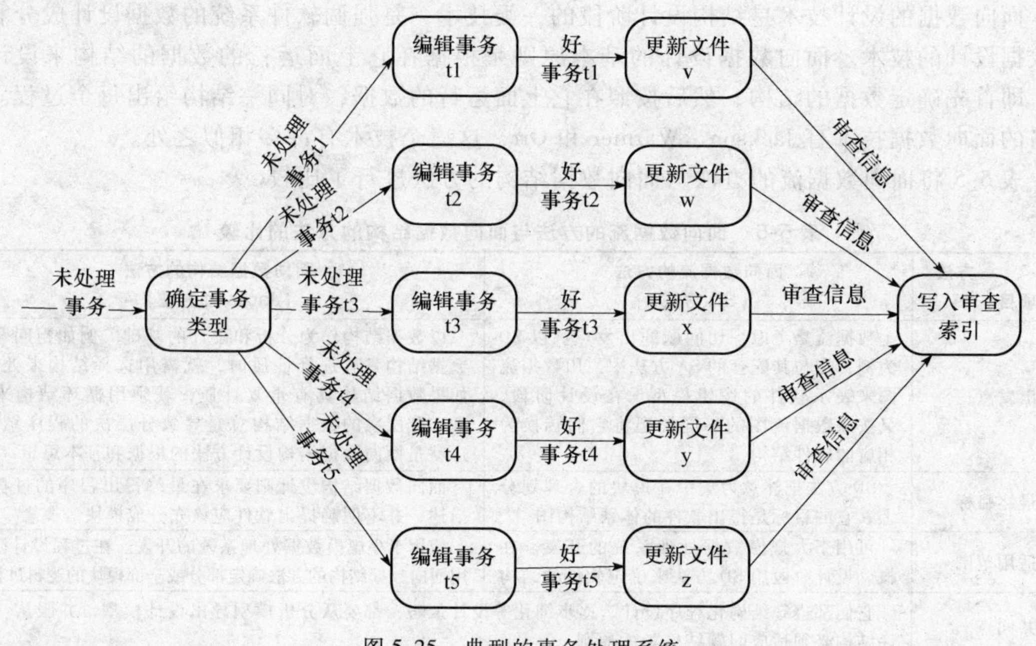

图 5-25 典型的事务处理系统

图 5-26 给出了一个较差的设计，它有两个带逻辑性内聚的模块——“编辑任意事务”

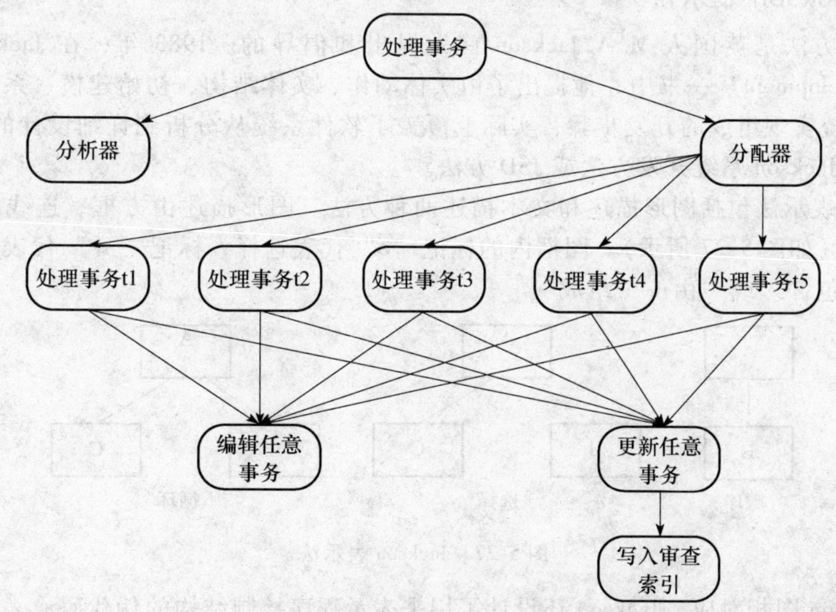

图 5-26 事务处理系统的一个较差的设计

和“更新任意事务”，另外5个非常相似的编辑和更新模块是一种浪费。对于出现的5个相似的编辑模块和5个相似的更新模块可以采用软件复用技术，设计、编码、编写文档并测试一个基本的编辑模块，然后实例化5次，每个版本会略有不同，但是差异很小。同样，将基本的更新模块实例化5次并略作修改，以适合5种不同的更新类型。得到的这个设计具有高内聚和低耦合。

5.6 面向数据的设计

面向数据的设计技术是结构设计阶段的一类技术，是强调软件系统的数据设计成分和导出数据设计的技术。面向数据设计的基本原则是根据在它上面运行的数据的结构来设计产品，即首先确定数据的结构，然后按照在它上面运行的数据，对同一结构给出每个过程。最著名的面向数据技术有Jackson、Warnier和Orr，这三个技术有许多相似之处。

表5-5将面向数据流的方法与面向数据结构的方法进行了比较。

表5-5 面向数据流的方法与面向数据结构的方法的比较

方法 / 比较项目	面向数据流的方法（SD方法）	面向数据结构的方法（Jackson方法）
出发点	数据流是考虑一切问题的出发点。以SD为例，在与其配套的SA方法中，用数据流图来表示软件的逻辑模型。在设计阶段，又按照数据流图的不同类型将它们转换为相应的软件结构	以数据结构作为分析和设计的基础。例如当问题的数据结构具有选择性质时，就需用选择结构来处理；如果数据结构具有重复性质，就须用循环结构来处理；分层次的数据结构总是导致分层次的程序结构。这就是面向数据结构设计方法的根据和基本思想
最终目标	SD方法把注意力集中在模块的合理划分上，它的目标是得出软件的体系结构图	面向数据结构设计则要求在最终得出程序的过程性描述，并不明确提出软件应该先分成模块等概念
适用范围	可用于大规模数据处理系统的开发。在概念设计阶段用SD方法来确定软件的结构	应用于小规模数据处理系统的开发。在过程设计阶段用面向数据结构的方法确定部分或全部模块的逻辑过程
共同点	它们都遵守结构化程序设计、逐步细化等设计策略，都要从分析模型导出设计模型，并服从“程序结构必须适应问题结构”的原则	

5.6.1 Jackson表示法

Jackson方法是英国人M. A. Jackson首先提出和倡导的。1983年，在Jackson编著的《System Development》一书中，他提出了由实体动作、实体结构、初始建模、系统功能、系统时间和系统实现组成的开发步骤，实际上覆盖了软件系统从分析到详细设计的全部过程，所以也称为Jackson系统开发方法或JSD方法。

Jackson表示法包括图形描述和文本描述两种方法。图形描述由方框、连线和一些附加的标记组成（如图5-27所示）。图框内的标记“o”代表选择，标记“*”代表重复。连线可理解为“包含”或“由……组成”。

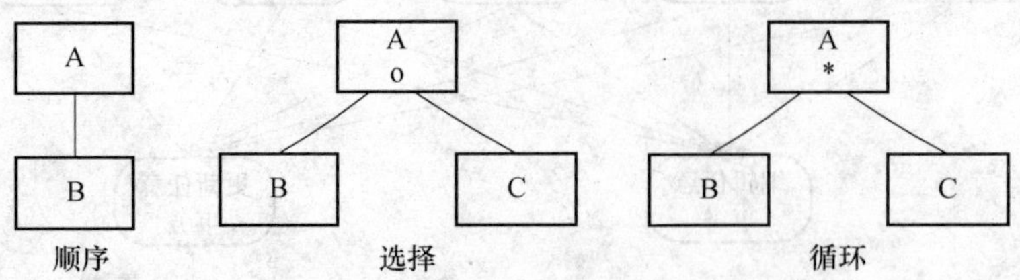

图5-27 Jackson表示法

与Jackson图相对应，Jackson还设计了用来表示程序控制结构的伪代码，表5-6列出的是与上图相对应的伪代码。

表 5-6 与图 5-27 相对应的伪代码

顺序	选择	重复
A seq B C end A	A select cond1 B or cond2 C end A	A iter {until 或 while} cond B end A

5.6.2 Jackson 方法的设计步骤

SD（结构化设计）方法通常与结构化分析方法配套使用，着重于完成软件的概要设计。而 Jackson 方法则颇有“一竿子插到底”的味道，在它最后一步得出的程序过程性表示实际上已接近详细的过程描述。图 5-28 显示了 Jackson 方法与 SD 方法的对比，鲜明地提示了两种方法的不同出发点和最终目标。

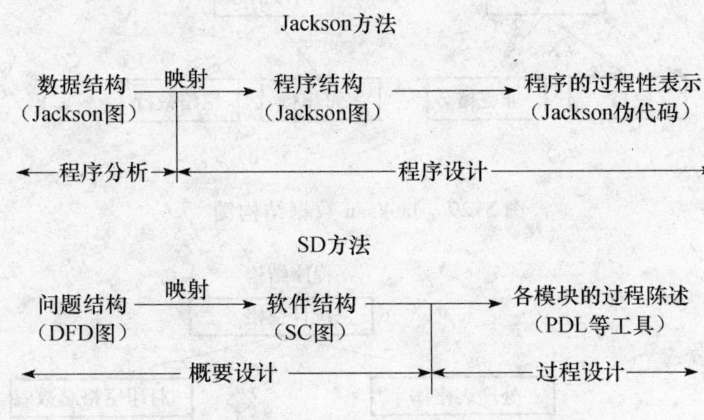

图 5-28 Jackson 方法与 SD 方法的对比

1. Jackson 方法的基本步骤

1）用 Jackson 图画出输入数据和输出数据的数据结构。通过对问题的分析，找出并确定输入和输出的逻辑结构。这一步实质上可以看做是对求解的问题进行需求分析。所以在用 Jackson 图表示数据结构时，应该省略与解题无关的多余信息，仅保留需要用到的数据单元。

2）找出输入数据结构和输出数据结构中有对应关系的数据单元，仍用 Jackson 图表示并按照下列映射规则导出相应的程序结构：

- 为每一对在输入结构和输出结构中有对应关系的数据单元画一个处理框；
- 为输入数据结构中每一个剩余的数据单元画一个处理框；
- 为输出数据结构中每一个剩余的数据单元画一个处理框；
- 所有处理框在程序结构图上的位置应与由它处理的数据单元在数据结构 Jackson 图上的位置相对应。

做好这一步的关键，是准确地找出有对应关系的所有数据单元。所谓对应单元，是指在程序中具有因果关系，可以或者需要放在一起处理的数据单元。

3）用 Jackson 伪代码写出与程序结构图对应的过程性表示。在这一步，首先可以列出完成结构图中各框处理功能的全部操作，以及选择结构和循环结构的判定条件，把它们分别挂在结构图上的适当位置。然后就可以按照程序的结构，写出它的过程性表示。

2. Jackson 方法示例

一个正文文件由若干个记录组成，每个记录是一个字符串。要求统计每个记录中空格字符的个数及文件中空格字符的总个数；要求输出数据格式是每复制一行字符串之后，另起一行印出上一行字符串空格字符的个数，最后一行印出空格字符总个数。分析如下：

第一步：画数据结构图，如图 5-29 所示。

第二步：画程序结构图，如图 5-30 所示。

第三步：写出程序的过程性表示。

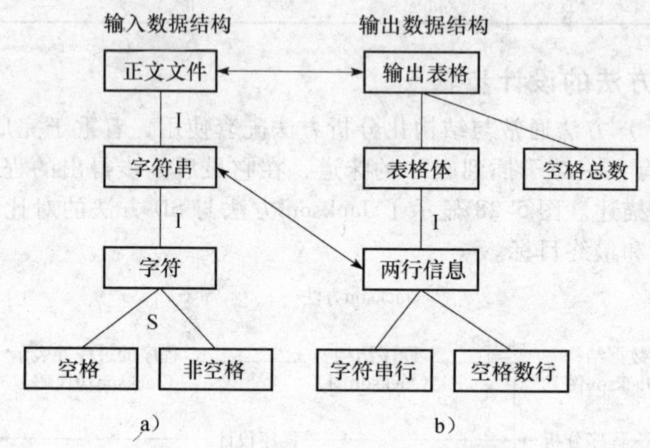

图 5-29 Jackson 数据结构图

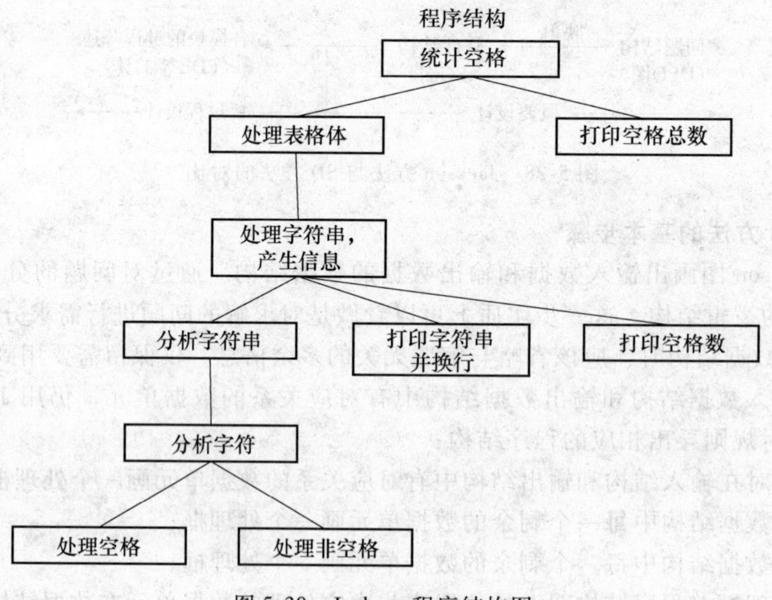

图 5-30 Jackson 程序结构图

程序的过程性表示如下：

```
统计空格 seq
打开文件
读入字符串
totalsum = 0
程序体 iter until 文件结束
    处理字符串 seq
        印字符串 seq
            印出字符串
```

```
        印字符串 end
        sum = 0
        pointer = 1
        分析字符串 iter until 字符串结束
            分析字符 select 字符是空格
                处理空格 seq
                    sum = sum + 1
                    pointer = pointer + 1
                处理空格 end
            分析字符 or 字符不是空格
                处理非空格 seq
                    pointer = pointer + 1
                处理非空格 end
            分析字符 end
        分析字符串 end
        印空格数 seq
            印出空格数目
        印空格数 end
        totalsum = totalsum + sum
        读入字符串
    处理字符串 end
程序体 end
印总数 seq
    印出空格总数
印总数 end
关闭文件
停止
统计空格 end
```

5.7 设计阶段的度量

有各种度量可以用于描述设计的各个方面。例如，模块数是对目标产品大小的一个粗略的度量；模块内聚和耦合可用于度量设计质量。对于所有其他类型的审查，重要的是保存设计审查期间检查出的设计错误的数量和类型，这个信息在产品的代码审查期间和后续产品的设计审查期间都要用到。

一个详细设计的秩复杂度 M 是二元判定（谓词）数加 1，或者等效为模块中的分支数。这个度量的优点是它容易计算，然而，它有一个固有的问题，秩复杂度是对控制复杂度的度量，忽略了数据复杂度，即 M 没有测量出像表中的值这样的数据驱动的模块的复杂度。例如，假定一个设计者不知道 C++ 库函数 toasdii，它从头开始设计了模块“读取用户输入的字符并返回相应的 ASCII 码”。设计方法之一是依靠 switch 语句实现的 128 路分支，之二是用包含 ASCII 代码顺序排列的 128 个字符的数组，并利用循环将输入字符与设定的字符数组进行比较，当匹配时就退出循环，此时循环变量的当前值就是相应的 ASCII 码。这两个设计在功能上是等效的，但是，具有的秩复杂度却分别是 128 和 1。

当使用结构化范型时，设计阶段相关类的度量是以将结构设计表示为一个有向图为基础的，它用节点表示模块，模块间的流（过程或函数调用）用弧线表示。模块的扇入可以定义为入模块的流数，加上被模块访问的全局数据结构的数量；同样，扇出是出模块的流数，加上被模块更新的全局数据结构的数量。常用的度量方法是 McCabe 度量。McCabe 复杂性度量建立在程序控制论和图论基础之上，把模块的控制流表示为有向图，然后将模块复杂性定义为强连通有向图的环的个数，即强连通有向图的线性独立回路的最大个数 $c(G)$。这种度量方法首先将程序的控制流表示为有向图，然后计算有向图的环数。但是，有时一个程序从结束到开始是不循环的，从最后一个处理节点没有返回到第一个节点，它所表示的有向图，从最后一个节点到起始节点是不可达的，即该有向图不是强连通的。这时可从最后一个节点附加一条到起始节点的有向边，构成强连通有向图。然后再根据它计算出模块的复杂性。实践表明，模块复杂性和模块中存在的软件错误数或缺陷数，以及为了发现并改正它们所需的时间之和，它们之间存在一种明显的关系。McCabe 指出，$c(G)$ 可用作最大模块复杂性的定量指标。通过大量软件工程数据研究发现，$c(G)=10$ 是模块复杂性的实际上限，当 $c(G)$ 超过这个值时，模块复杂性的测试就变得相当困难，甚至不可能。因此，McCabe 度量实质上是对程序控制流复杂性的度量。它并不考虑数据流，因此其科学性和严密性仍然有限。

当使用面向对象范型时，设计度量的问题甚至更加复杂。例如，一个类的秩复杂度通常较低，因为许多类通常都包含了大量小而简单的方法。而且，如前面所指出的，秩复杂度忽略了数据复杂度，因为数据和行为在面向对象范型中具有同等重要的地位，秩复杂度忽略了能够严重影响对象的复杂度的一个重要组成部分，因此在类的度量方面没有什么作用。

5.8 面向对象设计

面向对象设计（Object-Oriented Design，OOD）的目标是按照对象设计产品。对象指的是在面向对象分析期间提取的类和子类的实例。在面向对象技术中，对象的各种数据被称为属性、状态变量、实例变量、域或数据成员。行为被称为方法或成员函数。面向对象范型的优点是：经过良好设计的对象，即具有高内聚低耦合的对象可以对一个物理实体的所有方面进行建模。因此，对象基本上是具有良好定义接口的独立单元，并且容易维护，比较安全，发生回归错误的机会也较少。对象是可复用的，复用的能力通过继承特性得以增强。使用面向对象的开发技术，将基本的构件结合起来建造一个大型产品是安全的，而且对开发的管理也比较容易。

面向对象设计将在第6章详细介绍。

本章小结

设计阶段要从分析阶段得到的分析模型导出软件的设计模型。任意一个产品都具有两个基本方面：数据和行为。因此设计产品的两种基本方法是面向行为设计和面向数据设计。前者强调行为，后者则重点考虑数据，它们都片面地强调了产品的一个方面。面向对象的技术对行为和数据给予了同等的重视。软件设计阶段有三个活动（结构设计、详细设计、设计测试）。体系结构设计关心的是建立一个基本的结构框架，能够识别出系统成分以及它们之间的通信。详细设计阶段的目标是将设计模型转化为运行软件。读者需要掌握结构化设计方法（数据流分析、扩展、事务分析）；掌握面向数据结构的设计方法（Jackson 方法）；了解在设计阶段的所使用测试和度量方法；了解软件体系结构的概念，研究的内容与范畴；掌握软件体系结构设计原则，研究现状和熟练掌握几种典型的体系结构。

思考题

1. 软件体系结构设计的原则有哪些？
2. 简要描述一种常见的软件体系结构，并举例说明。
3. 某系统需要进行身份认证，其需求描述如下：

系统通过核对用户输入的用户名和口令，看其是否与系统中存储的该用户的用户名和口令一致，以此来判断用户身份是否正确。身份认证一般与授权控制是相互联系的，授权控制是指一旦用户的身份通过认证以后，确定哪些资源该用户可以访问、可以进行何种方式的访问操作等问题。本系统用户的合法性检查包括基础信息检查、账户检查、账号可用性检查。

请画出 MVC 三层结构的数据传递示意图并做简要文字说明。

4. 与 C/S 风格相比较，B/S 风格的体系结构有哪些的优缺点？
5. 现在要求你建造一个产品来确定银行结单是否正确。需要的数据包括月初的余额，每张支票的号码、日期和数额，每笔储蓄的日期和数额及月末的余额。用数据流分析设计这个产品，确定一个银行存款支付处理报告书是否正确。
6. 考虑一个自动柜员机（ATM），用户将信用卡放入一个槽中，并输入 4 位数字的个人识别号（PIN）。如果 PIN 不正确，将弹出该信用卡；如果 PIN 正确，用户可以对最多四个银行账号进行下面的操作：

(1) 存钱，数额任意。将打印出一个收据，显示日期、存入金额和账号。

(2) 以 20 元为单位，最多提取 200 元（不能超过该数额）。除了现金，还将给用户打印出收据，显示日期、提取现金、账号和提取后账号余额。

(3) 确定账户余额。这将在屏幕上显示出来。

(4) 在两个账户之间传递资金。被提取的账户中导出的金额还是不能超过最高限额。用户得到一个收据，显示日期、传递的金额和两个账号。

(5) 退出。弹出信用卡。

请给出该自动柜员机的业务逻辑设计和数据流程图。

7. 维护时内聚的影响是什么，耦合的影响是什么？
8. 分析下图所示的层次图，确定每个模块的内聚类型。

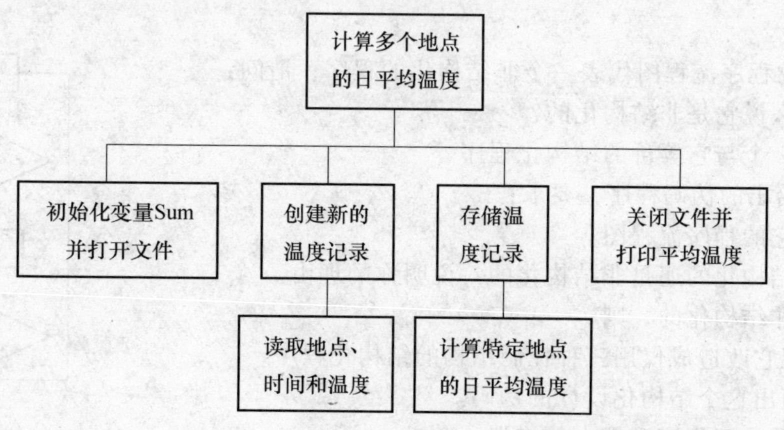

计算多地点日平均温度的程序

9. 确定以下模块的内聚类型：

(1) 编辑利润和税款记录。

(2) 读取交付记录并检查工资的支付。

(3) 测量蒸汽压力并在必要时报警。

10. 分析下图，确定模块之间的耦合类型。在图中给模块之间的接口编了号码，下表描述了模块间的接口。

编号	输入	输出
1	飞机类型	状态标志
2	飞机零件清单	
3	功能代码	
4	飞机零件清单	
5	零件编号	零件制造商
6	零件编号	零件名称

模块p、t和u更新同一个数据库

11. 请对抽象和信息隐藏两个概念进行分析比较。
12. C++和Java支持抽象数据类型的实现，但却以放弃信息隐藏为代价。请讨论这个观点。
13. 假设你是一个负责产品开发的工程师，管理者要求你研究一下确保你所在小组设计出的模块能够尽可能复用的途径，你将如何回答他？
14. 画出下列伪码程序的程序流程图。

```
START
IF P THEN
     WHILE q DO
             f
     END DO
   ELSE
     BLOCK
             g
             n
     END BLOCK
END IF
STOP
```

15. 右图给出的程序流程图代表一个非结构化的程序，请问：
    (1) 为什么说它是非结构化的？
    (2) 设计一个与它等价的结构化程序。

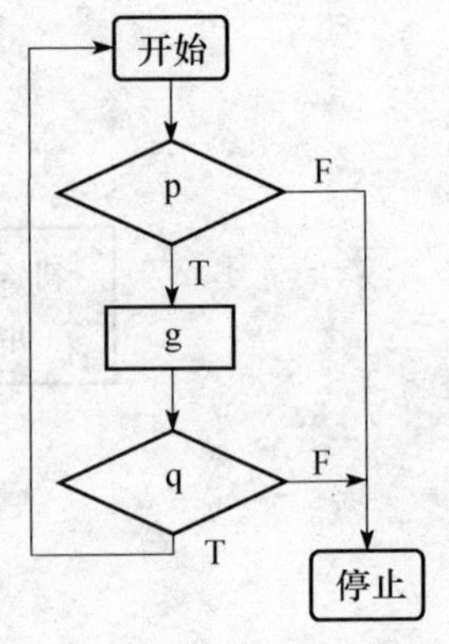

16. 研究下面给出的伪码程序，要求：
    (1) 画出它的程序流程图。
    (2) 它是结构化的还是非结构化的？说明你的理由。
    (3) 若是非结构化的，则
        1) 把它改造成仅用三种控制结构的结构化程序；
        2) 写出这个结构化设计的伪码。
    (4) 找出并改正程序逻辑中的错误。

```
COMMENT:PROGRAM SEARCHES FOR FIRST N REFERENCES
            TO A TOPIC IN AN INFORMATION RETRIEVAL
            SYSTEM WITH T TOTAL ENTRIES
            INPUT N
            INPUT KEYWORD(S) FOR TOPIC
            I = 0
            MATCH = 0
            DO WHILE I <= T
                 I = I + 1
```

```
        IF WORD = KEYWORD
          THEN MATCH = MATCH + 1
              STORE IN BUFFER
        END
        IF MATCH = N
          THEN GOTO OUTPUT
        END
    END
    IF N = 0
        THEN PRINT "NO MATCH"
OUTPUT: ELSE CALL SUBROUTINE TO PRINT BUFFER INFORMATION
        END
```

17. 简述 Jackson 方法的设计步骤。
18. 请使用 PDL 语言描述下列程序的算法：输入三个正整数作为边长、判断该三条边构成的三角形是等边、等腰或一般三角形。
19. 用 Jackson 图描绘下述的一列火车的构成：

一列火车最多有两个火车头。只有一个火车头时则位于列车最前面，若还有第二个火车头时，则第二个火车头位于列车最后面。火车头既可能是内燃机车也可能是电气机车。车厢分为硬座车厢、硬卧车厢和软卧车厢 3 种。硬卧车厢在所有车厢的前面，软卧车厢在所有车厢的后面。此外，在硬卧车厢和软卧车厢之间还有一节餐车。

20. 假设对顾客的订货单按如下原则处理：

将顾客的信用度分三个档次：欠款时间不超过 30 天；欠款时间超过 30 天但不超过 100 天；欠款时间超过 100 天。

对于上述三种情况，分别根据库存情况来决定对顾客订货的态度。

情况之一（欠款时间≤30 天），如果需求数≤库存量，则立即发货，如果需求数 > 库存量，则只发现有库存，不足部分待进货后补发。

情况之二（30 天 < 欠款时间≤100 天），如果需求数≤库存量，则要求先付款再发货，如果需求数 > 库存量，则不发货。

情况之三（欠款时间 > 100 天），则通知先付欠款，再考虑是否发货。

试用判定树的形式予以描述（设欠款时间为 D，需求数为 N，库存量为 Q）。

21. 用 Jackson 图表示下图所示的二维表格：

学生名册

	姓名	性别	年龄	学号
表头				
	……	……	……	……
表体				

第6章　面向对象设计

【学习目标】

- 理解面向对象设计的优点；
- 掌握面向对象设计过程中的重要活动（系统上下文和用例模型、体系结构的设计、对象识别、设计模型、对象接口描述）；
- 熟悉用于面向对象设计的各种模型；
- 理解设计优化的含义；
- 理解软件复用的好处；
- 理解可复用构件的特征和熟悉可复用构件库的建立方法。

面向对象设计的任务，是将分析阶段建立的分析模型转变为软件设计模型。与传统方法不同，面向对象分析和面向对象设计之间的界限不是很明显，另外面向对象分析和面向对象设计一般都是迭代过程，设计之后可能再回到分析。但是同传统方法一样，面向对象设计方法也是在抽象、信息隐藏、功能独立和模块化等重要的软件设计概念的基础上进行的，不过它的模块化不仅仅局限在过程处理部分，而是通过将数据和对数据的操作封装在一起，共同完成信息和处理的双重模块化。6.1 节对面向对象设计进行概述。6.2 节详述面向对象的系统架构设计。6.3 节详述系统元素设计。6.4 节简述面向对象设计优化。6.5 节介绍软件复用。6.6 节通过示例分析帮助读者深入理解面向对象设计方法及其应用。

6.1　面向对象设计概述

面向对象设计是系统设计者从事物角度而不是从操作或功能角度来思考问题时得到的设计策略。运行的系统由一组彼此交互的对象组成，这些对象维护自己的局部状态并提供对这些状态信息的操作。它们隐藏了状态表示的信息，因而对访问这些状态做了限制。面向对象的设计过程包括设计对象类和这些类之间的关系。当设计作为一个可执行的程序实现时，就要根据对象类来动态创建所需要的对象。

在基于面向对象分析阶段确定了问题领域的类/对象以及它们的关系和行为后，就可以开始面向对象设计了。它主要考虑“如何实现”的问题，其注意的焦点从问题空间转移到解空间，着重完成不同层次的模块设计。因此，它不仅要说明为实现需求必须引入的类、对象以及它们之间是如何关联的，还要描述对象间如何传递消息和对象行为如何实现，另外还需从提高软件设计质量和效率等方面考虑如何改进类结构和可复用类库中的类。

1. 面向对象设计模型

Pressman 把 OO 设计模型定义成一个金字塔层次的结构。图 6-1 显示了怎样从 OOA 模型导出 OOD 模型，以及两种模型的相互关系。如图 6-1 所示，右边的金字塔是一个 OOD 模型，由系统架构设计、类和对象设计、消息设计、责任设计 4 个层次组成。系统架构设计描述了整个系统的总体结构，使所设计的软件能够满足客户定义的需求，并实现支持客户需求的技术基础设施；类和对象设计包含类层次关系，使得系统能够以通用的方式创建并不断逼近特殊的需求，同时还包含了每个对象的设计表示；消息设计描述对象间的消息模型，它建立了系统的外部和内部接口，包含使得每个对象能够和其协作者通信的细节；责任设计包含对每个对象的所有属性和操作的数据结构和算法的设计。

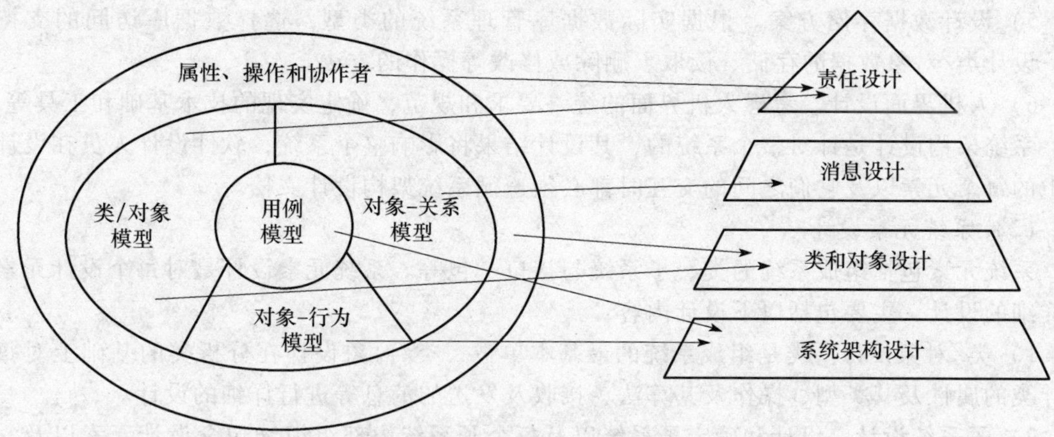

图 6-1 OOA 模型转化到 OOD 模型

图 6-1 同时也建立了 OOA 模型和 OOD 模型的对应关系。系统架构设计可通过考虑整体客户需求（由用例模型表示）和外部可观察到的事件和状态（对象 - 行为模型）导出；类和对象设计可由类/对象模型以及属性、操作和协作者的描述映射得来；消息设计可由对象 - 关系模型导出；责任设计则可利用类/对象模型以及属性、操作和协作者导出。

需要进一步指出的是，上述金字塔中包含的 4 个层次，都是针对特定的应用和产品而言的。在实际的 OOD 活动中，任何应用（或产品）总是从属于某个领域的，所以在 Coad 和 Yourdon 倡导的 OOD 方法中，强调在应用设计的同时还需要考虑该应用所在领域的基础设施。因此，Pressman 认为，可以想象在上述 4 个层次的下方还存在一个称为领域对象的层次作为整个金字塔的基础，该层次可以在人机交互界面、任务管理和数据管理等方面对本领域的应用或产品提供支持。

2. 面向对象设计的任务

在面向对象的设计中，数据和过程被封装为类/对象的属性和操作；接口被封装为对象间的消息；而体系结构的设计则表现为系统的技术基础设施和具有控制流程的对象间的协作。正如传统的设计分为概要设计和详细设计两个阶段，OOD 的软件设计也可划分为两个层次：系统架构设计和系统元素设计。下面简要介绍这两个层次的设计任务。

（1）系统架构设计

软件系统架构是指系统的主要组成元素的组织或结构，以及各组成元素之间进行交互的接口。系统架构包含关于软件系统组织的许多重要决定，例如，从不同抽象层次上选择组成系统的结构元素并确定它们的接口，指导开发组织的架构风格等。具体来说，该层次的设计工作主要包括以下 6 个方面的活动：

1）系统高层结构设计。一个软件的设计模型通常是分层组织的，系统架构师需要根据软件需求模型和分析模型，套用软件架构模式来设计软件系统的高层组织结构。

2）确定设计元素。主要包括识别和确定设计类和子系统，将设计类组织到相应的包中，为子系统设计接口，确定复用机制等。

3）确定任务管理策略。对于规模较大的复杂软件系统，考虑解决由于多用户、并发执行任务等可能引起的冲突或运行性能等问题的策略。

4）实现分布式机制。当一个软件的不同组成构件位于不同服务器上时，选择支持远程通信的构件，给出如何实现这些构件之间通信的统一方案。

5）设计数据存储方案。根据实际数据库管理系统的类型，选择数据库访问的支持构件，设计类/对象数据的存储、读取、删除或修改等操作的方法。

6）人机界面设计。考虑人机界面的统一要求和规范，确定实现的技术基础和工具等。

系统架构设计是针对整个系统的，其设计结果将影响整个系统，软件设计人员在设计系统中的每个元素以及它们之间的交互时都必须遵循系统架构设计文档。

（2）系统元素设计

系统元素包括组成系统的类、子系统与接口、包等。系统元素设计是对每个设计元素进行详细的设计，主要包括以下设计内容：

1）类/对象设计。类是组成系统的最基本单位，类/对象设计在分析类的基础上对每个设计类的属性及其类型、操作及其算法、接收及发送的消息等进行详细的设计。

2）子系统设计。设计和确定子系统以及每个子系统内部组织（包含设计元素以及它们之间的关系）、子系统对应的接口、子系统之间的关联等。

3）包设计。设计包，将逻辑上相关的设计元素组织在一起。

面向对象的设计是一个循序渐进的过程，从需求和实现两个角度对设计模型进行逐步完善。通过对设计结果的复审，并伴随着附加的软件分析活动，使设计模型既与软件需求分析模型相一致，也为软件实现提供基础。

6.2 系统架构设计

随着计算机软件的规模越来越大，系统架构也越来越重要。系统架构设计是整个软件的基础，其设计质量是一个软件开发成功与否的关键。如果软件的系统架构设计得不好，那么即使软件开发成功，质量也不会高，寿命也不会长；相反，如果一个软件的系统架构设计得比较成功，那么既可以提高软件开发质量，也能大大提高软件开发效率。

6.2.1 系统高层结构设计

在进行具体元素设计之前，首先确定系统的高层结构。系统高层结构为后续设计提供一个公共的基础框架，用以承载逐步演进和累加的设计内容。在设计高层结构时，可以选用架构模式作为模板来定义系统的高层框架。常用的架构模式有层次架构（Layers）、模型－视图－控制架构（Model-View-Control，MVC）、管道与过滤器架构（Piples and Filters）和黑板架构（Blackboard）等。层次架构是在系统高层结构设计过程中经常选用的架构模式，下面以层次架构为例具体介绍。

层次架构的基本原则是将系统划分为不同层次。越靠下面的层次，包含的内容越具有一般性，或者说与软件需求中特定的业务逻辑的关系越松散。这样做的好处是，提高今后重复利用设计结果的可能性和可操作性。实践中可以结合实际情况，决定适宜的层数以及层次界定的内涵。

例如，图6-2描述了一种针对中型或大型软件的典型的分层架构模式，它包括4层：

- 表示层：包括应用程序特有的服务。
- 业务逻辑层：包括在一些应用程序中使用的业务专用构件。
- 数据访问层：包括各种复用构件，例如GUI构件器、与数据库管理系统的接口、独立于平台的操作系统服务以及诸如电子表格程序、图表编辑器等OLE构件。
- 系统软件层：包括操作系统、数据库、与特定硬件的接口软件。

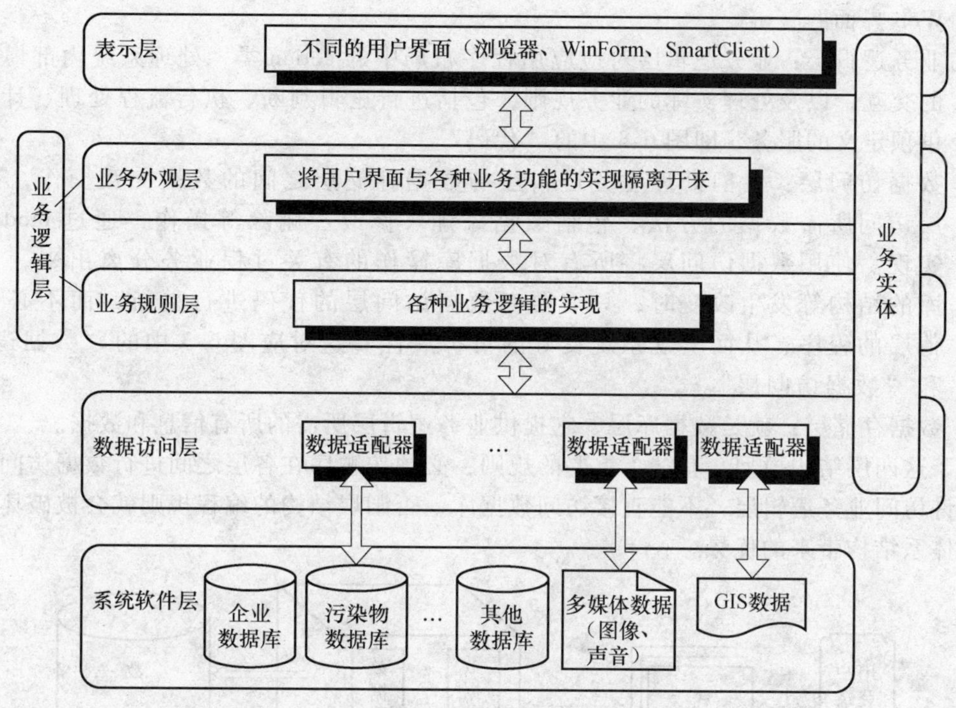

图 6-2　一种针对中型或大型软件的典型的分层架构模式

这 4 个层次的关系如表 6-1 所示。

表 6-1　层次架构

	层　次	功　能
特殊	表示层	组成所开发应用的独特应用子系统
↕	业务逻辑层	该应用所属业务类型专用的一些可复用子系统
	数据访问层	提供实用程序的子系统，为异构环境中分布式对象计算提供独立于平台的服务等
一般	系统软件层	构成实际基础设施的软件，如操作系统、与特定操作的接口、设备驱动程序等

由于前期的工作重点是对问题本身的分析，因而只需要相对明确地界定层次架构的较高层，即应用子系统层和业务专用层。这两个层次将承载那些与应用逻辑密切相关的要素。前阶段作出的层次界定，可以在后续设计中得到验证和调整。因为在层次结构中，较低层次的界定往往依赖于较低层次的具体服务要求。在初步确定较高层次之后，即可以建立一张反映层次之间的依赖关系的类图。每个层用带有“<layer>”标记的模型元素包来表示，层与层之间用虚线箭头连接，表示调用关系。

例如：某大学决定建设一个名为“箐箐校园”的博客系统，供学校师生使用。学校希望通过这个博客系统来加强学校教师和学生之间的了解和交流，教师与教师之间、学生与学生之间能进行教学经验的分享以及学习心得的分享，还能更好地展示该学校教师和学生的风采，并且希望通过博客系统的日志积累，形成丰富的教学资源库，真正促进学校的教学工作。

图 6-3 说明了来自该描述的一个可能的系统体系结构。箐箐校园博客系统的架构从逻辑上共分为以下 4 层：

- 界面表示层：处理系统与用户的交互，主要包括 Web 页面（jsp 文件）、格式文件（css 文件）、逻辑处理文件（js 文件）以及图片文件，即图 6-3 中的“用户登录

Web 界面”。

- 业务逻辑层：业务逻辑层对应应用程序布局中的 action 类，处理系统内部模块之间的交互，以及处理实际的业务规则，包括进行逻辑判断、执行流程处理、计算或提供预定义的服务，即图 6-3 中的“代码”。
- 数据访问层：专门处理业务逻辑层与数据存储层之间的数据交互操作，提供上层访问所需数据的方法，包括数据添加、修改、删除等操作，通过 model 层类实现。使用数据访问层将所有对数据库操作的有关过程业务分离出来，当数据库的结构等发生改变时，只需要对数据访问层的代码进行更新，而不必修改其他层的程序，从而实现系统良好的可扩展性。这对应图 6-3 中的“数据逻辑层”和“数据访问层”。
- 数据存储层：就是数据库层，它提供业务逻辑层所需的所有信息和数据。

对于这四层结构模型，有一个重要的规则：必须按顺序在各层之间进行数据访问，表示层只允许访问业务逻辑层，不能直接访问数据库，否则层结构的编程规则就会被破坏，得不到四层体系结构带来的优势。

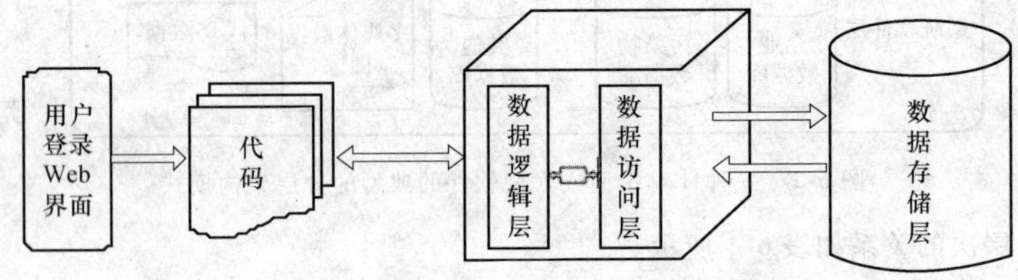

图 6-3　箐箐校园博客系统中的四层结构

6.2.2　确定设计元素

确定设计元素从分析模型出发，对现有分析类的交互进行分析，以确定设计模型元素。确定设计元素的主要工作是确定设计类、子系统以及子系统之间的接口，并找出可能复用的元素。

1. 映射分析类到设计元素

一个分析类可以映射到一个设计类或者多个设计类的简单组合。如果一个分析类很简单，并已代表单一独立的逻辑抽象，就可将其直接映射到设计类。在分析类中，与主动参与者连接的边界类、控制类和一般实体类通常可以被映射为设计类。如果设计类的职责比较复杂，其行为很难由单个设计类或者设计类的简单组合承担，也可以将其映射为子系统接口。在后续设计活动中，特定的子系统将在相应子系统接口的封装下实现相应的行为。从子系统的外部看，它和一个设计类在概念上是一样的。通常被动参与者对应的边界类被映射为子系统接口。

2. 确定子系统

子系统实际上是一个特殊的包，这种包具有统一的接口，接口提供了一个封装层，从而使其他模型元素看不到子系统的内部设计。子系统这一概念用于将它和普通包区分开来：普通包是无语义的模型元素容器，而子系统则表示具有与类相似的（行为）特征的包的特定用法。

是否将一组协作的分析类创建为子系统，取决于该协作是否紧密，是否代表相对独立的功能，以及是否可由独立的设计团队来开发。子系统中的元素和协作被一个或多个接口隔离开来，因此子系统的外部客户只能依赖接口来访问子系统中的元素。这样，子系统内部元素的设计就完全脱离了外部的依赖关系。虽然设计人员（或设计团队）需要指定接口的实现方式，但他们可以充分自由地更改子系统的内部设计，而不会影响外部依赖关系。

将系统分为若干子系统，不仅可以独立开发、配置或交付它们，也可以在一组分布式计算节点上独立部署它们，还可以在不破坏系统其他部分的情况下独立进行更改；此外，子系统还可以将系统分为若干单元，以提供对关键资源的安全保护，并且可以在设计时代表现有产品和外部系统。

每个应用软件划分为几个子系统是不确定的，这需要软件设计人员根据实际情况来确定。以下是确定子系统的一些指导性参考原则：

1）对象协作原则。如果某个协作中的各个类仅在相互之间进行交互，并且可生成一组定义明确的结果，就应该将该协作的类封装在一个子系统中。

2）可选性原则。如果特定的对象协作代表可选行为，则应将其封装在子系统中。

3）用户界面原则。如果用户界面独立于系统中的实体类（即二者都可以且将独立地变更），则应创建横向集成的子系统：将相关的用户界面边界类归入一个子系统，而将相关的实体类归入另一个子系统。如果用户界面和它所显示的实体类紧密耦合，则应创建纵向集成的子系统：将相关的边界类和实体类装入同一个子系统中。

4）参与者原则。将两个不同的参与者使用的功能分离到不同的子系统，因为每个参与者会独立变更自已对系统的需求。

5）耦合和内聚原则。将耦合度较高的类组织成一个子系统，沿着弱耦合的界线将类分开到不用的系统。在某些情况下，可以将类分成更小的类，使其具有内聚度更高的职责，从而完全消除弱耦合。

6）分布原则。如果必须在不同的节点上执行同一个子系统行为，则需要将该子系统分解成更小的子系统。确定必须存在于每个节点上的功能，并创建一个新的子系统，使其拥有该功能，然后相应地在该子系统内分布职责和相关元素。

例如，图6-4扩展了图6-3所示的抽象的体系结构模型，给出了子系统的组件。尽管如此，它们仍然是非常抽象的，是从系统描述信息中导出的。

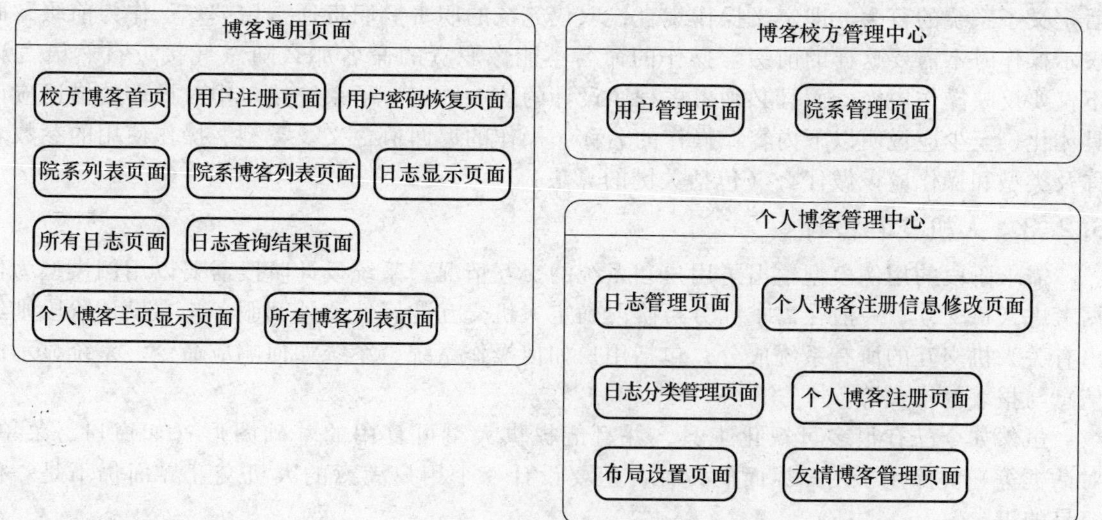

图6-4 箐箐校园博客系统中的子系统

3. 定义子系统接口

子系统是一组承担职责的设计元素的统称，子系统接口明确定义这些职责，但不约束职责的实现者及实现方式。通过明确的定义，子系统接口将其使用方法和实现方式彻底分开。借助子系统接口的定义，可以将系统中某一部分的复杂行为和其他的设计内容进行隔离。这样，在降低耦合程度的同时提升了设计模型的整体延展性，增加了组织设计任务的灵活性。子系统接口的定义通常要充分考虑和复用已经存在的设计内容，在完整的基础上力求简单。

子系统的接口只有逻辑上的意义，没有物理意义，它说明子系统使用者和子系统服务提供者之间共同认可的约定。通常按照以下步骤来确定子系统接口：

1）为子系统确定一个备选接口集。将子系统职责按照相关性和耦合度分组，这些组定义了子系统的初始接口集，同时为每个职责定义一个操作（包括参数和返回值）。

2）寻找接口之间的相似点。从备选接口集中寻找相似的名称、相似的职责和相似的操作。如果几个接口中存在相同的操作，则重新分解接口的要素，并抽取共同的操作来组成一个新的接口。同时，注意检查现有的接口，尽可能复用这些接口。

3）定义接口依赖关系。每个接口操作的参数与返回值都有其各自的特定类型，如果参数是实现某一特定接口的对象，则应定义该接口与它所依赖的接口之间的依赖关系。通过定义接口间的依赖关系，可以为架构设计师提供有用的耦合信息，因为接口依赖关系定义了设计模型各元素间的主要依赖关系。

将接口映射到子系统。接口一旦确定，就应创建子系统与它所实现的接口之间的实现关联关系。从子系统到接口的实现表明，子系统内部存在一个或多个实现接口操作的元素。随后，当设计子系统时，将会改进这些子系统到接口的实现，并由子系统设计人员来指定子系统中实现接口操作的具体元素。

定义接口所指定的行为。如果必须按照某种特定的顺序来调用接口操作（例如，必须先打开数据库连接，然后才能使用数据库），则可以用序列图或状态图来表示。例如，图 4-34是学生预约实验的序列图，图 4-33 是学生预约实验查询状态图，它们给出了学生对象如何响应各种不同服务的请求。

定义子系统接口时，首先命名和描述接口，并用简明的文字描述它在系统中的作用；然后定义子系统的行为，即定义操作集合，取代笼统的职责。职责通常用“//”作为前缀，而表示操作时不需要这样的前缀。操作的命名不能像职责的命名那么随意（接近自然语言），不仅要反映操作内容，而且必须考虑程序设计的统一约定。子系统接口中对操作的描述应该具体化，至少应说明以下内容：操作的名称、操作的返回值含义及类型、操作使用的参数名称及类型和操作应该做什么（包括关键的算法）。

6.2.3 人机交互设计

需求阶段的用例模型给出了用户和系统的交互情况，系统设计阶段需要以用例模型为依据考虑人机交互。一般在需求和分析阶段确定人机交互的属性和外部服务；在设计阶段则给出有关人机交互的所有系统成分，包括用户如何操作系统、系统如何响应命令、系统显示的信息与报表的格式等。

虽然如今已有很多可视化工具，并且能提供大量可复用的基础图形（如窗口、菜单、对话框等）类库用于用户界面的设计，但要设计一个用户满意的人机交互界面仍不是一件容易的事。

1. 根据用户的特点设计用户界面

用户界面的设计要求在研究技术问题的同时对人加以研究。用户是什么样的人？用户怎样学习与新的计算机系统进行交互？用户怎样解释系统产生的信息？用户对系统有哪些期望？这些问题仅仅是在用户界面设计时必须询问和回答的问题中的一部分。

针对不同类型的用户要求，一般按照技术熟练程度、工作性质和访问权限对用户进行分类，尽量照顾到所有用户的合理要求，并优先满足特权用户的需要。Theo Mandel 在其关于界面设计的著作中提出了三条“黄金规则”：

1）置用户于控制之下。

以不强迫用户进入不必要的或不希望的动作的方式来定义交互模式。交互模式就是界面当前的状态。例如，如果在字处理菜单中选择拼写检查，则软件将转移到拼写检查模式。如果用户希望在这种情形下进行一些文本编辑，则没有理由强迫用户停留在拼写检查模式，用户应该能够几乎不需要任何动作就进入和退出该模式。

提供灵活的交互。不同的用户有不同的交互偏好，应该提供选择的机会。例如，软件可能允许用户通过键盘命令、鼠标移动、数字化笔或语音识别命令等方式进行交互。但是，每个动作并非要受控于每一种交互机制之下。例如，考虑使用键盘命令（或语音输入）来画一个复杂形状是有一定难度的。

允许用户交互被中断和撤销。即使当陷入一系列的动作之中时，用户也应该能够中断动作序列去做某些其他的事情（而不会失去已经完成的任务）。用户也应该能够“撤销”任何动作。

当技能级别增长时可以使交互流线化并允许定制交互。用户经常会发现他们重复地完成相同的交互序列，因此，值得设计一种“宏”机制，使得高级用户能够定制界面以方便交互。

使用户与内部技术细节隔离开来。用户界面应该能够将用户移入到应用的虚拟世界中，用户不应该知道操作系统、文件管理功能或其他神秘的计算技术。其实，界面不应该要求用户在机器内部层次上进行交互（例如，不应该要求用户在应用软件中输入操作系统命令）。

设计应允许用户与出现在屏幕上的对象直接交互。当用户能够操作完成某任务所必需的对象，并且以一种该对象好像是真实物理存在的方式来操作它时，用户就会有一种控制感。例如，某应用界面可以允许用户“拉伸”某对象（增大其尺寸）即是直接操作的一种实现。

2）减少用户的记忆负担。

用户必须记住的东西越多，与系统交互时出错的可能性也就越大。因此，一个经过精心设计的用户界面不会加重用户的记忆负担。只要有可能，系统就应该“记住”有关的信息，并通过能够帮助回忆的交互场景来帮助用户。

减少对短期记忆的要求。当用户陷于复杂的任务时，短期记忆的要求将会很大。界面的设计应该尽量不要求记住过去的动作和结果。可行的解决办法是通过提供可视的提示，使得用户能够识别过去的动作，而不是必须记住它们。

建立有意义的默认值。初始的默认集合应该对一般的用户有意义，但是，用户应该能够说明个人的偏好。然而，“重置”（Reset）选项应该是有用的，使得可以重新定义初始默认值。

定义直观的快捷方式。当使用助记符来完成系统功能时（如用 Alt + P 键激活打印功能），助记符应该以容易记忆的方式联系到相关动作（例如，使用被激活任务的第一个字母）。

界面的视觉布局应该基于真实世界的象征。例如，一个账单支付系统应该使用支票簿和支票登记簿来指导用户的账单支付过程。这使得用户能够依赖于能很好理解的可视提示，而不是记住复杂难懂的交互序列。

以不断进展的方式揭示信息。界面应该以层次化方式进行组织，即关于某任务、对象或某行为的信息应该首先在高抽象层次上呈现。更多的细节应该在用户用鼠标点击表明兴趣后再展示。例如，很多字处理应用中都十分常见的一个功能是加下划线，该功能本身是“文本风格”

菜单下多个功能中的一个。然而，每种加下划线的能力并未列出，用户必须选择加下划线，然后所有加下划线选项（例如，加单下划线、加双下划线、加虚下划线）才能展示出来。

3）保持界面一致。

用户应该以一致的方式展示和获取信息。这意味着，一是按照贯穿所有屏幕显示的设计标准来组织可视信息；二是将输入机制约束到有限的集合，在整个应用中得到一致的使用；从任务到任务的导航机制要一致地定义和实现。

允许用户将当前任务放入有意义的环境中。很多界面使用数十个屏幕图像来实现复杂的交互层次。提供指示器（如窗口题目、图标、一致的颜色编码）帮助用户知道当前的工作环境是十分重要的。另外，用户应该知道他来自何处以及存在什么途径转换到新任务。

在应用系统家族内保持一致。一组应用系统（或一套产品）都应实现相同的设计规则，以保持所有交互的一致性。

如果过去的交互模型已经建立起了用户期望，除非有不得已的理由，否则不要改变它。一个特殊的交互序列一旦已经变成事实上的标准（如使用 Alt + S 键来存储文件），则用户在遇到的每个应用中均是如此期望。如果改变（如使用 Alt + S 键来激活缩放比例）将导致混淆。

2. 用户界面的分析与设计

用户界面的分析与设计过程是迭代的，可以用类似于第 1 章讨论过的螺旋模型表示。用户界面分析和设计过程包括 4 个不同的框架活动：

1）用户、任务和环境分析及建模。

2）界面设计。

3）界面构造。

4）界面确认。

螺旋意味着每一个活动都将多次出现，每绕螺旋一周表示需求和设计的进一步精化。在大多数情况下，实现活动涉及原型开发——这是唯一实用的确认设计结果的方式。

界面分析活动的重点在于那些与系统交互的用户轮廓。记录技能级别、业务理解以及对新系统的一般感悟，并定义不同的用户类型。对每一个用户类别，进行需求诱导。本质上，软件工程师试图去理解每类用户的系统感觉。一旦定义好了一般需求，就将进行更详细的任务分析。标识、描述和细化那些用户为了达到系统目标而执行的任务。用户环境的分析着重于物理工作环境。作为分析活动的一部分而收集的信息用于创建界面的分析模型。使用该模型作为基础开始界面的设计活动。

界面设计的目标是定义一组界面对象和动作（以及它们的屏幕表示），它们使得用户能够以满足系统所定义的每个使用目标的方式完成所有定义的任务。正常情况下，构造活动始于创建可评估使用场景模型。随着迭代设计过程的继续，用户界面开发工具可用来完成界面的构造。

界面确认着重于以下三个方面：界面正确地实现每个用户任务的能力，适应所有任务变更的能力以及达到所有一般用户需求的能力；界面容易使用和学习的程度；用户把界面作为其工作中有用工具的接受程度。

3. 用户界面设计模式

复杂而精致的图形用户界面已经变得如此普遍，以至于涌现出了各式各样用户界面设计模式。设计模式是一种抽象，描述了特定的、很好地限定于设计问题的设计解决方案。下面描述的每一个模式示例也应该具有完整的构件级设计，包括类设计、属性设计、操作设计和界面设计。

在过去的十年间，人们已经提出了数以百计的用户界面设计模式。Tidwell 和 van Welie

对用户界面设计模式给出了分类，一共分为 10 类。以下描述了每一类的模式示例。

(1) 完整用户界面

作用：为高层结构和导航提供设计指导。

模式：高层导航。

简要描述：提供高层菜单，通常带有一个图标或者定义一个图像，能够跳转到任意一个系统的主要功能。

(2) 页面布局

作用：负责页面概要组织（用于站点）或者使屏幕显示清晰、明了（用于需要进行交互的应用系统）。

模式：层叠。

简要描述：呈现层叠状的标签卡，伴随着鼠标每一次点击的选择，显示指定的子功能或者分类内容。

(3) 表格和输入

作用：考虑了完成表格（Form）级输入的各种设计方法。

模式：填充空格（Fill-in-Blanks）。

简要描述：允许在文本框中填写文字和数字数据。

(4) 表（Table）

作用：为创建和操作各种列表数据提供设计指导。

模式：有序表（Sorted Table）。

简要描述：用来显示长记录列表，可以在任意一列上选择排序机制进行排序。

(5) 直接数据操作

作用：解决数据编辑、数据修改和数据转换问题。

模式：面包屑（Bread Crumbs）。

简要描述：当用户工作于复杂层次结构的页面或者屏幕显示时，提供完全的导航路径。

(6) 导航

作用：辅助用户在层级菜单、Web 页面和交互显示屏幕上航行。

模式：现场编辑（Edit-in-Place）。

简要描述：为显示位置上的特定类型内容提供简单的文本编辑能力。

(7) 搜索

作用：对于网站上的信息或保存在可以通过交互应用访问的持久存储中的数据，能够进行特定内容的搜索。

模式：简单搜索。

简要描述：提供在网站或持久数据源中搜索由字符串描述的简单数据项的能力。

(8) 页面元素

作用：实现 Web 页面或者显示屏的特定元素。

模式：向导（Wizard）。

简要描述：通过一系列的简单窗口显示来指导完成任务，使得用户能够一次一步地完成某个复杂的任务。

(9) 电子商务

作用：主要针对于站点，这些模式实现了电子商务应用中的重现元素。

模式：购物车（Shopping Cart）。

简要描述：提供一个购买的项目清单。

（10）其他

作用：模式不能简单地归类到前面所述的任意一类中，在某些情况下，这些模式具有领域的依赖性或者只对特定类型的用户适用。

模式：进展指示器（Progress Indicator）。

简要描述：为某一正在进行的操作提供进展指示。

4. 设计问题

在进行用户界面设计时，几乎总会遇到以下四个问题：系统响应时间、用户帮助设施、出错信息和警告以及菜单和命令标记。实际情况是，许多设计人员往往很晚的时候才注意这些问题，这往往会导致不必要的反复、项目滞后和用户的挫折感，最好的办法是在设计的初期就将这些作为设计问题加以考虑，因为此时修改比较容易，代价也小。

（1）系统响应时间

一般来说，系统响应时间是指从用户开始执行动作（比如按回车键或点击鼠标）到软件以预期的输出和动作形式给出响应的时间。系统响应时间包括两个方面的属性：时间长度和可变性。如果系统响应时间过长，用户就会感到焦虑和沮丧。系统时间的可变性是指相对于平均响应时间的偏差，在很多情况下这是最重要的响应时间特性。即使响应时间比较长，响应时间的低可变性也有助于用户建立稳定的交互节奏。

（2）用户帮助设施

几乎所有的计算机交互系统的用户都会时常需要帮助。在多数情况下，现代的软件均提供联机帮助，用户可以不离开用户界面就能解决问题。

（3）错误信息和警告

出错信息和警告是指出现问题时系统反馈给用户的“坏消息”。如果做不好的话，出错信息和警告会给出无用和误导的信息，反而增加了用户的沮丧感。通常，交互式系统给出的出错信息和警告应具备以下特征：

1）消息以用户可以理解的语言描述问题。

2）消息应提供如何从错误中恢复的建设性意见。

3）消息应指出错误可能导致哪些不良后果（比如破坏数据文件），以便用户检查是否出现了这些情况或帮助用户进行改正。

（4）菜单和命令标记

键入命令曾经是用户和系统交互的主要方式，并广泛用于各种应用程序中。现在，面向窗口的界面采用点击（Point）和拾取（Pick）方式减少了用户对键入命令的依赖，但许多高级用户仍然喜欢面向命令的交互方式。在提供命令交互方式时，必须要考虑如下问题：

1）每一个菜单选项是否都有对应的命令？

2）以何种方式提供命令？

3）学习和记忆命令的难度有多大？命令忘了怎么办？

4）用户是否可以定制和缩写命令？

5）在界面环境中菜单标签是否是自解释性的？

6）子菜单是否与主菜单项所指功能相一致？

5. 设计评估

一旦建立好可操作的用户界面原型，就必须对其进行评估，以确定是否满足用户的需求。评估可以从非正式的“测试驱动”（比如用户可以临时提供一些反馈）到正式的设计研究（比如按照统计学的方法向一定数量的最终用户发放问题评估表）。

6.3 系统元素设计

系统元素设计的重点在于如何实现相关类、关联、属性和操作，定义实现时所需对象的算法和数据结构。

6.3.1 子系统设计

子系统设计主要是针对子系统内部包含的设计元素及其交互。子系统设计的步骤包括：将子系统行为分配给子系统元素，描述子系统元素和说明子系统依赖关系。

1. 将子系统行为分配给子系统元素

子系统的外部行为是通过它所实现的接口来定义的。当子系统实现某个接口时，就必须实现该接口定义的每一个操作；反过来，这些操作会由子系统所包含的设计元素（即设计类或子系统）上的操作来实现。

子系统中的设计元素，其协作关系可用说明子系统行为的序列图来描述。设计内部行为时，对子系统实现的接口进行的每一个操作，都可以画一个或多个相应的子系统交互序列图。这种内部的序列图显示了哪些类实现此接口，需要在内部进行什么操作以提供子系统的功能，以及哪个类从子系统发出消息。对于每个接口操作，确定在当前子系统中执行该操作所需的类/子系统，如果现有类/子系统无法提供所要求的行为，则需要创建类/子系统。

2. 描述子系统元素

可以创建一个或多个类图来表示子系统包含的元素以及它们的关系。另外，也可以用状态图来表现子系统可能出现的状态及其变迁。

3. 说明子系统依赖关系

当子系统包含的某个元素使用了另一个子系统中某个元素的行为时，就在它们所属的子系统间建立了依赖关系。如果一个子系统的模型元素引用了另一个子系统的模型元素，则设计人员不能轻易移去该模型元素或将该模型元素的行为重新分配给其他元素。创建依赖关系时，还要确保子系统和接口之间没有循环的依赖关系，子系统不能既实现一个接口又依赖于该接口。

6.3.2 分包设计

为了便于理解，在层次结构设计的基础上划分更细的组织单元，一种常见的方法是把设计元素分组放入特定的包中。分包的目的是使设计元素更有秩序，呈现出更明显的高内聚、低耦合特征。实践中，不同的包允许个人或团队相对独立地展开后续的设计和实现工作。包之间的松散耦合通常会使大型或复杂系统的开发变得更为容易。

1. 分包的原则

可以参照下面的原则将设计元素划分到不同的包中。

(1) 将边界类打包

在将边界类分发给各个包时，可以应用两种不同的策略。如果系统接口可能被替换，或者可能会发生较大的变更，就应该将接口与设计模型的其他部分分隔开；如果接口不易被替换或更改，则应对系统服务进行分包，将边界类和功能相关的实体类和控制类放置在一起。这样，如果特定实体类或控制类发生变化，就很容易看出哪些边界类受到影响。

对于在功能上与任何实体类或控制类都不相关的必选边界类，应将它们和属于同一接口的边界类一起放置在单独的包中。

(2) 将功能相关的类打包

功能上相关的类通常放在一个包内。在判断两个类是否在功能上相关时，可以应用以下几项实用标准：

1) 如果一个类的行为和（或）结构的变化使得另一个类也必须相应地变化，这两个类就在功能上相关。

2) 从某个类开始（例如一个实体类），检查从系统中将该类删除所带来的影响，这就可以查明一个类与另一个类是否在功能上相关。

3) 如果两个对象进行大量的消息交互，或者以其他复杂的方式进行通信，那么这两个对象就在功能上相关。

4) 如果某个边界类的功能是显示一个特定的实体类，那么它就在功能上与该实体类相关。

5) 如果两个类与同一个参与者进行交互，或受到对同一个参与者更改的影响，那么这两个类就在功能上相关。

6) 如果两个类之间存在某些关系（关联关系、聚集关系等），那么这两个类就在功能上相关。

7) 一个类与创建其实例的类在功能上相关。

两个类之间的相关性越弱，意味着它们之间的耦合越松散，往往不宜放在同一包中。以下两条标准是确定何时不应将两个类放在同一个包中：其一是与不同参与者相关的两个类不用放在同一个包中，其二是可选类和必选类不应放在同一个包中。

2. 包之间的依赖和耦合关系

包依赖关系显示了对某些类的修改如何波及系统的其他部分。通常在一个高层次的视图上显示包依赖关系，它省略了单个的类，专注于所有的包和它们之间的依赖关系。这种图能够使开发人员在高层次的视图上度量系统的复杂度，并帮助他们对一次系统修改的工作量做出正确的估算。注意，应尽可能减少或杜绝包之间的依赖关系。

高内聚、低耦合原则是软件工程设计工作努力的大方向。包之间的耦合表现为依赖关系，意味着有机会使用其他包中对象的行为。确定和调整包之间的依赖关系时，可以遵循以下基本原则：

- 消除包之间的相互依赖关系，即避免包 A 依赖包 B 的同时包 B 依赖包 A。
- 复用价值较高的包不要依赖复用价值较低的包。在层次架构中，较低层中的包不应依赖于较高层中的包。包应只依赖于同层或下一层的包。
- 依赖关系不应跨层。跨越层次的依赖关系只有在迫不得已的情况下才能使用。
- 不要让包直接依赖包含实现子系统接口的系统元素的包，换言之，不要直接依赖这类包中的设计元素，而是依赖相应的子系统接口。

6.3.3 类/对象设计

子系统、包以及协作关系等设计元素，仅仅说明了类的组合方式或协同操作方式。类对象设计才是设计工作的核心。在进行类对象设计时主要考虑 3 个问题：第一，如何实现分析模型中的边界类、实体类和控制类；第二，在解决类设计中的实现问题时如何应用设计模式；第三，系统架构中的全局性决定如何在类设计中体现。类设计的步骤包括创建初始设计类、定义操作、定义方法、定义状态、定义属性、定义依赖关系、定义关联关系、定义泛化关系和处理非功能性需求等。

1. 创建初始设计类

根据不同的分析类类型（边界类、实体类或控制类），可以采取不同的策略来创建初始设计类。

(1) 设计边界类

在分析阶段，已经确定了边界类。在设计阶段需要完成它们的设计，根据实现平台和技术，需要创建额外的类来支持实际的 GUI 和外部的系统交互。用户界面类的设计需要遵循系统架构设计中关于人机交互界面的决定，还要依赖项目可用的用户界面开发工具。如果 GUI 开发环境自动创建了实现用户界面必需的支持类，那么就无须再考虑它们，只要设计开发环境中没有创建的类即可。

一般情况下，代表到其他系统的接口的边界类被建模为子系统，因为它们往往有复杂的内部行为。如果接口行为简单，则可以选择一种或多种设计类来表示这一接口，即对每一协议、接口或 API 都采用一个单一的设计类，并说明有关使用标准以及有关信息的特殊需求。

(2) 设计实体类

在分析中，实体类代表系统中的信息单元；实体对象通常是被动的和持久性的。这些实体类已在分析中确定，出于性能的考虑，可能要强制重组某些实体类。

(3) 设计控制类

如果控制类仅仅是从边界类到实体类的通路，则可以省略它。只有当控制类封装了重要的控制流程行为，或它们封装的行为可能发生变更，或行为必须分布到多个进程/处理器，或它们封装的行为需要事务管理时，才真正需要将控制类转变为设计类。因此，设计控制类时至少需要考虑以下问题：

1) 复杂性。边界类和/或实体类可以处理简单的控制或协调行为。然而，随着应用程序的复杂程度的不断增加，这种方法的明显的缺点也将暴露，可采用控制类来提供与协调事件流有关的行为。

2) 变更的可能性。如果事件流更改的可能性较小，那么增加专门的控制类就没有必要了，反之则需要专门的控制类。

3) 分布和性能。应用程序需要在不同节点或不同处理器上运行的需求会要求设计模型元素专用性，这种专用性一般是通过添加控制对象，并将边界类行为与实体类行为分布到控制类上来实现的。这样，边界类就提供纯粹的 UI 服务，实体类提供纯粹的数据服务，而控制类提供其余的服务。

4) 事务管理。管理事务是典型的协调活动，如果没有处理事务管理的框架，则需要一个或多个事务管理器类用于交互作用，以确保事务的完整性。

2. 定义操作

对于每个确定的设计类，要确定它的所有操作。具体方法如下：

首先，研究每个分析类的职责，为每项职责创建一个操作，将职责的说明作为操作的初始说明；研究类所参与的用例的行为，查看用例中如何使用该类的操作，在此基础上改进操作及其说明、返回类型和参数；研究用例的特殊需求，确保类的操作覆盖用例的行为，没有遗漏隐含需求。

其次，用例中通常无法提供足以确定类的所有操作的有关信息，因此还需要增加一些典型的操作，例如，初始化类的实例，验证类的两个实力是否等同，创建类的实例的副本等。

(1) 命名和说明操作

对每项操作，应该定义下列内容：

1) 操作名。操作名应该简短，并隐含进行操作所得到的结果，并最好使用英文单词，而非汉语拼音。

2) 返回类型。返回类型是操作返回对象的类。

3）简短说明。一般从用户角度来编写操作说明。

4）参数。使用简明、易懂的参数名称，确定参数的类，为参数提供简介。参数个数少可以使操作更易于理解，进而找到类似操作的可能性也更大。需要时可以将具有很多参数的操作拆分为若干个操作。

5）参数的简短说明。需要说明参数是通过值传递还是通过引用传递，参数的可选性及其默认值，参数的有效范围等。

（2）定义操作可见性

操作的可见性实现了面向对象基本原则中的封装性。对每项操作，需要确定操作的可见性。可见性的可选类型如下：

1）公有。除了类本身以外，操作对其他模型元素也是可见的，也可以用“+”表示。

2）保护。操作只对类本身及它的子类是可见的，也可用“#”表示。

3）私有。操作只对类本身是可见的，也可用“-”表示。

设计实践中，尽可能选择限定性最强但仍可完成操作目标的可见性。为此需要查看交互图，确定每条消息是来自对象外（要求公有的可见性），还是来自子类（要求保护的可见性），还是来自类本身（要求私有的可见性）。

（3）定义操作的作用域

操作有两种作用域：实例作用域和类作用域。实例作用域的操作是对类的实例执行的操作。如果一个操作适合于类的所有实例，它就是类作用域的操作。为了表示类作用域的操作，操作字符串加有下划线。

3. 定义方法

如果将操作的定义比作黑盒，那么方法（method）就是相应的白盒内容。方法是对操作的实现，由具体的程序设计语言完成。方法说明了实现操作的具体方式。其内容通常会涉及操作的参数、类的属性及关系在方法中的使用。如果方法的内容需要采用特定的算法，应给出相应的文字或图示进行说明。

4. 定义状态

对于某些操作，操作的行为依赖于接收对象的状态。状态图是一种有效的工具，它描述对象可以具有的状态和导致对象状态变化的事件。如果一个类有一些重要的动态行为，具有多种状态，就可以创建状态图。要确定一个类是否有重要的动态行为，可以通过以下两种方法：

1）检查类的属性。考虑一个类的实例在属性值不同时如何表现，因为如果对象的行为表现不同，则其状态也不同。

2）检查类的关联。例如，关联基数中带0的关联，0表示这个关联是可选的；关联存在和不存在时类的实例是否表现相同，如果不同，则可能有多种状态。

5. 定义属性

在方法的定义和状态的确定中，确定了类执行其操作所需的属性。属性为类实例提供了信息存储的空间，并表示类实例的状态。类本身保留的任何信息都是通过属性实现的。在分析阶段，一般只需要指明属性；在设计阶段，对于每种属性，需要定义以下内容：

1）属性名。它通常是名词，遵循实现语言和项目的命名约定。

2）属性类型。它应该是实现语言支持的基本数据类型。

3）属性默认值和初始值。创建类的实例时，用于初始化新建的对象。

4）属性的可见性。其可描述如下：

- 公有：属性对于包含类的包内和包外都是可见的。

- 保护：属性只对类本身和子类是可见的。
- 私有：属性仅对类本身可见。

检查以确保所有属性都是必需的，过多属性将会严重影响系统性能和存储需求。

6. 定义依赖关系

在分析阶段，假定所有关系都是结构化关系，即用关联关系、聚集关系或组合关系来表述两个类的对象之间存在连接。在设计阶段，随着类的设计内容逐渐明朗，有条件进一步确认对象间究竟需要何种类型的连接，从而明确类之间的关系。

类 A 的对象 a 与类 B 的对象 b 通信，a 能够向 b 发送消息的必要条件是 a 能够引用 b，其概念在协作图中表现为 a 到 b 的连接。在面向对象软件系统中，a 可以通过 4 种方式引用 b，对应于从 a 到 b 的 4 种类型的连接可见度。

1）全局（Global）。b 是可以在全局范围内直接引用的对象。

2）参数（Parameter）。b 作为 a 的某一项操作的参数或返回值。

3）局部（Local）。b 在 a 的某一操作中充当临时变量。

4）域（Field）。b 作为 a 的数据成员。

前 3 种类型的连接可见度具有暂时性，即 b 和 a 之间的连接仅在执行某个操作的过程中建立，执行后连接关系解除。在静态结构中，这 3 种类型的连接被建模为类 A 对类 B 的依赖关系。最后一种类型的连接可见度具有稳定性和永久性，在静态结构中这种连接被建模为类 A 到类 B 的关联关系及其强化形式。

7. 定义关联关系

关联关系是一种结构化的关系，在后续的实施活动中，其内容将作为类定义的组成部分。确认类之间存在关联关系后，有条件进一步明确或改进其细节内容。

（1）聚集还是组合

关联又可以区分为聚集或组合两种类型。聚集（Aggregation）是一种特殊的关联，如果两个类之间存在整体与部分（is a part of）的关系，就可以确定为聚集关系。例如，部门和雇员、家庭和家庭成员、班级和学生之间都是聚集关系。但如果整体与部分之间具有强烈的拥有关系且有相同的生存周期，当部分独立存在时就会不完整或没有意义，则二者可确定为组合（Composition）关系，例如汽车与车门。选择聚集于组合仅仅是为了更加明确，对分析建模工作的成败并无决定性的作用，但不同的选择会决定怎样设计对象的创建和删除。

（2）属性还是组合

类的特征就是类所了解的东西，既可以将类的特征建模成一个类（利用组合关系），也可以将其建模成该类的属性集。要决定对单个类使用属性还是组合关系，应以所表示的概念之间的耦合度为依据。如果正在建模的概念之间联系很紧密，就应使用属性；如果概念易于独立进行变更，则应使用组合关系。

（3）关联的方向

关联关系是有访问方向的，需要考察双方向关联关系中某一方向存在的必要性，因为两个类之间单方向的关联关系比双方向的关联关系弱。

（4）关联类

复杂的关联可以用类来表示，这就是关联类。关联类是一种关联关系，它具有类的特征（例如属性、操作和关联关系），用一条从关联关系连接到类符号的虚线表示，其中类符号包含此关联关系的属性、操作和关联关系，这些属性、操作和关联关系适用于原始关联关系本身。关联关系中的每个连接都有指定的特征，关联类最常见的用途是协调多对多的关系。

（5）确定基数

对于基数大于1的情形，通常需要进一步设计包容器类，比较常见的诸如集合、链表、堆栈和队列等。如果基数的最小值为0，意味着与关联关系相应的连接有不存在的可能，通常需要建立判断连接是否存在的操作。

8. 定义泛化关系

与依赖和关联关系不同，类之间的泛化关系并不能通过渐进的分析和设计活动而得出。设计模型的内容增多之后，属于同一概念范畴的类（子类）之间会存在相似的行为与结构。为了提高设计内容的质量和复用能力并降低维护的难度，可以将它们的共同部分抽取出来并定义成新的类（父类），在子类和父类之间定义泛化关系。很多时候，已有的设计类可以直接作为父类，用于简化相关子类的定义。

泛化关系和聚集关系经常被混淆，其中泛化代表了“is a”或“kind-of”的关系；而聚集代表了“part-of”的关系。

9. 处理非功能性需求

设计类应该加以改进，以便处理公共的非功能性需求，设计类时，需要考虑的通用设计指南和规则如下：

1）如何利用现有的产品和构件？

2）如何适应编程语言？

3）如何分布对象？

4）如何达到可以接受的性能？

5）如何达到特定的安全性级别？

6）如何处理错误？

6.4 面向对象设计优化

面向对象设计方法的一个重要优势在于它能简化设计的变更。原因是对象的状态表示不影响设计，变更对象的内部细节不会影响任何其他对象。此外，因为对象是彼此之间松散结合的，因此引进一个新的对象到系统中很直接，不会影响系统中的其他对象。一旦决定了要开发某个系统，我们就不可避免地要对系统提出一些变更建议，从而进一步优化设计。

6.4.1 确定优先级

系统的各项质量指标并不是同等重要的，设计人员必须确定系统的各项质量指标的相对重要性，即确定优先级，以便在优化设计时制定折中方案。系统的整体质量与设计人员所制定的折中方案密切相关。最终产品成功与否，在很大程度上取决于是否选择好了系统目标。最糟糕的情况是，没有站在全局高度正确确定各项质量指标的优先级，以致系统中各个子系统按照相互独立的目标做了优化，这将导致系统资源的严重浪费。在折中方案中设置的优先级应该是模糊的。事实上，不可能指定精确的优先级数值。

最常见的情况是在效率和清晰性之间寻求适当的折中方案。下面的小节将分别讲述在优化设计时提高效率的技术。

6.4.2 提高效率的几项技术

1. 增加冗余关联以提高访问效率

在面向对象分析过程中，应该避免在对象模型中存在冗余的关联，因为冗余关联不仅没有增添任何信息，反而会降低模型的清晰度。但是，在面向对象设计过程中，当考虑用户的访问模式，以及不同类型的访问彼此间的依赖关系时，就会发现，分析阶段确定的关联可能并没有构成效率最高的访问路径。下面用设计公司雇员技能数据库的例子说明分析访问路径及提高访问效率的方法。

图 6-5 是从面向对象的分析模型中摘取的一部分。公司类中的服务 find_skill 返回具有指定技能的雇员集合。例如，用户可能询问公司中会讲日语的雇员有哪些人。

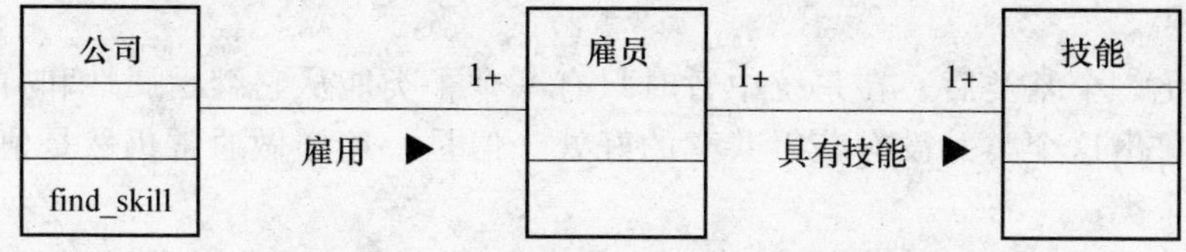

图 6-5　公司、雇员及技能之间的关联链

假设某公司共有 2000 名雇员，平均每名雇员会 10 种技能，则简单的嵌套查询将遍历雇员对象 2000 次，针对每名雇员平均遍历技能对象 10 次。如果全公司仅有 5 名雇员精通日语，则查询命中率仅有 1/4000。

提高访问效率的一种方法是使用哈希（Hash）表："具有技能"这个关联不再利用无序表实现，而是改用哈希表实现。只要"会讲日语"使用唯一技能对象表示，这样改进后就会使查询次数由 20 000 次减少到 2000 次。

但是，当仅有极少数对象满足查询条件时，查询命中率仍然很低。在这种情况下，更有效的提高查询效率的改进方法是给那些需要经常查询的对象建立索引。例如，针对上述例子，可以增加一个额外的限定关联"精通语言"，用来联系公司与雇员这两类对象，如图 6-6所示。利用适当的冗余关联，可以立即查询到精通某种具体语言的雇员，而无需多余的访问。当然，索引也必然带来开销：占用内存空间，而且每当修改基关联时也必须相应地修改索引。因此，应该只给那些经常执行并且开销大、命中率低的查询建立索引。

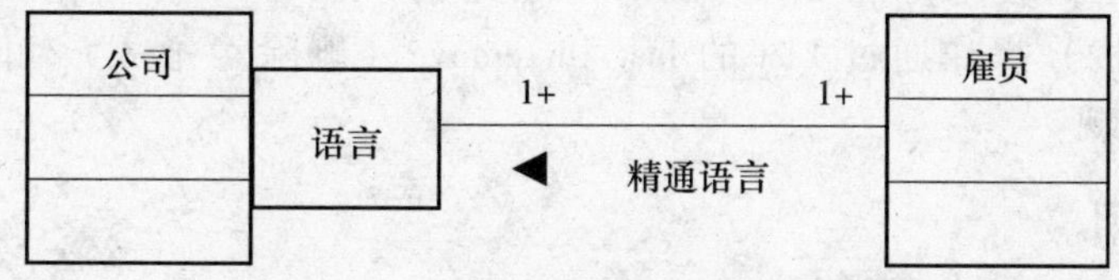

图 6-6　为雇员技能数据库建立索引

2. 调整查询次序

优化算法的一个途径是尽量缩小查找范围。例如，假设用户在使用上述雇员技能数据库的过程中，希望找出既会讲日语又会讲法语的雇员。如果某公司仅有 5 位会员会讲日语，会讲法语的雇员却有 200 人，则应该先查找会讲日语的雇员，然后再从这些会讲日语的雇员中查找同时会讲法语的人。

3. 保留派生属性

通过某种运算而从其他数据中派生出来的数据，是一种冗余数据。通常把这类数据存储（或称为"隐藏"）在计算它的表达式中。如果希望避免重复计算复杂表达式所带来的开销，可以把这类冗余数据作为派生属性保存起来。派生属性既可以在原有类中定义，也可以定义新类，并且用新类的对象保存它们。每当修改了基本的对象之后，所有依赖于它的、保存派生属性的对象也必须相应地修改，从而保持设计的一致性。

4. 调整继承关系

在面向对象设计过程中，建立良好的继承关系是优化设计的一项重要内容。继承关系能够为一个类族定义一个协议，并能在类之间实现代码共享以减少冗余。一个基类和它的子孙类在一起称为一个类继承。在面向对象设计中，建立良好的类继承是非常重要的。利用类继承能够把若干个类组织成一个逻辑结构。

常见的情况是，各个现有类中的属性和行为（操作）虽然相似但并不完全相同，在这种情况下需要对类的定义稍加修改，才能定义一个基类供其子类从中继承需要的属性和行为。

有时抽象化一个基类后，在系统中暂时只有一个子类能从它继承属性和行为，显然，在当前情况下抽象出这个类并没有获得共享的好处。但是，这样做通常仍然是值得的，因为将来可能复用这个类。

仅当存在真实的一般－特殊关系（即子类确实是父类的一般特殊形式）时，利用继承机制实现行为共享才是合理的。如果只想把继承作为实现操作共享的一种手段，则利用委托，即把一个类对象作为另一类对象的属性，从而在两类之间建立组合关系，也可以达到同样的目的，而且这种方法更安全。使用委托机制时，只有有意义的操作才委托另一类对象实现，因此，不会发生不慎继承了无意义（甚至有害）操作的问题。

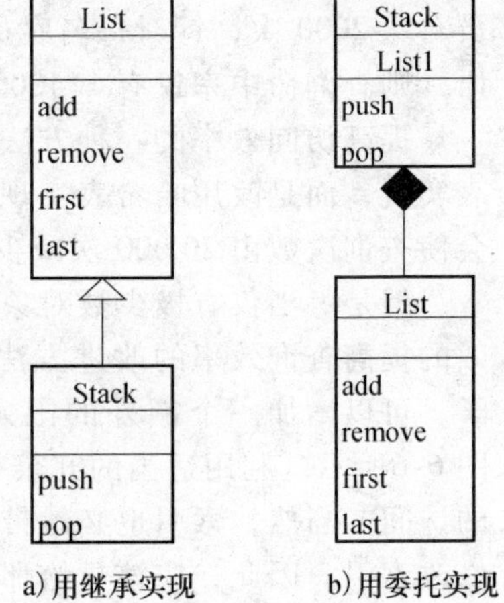

图 6-7 用表实现栈的两种方法

图 6-7a 描述了 Stack 类继承 List 类实现操作的方法。在继承 List 类基本操作的基础上，Stack 类的每个实例都包含一个 push（压栈）和一个 pop（出栈）操作。

图 6-7b 描述了 List 类实现 Stack 类操作的方法。Stack 类的每个实例都包含一个私有的 List 类实例（或指向 List 类实例的指针）。Stack 对象的操作 push（压栈）委托 List 类对象通过调用 last（定位到表尾）和 add（加入一个元素）操作实现，而 pop（出栈）操作通过 List 的 last 和 remove（删除一个元素）操作实现。

6.5 软件复用

利用面向对象技术可以更加方便、有效地实现软件复用的原因是面向对象中的类是比较理想的可复用软构件，也可以称为类构件，它具有模块独立性强、高度可塑性和接口清晰、简明、可靠等特点，此外类构件提供了实例复用、继承复用和多态复用三种方式。20 世纪 90 年代以后，人们渐渐将软件复用与面向对象技术结合起来。软件复用是指在两次或多次不同的软件开发过程中重复使用相同或相近软件元素的过程。软件复用是在软件开发中避免重复劳动的解决方案，其出发点是应用系统的开发不再采用一切“从零开始”的模式，而是采用过去应用系统开发中积累的知识和经验，从而将开发的重点集中于应用的特有构成部分。

6.5.1 复用概述

目前实现软件复用的关键技术包括：软件构件技术、领域工程、软件构架、软件再工程、开放系统技术、软件过程、CASE 技术和非技术因素。实现软件复用的各种技术因素和非技术因素是互相联系、互相影响的。其中软件构件技术是软件复用技术的核心技术。

利用软件复用进行软件开发有很多优势，诸如提高了软件开发生产率，提高了质量，提高了可维护性，并且支持原型开发，对软件人员的要求降低了，软件开发成本降低了，从而避免了重复劳动，节约了社会财富。

尽管这样，软件复用技术在整体上对软件产业的影响并不尽如人意。这是由于技术方面和非技术方面的种种因素造成的，其中技术上的不成熟是一个主要原因。许多工作都是相同或类似问题的一个不同的变体，它们既不是完全相同的，也不是完全不同的，若想设计一个通用模块实现这些不同的类型，也有很大的困难。虽然是一个问题的不同变体，但可复用信息是非常多的，实现通用处理模块的第一个难题就是要找到各个不同的变体之间实现上的共性。由于这些技术问题，使得软件复用并不普遍。

近几十年来，面向对象技术出现并逐渐成为主流技术，为软件复用提供了基本的技术支持。面向对象技术是最有前途的软件开发方法之一，它着重于对象，并且也是缩小问题域和解题域之间距离的一种有效方法。同时，在某种程度上也体现了软件复用。

面向对象的软件开发和软件复用之间的关系是相辅相成的。一方面，OO 方法的基本概念、原则与技术提供了实现软件复用的有利条件；另一方面，软件复用技术也对面向对象的软件开发提供了有力地支持，如在类库、构件库、构架库等方面。在面向对象的软件开发中，类库是实现对象类复用的基本条件，有力地支持了源程序级的软件复用，但要在更高的级别上实现软件复用，仅有编程类库是不够的，还必须有分析类库和设计类库的支持。类库可以看做一种特殊的可复用构件库，但类库只能存储和管理一类为单位的可复用构件，不能保存其他形式的构件；但可以更多地保持类构件之间的结构与连接关系。构件库中的可复用构件既可以是类，也可以是其他系统单位。如果在某个应用领域中已经运用 OOA 技术建立过一个或几个系统的 OOA 模型，则每个 OOA 模型都应该保存起来，为该领域新系统的开发提供参考。当一个领域已有多个 OOA 模型时，可以通过进一步抽象而产生一个可复用的软件构架。

面向对象方法是一种基于抽象数据类型的方法，相对来说，采用构件编程有更大的优势。

1）面向对象编程的复用属于源代码的复用，而构件复用可以是黑盒复用，使用者可以不对它进行继承、重载等操作而直接使用。

2）面向对象编程的复用要受到其开发环境的制约，如用 C++产生的类很难在以 Object Pascal 为开发语言的项目中复用，而构件复用则不然。

3）面向对象编程的复用是基于源代码级的，而很多程序员出于技术保密，不会公开其源代码，这样研究成果的复用范围很小。采用构件就不一样了，因为构件是一段二进制码，其内部具体实现是无法看到的，可以将成熟的构件当做商品出售，更有效地复用他人已有的劳动成果。

将面向对象技术与软件复用技术相结合，其主要目的之一在于缩短问题空间中的问题与解空间中的软件实体之间的距离，也就是尽量使问题空间中的问题描述与解空间中的软件描述一致起来。在问题空间中具有共性的实体，其共性能够在与之对应的软件模块之间反映出来，从而得到共享（复用）。由于这种关系，使得无论是在问题空间中还是在解空间中寻找具有共性的东西就变得容易了。此外，类与类之间的继承减少冗余，达到了复用的目的。

6.5.2 开发可复用构件库

开发构件的最终目的是为了复用，即为了以后能复用而建造构件。为了使构件能具有较高的可复用性，在建造构件的时候应该遵循以下原则和方法。

1. 单个构件的特征

通用性、可变性和易组装性是所有构件必须具有的特征。

1）通用性。构件的可复用性，体现在能否在开发其他软件时得到使用。使用率越高，说明可复用度越高。因此，构造构件时，应尽量使构件泛化，以提高构件的通用性。

2）可变性。尽管构件具有较高的通用性，但使用时总是应用在一个具体的开发环境中的，其某些部分可能要修改，使原本泛化的构件特化。可见在建造构件时，应该提供构件的特化和调整机制。例如，在构件被复用时可能发生变化的相应位置上，可以标识变化点(Variation Point)，同时为变化点附加对应的变体（Variant）；每个变化点与变体可与相应的文档关联，让文档解释如何使用它，以及如何选择变体。这样，当该构件被复用时，即可根据不同的应用指定不同的变体，使抽象变得具体，以适应特定应用的需要。

3）易组装性。构件通常存放在构件库中。当开发一个软件时，首先从构件库中检索若干合适的构件，经过特化再进行组装。无论是同构件的组装，即具有相同软、硬件运行平台的构件之间的组装，还是异构件的组装，即具有不同软、硬件运行平台的构件之间的组装，这些构件都应该具有良好的封装性和良好定义的接口，构件之间应具有松散的耦合度，同时还应提供便于组装的机制。

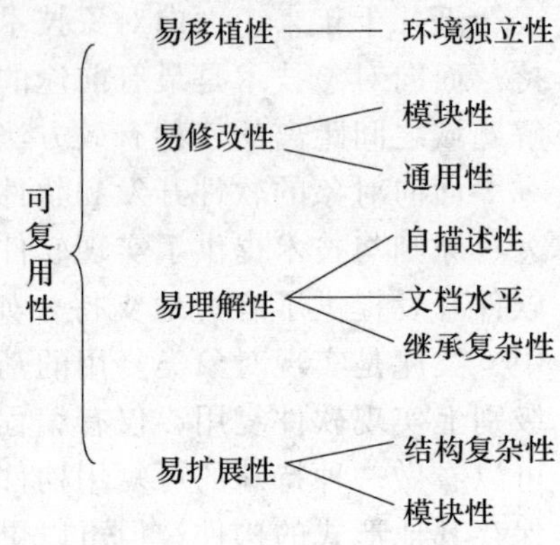

图6-8 REBOOT通用模型

图6-8显示的基于面向对象技术的复用（Reuse Based on Objected-Oriented Technology，REBOOT）构件模型，对可复用构件的一般特征作了较全面的描述。

2. 领域构件的特征

除满足单个构件的特征外，还需考虑应用领域的特征，使之与应用领域的设计框架相适应。Binder建议，这时应考虑的关键问题主要包括：

1）标准数据。通过对应用领域的研究，标识出标准的全局数据结构（如文件结构和完整的数据库），使所有设计的构件都可以用这些标准数据结构来刻画。

2）标准接口协议。建立3个层次的接口协议，即构件内接口、构件外接口和人机接口。

3）程序模板。成形的结构模型，可以用作新程序的体系结构设计模板。

一旦建立了应用领域的标准数据、标准接口协议和程序模板，设计者就有了一个可以在其中进行领域设计的框架。符合这个框架设计出来的新构件，以后在该领域的复用中将获得更高的复用率。

3. 几种流行的典型构件技术

为了方便构件之间的集成和装配，必须有一个统一的标准。经过几年的发展，已经提出了多种构件的模型及规范，形成了一些较有影响的构件技术，其中有对象管理组织（Object Management Group，OMG）的跨平台的开放标准CORBA（Common Object Request Broker Architecture）、微软公司的COM/OLE以及Java等。

6.5.3 建立可复用构件库

一个可复用构件库中存放着成千上万的可复用构件，要想方便地选择和使用该库中的可复用构件，要求对构件库进行严密的管理、有效的分类和科学的描述。

1. 构件库的分类

构件的分类和检索机制的研究一直是构件库研究的热点，目前有很多方法，从构件表示出发可以分为人工智能方法、超文本方法和信息科学方法三类；而根据复杂度和检索效果的不同则可以分为基于文本的、基于词法描述字的和基于规约的编码和检索。信息科学方法是实际复用项目中应用较为成功的一类，并且以枚举、刻面、属性值、关键词和正文检索几种方法较为常见，目前最著名的枚举模式（Enumerative Scheme）是1876年Melvil Deway的DDC（Deway Decimal Classification），层次分类模式（Hierarchical Classification Scheme）是另外一种常见的分类方法，它用“自然的”或“逻辑的”方法把每个主题划分为多个分区，最大可能地把相似主题的条目项聚类到一起。

通常一个构件库必须包括一组编目（Cataloging），一个编目又是一组条目项（Entry）的集合，构件库编目的基本要求如下：

- 伸缩性（Flexible）：编目要可以改动，保持内容的时效性。
- 完全性（Completeness）：编目必须是完全的，即条目项不能有遗漏。
- 可存取（Accessible）：全部条目项必须快速和方便地找到。
- 经济合理性：创建和维护编目与生成构件相比，需要小得多的投入。
- 详细性：尽可能描述构件的细节。

构件的分类（Classification）是对编目的组织，即把编目中的条目项划分到不同的类别中。总的来说，分类的目的是“把相关的条目从一般到特殊地排列成一个合理的队列，分类系统的最终目的是引导获得所需的信息”。

决定分类模式的因素有下面三个：

1）逻辑安排：对任何分类系统，潜在相关主题的划分一直是一个困难的问题。

2）维数：线性分类（例如图书馆）的维数是简单的一维，它无法满足复杂系统的要求，目前的主流技术是覆盖多个主体的多维分类系统。

3）演化：对大多数分类模式而言，重组分类主题的成本很大。

2. 构件库的设计原则

构件库通常会涉及一个或多个特定的应用领域（Domain），在领域问题上构件库必须具备以下三个条件：

1）领域完整性（Domain Complete）：对于某一领域的构件库，其表述的概念必须覆盖了整个领域，即不能存在属于该领域的构件不能被构件库处理。

2）领域抽象性（Domain Abstract）：构件库必须按一组关键抽象概念组织起来。

3）领域标准化（Domain Standard）：构件库必须按照领域标准设计。

常用的构件库描述语言包括Modula-2、Ada和Eiffel，它们具有如下共性：

- 规约和实现分离：为构件的实现包装上功能界面。
- 统一构件接口：操作和构件的命名遵循统一的标准。
- 功能完整：每个构件尽可能全面考虑到可能用到的功能。

刻面分类（Faceted Classification）方法将关键词（术语）置于一定的语境中，并从反映构件本质特性的不同视角（刻面）对构件进行分类。每个刻面中有一组术语（关键词），术语间由于有一般－特殊关系和同义词关系而形成结构化的术语空间。构件的描述术语仅限在给定的刻面之中选取，在术语空间中游历可以帮助复用者理解相关领域，术语空间可以演变。

例如，青鸟构件库目前有五个刻面：

1）使用环境（Application Enviroment）。

2）应用领域（Application Domain）。

3）功能（Functionality）。

4）层次（Level of Abstraction）。

5）表示方法（Representation）。

3. 构件库的检索

构件检索包括构件发布（Publication）和传播（Dissemination），即通过一定途径让用户获知和了解构件的宣传活动，发布的对象是组织内部、beta用户或整个市场。构件的传播通过互联网或其他商业手段让用户得到构件。目前的检索技术包括按枚举分类（Enumerated Classification）检索、按刻面（Facets）检索、基于框架（Frame-Based）检索、自由文本索引（Free-Text）检索和关系数据库检索技术等，但是，目前尚未有公认的高效、灵活的检索方法。

6.6 面向对象设计示例

在这一节中，通过开放实验室管理系统软件开发实例说明面向对象的设计过程。在这里讨论的过程是一个一般性的过程，其中包含的活动是绝大多数面向对象设计过程都有的活动。这里给出的面向对象设计的一般过程有以下几个阶段：

1）了解并定义上下文和系统的用例模型。

2）设计系统体系结构。

3）识别系统的主要对象。

4）开发设计模型。

5）描述对象接口。

事实上，上述所有活动是交替进行的，彼此影响。随着系统体系结构的定义，对象被识别出来，其接口部分地或完全地得到定义。给出对象模型之后，这些个别对象定义会得到提炼，这反过来又会带来体系结构的变更。在本节的后续介绍中，虽然把设计过程分离成每个阶段进行讨论，但不能就此认为面向对象的设计是一个简单和结构清晰的过程，实际上设计过程是一个从提出方案到随着信息的收集来提炼方案的过程。当问题出现的时候，你将不可避免地回溯和重试这个过程。有时需要详细地探究自己的选择是否可行，而有时又会忽略细节直到过程的最后阶段。

开放实验室管理系统的功能参见3.2节，下面讨论的内容以其中的实验预约子系统为例。

6.6.1 系统上下文和用例模型

系统上下文和系统用例模型是表达系统和环境之间关系的两个补充模型。

系统上下文是一个静态模型，描述环境中的其他系统，可以用关联来表示，通过使用UML包来表现子系统模型的方法来对这个体系结构进行扩展。如图6-9说明了实验预约子系统的上下文是在实验管理系统中的，其中包含了实验安排、实验辅导等其他子系统。

系统用例模型是一个动态模型，描述系统实际上是如何与环境交互的。当要对系统和环境间的交互建模时，需要采用抽象的方法，不能包含太多的交互细节。UML中的方法是开发用例模型，每个用例代表与系统的一次交互。

在用例模型中，每个可能的交互用一个带有名字的椭圆来表示，外部参与交互的实体用一个人形图来表示。在气象台系统中，外部实体不是人，而是气象数据处理系统。

图4-25显示了实验预约的用例模型，它给出了学生输入实验日期、时间、地点或者实验项目等查询条件，进行查询后显示出匹配的结果表，学生可以对每条结果即实验进行预约的操作，同时还可以导出查询结果表。这些用例中的每一个都能用简单的自然语言来描述，这有助于设计者识别系统中的对象和理解系统的意图。表6-2给出了图4-34中报告的用例。

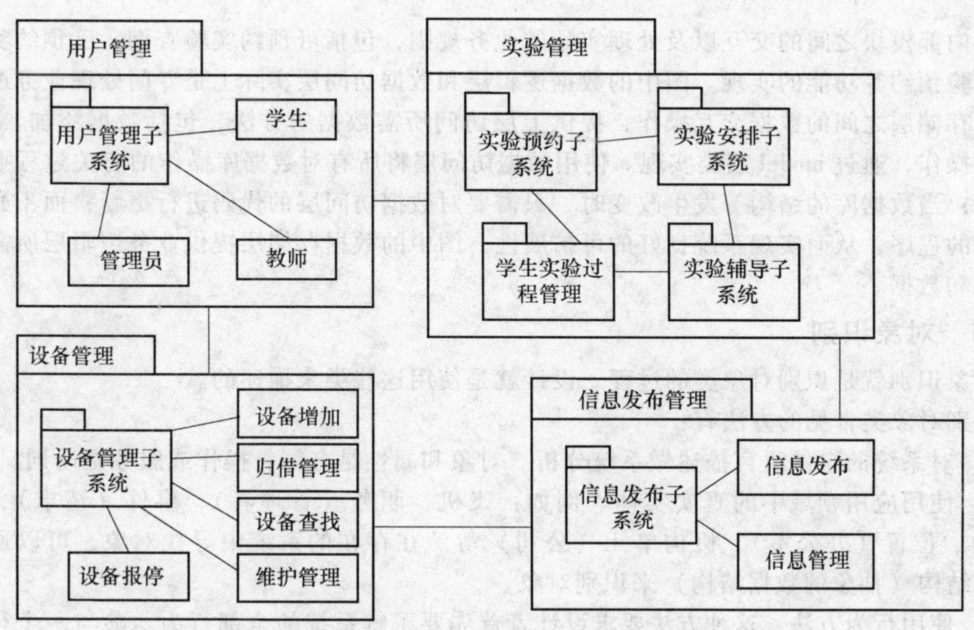

图 6-9 开放实验室管理系统中的子系统

表 6-2 实验预约用例的描述

系统	实验预约子系统
用例	实验预约
参与者	学生用户
数据	学生可以对查询结果（即可以预约的实验）进行预约的操作，同时还可以导出查询结果表
激励	学生用户查询到可预约的实验结果后，向系统进行实验预约操作
响应	管理员审核预约结果，学生可以通过查询看到实验预约的结果
注释	学生用户一般在学期开始时进行实验的预约，但是如果有新开设的实验项目，学期中也可能开放实验预约功能

可以用任何技术描述用例，只要描述是精练的和容易理解的即可。用例描述有助于识别系统中的对象和操作。从上述报告用例中可以看出，需要一个学生对象，同时还需要一个代表可以预约的实验的对象。学生查询可预约实验、对可预约实验的预约、实验预约审核等操作是必要的。

6.6.2 体系结构的设计

当设计完软件系统中的交互和定义好系统的环境后，就可以将这些信息作为系统体系结构设计的基础。当然，还需要结合有关体系结构设计的一般性知识和具体的领域知识。

实验预约子系统的系统结构图见图 6-10。

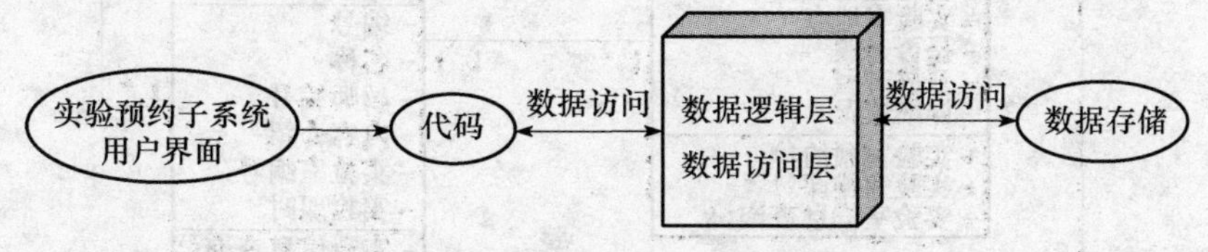

图 6-10 实验预约子系统结构

图 6-10 中实验预约子系统用户界面用来向用户提供操作接口，主要包括 Web 页面、格式文件、逻辑处理文件以及图片文件等。图中的代码即业务逻辑层，主要用来处理实验预约

子系统内部模块之间的交互以及处理实际的业务规则，包括可预约实验查询、已预约实验查询、实验预约等功能的实现。图中的数据逻辑层和数据访问层实际上是专门处理业务逻辑层与数据存储层之间的数据交互操作，提供上层访问所需数据的方法，包括数据添加、修改、删除等操作，通过 model 层类实现。使用数据访问层将所有对数据库操作的有关过程业务分离出来，当数据库的结构等发生改变时，只需要对数据访问层的代码进行更新，而不必修改其他层的程序，从而实现系统良好的可扩展性。图中的数据存储层提供业务逻辑层所需的所有信息和数据。

6.6.3 对象识别

对象识别就是识别对象类的过程。设计就是使用这些类来描述的。

识别对象类常见的方法有：

1）对系统的自然语言描述做系统分析。对象和属性是名词，操作或服务是动词。

2）使用应用领域中的真实实体。例如：飞机、职务（管理者）、事件（请求）、交互（会议）、位置（办公室）、机构单元（公司）等。在存在的系统中寻找对象，可以通过识别存储结构（抽象的数据结构）来识别对象。

3）使用行为方法，这种方法要求设计者首先要了解系统的全部行为。参与一个行为并在其中产生重要作用者即可视为对象。

4）使用基于脚本的分析识别出系统使用的各个脚本，并一次对其进行分析。一个被称为 CRC 卡的分析方法对支持基于脚本的分析很有效，在这个方法中，分析人员和设计者担当了对象的角色。

在本例中，采用混合的方法来识别实验预约子系统中的对象。图 6-11 给出了 5 个对象类。

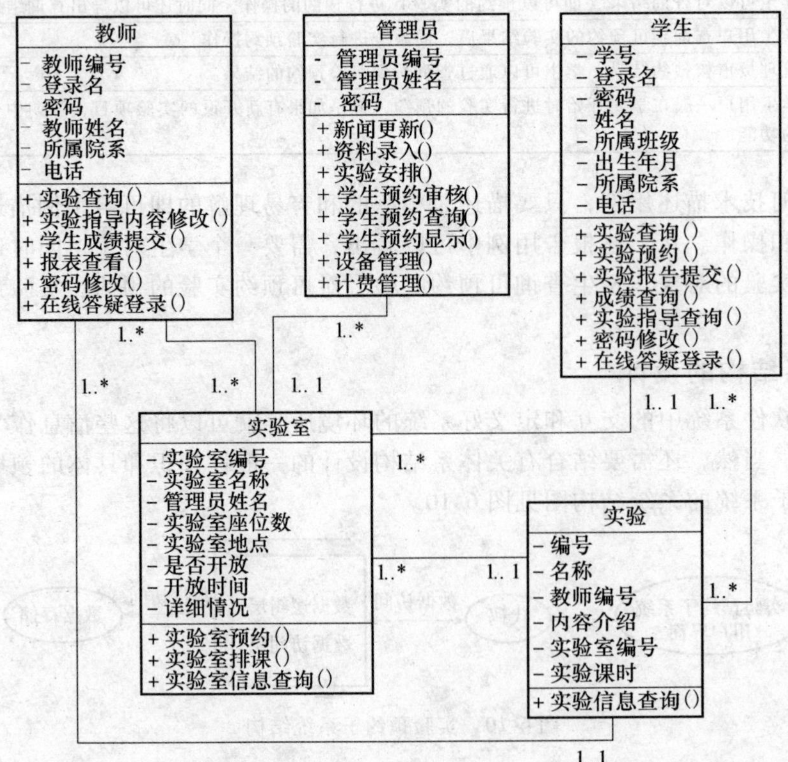

图 6-11 实验预约子系统的对象类实例

在设计过程的这个阶段，需要使用应用领域的知识来识别更多的对象和服务。

6.6.4 设计模型

设计模型是对系统中包含的对象或对象类以及它们之间的不同类型关系的描述。一般总是要产生两类设计模型来描述面向对象的设计，它们是：

1）静态模型：通过系统对象类及其之间的关系来描述系统的静态结构。在这一阶段需要记录的重要关系有泛化关系、使用/被使用关系和组成关系。

2）动态模型：描述系统的动态结构和系统对象（不是对象类）之间的交互。需要记录的交互包括由对象请求的服务序列以及系统状态与这些对象交互之间的关联关系。

UML 提供了大量可用的静态和动态模型，本例中涉及的有：

1）子系统模型：说明对象的逻辑分组，每个分组构成一个子系统，使用类的图标格式来表示，每个子系统是一个包的形式。该模型为静态模型。

2）序列模型：说明对象交互的序列，使用 UML 的序列图或协作图来表示。序列模型是动态模型。

3）状态机模型：说明单个对象是如何响应事件来改变它们的状态，使用 UML 的状态图来表示。状态机模型是动态模型。

图 6-12 给出了实验预约子系统的组件。

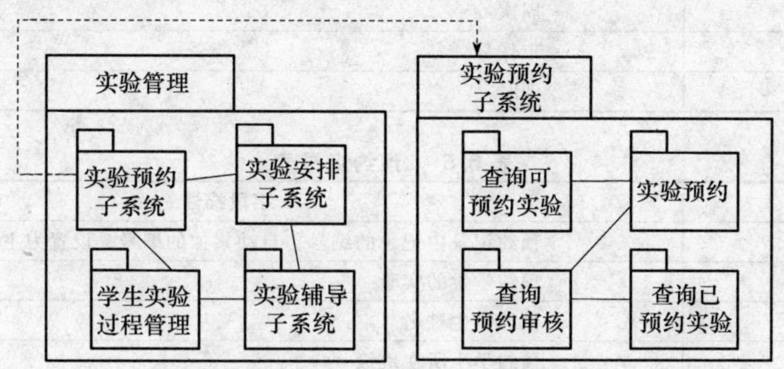

图 6-12 实验预约子系统组件

图 4-34 给出了学生预约实验的行为过程，首先查询可以进行预约的实验，在返回查询结果后进行实验预约，完成实验预约以后等待实验预约的审核，最后查看是否预约成功的交互序列。

图 4-33 是学生对象预约实验的状态图，它给出了该对象如何响应各种不同服务的请求。

6.6.5 对象接口描述

对象接口描述是详细给出不同组件之间的接口描述，以便该组件和其他的组件对象能并行地设计。一旦接口已经定义清楚，其他对象的开发人员就可以假设那个接口已经实现。接口设计时需要注意以下几点：

1）应避免涉及接口的具体表示。将具体的接口实现方式隐藏起来，只提供对象操作来访问对象和修改数据。

2）对象和接口之间没有必要是简单的一对一的关系。同一个对象可能有多个接口，从不同角度观察对象的方法可以得到不同的接口。

以实验预约子系统为例，对象接口描述可以借助于系统的 PDL 描述。

1. 系统中的数据库表

表 6-3 ~ 表 6-6 给出了系统中的数据库表。

表6-3 用户信息表

字段名	字段描述
UserId	用户信息表中记录的编号，自动累加的编号，设置为主键
LoginName	用户登录系统的账号
UserName	用户名称
PassWord	用户登录系统的密码
Type	用户类型（学生、教师、管理员）
ID	身份编号（学生为学号，教师/管理员为工号）
Grade	所在班级（可为空）

表6-4 教室课表信息表

字段名	字段描述
SchId	教室课表信息表中记录的编号，自动累加的编号，设置为主键
TeacherName	教师名字
LabName	实验室名称
LabLocation	实验室位置
ExpName	实验名称
SchSemester	学期
SchWeek	周次
SchWeekday	工作日
SchTime	课时

表6-5 预约记录表

字段名	字段描述
ResId	预约记录中记录的编号，自动累加的编号，设置为主键
Id	预约学生的实验
StuName	预约学生姓名
Grade	预约学生所在班级
ExpName	预约实验名称
LabName	实验室名称
LabLocation	实验室位置
TeacherName	教师名字
ResWeek	周次
ResWeekday	工作日
ResTime	课时
Ischecked	是否审核通过

表6-6 开放计划表

字段名	字段描述
OpenPlan	开放计划表中记录的编号，自动累加的编号，设置为主键
OpenSemester	开放学期
OpenWeek	周次
LabName	实验室名称
OpenWeekday	工作日
OpenTime	课时
Isopen	是否开放

2. 实验预约子系统的 PDL 描述

```
Procedure 查询可预约实验 is
    begin
    将数据库开放计划表中的可预约实验读出
    查读出的列表
    显示所有的可预约实验
    end
Procedure 预约实验 is
    begin
    查询可预约实验
    用户登录
    对于可预约实验列表进行预约操作
    提交预约操作,等待审核
    end
Procedure 查询预约审核 is
    begin
    用户登录
    将数据库预约记录表中的相关记录读出
    将用户的预约审核结果查出
    将记录显示给用户
    end
Procedure 查询已预约实验 is
    begin
    用户登录
    将数据库预约记录表中的相关记录读出
    查出所有审核通过的记录
    将记录显示给用户
    end
```

本章小结

面向对象设计方法也是在基于抽象、信息隐藏、功能独立和模块化等重要的软件设计概念的基础上进行的，不过它的模块化不仅仅局限在过程处理部分，而是通过将数据和对数据的操作封装在一起，共同完成信息和处理的双重模块化。设计阶段的主要任务是体系结构设计、详细设计和设计测试。在面向对象的设计中，数据和过程被封装为类/对象的属性和操作；接口被封装成为对象间的消息；而体系结构的设计则表现为系统的技术基础设施和具有控制流程的对象间的协作。一般面向对象的设计过程中的重要活动有系统上下文和用例模型、体系结构的设计、对象标识、设计模型、对象接口描述等。

思考题

1. 用例子解释对象和对象类之间的不同。
2. 在什么情况下开发并发对象是合适的？
3. 使用 UML 的图形化符号来表示对象类，设计以下对象类并标明它们的属性和操作。根据自己的经验决定应该与以下这些对象关联的属性和操作：
   (1) 电话
   (2) 个人计算机用的打印机
   (3) 个人立体声系统
   (4) 银行账户

(5) 图书馆目录

4. 识别出下面系统中可能有的对象，给出系统的面向对象的设计。在设计过程中可以给出合理的假设。

   对于一个日记和时间管理系统，希望它支持一组同事的会议时间安排。当一个会议包括多个人时，系统在这些人员的日记中找到共同空闲时间并将会议安排在这个时间。如果没有共同的空闲时间可用，系统就先同用户交互再安排他们的日程，以便腾出时间参加这个会议。

5. 面向对象设计的准则是什么？
6. 面向对象的开发方法主要有哪几种？
7. 面向对象设计应遵循的规则是什么？
8. 在面向对象设计过程中为什么会调整对目标系统的需求？怎样调整需求？
9. 说说你操作过的最好和最坏的系统界面，采用本章中介绍的相关概念对其进行评价。
10. 假设你被邀请开发一个基于 Web 的家庭银行系统。请给出设计模型，并使用细化方法或面向对象方法完成详细设计任务。
11. 为了设计人机交互子系统，为什么需要分类用户？
12. 从面向对象分析阶段到面向对象设计阶段，对象模型有何变化？
13. 请用面向对象方法分析并设计下述的图书馆自动化系统。

    设计一个软件以支持一个公共图书馆的运行。该系统有一些工作站用于处理读者事务。这些工作站由图书馆馆员操作。当读者借书时，首先读入客户的借书卡。然后，由工作站的条形码阅读器读入该书的代码。当读者归还一本书时，并不需要查看他的借书卡，仅需读入该书的代码。

    客户可以在图书馆内任一台 PC 上检索馆藏图书目录。当检索图书目录时，客户应该首先指明检索方法（按作者姓名、书名或关键词）。

14. 用面向对象方法分析并设计下述的电梯系统。

    在一幢 m 层楼的大厦里，用电梯内的和每个楼层的按钮来控制 n 部电梯的运作。当按下电梯按钮请求电梯在指定楼层停下时，按钮指示灯亮；当电梯到达指定楼层时，指示灯熄灭。除了大厦的最底层和最高层外，每层楼都有两个按钮分别指示电梯上行和下行。当这两个按钮之一被按下时相应的指示灯亮，当电梯到达此楼层时灯熄灭，电梯向要求的方向移动。当电梯无升降动作时，关门并停在当前楼层。

第7章 软件实现

【学习目标】

➢ 了解软件实现的基本概念和内涵；

➢ 掌握软件实现过程中工具的选择方法和开发的基本原则；

➢ 通过案例理解软件实现过程。

软件实现（Software Implementation）不等同于纯粹的编程，它是“编程、内部测试、代码审查、调试改错、优化”的综合表述。软件实现是人员最多、时间最长、工作量最大的开发阶段。本书描述的软件实现不是介绍如何编写程序，而是从如何提高软件的质量和可维护性的角度，讨论编码阶段所要解决的主要问题。7.1 节从实现概述出发，介绍程序设计语言的特性及选择、常见的程序设计风格，并对几种常用的语言做了对比介绍。7.2 节介绍面向对象的软件实现，并结合本书案例进行详细的分析。7.3 节介绍软件开发中的注意事项。

7.1 软件开发语言的选择

软件设计思路和方法的一般过程，包括设计软件的功能及实现的算法和方法，软件的总体结构设计和模块设计，编程和调试，程序联调和测试以及编写、提交程序。

软件编码是指把软件设计转换成计算机可以接受的程序，即写成以某一程序设计语言表示的“源程序清单”。充分了解软件开发语言、工具的特性和编程风格，有助于开发工具的选择以及保证软件产品的开发质量。

当前软件开发中，除在专用场合外，已经很少使用20 世纪 80 年代的高级语言了，取而代之的是面向对象的开发语言，而且面向对象的开发语言和开发环境大都合为一体，大大提高了开发的速度。

7.1.1 程序设计语言的特性及其选择依据

选择了一种程序设计语言后，就影响到对概要设计和详细设计的实现。语言的特性对于软件的测试与维护也有一定的影响，支持结构化构造的语言有利于减少程序环路的复杂性，使程序易测试、易维护。程序设计语言一般具有下面三个特性。

1）工程特性。从软件工程的观点、程序设计语言的特性着重考虑软件开发项目的需要，因为对程序编码有如下要求：可移植性、开发工具的可利用性、软件的可复用性、可维护性。

2）技术特性。语言的技术特性会对软件工程的其余阶段有一定的影响，因此要根据项目的特点选择相应的语言。

3）心理特性。语言的心理特性指影响程序员心理的语言性能，其在语言的表现上包括以下几个方面：歧义性、简洁性、局部性和顺序性、传统性。

为开发一个特定项目选择程序设计语言时，必须从技术特性、工程特性和心理特性几方面考虑。在选择语言时，要从问题需求入手，确定它的要求是什么，以及这些要求的相对重要性，针对这种需求，需要什么特性的程序设计语言来实现。由于一种语言不可能同时满足各种需求，所以要求进行权衡，比较各种可用语言的适用程度，最后选择最适用的语言。不过，在实际开发中，除了考虑需求外，往往还要考虑客户的环境。

选择语言时，可以从以下几个方面考虑。

(1) 项目的应用领域

项目的应用领域主要包括：

1) 科学工程计算。需要大量的标准库函数，以便处理复杂的数值计算。

2) 数据处理与数据库应用。

3) 实时处理。实时处理软件一般对实时性能的要求很高，可供选择的语言有汇编语言、C语言等。

4) 系统软件。系统软件很多时候都需要同计算机的硬件打交道，因此在编写操作系统、编译系统等系统软件时，可选用汇编语言、C语言等。

5) 人工智能。

当然这种划分也不尽全面，还是要根据实际的情况来分析。

(2) 软件开发的方法

有时编程语言的选择依赖于开发的方法，采用4GL语言适合用快速原型模型来开发。如果是面向对象方法，就必须采用面向对象的语言编程。近年来，推出了许多面向对象的语言，如C#、Java等。

(3) 软件开发的环境

良好的开发环境不但能有效提高软件生产率，同时能减少错误，有效提高软件质量。近几年推出了许多可视化的软件集成开发环境，特别是Microsoft公司的C#以及Sun公司的Java等，都提供了强有力的调试工具，这些工具可以帮助开发人员快速形成高质量的软件。

(4) 算法和数据结构的复杂性

科学工程计算、实时处理和人工智能领域中的问题算法较复杂，而数据处理与数据库应用以及系统软件领域内的问题，数据结构化比较复杂，因此选择语言时可考虑是否有完成复杂算法的能力，或者有构造复杂数据结构的能力。

(5) 软件开发人员的知识

软件开发人员已有的知识和经验对选择编程语言也有很大的影响。新的语言虽然有吸引力，也会提供较多的功能和质量控制方法，但软件开发人员若熟悉某种语言，而且有类似项目的开发经验，一般情况下他们愿意选择曾经成功开发过项目的语言。为了能更好地适应项目的程序设计，开发人员应该经常学习新的程序设计语言，掌握新技术。

7.1.2 程序设计风格

编写一个程序的主要目的就是给其他人阅读，可以通过养成良好的程序书写风格来解决阅读性差的问题。一个公认的、良好的编码风格表现在以下几个方面。

(1) 源程序文档化

编写源程序文档化的原则为标识符应尽量具有实际意义且程序应该添加相关的注释。

(2) 数据说明

为了使数据定义更易于理解和维护，一般有以下的书写原则：

1) 将同一类型的数据书写在同一段落中，从而有利于测试、纠错与维护。例如按常量说明、类型说明、全程量说明及局部量说明顺序。

2) 当一个语句中有多个变量声明时，将各变量名按字典顺序排列，便于查找。

3) 对于复杂的和有特殊用途的数据结构要加注释，说明其在程序中的作用和实现的特点。

(3) 语句构造

语句构造的原则为：简单直接，使用规范的语言，在书写上要减少歧义。不要一行写多个语句，以免造成阅读上的困难。不同层次的语句采用缩进形式，使程序的逻辑结构和功能特征更加清晰。应避免复杂、嵌套的判定条件，并应避免多重的嵌套循环，一般嵌套的深度不要超过三层。

(4) 输入和输出

在编写输入和输出程序时考虑以下原则：

1）输入操作步骤和输入格式尽量简单，提示信息要明确，易于理解。

2）输入一批数据时，尽量少用计数器来控制数据的输入进度，使用文件结束标志。

3）应对输入数据的合法性、有效性进行检查，报告必要的输入信息及错误信息。

4）交互式输入时，提供明确可用的输入信息。

5）当程序设计语言有严格的格式要求时，应保持输入格式的一致性。

输入、输出风格还受其他因素的影响，如输入、输出设备，用户经验及通信环境等。

(5) 效率

效率一般是指对处理机时间和存储空间的使用效率，对效率的追求要注意下面几个方面：

1）效率是一个性能要求，需求分析阶段就要对效率目标有一个明确的要求。

2）追求效率应该建立在不损害程序可读性或可靠性基础之上。

3）选择良好的设计方法才是提高程序效率的根本途径，设计良好的数据结构与算法是提高程序效率的重要方法。

总之，在编码阶段，要善于积累编程经验，培养和学习良好的编程风格，使程序清晰易懂，易于测试与维护，从而提高软件的质量。

7.1.3 目前常用程序设计语言对比

Java、C++、C#、PHP 四种开发语言的特点和主要应用方向是什么？这是目前很多刚进入开发领域的程序员选择学习语言时的疑惑。下面介绍它们的特点。

1. Java 语言

(1) Java 语言的特点

面向对象、平台无关性、分布式、可靠性和安全性、多线程是 Java 语言最显著的特点。

1）面向对象。

面向对象其实是现实世界模型的自然延伸。现实世界中任何实体都可以看做是对象。对象之间通过消息相互作用。另外，现实世界中任何实体都可归属于某类事物，任何对象都是某类事物的实例。如果说传统的过程化编程语言是以过程为中心、以算法为驱动的话，面向对象的编程语言则是以对象为中心、以消息为驱动的。用公式表示，过程化编程语言为“程序 = 算法 + 数据”，面向对象编程语言为“程序 = 对象 + 消息”。

所有面向对象编程语言都支持三个概念：封装、多态性和继承，Java 也不例外。现实世界中的对象均有属性和行为，映射到计算机程序上，属性则表示对象的数据，行为表示对象的方法（其作用是处理数据或同外界交互）。所谓封装，就是用一个自主式框架把对象的数据和方法联系在一起形成一个整体。可以说，对象是支持封装的手段，是封装的基本单位。Java 语言的封装性较强，因为 Java 无全程变量，无主函数，在 Java 中绝大部分成员是对象，只有简单的数字类型、字符类型和布尔类型除外。而对于这些类型，Java 也提供了相应的对象类型以便与其他对象交互操作。

多态性就是多种表现形式，具体来说，可以用“一个对外接口，多个内在实现方法”

表示。举一个例子，计算机中的堆栈可以存储各种格式的数据，包括整型、浮点型或字符型。不管存储的是何种数据，堆栈的算法实现都是一样的。针对不同的数据类型，编程人员不必手工选择，只需使用统一接口名，系统可自动选择。运算符重载（Operator Over load）一直被认为是一种优秀的多态机制体现，但考虑到它会使程序变得难以理解，所以 Java 最后还是把它取消了。

继承是指一个对象直接使用另一对象的属性和方法。事实上，我们遇到的很多实体都有继承的含义。例如，若把汽车看成一个实体，它可以分成多个子实体，如卡车、公共汽车等。这些子实体都具有汽车的特性，因此，汽车是它们的“父亲”，而这些子实体则是汽车的“孩子”。Java 给用户提供了一系列类（Class），Java 的类有层次结构，子类可以继承父类的属性和方法。与另外一些面向对象编程语言不同，Java 只支持单一继承。

2）平台无关性。

Java 的平台无关性是指用 Java 编写的应用程序不用修改就可在不同的软硬件平台上运行。平台无关性有两种：源代码级和目标代码级。C 和 C++ 具有一定程度的源代码级平台无关性，表明用 C 或 C++ 编写的应用程序不用修改而只需重新编译就可以在不同平台上运行。

Java 主要靠 Java 虚拟机（JVM）在目标代码级实现平台无关性。JVM 是一种抽象机器，它附着在具体操作系统之上，本身具有一套虚机器指令，并有自己的栈、寄存器组等。但 JVM 通常是在软件上而不是在硬件上实现的。目前，Sun 公司已经设计实现了 Java 芯片，主要用在网络计算机（NC）上。

另外，Java 芯片的出现也使 Java 更容易嵌入家用电器中。JVM 是 Java 平台无关的基础，在 JVM 上，有一个 Java 解释器用来解释 Java 编译器编译后的程序。Java 编程人员在编写完软件后，通过 Java 编译器将 Java 源程序编译为 JVM 的字节代码。任何一台机器只要配备了 Java 解释器，就可以运行这个程序，而不管这种字节码是在何种平台上生成的。另外，Java 采用的是基于 IEEE 标准的数据类型。通过 JVM 保证数据类型的一致性，也确保了 Java 的平台无关性。

Java 的平台无关性具有深远意义。首先，它使得编程人员梦寐以求的事情（开发一次软件就可以在任意平台上运行）变成事实，这将大大加快和促进软件产品的开发。其次，Java 的平台无关性正好迎合了“网络计算机”思想。如果大量常用的应用软件（如字处理软件等）都用 Java 重新编写，并且放在某个 Internet 服务器上，那么具有 NC 的用户将不需要占用大量空间安装软件，他们只需要一个 Java 解释器，每当需要使用某种应用软件时，下载该软件的字节代码即可，运行结果也可以发回服务器。目前，已有数家公司开始使用这种新型的计算模式构筑自己的企业信息系统。

3）分布式。

分布式包括数据分布和操作分布。数据分布是指数据可以分散在网络的不同主机上，操作分布是指把一个计算分散在不同主机上处理。

Java 支持 WWW 客户机/服务器计算模式，因此，它支持这两种分布式。对于前者，Java提供了一个叫做 URL 的对象，利用这个对象，用户可以打开并访问具有相同 URL 地址的对象，访问方式与访问本地文件系统相同。对于后者，Java 的 applet 小程序可以从服务器下载到客户端，即部分计算在客户端进行，提高系统执行效率。

Java 提供了一整套网络类库，开发人员可以利用类库进行网络程序设计，方便地实现 Java 的分布式特性。

4）可靠性和安全性。

Java 最初的设计目的是应用于电子类消费产品，因此要求较高的可靠性。Java 虽然源于

C++，但它消除了C++中的许多不可靠因素，可以防止许多编程错误。首先，Java是强类型的语言，要求显式的方法声明，这保证了编译器可以发现方法调用错误，保证程序更加可靠；其次，Java不支持指针，这杜绝了内存的非法访问；再次，Java的自动单元收集防止了内存丢失等动态内存分配导致的问题；接着，Java解释器运行时实施检查，可以发现数组和字符串访问的越界；最后，Java提供了异常处理机制，程序员可以把一组错误代码放在一个地方，这样可以简化错误处理任务，便于恢复。

由于Java主要用于网络应用程序开发，因此对安全性有较高的要求。如果没有安全保证，用户从网络下载程序执行就会非常危险。Java通过自己的安全机制防止了病毒程序的产生和下载程序对本地系统的威胁和破坏。当Java字节码进入解释器时，首先必须经过字节码校验器的检查，然后Java解释器将决定程序中类的内存布局，随后类装载器负责把来自网络的类装载到单独的内存区域，避免应用程序之间相互干扰破坏，最后客户端用户还可以限制从网络上装载的类只能访问某些文件系统。

上述几种机制结合起来，使得Java成为安全的编程语言。

5）多线程。

线程是操作系统的一种新概念，它又被称作轻量进程，是比传统进程更小的可并发执行的单位。C和C++采用单线程体系结构，而Java却提供了多线程支持。

Java在两方面支持多线程。一方面，Java环境本身就是多线程的，若干个系统线程负责必要的无用单元回收、系统维护等系统级操作；另一方面，Java语言内置多线程控制，可以大大简化多线程应用程序开发。Java提供了一个类Thread，由它负责启动运行，终止线程，并可检查线程状态。Java的线程还包括一组同步原语。这些原语负责对线程实行并发控制。利用Java的多线程编程接口，开发人员可以方便地写出支持多线程的应用程序，提高程序执行效率。必须注意的是，Java的多线程支持在一定程度上受运行时所支持的平台的限制。例如，如果操作系统本身不支持多线程，Java的多线程特性可能就表现不出来。

（2）Java语言的应用方向

Java语言的应用方向包括：

1）信息化企业，例如IBM、Oracle、BEA等国际厂商相继推出各种基于Java技术的应用服务器以及各种应用软件。

2）电子政务及办公自动化，东方科技、金碟、中创等开发的J2EE应用服务器在电子政务及办公自动化中也得到了应用。

3）嵌入式设备及消费类电子产品，无线手持设备、通信终端、医疗设备、信息家电、汽车电子设备等是目前比较热门的Java应用领域。

4）辅助教学。

2. C++语言

（1）C++语言的特点

C++语言是一个兼容C语言的功能强大的语言，它既能面向过程编程、基于对象编程，还能面向对象编程，非常灵活，主要是类的编写，注重编程的思想。

1）C++支持数据封装，支持数据封装就是支持数据抽象。在C++语言中，类是支持数据封装的工具，对象则是数据封装的实现。

2）C++类中包含私有、公有和保护成员，C++类中可定义三种不同访问控制权限的成员：一种是私有（Private）成员，只有在类中说明的函数才能访问该类的私有成员，而在该类外的函数不可以访问私有成员；另一种是公有（Public）成员，在类外也可访问公有成员；还有一种是保护（Protected）成员，这种成员只有该类的派生类可以访问，在这个类外不能访问。

3）C++中通过发送消息来处理对象。C++语言中是通过向对象发送消息来处理对象的，每个对象根据所接收到的消息的性质来决定需要采取的行动，以响应这个消息。因此，送到一个对象的所有可能的消息在对象的类描述中都需要定义，即对每个可能的消息给出一个相应的方法。方法是在类定义中使用函数来定义的，使用一种类似于函数调用的机制把消息发送到一个对象上。

4）C++中允许友元破坏封装性。类中的私有成员一般是不允许该类外面的任何函数访问的，但是友元便可打破这条禁令，它可以访问该类的私有成员（包含数据成员和成员函数）。友元可以是在类外定义的函数，也可以是在类外定义的整个类，前者称为友元函数，后者称为友元类。友元打破了类的封装性，它是C++语言另一个面向对象的重要性。

5）C++允许函数名和运算符重载。C++支持多态性，C++允许一个相同的标识符或运算符代表多个不同实现的函数，这就称为标识符或运算符的重载，用户可以根据需要定义标识符重载或运算符重载。

6）C++支持继承性。C++中可以允许单继承和多继承。一个类可以根据需要生成派生类。派生类继承了基类的所有方法，另外派生类自身还可以定义所需要的不包含在父类中的新方法。一个子类的每个对象包含从父类那里继承来的数据成员以及自己所特有的数据成员。

7）C++语言支持动态联编。C++中可以定义虚函数，通过定义虚函数来支持动态联编。

以上所讲的是C++对面向对象程序设计中的一些主要特征的支持。C++的词法及词法规则为：C++的字符集字符是一些可以区分的最小符号。C++的字符集由大小写英文字母（a~z和A~Z）、数据字符（0~9）、特殊字符（空格，!，#，%，^，&，*，_，<，>，?，\）组成。

（2）C++语言的应用方向

在以下领域C++有着根本性的优势：低级系统程序设计、高级系统程序设计、嵌入式系统程序设计、数值/科学计算、通用程序设计以及混合系统设计等，下面简单描述一下其应用方向。

1）低级系统程序设计：C++是迄今为止最好的低级程序设计语言。

2）高级系统程序设计：包括操作系统核心、网络管理系统、编译系统、电子邮件系统、文字排版系统、图像和声音编排系统、通信系统、用户界面、数据库系统等。

3）嵌入式系统程序设计：包括照相机、汽车、火箭、电话交换机、汽车等。

4）数值/科学计算：包括仿真、实时数据获取和数据库访问等。

下面列出一些使用C++编写的系统、应用程序和库：

1）Adobe Systems：所有主要应用程序都使用C++开发而成，比如Photoshop & ImageReady、Illustrator和Acrobat等。

2）Maya：《蜘蛛人》、《指环王》的电脑特技都是使用Maya制作出来的。

3）Amazon.com：使用C++开发大型电子商务软件。

4）Apple：部分重要“零件”采用C++编写而成。

5）AT&T：美国最大的电信技术提供商，主要产品采用C++开发。

6）Google：Web搜索引擎采用C++编写。

7）IBM：OS/400。

8）KDE：K Desktop Environment（Linux）。

9）Symbian OS：最流行的蜂窝电话OS之一。

3. C#语言

(1) C#语言的特点

C#是一种面向对象的编程语言，主要用于开发可以在.NET平台上运行的应用程序。C#是从C和C++派生出来的一种简单、现代、面向对象和类型安全的编程语言，其语言体系都构建在.NET框架上，并且能够与.NET框架完美结合。C#具有以下突出的特点：

1）语法简洁。C#不允许直接操作内存，去掉了指针操作。

2）彻底的面向对象设计。C#具有面向对象语言所应有的一切特性——封装、继承和多态。

3）与Web紧密结合。C#支持绝大多数的Web标准，如HTML、XML、SOAP等。

4）强大的安全机制。C#可以消除软件开发中的常见错误（如语法错误），.NET提供的垃圾回收器能够帮助开发者有效地管理内存资源。

5）兼容性。因为C#遵循.NET的公共语言规范（CLS），从而保证能够与其他语言开发的组件兼容。

6）灵活的版本处理技术。因为C#语言本身内置了版本控制功能，使得开发人员可以更容易地开发和维护。

7）完善的错误、异常处理机制。C#提供了完善的错误和异常处理机制，使程序在交付应用时能够更加健壮。

(2) C#语言的应用方向

C#可以用来开发桌面应用程序、Web应用程序、RIA应用程序（Silverlight）和智能手机应用程序。这里列出一些使用C#编写的系统、应用程序和库。

1）桌面应用程序。

这个就不用多说，C#是当前Windows桌面应用程序的首选。在Windows XP以前，由于需要单独安装.NET Framework，用C#开发的桌面应用程序比较少。现在，随着Windows 7的普及（Windows 7自带.NET Framework 3.0），C#桌面应用一定会越来越多。典型应用有Fetion（飞信）。

2）Web应用。

这可能被认为是C#的弱项，因为php、java等占有率高。但是，除了微软旗下的大型网站（MSN、Hotmail）是用C#实现的，用C#实现其他国内外应用也是数不胜数的，典型应用如国外的MySpace、Dell、Newegg，国内的360buy、dangdang、vancl、sdo、ctrip、58、dianping等。

3）RIA应用程序。

这方面的其他工具有Adobe的Flash，C#开发的Silverlight短短几年已经升级到4.0版本，相关应用也越来越多。典型应用包括：PPTV（http://cool.pptv.com/）、江苏卫视（http://live.jstv.com/）、新浪财经（http://vip.stock.finance.sina.com.cn/silverlight）、中国人寿（http://pacs.clpc.com.cn/PACS/）等。

4）智能手机应用。

C#在这方面的应用少一些，因为Windows phone/mobile的占有率太小。但随着诺基亚和微软的结盟，其市场比重也可能提高。

4. PHP语言

对于网页编程人员来说，目前主流编程语言是PHP编程语言。PHP编程语言所具有的特性及互联网中提供的PHP源代码片段可以为编程人员节省大量工作时间。

PHP语言程序的语法融合了当前许多主流计算机语言的鲜明特点，如C、Java、Perl以及PHP自创新的语法，可以使得程序开发者使用不同的方式处理不同的任务类型。这个特点有好处也有坏处。使用PHP语言的劣势在于没有太多现成的语言源代码供程序开发者使用（如“培训”文档集MSDN中鲜有PHP程序源代码）。唯一获得源代码的方式是在工作团队的历史记录中去查询自己所需的程序源代码，如果没有只能自己去编写。使用PHP程序做网页开发的资深程序员一般没有计算机科学的背景，在开始使用PHP程序语言写程序时一般会发生很多错误，而唯一改正的途径只能是通过程序编译器寻找出相应的错误，并做出相关修改。

（1）PHP语言的特点

PHP语言具有如下特点：

1）快速。PHP是一种强大的CGI脚本语言，其语法混合了C、Java、Perl和PHP式的新语法，执行网页比CGI、Perl和ASP更快。

2）具有很好的开放性和可扩展性。

3）数据库支持。

4）版本更新速度快。

5）具有丰富的功能。

6）可伸缩性。

（2）PHP语言的应用方向

在互联网高速发展的今天，PHP的应用范围非常广泛。PHP的应用领域主要包括：中小型网站的开发、大型网站的业务逻辑结果展示、Web办公管理系统、硬件管控软件的GUI、电子商务应用、Web应用系统开发、多媒体系统开发、企业级应用开发等。

一般来说，以下四种工作群体类型适合使用PHP程序：

1）网页设计者群体：网页设计者通常在Photoshop软件环境下工作。这部分群体可以借助PHP程序增加网页动态性，另外需要具备一些HTML语言和CSS层叠样式表相关的知识。

2）主题设计者群体：主题设计者群体的主要工作是为预安装程序设置主题，这部分群体需要具备一些HTML语言和CSS层叠样式表相关的知识。

3）程序属性配置者群体：程序属性配置者群体的主要工作是为预安装程序配置插件程序属性。这部分群体需要具备PHP专业知识，并具备一些Java脚本程序知识。

4）程序开发者群体：程序开发者群体的主要工作是为开源应用项目编写应用程序、插件程序等，这部分群体需要具备丰富的PHP专业知识。

在上述的四种工作群体中，程序开发者群体人数所占比例极小，但程序开发者的贡献非常大，程序开发者所编写出的插件程序可以被其他三个群体直接利用。举个简单的例子，程序开发者就像是发明蛋糕烘焙方法的蛋糕师，其他人可以利用这个方法烘焙出许多蛋糕，也可以在这个方法的基础上烘焙饼干等食品。换而言之，主题设计者可以利用程序开发者编写的插件程序设置主题，网页设计者可以利用程序开发者编写的插件程序设计商标等。

7.2 面向对象的软件实现

7.2.1 概述

面向对象（Object Oriented，OO）是当前计算机界关心的重点，它是20世纪90年代软件开发方法的主流。面向对象的概念和应用已超越了程序设计和软件开发，扩展到很宽的范围，如数据库系统、交互式界面、应用结构、应用平台、分布式系统、网络管理结构、CAD技术、人工智能等领域。

面向对象是专指在程序设计中采用封装、继承、抽象等设计方法。可是，这个定义显然不再适合现在的情况。面向对象的思想已经涉及软件开发的各个方面，如面向对象的分析（Object Oriented Analysis，OOA）、面向对象的设计（Object Oriented Design，OOD），以及我们经常说的面向对象的编程实现（Object Oriented Programming，OOP）。许多有关面向对象的描述只涉及面向对象的开发中所需要注意的问题或所采用的比较好的设计方法。只有真正懂得什么是对象，什么是面向对象，才能最大限度地对自己有所裨益。这一点，恐怕初学者甚至是从事相关工作多年的人员也会对它们的概念模糊不清。

软件实现主要完成在详细设计阶段给出的设计模型的代码实现，本章以“开放实验室管理系统”的实验预约子系统为例讲解面向对象的软件实现过程。

在第6章中，图6-11实验预约子系统的对象类实例给出了识别出的类，在实现时，根据具体的需要，我们设计了用户表结构包含用户ID、登录名、用户名、密码、用户类型等字段来存放相关数据，设计了实验预约表结构来存放实验预约信息。

对象接口描述是详细给出不同组件之间的接口描述，以便该组件和其他的组件对象能并行地设计。一旦接口已经定义清楚，其他对象的开发人员就可以假设那个接口已经实现。在实验预约子系统中表6-3用户信息表和表6-4教室课表信息表可以由8.2.2节中的数据表建立语句完成实现。而详细设计中的PDL描述的访问逻辑由7.2.3节中的SchDAO.java代码段来实现。

7.2.2 面向对象软件实现过程

面向对象的软件实现最主要的目的是使用选定的程序设计语言把模块的过程性描述翻译为用该语言书写的源程序。其要求产生的源代码要正确可靠，简单清晰、高效，并且要求程序员熟悉所用语言的功能和程序开发环境，还要熟读概要设计和详细设计的文档。一个好程序的标准在于易于测试和调试、易于维护、易于修改、设计简单、高效。为了更好地描述整个实现过程，我们从下面几个方面来讨论。

1. 软件实现编程环境的搭建

软件开发环境（Software Development Environment，SDE）是指在基本硬件和软件的基础上，为支持系统软件和应用软件的工程化开发和维护而使用的一组软件，简称SDE。它由软件工具和环境集成机制构成，前者用以支持软件开发的相关过程、活动和任务，后者为工具集成和软件的开发、维护及管理提供统一的支持。

软件开发环境在欧洲又叫集成式项目支援环境（Integrated Project Support Environment，IPSE）。软件开发环境的主要组成成分是软件工具。人机界面是软件开发环境与用户之间的一个统一的交互式对话系统，它是软件开发环境的重要质量标志。存储各种软件工具加工所产生的软件产品或半成品（如源代码、测试数据和各种文档资料等）的软件环境数据库是软件开发环境的核心。工具间的联系和相互理解都是通过存储在信息库中的共享数据得以实现的。

软件开发环境数据库是面向软件工作者的知识型信息数据库，其数据对象是多元化、带有智能性质的。软件开发数据库用来支撑各种软件工具，尤其是自动设计工具、编译程序等的主动或被动的工作。

较初级的SDE数据库一般包含通用子程序库、可重组的程序加工信息库、模块描述与接口信息库、软件测试与纠错依据信息库等；较完整的SDE数据库还应包括可行性与需求信息档案、阶段设计详细档案、测试驱动数据库、软件维护档案等。更进一步的要求是面向软件规划到实现、维护全过程的自动进行，这要求SDE数据库系统是具有智能的，其中比较基本的智能结果是软件编码的自动实现和优化、软件工程项目的多方面不同角度的自我分析与总结。这种智能结果还应主动地被重新改造、学习，以丰富SDE数据库的知识、信息和软件积累。这时候，软件开发环境在软件工程人员的恰当的外部控制或帮助下逐步向高度智能与自动化迈进。

本书中的“开放实验室管理系统”的软件开发环境为 Windows XP 及以上操作系统、JDK 5.0 以上版本、MyEclipse 4.0 以上版本、Oracle 9i 以上版本、Tomcat 5.0 以上版本、EditPlus、PLSQL 7.0 以上版本，具体的配置过程见 7.2.3 节。

2. 整个系统的编程规范和数据词典的参考

编程规范就是为了便于自己和他人阅读、理解源程序而制定的一个规范。如在 Visual C++ 中源程序中变量的取名一般采用匈牙利表示法则，该法则要求每个变量名都有一个前缀，用于表示变量的类型，后面是代表变量含义的一串字符串。例如，前缀 n 表示整型变量，前缀 sz 表示以 0 结束的字符串变量，前缀 lp 表示指针变量。每个公司一般都有自己的一整套规范。

编程规范只是一个规范，也可以不严格遵守，但是要做一个有良好编程风格的程序员，就一定要遵守编程规范，不仅方便自己以后的阅读，也方便与其他程序员的交流。

数据词典（Data Dictionary，DD）就是用来定义数据流图中各个成分的具体含义的。对数据流图中出现的每一个数据流、文件、加工给出详细定义。数据字典主要有四类条目：数据流、数据项、数据存储、基本加工。数据项是组成数据流和数据存储的最小元素。

数据词典存放数据库中有关数据资源的文件说明、报告、控制及检测等信息，大部分是对数据库本身进行监控的基本信息。所描述的数据范围包括数据项、记录、文件、子模式、模式、数据库、数据用途、数据来源、数据地理方式、事务作业、应用模块及用户等。在数据词典中对数据所作的规范说明应包括：1）符号，即给每个数据项一个具有唯一性的简短标签；2）标志符，即标志数据项的名字，亦具唯一性；3）注解信息，即描述每一数据项的确切含义；4）技术信息，用于计算机处理，包括数据位数、数据类型、数据精度、变化范围、存取方法、数据处理设备以及数据处理的计算机语言等；5）检索信息，即列出各种起检索作用的数据数值清单、目录。

7.1.3 节对一般的编程规范进行了简要描述。本书中参考案例的编程规范及案例的数据词典参看 7.2.3 节的描述。

3. 用户界面设计的实现

用户界面负责管理与用户之间的交互，向用户显示数据，从用户处获得数据，解释由用户操作所引发的事件，并帮助用户查看任务的进度。

用户界面设计必须以一种对用户很直观的方式来实现用户任务。实现这一目标需要让用户参与用户界面设计的所有阶段。在 UI 的设计和实现期间，原型化（Prototyping）、Beta 测试、早期采用程序（Early Adoption Program）都是可以参与的方法。

在用户界面设计中要考虑的问题包括：用户如何与系统交互；界面是否代表了用户的概念和术语；在用户界面设计中是否使用了适当的隐语；在需要重写自动化过程时，用户是否具有所需的控制权；用户能否容易地找到所需功能来完成通常的任务；工作流是否完整和正确；界面是否对用户的工作流进行了优化；用户能否容易地访问对特定问题的帮助；用户能否自定义 UI 来满足特定的需求；当有问题出现时，是否有备选方法可以执行特定任务；新的系统是否符合所有的用户界面标准或惯例；界面是否需要和其他常用系统保持一致。

良好用户界面特点包括：

1）直观设计。设计一个界面使得用户能够直观地理解如何使用它。直观设计帮助用户更快地熟悉界面。界面会引导应用程序与用户的交互。为了得到有效界面，需要适当的标注控件，并使用上下文相关的帮助。

2）最适宜的屏幕空间利用。通过对所显示的信息量和用户所需的输入量进行计划，从而确定界面的内容。如果有可能，尽量将相关的信息和输入控件放置在同一个屏幕里。有时候一个屏幕里包含了太多的信息，在这种情况下，可以提供选项卡面板或子窗口，还可以提供向导来指导用户完成数据输入过程。

3）合适的外观。可以使用特定元素来确定界面的外观，例如用户与界面特定部分交互的频率和时间。

4）易于导航。因为不同的用户喜欢以不同的方式访问界面上的组件，所以除了鼠标之外，组件的设计应该使用户还能通过 Tab 键、方向键或其他键盘快捷键访问组件。

5）填充默认值。如果界面包含经常采用默认值的域，最好自动提供默认值，从而避免用户输入任何值，如图 7-1 中的 http://。

图 7-1 填充默认值

6）输入验证。在应用程序处理输入之前验证用户输入是非常重要的，需要确定何时进行验证。

7）具有菜单、工具栏和帮助功能。将界面设计为以菜单和工具栏的方式访问应用程序的所有功能。此外，帮助功能应该可以提供用户操作应用程序所需的全部信息。

8）高效事件处理。为界面组件所编写的事件处理代码控制用户与界面的交互。重要的是，这些代码的执行不应该导致用户为应用程序的响应等待太长的时间。

通常在 OOA 阶段给出了所需的属性和操作，在设计阶段必须根据需求把交互的细节加入到用户界面的设计中，包括有效的人机交互所必需的实际显示和输入，如 Windows、Pane、Selector 等。用户界面部分设计主要由以下几个方面组成。

1）用户分类。

进行用户分类的目的是明确使用对象，针对不同的使用对象设计不同的用户界面，以适合不同用户的需要。分类的原则有：

- 按技能层次分类：外行/初学者/熟练者/专家。
- 按组织层次分类：行政人员/管理人员/专业技术人员/其他办事员。
- 按职能分类：顾客/职员。

2）描述人及其任务的场景。

对以上定义的每一类用户，列出对以下问题做出的考虑：什么人、目的、特点、成功的关键因素、熟练程度以及任务场景。

3）设计命令层，包括：

- 研究现行的人机交互活动的内容和准则。这些准则可以是非正式的，如“输入时眼睛不易疲劳”，也可以是正式规定的。
- 建立一个初始的命令层：可以有多种形式，如一系列 Menu Screens 或一个 Menu Bar 或一系列 Icons。
- 细化命令层：这时，要考虑以下几个问题：排列命令层次，把使用最频繁的操作放在前面，按照用户工作步骤排列；通过逐步分解，找到整体 - 部分模式，帮助在命令层中对操作进行分块；对菜单宽度与深度进行比较，把深度尽量限制在三层之内；减少操作步骤，在完成必需任务的前提下，把点击、拖动和键盘操作减到最少。

4）设计详细的交互。

用户界面设计有若干原则，其中包括：

- 一致性：采用一致的术语、一致的步骤和一致的活动。
- 操作步骤少：减少敲键和鼠标点击的次数，减少完成某件事所需的下拉菜单的点击层次。
- 不要“哑播放”：每当用户等待系统完成一个活动时，要给出一些反馈信息，说明工作正在进行，以及进展的程度。
- Undo：在操作出现错误时，恢复或部分恢复原来的状态。
- 减少人脑的记忆负担：不应在一个窗口中使用在另一个窗口中记忆或写下的信息，需要人按特定次序记忆的东西应当组织得容易记忆。
- 学习的时间和效果：提供联机的帮助信息。
- 趣味性：在外观和感受上，尽量采取图形界面，符合人类习惯，有一定吸引力。

5）继续做原型。

用户界面原型是用户界面设计的重要工作。人需要对提交的人机交互活动进行体验、实地操作，并精炼成一致的模式。使用快速原型工具或应用构造器，对各种命令方式，如菜单、弹出、填充以及快捷命令，做出一些可供选择的原型让用户使用，收集用户的反馈信息，通过修改、演示的迭代使界面越来越有效。

6）设计 HIC（人机交互）类。

设计 HIC 类，首先从组织窗口和构件的用户界面的设计开始。窗口需要进一步细化，通常包括类窗口、条件窗口、检查窗口、文档窗口、画图窗口、过滤器窗口、模型控制窗口、运行策略窗口、模板窗口等。

每个类包括窗口的菜单条、下拉菜单、弹出菜单的定义，还要定义用于创建菜单、加亮选择项、引用相应的响应的操作。每个类还负责窗口的实际显示。所有有关物理对话的处理都封装在类的内部。必要时，还要增加在窗口中画图形图符的类、在窗口中选择项目的类、字体控制类、支持剪切和粘贴的类等。与机器有关的操作实现应隐蔽在这些类中。

7）根据图形用户界面进行设计。

图形用户界面分为字型、坐标系统和事件。图形用户界面的字型是字体、字号、样式和颜色的组合。坐标系统主要包括原点（基准点）、显示分辨率、显示维数等。事件则是图形用户界面程序的核心，操作将对事件做出响应，事件的工作方式有两种：直接方式和排队方式。所谓直接方式，是指每个窗口中的项目有它自己的事件处理程序，一旦事件发生，则系统自动执行相应的事件处理程序。所谓排队方式，是指当事件发生时系统把它排到队列中，每个事件可用一些子程序信息来激发。

本书配套案例的界面设计遵循了上述的原则，具体的实现见 7.2.3 节。

4. 任务管理部分设计的实现

所谓任务，是进程的别称，是执行一系列活动的一段程序。当系统中有许多并发行为时，需要依照各个行为的协调和通信关系划分各种任务，以简化并发行为的设计和编码。而任务管理主要包括任务的选择和调整，它的工作有以下几种：

1）识别事件驱动任务：一些负责与硬件设备通信的任务是事件驱动的，也就是说，这种任务可由事件来激发，而事件常常是当数据到来时发出一个信号。

2）识别时钟驱动任务：以固定的时间间隔激发这种事件，以执行某些处理、人机界面、子系统、任务、处理机或与其他系统周期性地通信。

3）识别优先任务和关键任务：根据处理的优先级别来安排各个任务。在系统中，有些操作具有高优先级，因此必须在很强的时间限制内完成；有些操作具有较低的优先级，可进行对时间要求较低的处理（如后台处理）。通常需要有一个附加的任务，把各个任务分离开来。

所谓关键任务是对系统的成败起关键作用的处理。必须使用附加的任务来分离这种任务，并对其安全性进行仔细设计、编程和测试。

4）识别协调者：当有三个或更多的任务时，应当增加一个附加任务，起协调者的作用。它的行为可以用状态转换矩阵来描述。这种任务仅用于协调任务。

5）评审各个任务：必须对各个任务进行评审，确保它能满足选择任务的工程标准——事件驱动、时钟驱动、优先级/关键任务或协调者。

6）定义各个任务：定义任务的工作主要包括它是什么任务、如何协调工作及如何通信。

- 它是什么任务：为任务命名，并简要说明这个任务。
- 如何协调工作：定义各个任务如何协调工作，指出它是事件驱动还是时钟驱动。对于事件驱动的任务，描述激发该任务的事件；对于时钟驱动的任务，指明激发之前所经过的时间间隔，同时指出是一次性的还是重复性的时间间隔。
- 如何通信：定义各个任务之间如何通信，任务从哪里取值，结果送往何方。

5. 数据管理部分设计的实现

数据管理部分提供了在数据管理系统中存储和检索对象的基本结构，包括对永久性数据的访问和管理。它分离了数据管理机构所关心的事项，包括文件、关系型 DBMS 或面向对象 DBMS 等。

数据管理方法主要有 3 种：文件管理、关系数据库管理和面向对象数据库管理。

- 文件管理系统：提供基本的文件处理能力。
- 关系数据库管理系统（RDBMS）：关系数据库管理系统建立在关系理论的基础上，它使用若干表格来管理数据。通常根据规范化的要求，可对表格和它们的各栏重新组织，以减少数据冗余，保证修改一致性数据不致出错。规范化的要求用“范式”来定义。
- 面向对象数据库管理系统（OODBMS）：通常，面向对象的数据库管理系统以两种方法实现，一是扩充的 RDBMS，二是扩充的面向对象程序设计语言（OOPL）。

扩充的 RDBMS 主要对 RDBMS 扩充了抽象数据类型和继承性，再加上一些一般用途的操作来创建和操作类与对象。扩充的 OOPL 对面向对象程序设计语言嵌入了在数据库中长期管理存储对象的语法和功能。这样，可以统一管理程序中的数据结构和存储的数据结构，为用户提供了一个统一视图，无需在它们之间做数据转换。

按照上述的步骤就可以初步实现一个需要的管理信息系统，本书案例见 7.2.3 节的描述。

7.2.3 “开放实验室管理系统”的实现

开放实验室管理系统的运行环境为 JDK 5.0 以上版本，MyEclipse 4.0 以上版本，Oracle 9i 以上版本，Tomcat 5.0 以上版本，EditPlus，PLSQL 7.0 以上版本。

本系统采用类 Struts 框架，Struts 对 Model、View 和 Controller 都提供了对应的组件。ActionServlet 类是 Struts 的核心控制器，负责拦截来自用户的请求。Action 类通常由用户提供，该控制器负责接收来自 ActionServlet 的请求，并根据该请求调用模型的业务逻辑方法处理请求，并将处理结果返回给 JSP 页面显示。

1）Model 部分。

Model 部分由 JavaBean 组成，ActionForm 用于封装用户的请求参数，封装成 ActionForm 对象，该对象被 ActionServlet 转发给 Action，Action 根据 ActionForm 里面的请求参数处理用

户的请求。JavaBean 则封装了底层的业务逻辑，包括数据库访问等。

2）View 部分。

View 部分采用 JSP 实现。Struts 提供了丰富的标签库，通过标签库可以减少脚本的使用，自定义的标签库可以实现与 Model 的有效交互，并增加了现实功能。

3）Controller 组件。

Controller 组件有两个部分组成——系统核心控制器和业务逻辑控制器。

系统核心控制器对应 ActionServlet。该控制器由 Struts 框架提供，继承 HttpServlet 类，因此可以配置成标注的 Servlet。该控制器负责拦截所有的 HTTP 请求，然后根据用户请求决定是否要转给业务逻辑控制器。

业务逻辑控制器负责处理用户请求，本身不具备处理能力，而是调用 Model 来完成处理，对应 Action 部分。

下面按照上节所述的面向对象软件实现的五个活动对本系统的实现分析如下。

1. 软件实现编程环境的搭建——软件的安装及配置

（1）安装 JDK

首先下载 JDK 5.0（http://java. sun. com/j2se/1. 5. 0/download. jsp），然后运行 JDK 5.0 安装程序 jdk-1_5_0_06-windows-i586-p. exe，安装过程中所有选项保持默认设置，最后配置 JDK 的环境变量：在“我的电脑”上右击选择“属性”→“高级”→“环境变量（N）”。

新建系统变量 JAVA_HOME：C：\Program Files\Java\jdk1. 5. 0_06。新建系统变量 CLASSPATH：. ;%JAVA_HOME%\lib；（注意：点号表示当前目录，不能省略）。在系统变量 Path 的值的前面加入以下内容:%JAVA_HOME%\bin；（注意：这里的分号不能省略）。至此，JDK 安装完毕，如图 7-2 所示。

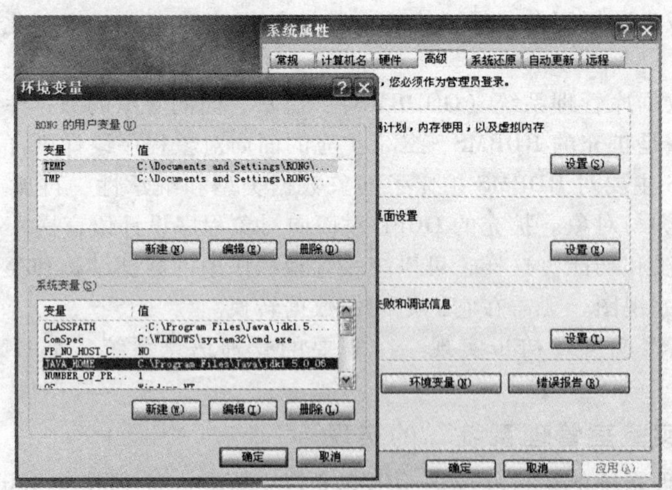

图 7-2　环境变量设置

（2）安装 Tomcat

首先下载 jakarta-tomcat-5. 0. 30. zip（jakarta-tomcat-5. 0. 30. zip 的下载页面为：http://archive. apache. org/dist/jakarta/tomcat-5/v5. 0. 30/bin/），然后将 jakarta-tomcat-5. 0. 30. zip 直接解压到 D 盘根目录，见图 7-3。

最后配置 Tomcat 的环境变量：在“我的电脑”上右击选择“属性”→“高级”→“环境变量（N）”。

图 7-3　Tomcat 存放位置

新建系统变量 CATALINA_HOME：D:\jakarta-tomcat-5.0.30。在系统变量 CLASSPATH 的值的后面加入:%CATALINA_HOME%\common\lib。在系统变量 Path 的值中"%JAVA_HOME%\bin;"的后面加入以下内容:%CATALINA_HOME%\bin。至此，Tomcat 安装完毕。

（3）安装 MyEclipse 7.0

自动安装 MyEclipse 7.0，注意选好 Workspaces 的存放位置，后面开发的程序将放置在该目录下。

（4）指定 MyEclipse 的 JRE 和 Tomcat 服务器

1）设定 MyEclipse 的 JRE。

一般情况下，MyEclipse 可以自动找到 JRE，我们不用进行过多的设置。

2）设定 MyEclipse 的 Tomcat 服务器。

只需设置图 7-4 中所标注的两处即可，图 7-4 中其余部分是自动生成的。

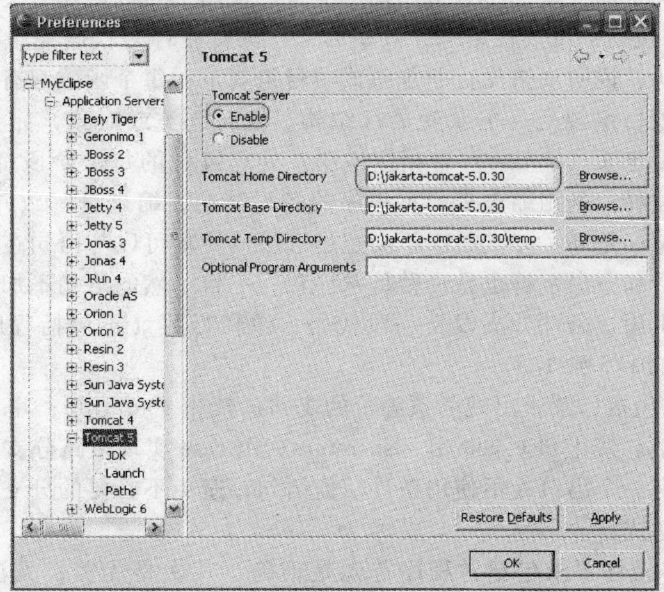

图 7-4　MyEclipse 的 Tomcat 服务器设置

另外需要指定到 JDK 安装根目录所在路径。

（5）安装 Oracle 10g

安装 Oracle 10g 时选择基本安装即可，不过需要注意一下全局数据库名（这里为 orcl），见图 7-5。

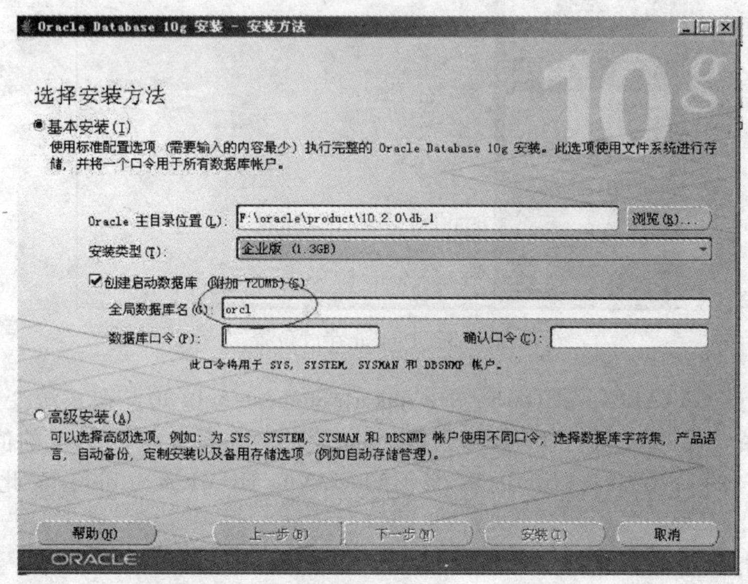

图 7-5　Oracle 安装时设置全局数据库名

至此，本项目的 MyEclipse + Tomcat + Oracle 开发环境就搭建完毕了。

2. 整个系统的编程规范和数据词典的参考

本系统参照的编程规范如下：

1）基本要求包括：程序结构清晰，简单易懂，单个函数的程序行数不得超过 100 行；程序的功能实现要简单，直截了当，代码精简，避免垃圾程序；尽量使用标准库函数和公共函数；不要随意定义全局变量，尽量使用局部变量；使用括号以避免二义性。

2）可读性要求包括：可读性第一，效率第二；保持注释与代码完全一致；每个源程序文件都有文件头说明，说明规格见行业规范或项目组规范；每个函数都有函数头说明，说明规格见行业规范或项目组规范；主要变量（结构、联合、类或对象）定义或引用时，注释能反映其含义；常量定义（Define）有相应说明；处理过程的每个阶段都有相关注释说明；在典型算法前都有注释；利用缩进来显示程序的逻辑结构，缩进量一致并以 Tab 键为单位，定义 Tab 为 6 个字节；循环、分支层次不要超过五层；注释可以与语句在同一行，也可以在语句的上一行；空行和空白字符也是一种特殊注释；一目了然的语句不加注释；注释的作用范围可以为定义、引用、条件分支以及一段代码；注释行数（不包括程序头和函数头说明部分）应占总行数的 1/5 到 1/3。

3）结构化要求包括：禁止出现两条等价的支路；禁止 goto 语句；用 if 语句来强调只执行两组语句中的一组。禁止 else-goto 和 else-return；用 case 实现多路分支；避免从循环引出多个出口；函数只有一个出口；不使用条件赋值语句；避免不必要的分支；不要轻易用条件分支去替换逻辑表达式。

4）正确性与容错性要求包括：程序首先是正确，其次是优美；无法证明程序是没有错误的，因此在编写完一段程序后，应先回头检查；修改一个错误时可能产生新的错误，因此在修改前首先考虑对其他程序的影响；所有变量在调用前必须被初始化；对所有的用户输入，必须进行合法性检查；不要比较浮点数的相等，如 10.0 * 0.1 = 1.0，这不可靠；程序与环境或状态发生关系时，必须主动去处理发生的意外事件，如文件能否逻辑锁定、打印机是否联机等；单元测试也是编程的一部分，提交联调测试的程序必须通过单元测试。

5）可复用性要求包括：重复使用的完成相对独立功能的算法或代码应抽象为公共控件或类；公共控件或类应考虑 OO 思想，减少外界联系，考虑独立性或封装性；公共控件或类应建立使用模板。

为了更好地理解如何书写和阅读数据字典，下面对于数据项、数据流、数据存储和处理过程分别给出一个描述的样例作为参考。

1）数据项名：学生编号

说明：标识每个学生身份

类型：char

长度：8

别名：学号

取值范围：970 000 ~ 979 999

2）数据流名：选课申请

说明：由学生个人信息、欲选课程信息组成选课申请

来自过程：无

流至过程：身份验证

3）数据存储：上课时间信息

说明：说明了每门课的上课时间，一门课可以有多个上课时间，同一时间可以有多门课程在上课

输出数据流：课程上课时间

数据描述：课程编号　上课时间

数量：每学期 200 ~ 300 个

存取方式：随机存取

4）处理过程：身份验证

说明：对学生输入的账号和密码进行验证，确定正确，得到相应的学生编号

输入：学生账号、密码、选课的课程编号

输出：学生编号、选课的课程编号

程序提要说明：对输入的学生个人信息，检查学号和密码是否正确，对身份正确的学生检查要选修的课程是否允许，检查是否正确返回信息

3. 用户界面设计的实现

本系统分为文件上传与下载子系统、BBS 在线论坛系统、用户管理子系统、信息管理子系统、成绩管理子系统、实验预约子系统、实验安排子系统、实验查询子系统、设备管理子系统几个部分分别实现，这里还以实验预约子系统为例介绍系统的实现，下面所描述的系统均指实验预约子系统。

系统主要功能是由学生查询并预约相应实验，同时可以查看已预约的记录。预约实验的基本流程为由学生登录系统，打开实验管理菜单，点击预约实验超链接，会出现如图 7-6 所示界面。

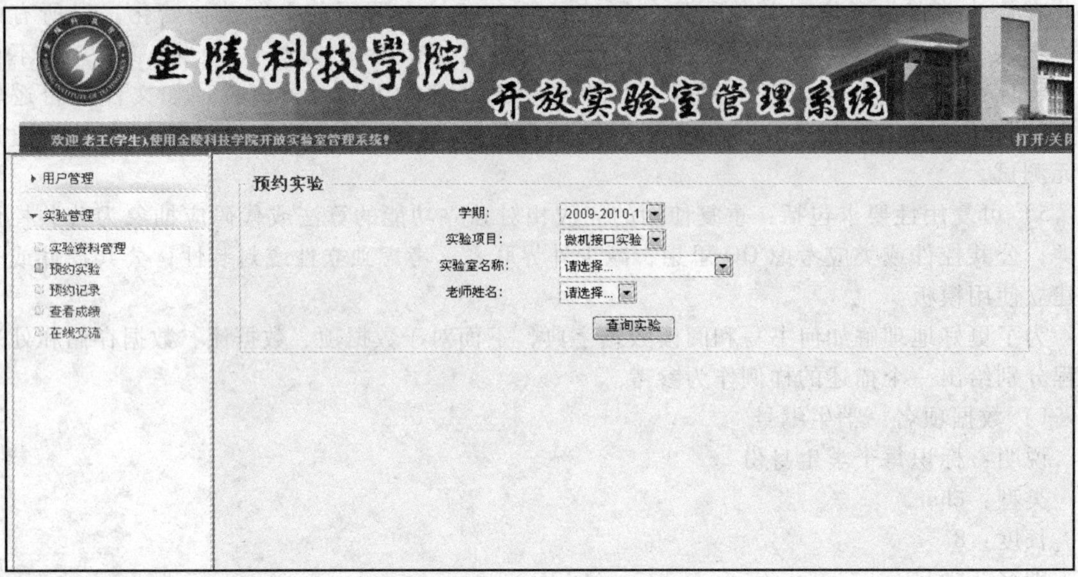

图 7-6　预约主界面 1

选择相应的信息，点击查询实验按钮，出现相应的查询结果，出现如图 7-7 所示界面。

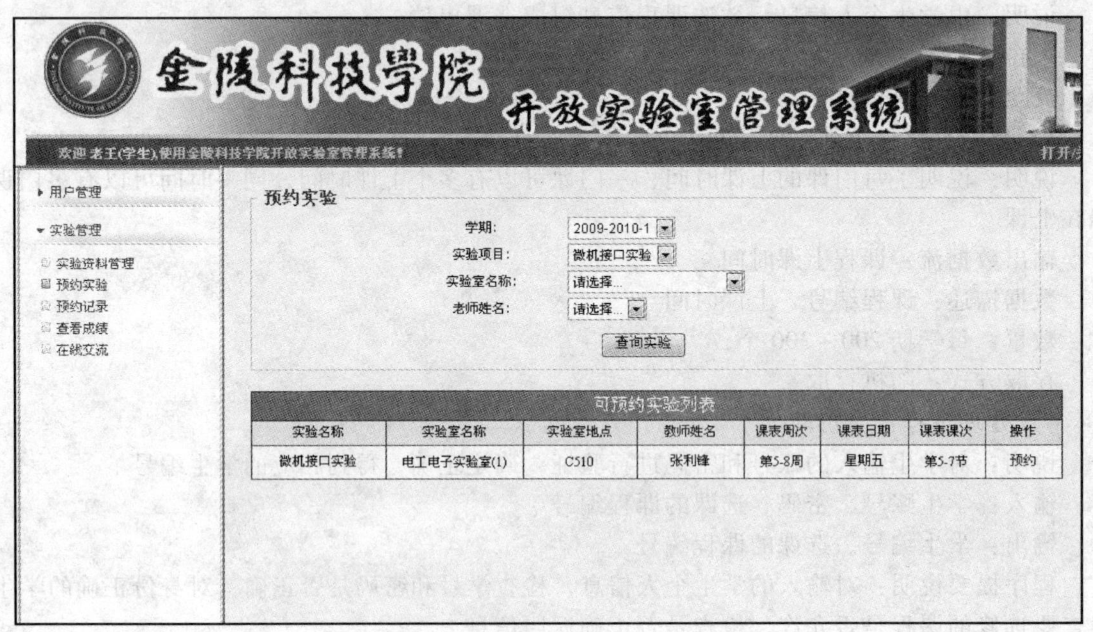

图 7-7　预约主界面 2

查看预约记录的基本流程为由学生登录系统，打开实验管理菜单，点击预约记录超链接，将会出现如图 7-8 所示界面。

本系统遵循 7.2.2 节描述的原则设计了用户界面，图 7-6 和图 7-7 给出了实验预约的主界面，从界面上可以看出，其设计直观，左边为树状功能列表，右边为具体的功能应用，用户能够直观地理解怎么使用该功能；本界面将需要参与查询的字段都列举出来，使得页面上包含更多的应用信息；另外，在图 7-6 中填充了字段的默认值功能，可以根据登录用户的信息给出相应的字段默认值，简化操作。

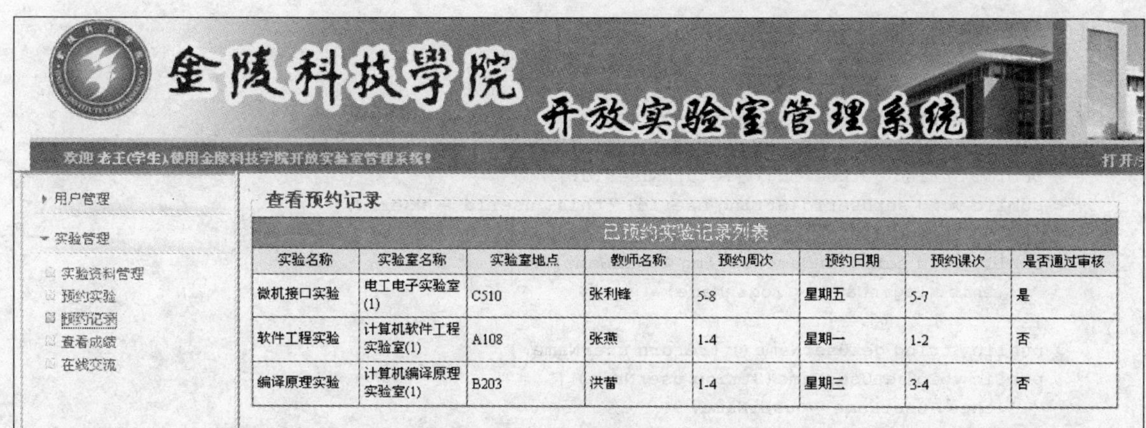

实验名称	实验室名称	实验室地点	教师名称	预约周次	预约日期	预约课次	是否通过审核
微机接口实验	电工电子实验室(1)	C510	张利峰	5-8	星期五	5-7	是
软件工程实验	计算机软件工程实验室(1)	A108	张燕	1-4	星期一	1-2	否
编译原理实验	计算机编译原理实验室(1)	B203	洪蕾	1-4	星期三	3-4	否

图 7-8　查看预约主界面

4. 任务管理部分设计的实现

6.6.5 节中描述了实验预约任务的设计，对于实验预约任务，其通过识别用户在界面查询按钮上的单击事件触发。

而查询的结果显示在图 7-7 中，如果要查看预约记录，只要点击左边树状目录中相应的位置即可。本系统主要使用的是事件驱动任务。

5. 数据管理部分设计的实现

前面界面的样式和页面脚本不是本节讨论的重点，所以脚本的代码在这里略去，详细信息可以查看附录描述。此处主要给出数据访问的 MVC 模式的实现，该系统中类及功能的重复调用以及构件的使用也体现了软件复用的概念。

(1) M(Model)——JavaBean

JavaBean 是一种用 Java 语言写成的可复用组件。为写成 JavaBean，类必须是具体的和公共的，JavaBean 通过提供符合一致性设计模式的公共方法将内部域暴露成员属性。众所周知，属性名称符合这种模式，其他 Java 类可以通过自身机制发现和操作这些 JavaBean 属性。

用户可以使用 JavaBean 将功能、处理、值、数据库访问和其他任何可以用 Java 代码创造的对象进行打包，并且其他的开发者可以通过内部的 JSP 页面、Servlet、其他 JavaBean、applet 程序或者应用来使用这些对象。用户可以认为 JavaBean 提供了一种随时随地地复制和粘贴的功能，而不用关心任何改变。JavaBean 可分为两种：一种是有用户界面（User Interface，UI）的 JavaBean；还有一种是没有用户界面，主要负责处理事务（如数据运算、操作数据库）的 JavaBean。JSP 通常访问的是后一种 JavaBean。

在 JavaBean 中，程序员为数据表建立其对应的类，类中的每个属性对应数据库表中的每个字段，用于从数据库中读出数据的存储和访问。

1）用户访问模型（UserJavaBean.java）：包含教师、学生和管理员三类用户，用 Type 属性来区分。

```
package cn. jit. olms. bean;
public class UserJavaBean {
    private String userId;                 // 用户 ID
    private String loginName;              // 用户登录名称,用 loginName 可以做到见名知义
    private String userName;               // 用户名称
    private String password;               // 密码
    private String type ;                  // 这里主要给出数据表的基本结构
    private String iD;                     // 使用了正确的缩进格式,便于阅读
```

```
    private String grade;
    public String getID() {return iD;}
    public void setID(String id) {iD = id;}
    public String getGrade() {return grade;}
    public void setGrade(String grade) {this. grade = grade;}
    public String getUserId() {return userId;}
    public void setUserId(String userId) {this. userId = userId;}
    public String getLoginName() {return loginName;  }
    public void setLoginName(String loginName) {
        this. loginName = loginName;
    }
    public String getUserName() {return userName;}
    public void setUserName(String userName) {
        this. userName = userName;
    }
    public String getPassword() {return password;}
    public void setPassword(String password) {
        this. password = password;
    }
    public String getType() {return type;}
    public void setType(String type) {
        this. type = type;
    }                                       // 上述代码为每个需要访问的私有字段设置了公有访问函数
}                                           // 很好地体现了面向对象中的封装性
```

2）实验预约访问模型（SchFormBean.java）：

```
package cn. jit. olms. bean;
import javax. servlet. http. HttpServletRequest;
import org. apache. struts. action. ActionErrors;
import org. apache. struts. action. ActionForm;
import org. apache. struts. action. ActionMapping;
public class SchFormBean extends ActionForm {
    private Long SchId;
    private String teacherName;             // 教师姓名,字符串
    private String labName;                 // 实验室名称,字符串
    private String labLocation;             // 这里的变量命名也遵循了见名知义的原则
    private String expName;
    private String schSemester;
    private String schWeek;
    private String schWeekday;
    private String schTime;
    public Long getSchId() {                // 对私有成员变量设置公有访问函数
        return SchId;                       // 体现面向对象的封装性
    }
    public void setSchId(Long schId) {SchId = schId;}
    public String getTeacherName() {return teacherName;}
    public void setTeacherName(String teacherName) {
        this. teacherName = teacherName;
    }
    public String getLabName() {return labName;}
    public void setLabName(String labName) {this. labName = labName;}
    public String getLabLocation() {return labLocation;}
    public void setLabLocation(String labLocation) {
    this. labLocation = labLocation;
    }
    public String getExpName() {return expName;}
```

```
    public void setExpName(String expName) {this.expName = expName;}
    public String getSchSemester() {return schSemester;}
    public void setSchSemester(String schSemester) {
        this.schSemester = schSemester;
    }
    public String getSchWeek() {return schWeek;}
    public void setSchWeek(String schWeek) {this.schWeek = schWeek;}
    public String getSchWeekday() {return schWeekday;}
    public void setSchWeekday(String schWeekday) {
        this.schWeekday = schWeekday;
    }
    public String getSchTime() {return schTime;}
    public void setSchTime(String schTime) {this.schTime = schTime;}
}
}
```

(2) V(View)——JSP

为了把表现层（Presentation）从请求处理（Request Processing）和数据存储（Data Storage）中分离开来，Sun 公司推荐在 JSP 文件中使用一种“模型 - 视图 - 控制器”（Model-View-Controller）模式。规范的 Servlet 或者分离的 JSP 文件用于处理请求。当请求处理完后，控制权交给一个只作为创建输出作用的 JSP 页。

用 JSP 技术，Web 页面开发人员可以使用 HTML 或者 XML 标识来设计和格式化最终页面，并使用 JSP 标识或者小脚本来生成页面上的动态内容（内容是根据请求变化的，例如请求账户信息或者特定的一瓶酒的价格等）。生成内容的逻辑被封装在标识和 JavaBeans 组件中，并且捆绑在脚本中，所有的脚本在服务器端运行。由于核心逻辑被封装在标识和 JavaBeans 中，所以 Web 管理人员和页面设计者能够编辑和使用 JSP 页面，而不影响内容的生成。

在服务器端，JSP 引擎解释 JSP 标识和脚本，生成所请求的内容（例如，通过访问 JavaBeans 组件，使用 JDBC 技术访问数据库或者包含文件），并且将结果以 HTML（或者 XML）页面的形式发送回浏览器。这既有助于作者保护自己的代码，又能保证任何基于 HTML 的 Web 浏览器的完全可用性。

本系统的页面统一组织在/WebRoot/ol/pages 目录下，按照管理员（adm）、公共修改（pub）、学生（stu）、教师（tea）四个目录分别存放。例如实验预约子系统的学生实验预约和实验查看页面就放在/WebRoot/ol/pages/stu 目录下，分别为 stu_experiment_reserve.jsp 和 stu_experiment_reserveRecord.jsp，界面对应图 7-6、图 7-7 和图 7-8，为系统的表示层，用来和用户交互。

(3) C(Controller)——Servlet

Servlet 是一种服务器端的 Java 应用程序，具有独立于平台和协议的特性，可以生成动态的 Web 页面。它担当客户请求（Web 浏览器或其他 HTTP 客户程序）与服务器响应（HTTP 服务器上的数据库或应用程序）的中间层。Servlet 是位于 Web 服务器内部的服务器端的 Java 应用程序，与传统的从命令行启动的 Java 应用程序不同，Servlet 由 Web 服务器进行加载，该 Web 服务器必须包含支持 Servlet 的 Java 虚拟机。

一个 Servlet 就是 Java 编程语言中的一个类，它用来扩展服务器的性能，服务器上驻留着可以通过“请求 - 响应”编程模型来访问的应用程序。虽然 Servlet 可以对任何类型的请求产生响应，但通常只用来扩展 Web 服务器的应用程序。

1）用户访问控制（UserDAO.java），这里给出代码框架，详细代码实现可以参考本书配套网站。

```
public class UserDAO {
    DataSource ds;
    public UserDAO(){}
    public UserDAO(DataSource ds) {this. ds = ds;}
    // 增加用户
    public boolean adduser(UserFormBean userformbean) {}
    // 查询所有用户信息
    public List < UserFormBean > getUserInfo()  {}
    // 查询所有用户组信息
    public List < UserGroupFormBean > getUserGroupInfo(){}
    // 删除用户信息
    public int deleteUserInfo(Long UserId){}
    // 删除用户组信息
    public int deleteUserGroupInfo(Long GroupId){}
    // 通过用户 ID 获得用户信息
    public UserFormBean getUserInfoById(Long UserId){}
    // 通过用户 ID 获得用户组信息
    public UserGroupFormBean getUserGroupInfoById(Long GroupId){}
    // 更新用户信息
    public int updateUserInfo(UserFormBean userformbean){}
    // 修改用户密码
    public boolean updateUserPassword(UserFormBean userformbean){}
    // 更新用户组信息
    public int updateUserGroupInfo(UserGroupFormBean usergroupformbean){}  // 批量上传用户
    public boolean inputUser(FormFile formfile,HttpServletRequest request)
    {}
}
```

在这个访问控制的基础上，界面上用户的新增、删除、管理、修改分别使用 User_Add_Action.java、User_Del_Action.java、User_Manage_Action.java、User_Upd_Action.java 功能来实现。User_Add_Action.java 样例代码如下：

```
public class User_Add_Action extends Action {
    public ActionForward execute(ActionMapping mapping, ActionForm form,
            HttpServletRequest request, HttpServletResponse response) {
    ServletContext context = this. servlet. getServletContext();
    DataSource ds = (DataSource) context. getAttribute("olms");
    UserFormBean userformbean = (UserFormBean) form;

    System. out. println(" +++++++++++++++++++++++++++++");
    System. out. println(userformbean. getGrade());
    UserDAO userDAO = new UserDAO(ds);

    if(userDAO. adduser(userformbean))
        request. setAttribute("msg", "增加成功");
    else request. setAttribute("msg", "增加失败,请重试");
    return mapping. findForward("add");
    }
}
```

2）实验预约访问控制（SchDAO.java），这里给出代码框架，详细代码实现可以参考本书配套网站。

```
public class SchDAO {
DataSource ds;
public SchDAO() {}
```

```
public SchDAO(DataSource ds) { this.ds=ds; }
public List<SchFormBean> reserve_search(SchFormBean schbean){}
public List<SchFormBean> expname_search(SchFormBean schbean){}
public SchFormBean getSchBeanById(long id){}
public int reserve(SchFormBean schbean,UserJavaBean userbean){}
}
```

（4）实验预约子系统数据表结构

1）用户表结构：

```
create table ol_user_t
(
  UserId     number not null,
  LoginName varchar2(20) not null,
  UserName varchar2(12) not null,
  Password varchar2(16) not null,
  Type varchar2(16) not null,
  ID varchar2(16) not null,
  Grade varchar2(20) ,
  primary key (UserId)
);
```

2）实验预约表结构：

```
create table ol_schedule_t
(
  SchId        number(16) Primary key not NULL,
  TeacherName  varchar(12) not NULL,
  LabName      varchar(30) not NULL,
  LabLocation  varchar(10) not NULL,
  ExpName      varchar(20) not NULL,
  SchSemester  varchar(20) not null,
  SchWeek      varchar(30) not NULL,
  SchWeekday   varchar(20) not null,
  SchTime      varchar(20) not NULL
);
```

上面给出了子系统的一个体系结构的实现，读者可以在此基础上进一步熟悉更多的MVC框架，如Java开发Web Application的几种符合MVC设计模式的开发方式：JSP + Servlet + JavaBean(EJB)、JSP + JavaBean(Controller) + JavaBean (EJB)(Model)、TDK(Turbine, Velocity…)、XSP、JSP + Struts + JavaBean(EJB)、SSH(Struts + Spring + Hibernate)。

7.3 软件开发中的注意事项

7.3.1 项目设计

项目设计的主导思想有两种，一种是完全设计，一种是简单设计。完全设计是指在具体编写代码之前对软件的各个方面都调查好，做好详细的需求分析，写好全部的开发文档，设计出程序全部流程后再开始写代码。简单设计是一种概念，一种可以接受的简单设计，最起码数据库已经定下来，基本流程已经确定方案，来作为程序设计的开始，并随时根据实际情况的进展来修正具体的功能设计，但这种功能修改不能是修改数据库结构。也就是说，数据库结构是在编程之前经过反复论证的。这种方法减少了前期设计的时间，把代码编写工作和部分设计工作放在了一起，实际缩短了项目开发的时间。如果说完全设计方法要求有很专业的前期设计人员，那么简单设计要求有很有设计头脑的编程人员。

简单设计成功的一个基点是编程人员设计的逻辑结构简单并能根据需要来调整其逻辑结构，即代码结构灵活。简单设计带来的另外一个变化就是会议会比较多，编程人员之间的交流就变得很重要，现在一般的中小型软件公司基本上都是采用简单设计的。

总之，简单设计考验的是开发人员的能力，完全设计考验的是前期设计人员和整个项目组的能力。

7.3.2 设计变化和需求变化

开发人员最怕的是什么呢？是设计变化，还是需求变化？当然后者的影响更致命一些。当你的一个项目数据库都定下来后，而且已经开发了若干个工作日，突然接到甲方公司提出某个功能要改变，原先的需求分析要重新修改，如果这个修改涉及数据库的表结构更改，那就是最致命的。这就意味着项目的某些部分得重新推倒重来，如果这个部分跟已完成的多个部分有牵连的话，那后果就更可怕了。所以当碰到这种情况发生，作为项目经理就应该考虑先查责任人，究竟是自己的需求分析做得不够好，还是客户在认同了需求分析后做出了修改，如果是后者的话，完全可以要求客户对他的这个修改负责，并告知本次新增加的需求将归入另外一个版本。如果是改变前面某个需求的定义，那么说不定就要推倒重来了，不过这个时候倒不用太在意，毕竟错的是客户，其在项目正式开始前没有说清楚需求。所以，在需求分析做好后，在开工之前一定要叫客户认可签字，并且在合同上要注明，当由客户原因引起的需求改变而造成开发成本增加，客户要为此承担责任。如果在需求不变的情况之下，设计发生了变化，这个仅仅是内部矛盾，商量一下就能解决。在简单设计中，因为前期的设计是不完整的，那么当进入任何一个新的模块进行开发时，都有可能引起设计的变化。开发人员的水平的高低基本上就决定了软件的好坏。

7.3.3 代码编写

当需求定下来，数据库也定下来后，项目就可以进行实质性的编码了。现在的软件项目越来越大，工期也越来越紧，事实上一个项目小组里面一般有3~5个程序员，所以要强调团队合作性。项目组成员编写的代码要让别人能够看懂，必须在实际的编写代码过程中有详细的编码规范。

编程的基本原则涵盖在编程前、编程过程中和编程确认三个阶段。编程前要求理解所要解决的问题；理解基本的设计原则和概念；选择一种能满足要求的编程语言；选择一种能简化工作的编程环境；构件级编程结束后进行单元测试。编程过程中要求遵循SP方法约束；选择能满足设计要求的数据结构；理解软件架构并开发出相符的接口；变量命名保持简单，编写注释等；增强代码的可读性（缩排与空行等）。编程确认阶段要求适当进行代码走查；进行单元测试并改正所发现的错误；重构代码（有必要时）。

良好的编程风格在项目组内也是非常必要的。编程风格就是程序员在编写程序时遵循的具体准则和习惯做法，它要求编写的程序是简单（Simple）和清晰（Clear）的。编程风格的一般原则包括：1）使用结构化编码技术；2）不写自修改的程序；3）限制程序的规模（一般在50行以内）；4）不滥用语言的特色，尽量保持程序的清晰性；5）避免不必要的复杂算法和逻辑表达式；6）增加括号以避免混乱；7）计算中必须使用足够的有效位；8）说明语句内的标识符必须按序排列（次序有含义除外）。

良好的命名规范有利于别人读懂你的程序，标识符的名称应能表明标识符的数据类型和标识符所代表的实际意义。具体的命名采用类似匈牙利表示法的方式：名称分两部分，第一部分用缩写字母表明该标识符的数据类型，第二部分表示该标识符的定义，两部分间用“_”相连，例如 i_pageno 等。标识符采用纯英文（全拼或简拼）、代数变量名或拼音首字母缩写（很多项目规定不准使用），使用拼音时必须有注解。需要简拼时用辅音简拼，不宜用辅音简拼时取首字母，如 message 简拼为 msg，address 取首字母为 addr 等。必须显式说明变量，利用标识符的大小写变化区分全局变量、常量、局部变量、类型名等，如常量全部大写，全局变量首字母大写，局部变量的首字母为小写等。标识符的长度与使用频率成反比，使用较多的局部变量应尽量用 m，n，i，j，k 等代数变量名，尽量缩小变量的作用域。

程序中的适当注释也是帮助理解程序的一个很好的工具。每个模块的开始必须包括形如下述内容的序言性注释（利于复审和组装测试），并且该注释必须包括在源程序中，随同源程序输入/输出。注释内容如下：

- 模块名称
- 模块功能及用途描述
- （模块接口）输入/输出和入口/出口参数的允许和预期范围
- 算法简述：对算法较复杂的模块才需要
- 局部数据结构描述
- 重要的执行路径说明
- 调用清单：该模块调用其他模块的清单
- 错误条件及转移清单
- 涉及的文献和设计文档
- 开发者姓名
- 编程计划/实际开始/完成日期
- 单元测试者姓名
- 单元测试计划/实际开始/完成日期
- 单元测试结论
- 维护记录：修改人姓名、修改日期和原因等的描述
- 可移植性约束

另外，为了帮助理解软件，程序中还应该包含功能性注释。每个源程序语句必须是自定义的，或者是由注释短语定义的，以便于任意一名掌握软件知识、与原始开发工作无关的人员都可以同样地理解，可以把注释短语合乎逻辑地组合在一个单独的注释语句中，注释也必须包括在源程序清单中，随同源程序输入/输出。注释应用于描述程序块，而不是描述每一行代码；注释要正确，不正确或易误解的注释比没有注释更糟糕；适当使用空行和空格，以便区分程序和注释（如说明语句和可执行语句之间至少留一个空行，程序块之间也应留有空行等）；尽可能使得每个源程序语句是自定义的；在容易混淆的地方用圆括号分隔开；混合类型的表达式应给予注释。在编写注释时要时时想着，如果代码不是我编写的，我也能读懂它。

关于代码缩进，在源程序代码清单中必须使用软件结构上的缩进（锯齿形排列），以增强可读性和清晰性；缩进的字符数在整个程序中必须相同，建议每个层次缩进两个字符位置；程序代码不要超出编辑窗口的右边界，不能被看到的代码很难被改变或者调试；避免复杂的条件测试和否定条件的条件测试；避免在一行上写多条语句（大多数语言允许）。

在本节最后谈几个编程中要注意的事项。首先，不要为了非必需的效率提高而牺牲程序的清晰性和可读性。其次，就软件开发而言，技巧的优点在于能另辟蹊径地解决一些问题，缺点是技巧并不为人熟知。若在程序中使用太多的技巧，可能会留下隐患，别人也难以理解程序。

鉴于一个局部的优点对整个系统而言是微不足道的，而一个错误则可能是致命的，因此建议用自然的方式编程，少用技巧。最后，要在程序中加入软件内部的错误检查，即保护性编程，在设计过程的早期就应该把保护性编程包括进去。它包含两类技术，主动保护性编程技术周期性地或在空闲时间对整个程序或数据库进行搜索，用于发现异常情况；被动保护性编程技术是在到达检查代码时对程序的某些部分进行检查。保护性编程的典型检查项目包括：

- 来自外部设备的输入数据（范围、属性）。
- 由其他程序提供的数据。
- 数据库（数组、文件、结构记录）。
- 操作员的输入（性质、顺序）。
- 栈的深度。
- 数组的上下界。
- 表达式中出现零分母的可能性。
- 所期望的硬件环境和程序版本。
- 通过其他程序或外部设备的输出。

本章小结

本章主要从程序设计语言的选择、面向对象程序设计案例、软件开发过程中的注意事项三个方面阐述了软件实现的主要内容。

选择了一种程序设计语言后，就可以影响到对概要设计和详细设计的实现。语言的特性对于软件的测试与维护也有一定的影响，支持结构化构造的语言有利于降低程序环路的复杂性，使程序易测试、易维护。程序设计语言一般具有工程特性、技术特性和心理特性三个特性。

为开发一个特定项目选择程序设计语言时，必须从技术特性、工程特性和心理特性几方面考虑。在选择语言时，要从问题需求入手，确定它的要求是什么，以及这些要求的相对重要性，针对这种需求，需要什么特性的程序设计语言来实现。由于一种语言不可能同时满足它的各种需求，所以要求进行权衡，比较各种可用语言的适用程度，最后选择认为是最适用的语言。不过，在实际开发中，往往还要根据客户的环境以及需求来整体考虑。

本章的案例是采用 Java 语言开发的，并给出了其 MVC 的实现方法。

思考题

1. 软件实现阶段选定编程语言的原则有哪些？
2. 程序设计风格是什么？
3. 在编写输入和输出程序时应考虑哪些原则？
4. 程序语言有哪些共同特征？
5. 举例说明各种程序设计语言的特点及适用范围。
6. 对效率的追求应明确哪几点？
7. 什么是顺序设计风格？为了具有更好的设计风格，应注意哪些方面的问题？
8. 语句构造的原则是什么？
9. 在项目开发时，选择程序设计语言通常考虑哪些因素？
10. 第四代语言（4GL）有哪些主要特征？
11. 数据说明有哪些指导原则？
12. 什么是注释？有哪些内容？
13. 编程时使用的程序设计语言对软件的开发与维护有何影响？

第8章 软件测试

【学习目标】

➢ 了解软件测试的基本概念和内涵；
➢ 理解软件测试的作用和地位；
➢ 掌握两种基本测试方法（黑盒测试和白盒测试）；
➢ 了解测试的过程（测试原则、测试方法、测试分类、测试结束的条件等）；
➢ 了解调试和纠错的基本内容；
➢ 掌握测试用例的设计方法；
➢ 了解并熟悉软件测试工具。

本章重点描述的是软件测试的内容，软件测试是软件生命周期中的一个重要阶段，它直接影响着软件的质量和软件的可靠性。8.1节主要描述软件测试的定义、目的、分类和原则。8.2节在了解基本内容的基础上介绍两种传统测试方法，即白盒测试方法和黑盒测试方法，并对这两种方法进行比较。8.3节给出软件测试的描述，包括软件测试过程、软件测试策略、软件测试文档、软件测试结束的标志。8.4节给出软件测试过程中最重要的设计内容即测试用例的设计，包括测试用例设计原则和测试用例的编写。8.5节介绍了目前常用的测试工具，并给出相应的选择方法。

8.1 软件测试概述

任何软件，大到微软的Windows操作系统，小到普通的算法实现，无论采用什么样的技术，由多么资深的工程师来开发，都不可能达到完美的状态，多少都会存在缺陷或故障。因此在软件设计和开发的过程中，必须对其进行严格的测试，以尽可能地减少软件中存在的故障，降低错误发生的几率，提高软件的质量。

8.1.1 软件测试定义

关于软件测试的定义，不同的研究人员在理解软件测试时有不同的侧重点，所以表达时也有所不同，但本质都是一样的，那就是软件测试是为了寻找软件中的错误。目前软件测试主要有三种描述：

1）1983年，IEEE（国际电子电气工程师协会）提出的软件测试定义为："使用人工或自动手段来运行或测定某个系统的过程，其目的在于检验它能否满足规定的需求或是否弄清预计结果和实际结果的直接差异"。这里强调的是软件的实际结果与规定的需求间的一致性，以及与预期输出间的差异。这个定义是最广为认可的一个定义。

2）软件测试是根据软件开发各阶段的规格说明和程序的内部结构而精心设计的一批测试用例，并利用这些测试用例去执行程序，以发现软件故障的过程。这里它强调寻找软件的故障。

3）软件测试是一种质量保证活动，其动机就是通过一些经济有效的方法，发现软件中存在的缺陷，从而保证软件质量。这里强调的也是发现软件中存在的缺陷。

软件测试是软件生命周期中的一个重要阶段，它直接影响着软件的质量和软件的可靠性。因此，人们往往花费了大量的时间和人力用于软件测试。在软件开发的全过程中，尽管对每个阶段均有严格的技术审查，但是，要发现所有的错误是不可能的。因此，软件在投入生产性运行之前要尽可能多地发现软件中的差错，以提高软件的质量。一旦编码开始，正式测试必须随即开始。测试要求开发者首先抛弃“刚开发的软件是正确的”这一先入为主的观念，然后努力去构造测试用例来“破坏”软件。

软件测试步骤及其与研制过程的对应关系见图 8-1 和图 8-2 所示。

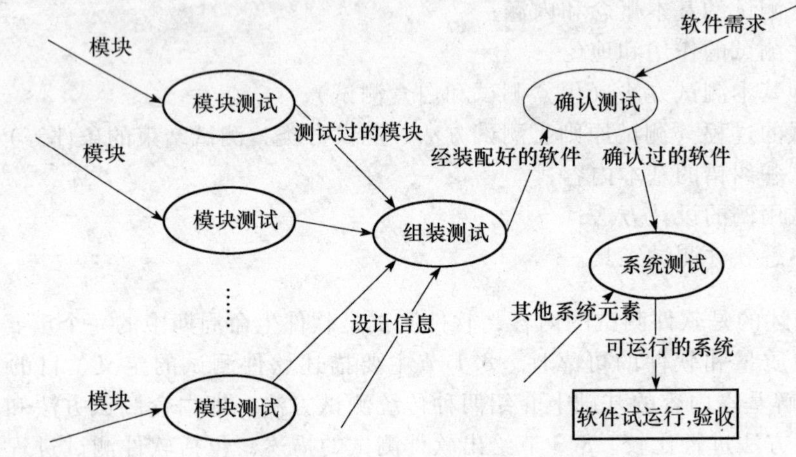

图 8-1 软件测试步骤

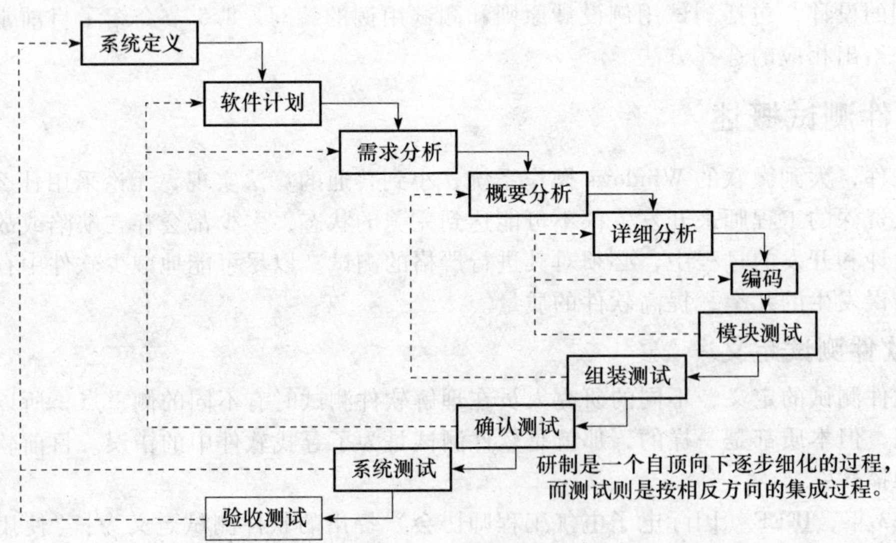

图 8-2 测试过程和研制过程的对应关系

8.1.2 软件测试目的

软件测试的目的是为了保证软件产品的最终质量，在软件开发的过程中，对软件产品进行质量控制。一般来说，软件测试应由独立的产品评测中心负责，严格按照软件测试流程，制定测试计划、测试方案、测试规范，实施测试，对测试记录进行分析，并根据回归测试情况撰写测试报告。测试是为了证明程序有错，而不能保证程序没有错误。

由于测试的目标是暴露程序中的错误，从心理学角度看，由程序的编写者自己进行测试是不恰当的，因此，在综合测试阶段通常由其他人员组成测试小组来完成测试工作。

8.1.3 软件测试分类

软件测试的分类方法有很多种，下面从测试内容、测试阶段、测试技术和测试手段四种分类方法具体介绍。

1）按测试内容分类：

- 功能测试。功能测试基于需求和功能，检查软件是否达到原定的功能标准而不必理会软件内部的结构即代码的实现。
- 性能测试。性能测试着重于软件的运行速度、负荷、兼容性、健壮性（容错能力/恢复能力）、安全性、可靠性等方面的测试。
- 接口测试。程序员对各个模块进行系统联调的测试，包含程序内接口和程序外接口测试。这个测试在单元测试阶段进行了一部分工作，而大部分工作都是在集成测试阶段完成的，由开发人员进行。

2）按测试阶段分类：分为单元测试、集成测试、系统测试、Alpha 测试、Beta 测试和确认测试。

3）按测试技术分类：分为白盒测试和黑盒测试。

4）按测试手段分类：分为手工测试和计算机辅助测试。

8.1.4 软件测试原则

软件测试应遵循七个基本原则，具体如下：

1）软件开发人员即程序员应当避免测试自己的程序。

不管是程序员还是开发小组都应当避免测试自己的程序或者本组开发的功能模块。若条件允许，应当由独立于开发组和客户的第三方测试组或测试机构来进行软件测试，但这并不是说程序员不能测试自己的程序，而是更加鼓励程序员进行调试，因为测试由别人来进行可能会更加有效、客观，并且容易成功，而允许程序员自己调试也会更加有效和有针对性。

2）应尽早地和不断地进行软件测试。

应当把软件测试贯穿到整个软件开发的过程中，而不应该把软件测试看做是其过程中的一个独立阶段。因为在软件开发的每一个环节中都有可能产生意想不到的问题，其影响因素有很多，比如软件本身的抽象性和复杂性、软件所涉及问题的复杂性、软件开发中各个阶段工作的多样性，以及各层次工作人员的配合关系等。所以要坚持软件开发各阶段的技术评审，把错误克服在早期，从而减少成本，提高软件质量。

3）对测试用例要有正确的态度：第一，测试用例应当由测试输入数据和预期输出结果这两部分组成；第二，在设计测试用例时，不仅要考虑合理的输入条件，更要注意不合理的输入条件。因为软件在投入实际运行的过程中，用户往往不遵守正常的使用方法，却进行了一些甚至大量的意外输入导致软件一时半会儿不能做出适当的反应，就很容易产生一系列的问题，轻则输出错误的结果，重则瘫痪失效。因此常用一些不合理的输入条件来发现更多的鲜为人知的软件缺陷。

4）物以类聚，人以群分，软件测试也不例外，一定要充分注意软件测试中的群集现象，也可以认为是“80－20 原则”。不要以为发现几个错误并且解决这些问题之后，就不需要测试了。反而这里是错误群集的地方，对这段程序要重点测试，以提高测试投资的效益。

5）严格执行测试计划，排除测试的随意性，以避免发生疏漏或者重复无效的工作。

6）应当对每一个测试结果进行全面检查。一定要全面、仔细地检查测试结果，但这常常容易被人们忽略，导致许多错误被遗漏。

7）妥善保存测试用例、测试计划、测试报告和最终分析报告，以备回归测试及维护之用。

在遵守以上原则的基础上进行软件测试，可以以最少的时间和人力找出软件中的各种缺陷，从而达到保证软件质量的目的。

8.2 软件测试方法和技术

随着软件测试技术的不断发展，测试方法也越来越多样化，针对性更强；选择合适的软件测试方法可以让我们事半功倍。

8.2.1 概述

现在的软件测试方法和测试技术分类如下所示：

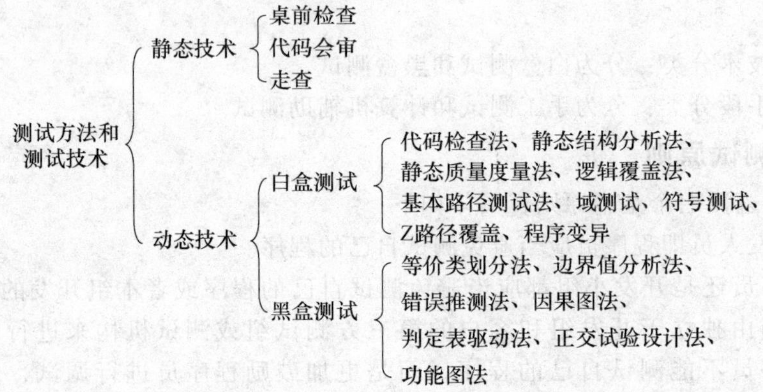

1. 程序的静态分析

程序的静态分析用于检查逻辑设计和编码错误，不涉及程序的实际执行，用人工进行分析，具体包括：

- 桌前检查（Desk Check）：程序员自己检查程序，效果不太理想。解决办法：互相交换程序检查。
- 代码会审（Code Inspections）：由一组人通过阅读、讨论和争议，对程序进行静态分析的过程。
- 走查（Walkthrough）：预先准备测试数据，让与会者充当“计算机”，检查程序的状态。有时走查可能比真正运行程序所发现的错误更多。

2. 程序的动态测试

在程序的测试中，十全十美的测试情况是不存在的，即任何程序的测试都是不彻底的，测试不能发现程序中的所有错误。在测试方法中，最简单的，也是最差的一种测试方法是随机输入的测试。这种将随机选择的输入值作为输入数据的测试往往检测不出较多的错误。通常，在程序的测试中采用两类方法：黑盒测试法和白盒测试法。无论是白盒测试法还是黑盒测试法，关键都是如何选择高效的测试用例（高效的测试用例是指一个用例能够覆盖尽可能多的测试情况，从而提高测试效率）。

白盒测试的对象是源程序，依据的是程序内部的逻辑结构来发现软件的编程错误、结构错误和数据错误。结构错误包括逻辑、数据流、初始化等错误。用例设计的关键是以较少的用例覆盖尽可能多的内部程序逻辑结果。黑盒测试法依据的是软件的功能或软件行为描述，发现软件的接口、功能和结构错误。其中接口错误包括内部/外部接口、资源管理、集成化以及系统错误。黑盒测试法用例设计的关键同样也是以较少的用例覆盖模块输出和输入接口。下面着重介绍白盒测试法和黑盒测试法。

8.2.2 黑盒测试

黑盒测试（Black Box Testing）也称功能测试，它是通过测试来检测每个功能是否都能正常使用。在测试中，把程序看作一个不能打开的黑盒子，在完全不考虑程序内部结构和内部特性的情况下，在程序接口进行测试，它只检查程序功能是否按照需求规格说明书的规定正常使用，程序是否能适当地接收输入数据而产生正确的输出信息。黑盒测试着眼于程序外部功能和结构，不考虑内部逻辑结构，主要针对软件界面和软件功能进行测试。

黑盒测试是以用户的角度，从输入数据与输出数据的对应关系出发进行测试的。很明显，如果外部特性本身有问题或规格说明的规定有误，用黑盒测试法是发现不了的。黑盒测试法注重于测试软件的功能需求，主要试图发现下列几类错误：一是功能不正确或遗漏；二是界面错误和数据库访问错误；三是性能错误、初始化和终止错误等。

从理论上讲，黑盒测试只有采用穷举输入测试，把所有可能的输入都作为测试情况考虑，才能查出程序中所有的错误。实际上测试情况有无穷多个，人们不仅要测试所有合法的输入，而且还要对那些不合法但可能的输入进行测试。这样看来，完全测试是不可能的，所以我们要进行有针对性的测试，通过制定测试案例指导测试的实施，保证软件测试有组织、按步骤、有计划地进行。黑盒测试行为必须能够加以量化，才能真正保证软件质量，而测试用例就是将测试行为具体量化的方法之一。具体的黑盒测试用例设计方法包括等价类划分法、边界值分析法、错误推测法、因果图法、判定表驱动法、正交试验设计法、功能图法等，下面主要介绍前四种方法。

1. 等价类划分法

等价类划分法是把程序的输入域划分成若干部分（子集），然后从每个部分中选取少数代表性数据作为测试用例。每一类的代表性数据在测试中的作用等价于这一类中的其他值。该方法是一种重要的、常用的黑盒测试用例设计方法。

（1）划分等价类

等价类是指某个输入域的子集合。在该子集合中，各个输入数据对于揭露程序中的错误都是等效的，并合理地假定“测试某等价类的代表值就等于对这一类其他值的测试”。因此，可以把全部输入数据合理划分为若干等价类，在每一个等价类中取一个数据作为测试的输入条件，就可以用少量代表性的测试数据取得较好的测试结果。等价类划分可有两种不同的类型：有效等价类和无效等价类。

- 有效等价类：指对于程序的规格说明来说是合理的、有意义的输入数据构成的集合。利用有效等价类可检验程序是否实现了规格说明中所规定的功能和性能。
- 无效等价类：与有效等价类的定义相反，指对于程序的规格说明来说是不合理的、无意义的输入数据构成的集合，用来验证程序的健壮性和可靠性。

设计测试用例时，要同时考虑这两种等价类，因为软件不仅要能接收合理的数据，也要能经受意外的考验，这样的测试才能确保软件具有更高的可靠性。

（2）划分等价类的方法

下面给出六条确定等价类的原则。

1）在输入条件规定了取值范围或值的个数的情况下，则可以确立一个有效等价类和两个无效等价类。

2）在输入条件规定了输入值的集合或者规定了“必须如何”的条件的情况下，可确立一个有效等价类和一个无效等价类。

3）在输入条件是一个布尔量的情况下，可确定一个有效等价类和一个无效等价类。

4）在规定了输入数据的一组值（假定 n 个），并且程序要对每一个输入值分别处理的情况下，可确立 n 个有效等价类和一个无效等价类。

5）在规定了输入数据必须遵守的规则的情况下，可确立一个有效等价类（符合规则）和若干个无效等价类（从不同角度违反规则）。

6）在确定已划分的等价类中各元素在程序处理中的方式不同的情况下，则应再将该等价类进一步划分为更小的等价类。

（3）设计测试用例

在确立了等价类后，可建立等价类表，列出所有划分出的等价类，然后从划分出的等价类中按以下三个原则设计测试用例：

1）为每一个等价类规定一个唯一的编号。

2）设计一个新的测试用例，使其尽可能多地覆盖尚未被覆盖的有效等价类，重复这一步，直到所有的有效等价类都被覆盖为止。

3）设计一个新的测试用例，使其仅覆盖一个尚未被覆盖的无效等价类，重复这一步，直到所有的无效等价类都被覆盖为止。

案例 8.1 某程序规定：“输入三个整数 a、b、c 分别作为三边的边长构成三角形。通过程序判定所构成的三角形的类型，当此三角形为一般三角形、等腰三角形及等边三角形时，分别完成相应的计算。”用等价类划分方法为该程序进行测试用例设计。（三角形问题的复杂之处在于输入与输出之间的关系比较复杂。）

解：分析题目中给出和隐含的对输入条件的要求。

1）整数；2）三个数；3）非零数；4）正数；5）两边之和大于第三边；6）等腰；7）等边。

如果 a、b、c 满足条件 1）~4），则输出下列四种情况之一：

- 如果不满足条件 5），则程序输出为“非三角形”。
- 如果三条边相等即满足条件 7），则程序输出为“等边三角形”。
- 如果只有两条边相等、即满足条件 6），则程序输出为“等腰三角形”。
- 如果三条边都不相等，则程序输出为“一般三角形”。

列出等价类表并编号，见表 8-1。

表 8-1 等价类的划分及编号

		有效等价类型	号码	无效等价类		号码
输入条件	输入三个整数	整数	1	一边为非整数	a 为非整数	12
					b 为非整数	13
					c 为非整数	14
				两边为非整数	a,b 为非整数	15
					b,c 为非整数	16
					a,c 为非整数	17
				三边 a,b,c 均为非整数		18

（续）

		有效等价类型	号码	无效等价类	号码
输入条件	输入三个整数	三个数	2	只给一边：只给 a	19
				只给一边：只给 b	20
				只给一边：只给 c	21
				只给两边：只给 a,b	22
				只给两边：只给 b,c	23
				只给两边：只给 a,c	24
				给出三个以上	25
		非零数	3	一边为零：a 为 0	26
				一边为零：b 为 0	27
				一边为零：c 为 0	28
				两边为零：a,b 为 0	29
				两边为零：b,c 为 0	30
				两边为零：a,c 为 0	31
				三边 a,b,c 均为 0	32
		正数	4	一边 <0：$a<0$	33
				一边 <0：$b<0$	34
				一边 <0：$c<0$	35
				两边 <0：$a,b<0$	36
				两边 <0：$b,c<0$	37
				两边 <0：$a,c<0$	38
				三边均 <0：$a<0,b<0$ 且 $c<0$	39
输出条件	构成一般三角形	$a+b>c$	5	$a+b<c$	40
				$a+b=c$	41
		$b+c>a$	6	$b+c<a$	42
				$b+c=a$	43
		$a+c>b$	7	$a+c<b$	44
				$a+c=b$	45
	构成等腰三角形	$a=b$ 且两边之和大于第三边	8		
		$b=c$ 且两边之和大于第三边	9		
		$a=c$ 且两边之和大于第三边	10		
	构成等边三角形	$a=b=c$	11		

覆盖有效等价类的测试用例如下：

a	b	c	覆盖等价类号码
3	4	5	(1)~(7)
4	4	5	(1)~(7)，(8)
4	5	5	(1)~(7)，(9)
5	4	5	(1)~(7)，(10)
4	4	4	(1)~(7)，(11)

覆盖无效等价类的测试用例见表8-2。

案例8.2 在“开放实验室管理系统”中，存在教师、学生、管理员和游客等不同角色，每种角色都会被赋予相应的权限。比如实验室中设备信息的管理和维护工作就只能由管理员实施，其他用户无法完成这项工作，系统在实现的时候采用了相应的菜单项“设备维护”来导航进到相应的实验室管理界面，然后通过对该菜单的显示和隐藏的控制来达到权限的开启与禁用。在对这项功能测试的时候就可以使用等价类划分法。根据前面的描述，很容易分析得到有效等价类为集合{管理员}，无效等价类为集合{教师，学生，游客}。然后使用不同的角色登录系统，那么对应的测试结果应该是：无效等价类中的成员在登录到系统中时看不到“设备维护”菜单项，而有效等价类中的成员登录进去后可以看到“设备维护”菜单项。不符合上述结果就说明程序存在错误。

表8-2 覆盖无效等价类的测试用例

a	b	c	覆盖等价类号码
2.5	4	5	12
3	3.5	5	13
3	4	4.5	14
3.5	4.5	5	15
3	4.5	5.5	16
3.5	4	5.5	17
4.5	4.5	5.5	18
3			19
	4		20
		5	21
3	4		22
	4	5	23
3		5	24
3	4	5	25
0	4	5	26
3	0	5	27
3	4	0	28
0	0	5	29
3	0	0	30
0	4	0	31
0	0	0	32
-3	4	5	33
3	-4	5	34
3	4	-5	35
-3	-4	5	36
-3	4	-5	37
3	-4	-5	38
-3	-4	-5	39
3	1	5	40
3	2	5	41
3	1	1	42
3	2	1	43
1	4	2	44
3	4	1	45

通过以上两个一难一易的案例，我们可以看到等价类划分法是一种常用的有效的测试方法。

2. 边界值分析法

边界值分析法是通过选择等价类边界来设计测试用例。边界值分析法不仅重视输入条件边界，而且也必须考虑输出域边界。它是对等价类划分方法的补充。

（1）边界值分析方法的考虑

长期的测试工作经验告诉我们，大量的错误是发生在输入或输出范围的边界上，而不是发生在输入输出范围的内部，因此针对各种边界情况设计测试用例，可以查出更多的错误。

使用边界值分析法设计测试用例，首先应确定边界情况，通常输入和输出等价类的边界，就是应着重测试的边界情况，应当选取正好等于、刚刚大于或刚刚小于边界的值作为测试数据，而不是选取等价类中的典型值或任意值作为测试数据。

（2）基于边界值分析法选择测试用例的原则

基于边界值分析法选择测试用例的原则如下：

1）如果输入条件规定了值的范围，则应取刚好达到这个范围的边界的值，以及刚刚超越这个范围边界的值作为测试输入数据。

2）如果输入条件规定了值的个数，则用最大个数、最小个数、比最小个数少一、比最大个数多一的数作为测试数据。

3）根据规格说明的每个输出条件，使用前面的原则1）。

4）根据规格说明的每个输出条件，使用前面的原则2）。

5）如果程序的规格说明给出的输入域或输出域是有序集合，则应选取集合的第一个元素和最后一个元素作为测试用例。

6）如果程序中使用了一个内部数据结构，则应当选择这个内部数据结构的边界上的值作为测试用例。

7）分析规格说明，找出其他可能的边界条件。

案例8.3 在“开放实验室管理系统”中，用户在预定实验室的时候程序需要计算后一天或者后几天的日期，我们使用NextDate函数来实现计算后一天日期的功能。在测试该功能时就使用了边界值分析法，具体方法如下。

解：在NextDate函数中，隐含规定了变量month和变量day的取值范围为1≤month≤12和1≤day≤31，并设定变量year的取值范围为1912≤year≤2050。边界值分析测试用例见表8-3。

表8-3 边界值分析测试用例

测试用例	month	day	year	预期输出
Test1	6	15	1911	1911.6.16
Test2	6	15	1912	1912.6.16
Test3	6	15	1913	1913.6.16
Test4	6	15	1975	1975.6.16
Test5	6	15	2049	2049.6.16
Test6	6	15	2050	2050.6.16
Test7	6	15	2051	2051.6.16
Test8	6	-1	2001	day超出［1…31］
Test9	6	1	2001	2001.6.2
Test10	6	2	2001	2001.6.3
Test11	6	30	2001	2001.7.1
Test12	6	31	2001	输入日期超界
Test13	6	32	2001	day超出［1…31］
Test14	-1	15	2001	month超出［1…12］
Test15	1	15	2001	2001.1.16
Test16	2	15	2001	2001.2.16
Test17	11	15	2001	2001.11.16
Test18	12	15	2001	2001.12.16
Test19	13	15	2001	month超出［1…12］

3. 错误推测法

错误推测法是基于经验和直觉推测程序中所有可能存在的各种错误，从而有针对性地设计测试用例的方法。

错误推测方法的基本思想是：列举出程序中所有可能有的错误和容易发生错误的特殊情况，根据它们选择测试用例。例如，在单元测试时曾列出的许多在模块中常见的错误、以前产品测试中曾经发现的错误等，这些就是经验的总结。还有，输入数据和输出数据为0的情况、输入表格为空格或输入表格只有一行，这些都是容易发生错误的情况，可选择这些情况下的例子作为测试用例。

案例8.4 测试一个对线性表（比如数组）进行排序的程序，可推测列出以下几项需要特别测试的情况：

1）输入的线性表为空表。

2）表中只含有一个元素。

3）输入表中所有元素已排好序。

4）输入表已按逆序排好。

5）输入表中部分或全部元素相同。

4. 因果图法

因果图法同前面介绍的等价类划分法和边界值分析法不太一样，前面的方法都是着重考虑输入条件，但未考虑输入条件之间的联系、相互组合等。考虑输入条件之间的相互组合，可能会产生一些新的情况，但要检查输入条件的组合不是一件容易的事情，即使把所有输入条件划分成等价类，它们之间的组合情况也相当多。因此必须采用一种适合于描述对于多种条件的组合，相应产生多个动作的形式来考虑设计测试用例，这就需要利用因果图（逻辑模型）。因果图法最终生成的是判定表．它适合于检查程序输入条件的各种组合情况。

因果图生成测试用例的基本步骤如下：

1）分析软件规格说明描述中，哪些是原因（即输入条件或输入条件的等价类），哪些是结果（即输出条件），并给每个原因和结果赋予一个标识符。

2）分析软件规格说明描述中的语义，找出原因与结果之间以及原因与原因之间对应的关系，根据这些关系，画出因果图。

3）由于语法或环境限制，有些原因与原因之间以及原因与结果之间的组合情况不可能出现，为表明这些特殊情况，在因果图上用一些记号表明约束或限制条件。

4）把因果图转换为判定表。

5）把判定表的每一列拿出来作为依据，设计测试用例。

从因果图生成的测试用例（局部、组合关系下的）包括了所有输入数据取True与取False的情况，构成的测试用例数目达到最少，且测试用例数目随输入数据数目的增加而线性地增加。

前面因果图法中已经用到了判定表，判定表（Decision Table）是分析和表达多逻辑条件下执行不同操作的情况下的工具，在程序设计发展的初期，判定表就已被当做编写程序的辅助工具了，因为它可以把复杂的逻辑关系和多种条件组合的情况表达得既具体又明确。

判定表通常由四个部分组成：

- 条件桩（Condition Stub）：列出了问题的所有条件，通常认为列出的条件的次序无关紧要。
- 动作桩（Action Stub）：列出了问题规定可能采取的操作，这些操作的排列顺序没有约束。
- 条件项（Condition Entry）：列出针对它左列条件的取值，包括在所有可能情况下的真假值。
- 动作项（Action Entry）：列出在条件项的各种取值情况下应该采取的动作。

任何一个条件组合的特定取值及其相应要执行的操作，在判定表中被分别填写，而判定表中贯穿条件项和动作项的一列就是一条规则。显然，判定表中列出多少组条件取值，也就有多少条规则，即条件项和动作项有多少列。

判定表的建立步骤（根据软件规格说明）如下：

1）确定规则的个数，假如有 n 个条件，每个条件有两个取值（0，1），故有几种规则。

2）列出所有的条件桩和动作桩。

3）填入条件项。

4）填入动作项，等到初始判定表。

5）简化，合并相似规则（相同动作）。

Beizer 指出了适合使用判定表设计测试用例的条件如下：

1）规格说明以判定表形式给出，或很容易转换成判定表。

2）条件的排列顺序不会影响执行哪些操作。

3）规则的排列顺序不会影响执行哪些操作。

4）每当某一规则的条件已经满足，并确定要执行的操作后，不必检验别的规则。

5）如果某一规则得到满足要执行多个操作，这些操作的执行顺序无关紧要。

案例 8.5 在“开放实验室管理系统”中，由于开放的实验室过多，因此根据教学区的不同给每个实验室编了一个区域码用来唯一地标识该实验室，比如 A1、B2 等。区域码由两个字符组成：第一个字符是 A 或 B（表示教学区），第二个字符是一个数字（实验室编号），当用户输入的区域码符合要求时才可以选择和预定该实验室，但如果第一个字符不是 A 或 B，则定位到错误提示页面 Ⅰ；如果第二个字符不是数字，则定位到错误提示页面 Ⅱ。使用因果图法对该功能进行测试，步骤如下：

解：1）根据题意，原因和结果如下：

- 原因：1——第一列字符是 A；2——第一列字符是 B；3——第二列字符是一个数字。
- 结果：21——选择预定实验室；22——定位到错误提示页面 Ⅰ；23——定位到错误提示页面 Ⅱ。

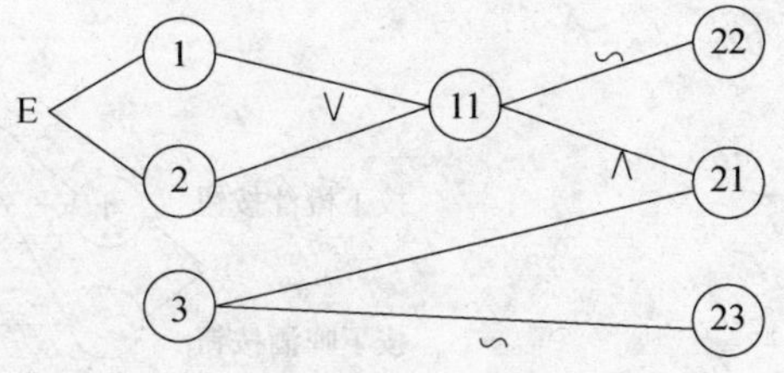

图 8-3 案例 8.5 的因果图

2）其对应的因果图见图 8-3：11 为中间节点；考虑到原因 1 和原因 2 不可能同时为 1，因此在因果图上施加 E 约束。

3）根据因果图建立判定表，见表 8-4。

表 8-4 案例 8.5 的判定表

		1	2	3	4	5	6	7	8
条件（原因）	1	1	1	1	1	0	0	0	0
	2	1	1	0	0	1	1	0	0
	3	1	0	1	0	1	0	1	0
	11			1	1	1	1	0	0
动作（结果）	22			0	0	0	0	1	1
	21			1	0	1	0	0	0
	23			0	1	0	1	0	1
测试用例				A3	AM	B5	BN	C2	DY
				A8	A?	B4	B!	X6	P;

表 8-4 中 8 种情况的左边两列情况中，原因 1 和原因 2 同时为 1，这是不可能出现的，故应排除这两种情况。表中的最下面一栏给出了 6 种情况的测试用例，这是我们所需要的数据。

案例 8.6 有一个处理单价为 5 角钱的饮料的自动售货机软件测试用例的设计。其规格说明如下：若投入 5 角钱或 1 元钱的硬币，按下“橙汁”或“啤酒”的按钮，则相应的饮料就送出来。若售货机没有零钱找，则一个显示“零钱找完”的红灯亮，这时再投入 1 元硬币并按下按钮后，饮料不送出来而且 1 元硬币也退出来；若有零钱找，则显示“零钱找完”的红灯灭，在送出饮料的同时退还 5 角钱硬币。

解： 1）分析这一段说明，列出原因和结果。

- 原因：1. 售货机有零钱找；2. 投入 1 元硬币；3. 投入 5 角硬币；4. 按下橙汁按钮；5. 按下啤酒按钮。
- 结果：21. 售货机“零钱找完”灯亮；22. 退还 1 元硬币；23. 退还 5 角硬币；24. 送出橙汁饮料；25. 送出啤酒饮料。

2）画出因果图，如图 8-4 所示。所有原因节点列在左边，所有结果节点列在右边。建立中间节点，表示处理的中间状态。中间节点：11. 投入 1 元硬币且按下饮料按钮；12. 按下“橙汁”或“啤酒”的按钮；13. 应当找 5 角零钱并且售货机有零钱找；14. 钱已付清。

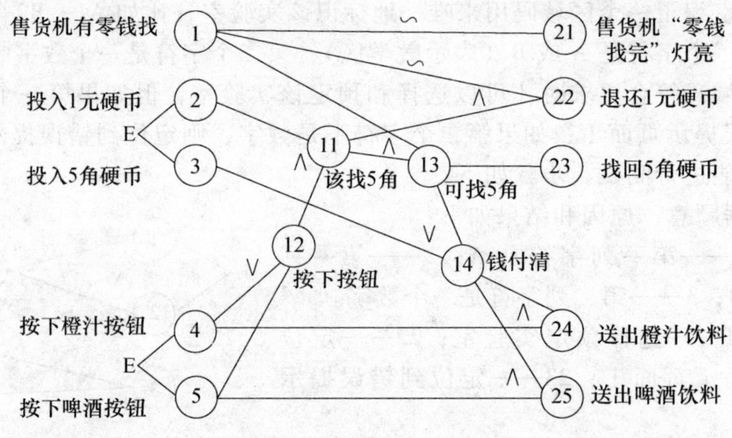

图 8-4 案例 8.5 的因果图

3）转换成判定表，见表 8-5。

表 8-5 案例 5 的判定表

序号		1	2	3	4	5	6	7	8	9	10	11	12	13	14	15	16	17	18	19	20	21	22	23	24	25	26	27	28	29	30	31	32
条件	(1)	1	1	1	1	1	1	1	1	1	1	1	1	1	1	1	1	0	0	0	0	0	0	0	0	0	0	0	0	0	0	0	0
	(2)	1	1	1	1	1	1	1	1	0	0	0	0	0	0	0	0	1	1	1	1	1	1	1	1	0	0	0	0	0	0	0	0
	(3)	1	1	1	1	0	0	0	0	1	1	1	1	0	0	0	0	1	1	1	1	0	0	0	0	1	1	1	1	0	0	0	0
	(4)	1	1	0	0	1	1	0	0	1	1	0	0	1	1	0	0	1	1	0	0	1	1	0	0	1	1	0	0	1	1	0	0
	(5)	1	0	1	0	1	0	1	0	1	0	1	0	1	0	1	0	1	0	1	0	1	0	1	0	1	0	1	0	1	0	1	0
中间结果	(11)						1	1	0		0	0	0		0	0	0						1	1	0		0	0	0		0	0	0
	(12)						1	1	0		1	1	0		1	1	0						1	1	0		1	1	0		1	1	0
	(13)						1	1	0		0	0	0		0	0	0						0	0	0		0	0	0		0	0	0
	(14)						1	1	0		1	1	1		0	0	0						0	0	0		1	1	1		0	0	0

（续）

序号		1	2	3	4	5	6	7	8	9	10	11	12	13	14	15	16	17	18	19	20	21	22	23	24	25	26	27	28	29	30	31	32
结果	(21)						0	0	0		0	0	0		0	0	0						1	1	1		1	1	1		1	1	1
	(22)						0	0	0		0	0	0		0	0	0						1	1	0		0	0	0		0	0	0
	(23)						1	1	0		0	0	0		0	0	0						0	0	0		0	0	0		0	0	0
	(24)						1	0	0		1	0	0		0	0	0						0	0	0		1	0	0		0	0	0
	(25)						0	1	0		0	1	0		0	0	0						0	0	0		0	1	0		0	0	0
测试用例							Y	Y	Y		Y	Y	Y		Y	Y							Y	Y	Y		Y	Y	Y		Y	Y	

正交试验设计法，就是使用已经制作好了的正交表格来安排试验并进行数据分析的一种方法，目的是用最少的测试用例达到最高的测试覆盖率。

黑盒测试的优点如下：

1）基本上不用人管理，如果程序停止运行了一般就是被测试程序中断了。

2）设计完测试用例之后，下面的工作就相当简单了，只要按照用例检测即可。

黑盒测试的缺点如下：

1）结果取决于测试用例的设计，测试用例的设计部分主要依靠经验。

2）没有状态转换的概念，目前一些成功的例子基本上都是针对流程来做的，还达不到针对被测程序的状态转换来做。

3）就没有状态概念的测试来说，寻找和确定造成程序出错的原因是很麻烦的，必须把周围可能的测试用例单独确认一遍；而就有状态的测试来说，就更麻烦，尤其出错的原因不是由一个单独的测试用例所造成，这个情况在堆的问题中表现得更为突出。

8.2.3 白盒测试

白盒测试（White Box Testing）也称结构测试或逻辑驱动测试，它是按照程序内部的结构测试程序，通过测试来检测产品内部动作是否按照设计规格说明书的规定正常进行，检验程序中的每条通路是否都能按预定要求正确工作。这一方法是把测试对象看作一个打开的盒子，测试人员依据程序内部逻辑结构相关信息，设计或选择测试用例，对程序所有逻辑路径进行测试，通过在不同点检查程序的状态，确定实际的状态是否与预期的状态一致。

采用什么方法对软件进行测试呢？常用的软件测试方法有两大类：静态测试方法和动态测试方法。其中软件的静态测试不要求在计算机上实际执行所测程序，主要以一些人工的模拟技术对软件进行分析和测试；而软件的动态测试是通过输入一组预先按照一定的测试准则构造的实例数据来动态运行程序，而达到发现程序错误的过程。

白盒测试法的覆盖标准有逻辑覆盖、循环覆盖和基本路径测试。

逻辑覆盖包含的六种覆盖标准是语句覆盖、判定覆盖、条件覆盖、判定/条件覆盖、条件组合覆盖和路径覆盖，它们发现错误的能力由弱至强变化。语句覆盖每条语句至少执行一次，判定覆盖每个判定的每个分支至少执行一次，条件覆盖每个判定的每个条件应取到各种可能的值，判定/条件覆盖同时满足判定覆盖和条件覆盖，条件组合覆盖每个判定中各条件的每种组合至少出现一次，路径覆盖使程序中每一条可能的路径至少执行一次。

白盒测试法全面了解程序内部逻辑结构，对所有逻辑路径进行测试，是穷举路径测试。在使用这一方案时，测试者必须检查程序的内部结构，从检查程序的逻辑着手，得出测试数据，贯穿程序的独立路径数是天文数字，但即使每条路径都测试了仍然可能有错误。第一，穷举路径测试决不能查出程序违反了设计规范，即程序本身是个错误的程序；第二，穷举路径测试不可能查出程序中因遗漏路径而出现的错误；第三，穷举路径测试可能发现不了一些与数据相关的错误。

白盒测试的测试方法有代码检查法、静态结构分析法、静态质量度量法、逻辑覆盖法、基本路径测试法、域测试、符号测试、Z 路径覆盖、程序变异。其中运用最为广泛的是基本路径测试法。

基本路径测试法是在程序控制流图的基础上，通过分析控制构造的环路复杂性，导出基本可执行路径集合，从而设计测试用例的方法。

设计出的测试用例要保证在测试中程序的每个可执行语句至少执行一次。

在程序控制流图的基础上，通过分析控制构造的环路复杂性，导出基本可执行路径集合，从而设计测试用例。

基本路径测试法的步骤如下：

第 1 步：画出控制流图。

流程图用来描述程序控制结构。可将流程图映射到一个相应的流图（假设流程图的菱形决定框中不包含复合条件）。在流图中，每一个圆，称为流图的节点，代表一条或多条语句。一个处理方框序列和一个菱形决策框可被映射为一个节点，流图中的箭头，称为边或连接，代表控制流，类似于流程图中的箭头。一条边必须终止于一个节点，即使该节点并不代表任何语句（例如：if-else-then 结构）。由边和节点限定的范围称为区域。计算区域时应包括图外部的范围。

第 2 步：计算圈复杂度。

圈复杂度是一种为程序逻辑复杂性提供定量测度的软件度量，用于计算程序的基本的独立路径数目，以此作为确保所有语句至少执行一次的测试数量的上界。独立路径必须包含一条在定义之前不曾用到的边。

有以下两种方法用于计算圈复杂度，其中，流图中区域的数量对应于环型的复杂性。

- 给定流图 G 的圈复杂度 $V(G)$，定义为 $V(G) = E - N + 2$，E 是流图中边的数量，N 是流图中节点的数量；
- 给定流图 G 的圈复杂度 $V(G)$，定义为 $V(G) = P + 1$，P 是流图 G 中判定节点的数量。

第 3 步，按照白盒测试三步法完成测试。

白盒测试三步法是首先根据代码的功能，人工设计测试用例进行基本功能测试；然后统计白盒覆盖率，为未覆盖的白盒单位设计测试用例，实现完整的白盒覆盖，比较理想的覆盖率是实现 100% 语句、条件、分支、路径覆盖；最后自动生成大量的测试用例，捕捉“程序员未处理某些特殊输入”形成的错误。

第 1 步的测试用例通常是现成的，因为详细设计文档会规定程序的基本功能，没有文档的，程序员在编程时也要想清楚程序的功能，这些基本功能就是基本测试用例。

第 2 步是在第 1 步的基础上，检查未覆盖的白盒单位，由于未覆盖的逻辑单位通常对应未测试的等价类，因此第 2 步可以找出第 1 步所遗漏的测试用例。

第 3 步用自动动态测试弥补第 2 步的固有缺陷。

“三步法”尽量避免重复工作，白盒方法和黑盒方法相结合，人工方法和自动方法相补充，如果第 2 步的覆盖率比较理想，那么基本上可以保证找出所有等价类。在开发过程允许的限度内，“三步法”已接近极限，当得起“彻底测试”四个字。

案例 8.7 在“开放实验室管理系统”中，有以下一段程序代码，其程序模块图见图 8-5。

```
   void Do(int X,int A,int B)
   {
1      if((A>1)&&(B=0))
2          X=X/A;
3      if((A=2)||(X>1))
4          X=X+1;
5  }
```

画出控制流图，见图 8-6。

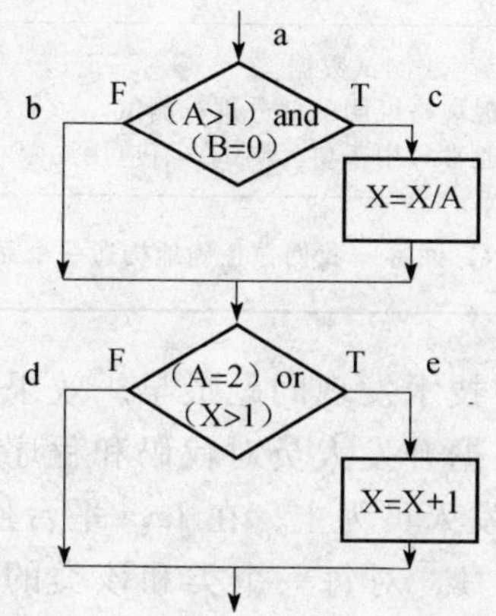

图 8-5 程序模块

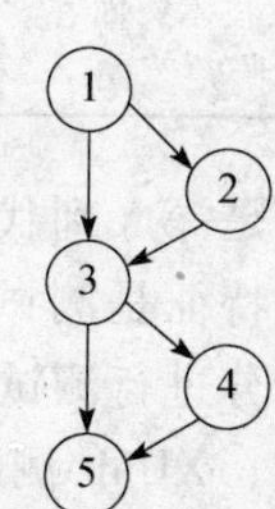

图 8-6 控制流图

下面分别以语句覆盖、判定覆盖、跳进覆盖、判定/条件覆盖、组合覆盖和路径覆盖方法设计测试用例，并给出测试用例的执行路径，表 8-6 用上面程序中的语句标号来表示测试路径。

表 8-6 测试用例表

	测试用例	执行路径
语句覆盖	X=3、A=2、B=0	1→2→3→4→5
判定覆盖	X=3、A=2、B=0 X=1、A=1、B=0	1→2→3→4→5 1→3→5
条件覆盖	X=3、A=1、B=0 X=1、A=2、B=1	1→3→4→5 1→3→4→5
判定/条件覆盖	X=3、A=2、B=0 X=1、A=1、B=1	1→2→3→4→5 1→3→5
组合覆盖	X=3、A=2、B=0 X=1、A=2、B=1 X=1、A=1、B=1 X=3、A=1、B=0	1→2→3→4→5 1→3→4→5 1→3→5 1→3→4→5
路径覆盖	X=3、A=2、B=0 X=1、A=1、B=0 X=1、A=2、B=1 X=1、A=3、B=0	1→2→3→4→5 1→3→5 1→3→4→5 1→2→3→5

8.2.4 黑盒测试与白盒测试比较

黑盒测试也称功能测试或数据驱动测试，它是在已知产品所应具有的功能时，通过测试来检测每个功能是否都能正常使用，在测试时，把程序看作一个不能打开的黑盒子，在完全不考虑程序内部结构和内部特性的情况下，测试者在程序接口进行测试，它只检查程序功能是否按照需求规格说明书的规定正常使用，程序是否能适当地接收输入数据而产生正确的输出信息，并且保持外部信息（如数据库或文件）的完整性。黑盒测试方法主要有等价类划分、边值分析、因果图、错误推测等，主要用于软件确认测试。

白盒测试也称结构测试或逻辑驱动测试，它是知道产品内部工作过程，可通过测试来检测产品内部动作是否按照规格说明书的规定正常进行，按照程序内部的结构测试程序，检验程序中的每条通路是否都能按预定要求正确工作，而不顾它的功能。白盒测试的主要方法有逻辑驱动、基路测试等，主要用于软件验证。

黑盒测试与白盒测试的比较见表 8-7 所示。

表 8-7 黑盒测试与白盒测试对比表

比较	黑盒测试	白盒测试
优点	① 适用于各阶段测试 ② 从产品功能角度测试 ③ 容易入手生成测试数据	① 可构成测试数据使特定程序部分得到测试 ② 有一定的充分性度量手段 ③ 可获较多工具支持
缺点	① 某些代码得不到测试 ② 如果规格说明有误，则无法发现 ③ 不易进行充分性测试	①（通常）不易生成测试数据 ② 无法对未实现规格说明的部分进行测试 ③ 工作量大，通常只用于单元测试，有应用局限
性质	是一种确认技术，回答“我们在构造一个正确的系统吗？”	是一种验证技术，回答“我们在正确地构造一个系统吗？”

白盒测试技术是深入到代码一级的测试，使用这种技术发现问题最早，效果也是最好的。该技术的主要特征是测试对象进入了代码内部，根据开发人员对代码和程序的熟悉程度，对有需要的部分进行测试。这一阶段测试以软件开发人员为主，在 Java 平台使用 XUnit 系列工具进行测试，XUnit 测试工具是类一级的测试工具，对每一个类和该类的方法进行测试。

黑盒测试技术主要是根据软件需求，设计文档，模拟客户场景随系统进行实际的测试，这种测试技术是使用最多的测试技术，涵盖了测试的方方面面，可以考虑以下方面：

- 正确性（Correctness）：计算结果、命名等方面。
- 可用性（Usability）：是否可以满足软件的需求说明。
- 边界条件（Boundary Condition）：输入部分的边界值，使用等价类划分，试试最大、最小和非法数据等。
- 性能（Performance）：正常使用的时间内系统完成一个任务需要的时间，多人同时使用的时候响应时间在可以接受范围内。J2EE 技术实现的系统在性能方面更是需要照顾的，一般原则是 3 秒以下接受，3 ~ 5 秒可以接受，5 秒以上就影响易用性了。如果在测试过程中发现性能问题，修复起来是非常困难的，因为这常常意味着程序的算法不好、结构不好，或者设计有问题。因此在产品开发的开始阶段，就要考虑到软件的性能问题。
- 压力测试（Stress）：多用户情况可以考虑使用压力测试工具，建议将压力和性能测试结合起来进行。如果有负载平衡的话还要在服务器端打开监测工具，查看服务器 CPU 使用率、内存占用情况，必要时可以模拟大量数据输入，获得其对硬盘的影响等信息。如果有必要的话必须进行性能优化（软硬件都可以）。这里的压力测试针对的是某几项功能。
- 错误恢复（Error Recovery）：错误处理，页面数据验证，包括突然间断电、输入脏数据等。
- 安全性测试（Security）：这个领域正在研究中。
- 测试的内容。
- 兼容性（Compatibility）：如果测试的是一个公共网站，不同浏览器、不同应用程序版本在实现功能时表现不同的上网方式。

8.3 软件测试过程、策略和文档

测试必须按照软件需求和设计阶段所制定的测试计划进行，其结果以“测试分析报告”的形式提交。测试策略是在一定的开发周期和某种经济条件下，通过有限的测试以尽可能多地发现错误。按软件工程中的40-20-40规则（编程工作占开发工作的20%，编程前和编程后各占开发工作的40%），测试在整个软件的开发中必须占40%左右的工作量。各类测试在测试总工作量中所占的比例根据具体项目及开发人员的配置情况而定。

8.3.1 软件测试过程

软件测试一般可分为5个不同的阶段，即单元测试、集成测试、系统测试、并行测试和验收测试。每个阶段的测试工作都有相应的侧重点，而且由不同的人员来实施相关测试工作，在软件测试实施的过程中要把握好每个阶段应该达到的目的，掌握好相应的测试方法，按照相应的步骤来实现对软件的完整的测试工作。下面分别介绍这5个阶段相关的内容。

图8-7给出了软件测试的基本步骤，其中单元测试一般认为并不包括在测试阶段而是包括在编程阶段。因此单元测试计划一般由模块编写人员制定，而单元测试一般也由模块编写人员进行。

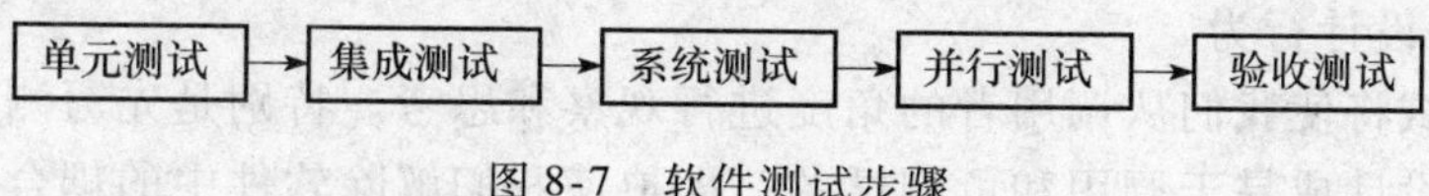

图8-7 软件测试步骤

1. 单元测试

单元测试是在软件开发过程中要进行的最低级别的测试活动，在单元测试活动中，软件的独立单元将在与程序的其他部分相隔离的情况下进行测试。在一种传统的结构化编程语言中，比如C，要进行测试的单元一般是函数或子过程。在像C++这样的面向对象的语言中，要进行测试的基本单元是类。对Ada语言来说，开发人员可以选择是在独立的过程和函数，还是在Ada包的级别上进行单元测试。单元测试的原则同样被扩展到第四代语言（4GL）的开发中，在这里基本单元被典型地划分为一个菜单或显示界面。

单元测试是由程序员自己来完成的，最终受益的也是程序员自己。可以这么说，程序员有责任编写功能代码，同时也就有责任为自己的代码进行单元测试。执行单元测试，就是为了证明这段代码的行为和我们期望的一致。工厂在组装一台电视机之前，会对每个元件都进行测试，这就是单元测试。对于程序员来说，如果养成了对自己写的代码进行单元测试的习惯，不但可以写出高质量的代码，而且还能提高编程水平。

要进行充分的单元测试，应专门编写测试代码，并与产品代码隔离。比较简单的办法是为产品工程建立对应的测试工程，为每个类建立对应的测试类，为每个函数（很简单的除外）建立测试函数。

1）为什么要使用单元测试？

我们编写代码时，一定会反复调试保证它能够编译通过。如果是编译没有通过的代码，没有任何人会愿意将它交付给自己的领导。但代码通过编译，只是说明了它的语法正确；我们却无法保证它的语义也一定正确，没有任何人可以轻易承诺这段代码的行为一定是正确的。单元测试会为我们的承诺作保证。编写单元测试就是用来验证这段代码的行为是否与我们期望的一致。有了单元测试，我们可以自信地交付自己的代码，而没有任何后顾之忧。

2）什么时候进行单元测试？

单元测试越早进行越好，早到什么程度？XP开发理论讲究TDD，即测试驱动开发，先编写测试代码，再进行开发。在实际的工作中，可以不必过分强调先什么后什么，重要的是高效和感觉舒适。一般的流程是，先编写产品函数的框架，然后编写测试函数，针对产品函数的功能编写测试用例，然后编写产品函数的代码，每写一个功能点都运行测试，随时补充测试用例。所谓先编写产品函数的框架，是指先编写函数空的实现，有返回值的随便返回一个值，编译通过后再编写测试代码，这时，函数名、参数表、返回类型都应该确定下来了，所编写的测试代码以后需修改的可能性比较小。

3）由谁来做单元测试?

单元测试与其他测试不同，单元测试可看作是编码工作的一部分，应该由程序员完成，也就是说，经过了单元测试的代码才是已完成的代码，提交产品代码时也要同时提交测试代码。测试部门可以进行一定程度的审核。

4）单元测试的优点有哪些?

- 它是一种验证行为。

程序中的每一项功能都是通过测试来验证它的正确性的。测试为以后的开发提供支撑。就算是开发后期，我们也可以轻松地增加功能或更改程序结构，而不用担心这个过程中会破坏重要的东西。而且它为代码的重构提供了保障。这样，我们就可以更自由地对程序进行改进。

- 它是一种设计行为。

编写单元测试将使我们从调用者的角度进行观察和思考。特别是先写测试（Test-First），迫使我们把程序设计成易于调用和可测试的，即迫使我们解除软件中的耦合。

- 它是一种编写文档的行为。

单元测试是一种无价的文档，它是展示函数或类如何使用的最佳文档。这份文档是可编译、可运行的，并且它保持最新，永远与代码同步。

- 它具有回归性。

自动化的单元测试避免了代码出现回归，编写完成之后，可以随时随地地快速运行测试。

2. 集成测试

集成测试，也叫组装测试或联合测试。在单元测试的基础上，将所有模块按照设计要求组装成子系统或系统，进行集成测试。实践表明，一些模块虽然能够单独地工作，但并不能保证连接起来也能正常地工作。程序在某些局部反映不出来的问题，在全局上很可能会暴露出来，影响功能的实现。

集成测试应该考虑以下问题：

1）在把各个模块连接起来的时候，穿越模块接口的数据是否会丢失。

2）各个子功能组合起来，能否达到预期要求的父功能。

3）一个模块的功能是否会对另一个模块的功能产生不利的影响。

4）全局数据结构是否有问题。

5）单个模块的误差积累起来是否会放大，从而达到不可接受的程度。

因此，单元测试后，有必要进行集成测试，发现并排除在模块连接中可能发生的上述问题，最终构成要求的软件子系统或系统。对子系统，集成测试也叫部件测试。

选择什么方式把模块组装起来形成一个可运行的系统，直接影响到模块测试用例的形式、所用测试工具的类型、模块编号和测试的次序、生成测试用例和调试的费用。通常，有两种不同的组装方式：一次性组装方式和增值式组装方式。

集成测试是一种正规测试过程，必须精心计划，并与单元测试的完成时间协调起来。在制定测试计划时，应考虑如下因素：

1）采用何种系统组装方法来进行组装测试。

2）组装测试过程中连接各个模块的顺序。

3）模块代码编制和测试进度是否与组装测试的顺序一致。

4）测试过程中是否需要专门的硬件设备。

解决了上述问题之后，就可以列出各个模块的编制、测试计划表，标明每个模块单元测试完成的日期、首次集成测试的日期、集成测试全部完成的日期以及需要的测试用例和所期望的测试结果。

判定集成测试过程完成有以下几条标准：

1）成功地执行了测试计划中规定的所有集成测试。

2）修正了所发现的错误。

3）测试结果通过了专门小组的评审。

集成测试应由专门的测试小组来进行，测试小组由有经验的系统设计人员和程序员组成。整个测试活动要在评审人员出席的情况下进行。

在完成预定的组装测试工作之后，测试小组应负责对测试结果进行整理、分析，形成测试报告。测试报告中要记录实际的测试结果、在测试中发现的问题、解决这些问题的方法以及解决之后再次测试的结果。此外还应提出目前不能解决、还需要管理人员和开发人员注意的一些问题，提供测试评审和最终决策，以提出处理意见。

集成测试的实施方案有很多种，如自底向上集成测试、自顶向下集成测试、Big-Bang集成测试、三明治集成测试、核心系统先行集成测试、高频集成测试、分层集成测试、基于使用的集成测试等。在此，笔者将重点讨论其中一些经实践检验证实有效的集成测试方案。

（1）自顶向下集成测试

自顶向下集成（Top-Down Integration）方式是一个递增的组装软件结构的方法，从主控模块（主程序）开始沿控制层向下移动，把模块一一组装起来。它分为两种方法：

1）先深度：按照结构，用一条主控制路径将所有模块组装起来。

2）先宽度：逐层组合所有下属模块，在每一层水平地移动。

组装过程分以下五个步骤：

1）用主控模块作为测试驱动程序，其直接下属模块用承接模块来代替；

2）根据所选择的集成测试法（先深度或先宽度），每次用实际模块代替下属的承接模块；

3）在组合每个实际模块时都要进行测试；

4）完成一组测试后再用一个实际模块代替另一个承接模块；

5）可以进行回归测试（即重新再做所有的或者部分已做过的测试），以保证不引入新的错误。

（2）自底向上集成测试

自底向上集成（Bottom-Up Integration）方式是最常使用的方法。其他集成方法都或多或少地继承、吸收了这种集成方式的思想。自底向上集成方式从程序模块结构中最底层的模块开始组装和测试。因为模块是自底向上进行组装的，对于一个给定层次的模块，它的子模块（包括子模块的所有下属模块）事前已经完成组装并经过测试，所以不再需要编制桩模块（一种能模拟真实模块，给待测模块提供调用接口或数据的测试用的软件模块）。自底向上集成测试的步骤大致如下：

1）按照概要设计规格说明，明确有哪些被测模块。在熟悉被测模块性质的基础上对被测模块进行分层，在同一层次上的测试可以并行进行，然后排出测试活动的先后关系，制定测试进度计划。利用图论的相关知识，可以排出各活动之间的时间序列关系，处于同一层次的测试活动可以同时进行，而不会相互影响。

2）在步骤 1）的基础上，按时间线序关系，将软件单元集成为模块，并测试在集成过程中出现的问题。这里，可能需要测试人员开发一些驱动模块来驱动集成活动中形成的被测模块。对于比较大的模块，可以先将其中的某几个软件单元集成为子模块，然后再集成为一个较大的模块。

3）将各软件模块集成为子系统（或分系统），检测各自子系统是否能正常工作。同样，可能需要测试人员开发少量的驱动模块来驱动被测子系统。

4）将各子系统集成为最终用户系统，测试各分系统能否在最终用户系统中正常工作。

方案点评：自底向上集成测试方案是工程实践中最常用的测试方法，相关技术也较为成熟。它的优点很明显：管理方便，测试人员能较好地锁定软件故障所在位置。但它对于某些开发模式不适用，如使用 XP 开发方法，它会要求测试人员在全部软件单元实现之前完成核心软件部件的集成测试。尽管如此，自底向上的集成测试方法仍不失为一个可供参考的集成测试方案。

自顶向下集成测试和自底向上集成测试的比较：

自顶向下集成测试的优点是能够尽早发现系统主控方面的问题；缺点是无法验证桩模块是否完全模拟了下属模块的功能。自底向上集成测试的优点是驱动模块较容易编写桩模块，能够尽早查出底层涉及较复杂的算法和实际的 I/O 模块中的错误；缺点是最后才能发现系统主控方面的问题。

（3）核心系统先行集成测试

核心系统先行集成测试法的思想是先对核心软件部件进行集成测试，在测试通过的基础上再按各外围软件部件的重要程度逐个集成到核心系统中。每次加入一个外围软件部件都产生一个产品基线，直至最后形成稳定的软件产品。核心系统先行集成测试法对应的集成过程是一个逐渐趋于闭合的螺旋形曲线，代表产品逐步定型的过程。其步骤如下：

1）对核心系统中的每个模块进行单独的、充分的测试，必要时使用驱动模块和桩模块。

2）对核心系统中的所有模块一次性集合到被测系统中，解决集成中出现的各类问题。在核心系统规模相对较大的情况下，也可以按照自底向上的步骤，集成核心系统的各组成模块。

3）按照各外围软件部件的重要程度以及模块间的相互制约关系，拟定外围软件部件集成到核心系统中的顺序方案。方案经评审以后，即可进行外围软件部件的集成。

4）在外围软件部件添加到核心系统以前，外围软件部件应先完成内部的模块级集成测试。

5）按顺序不断加入外围软件部件，排除外围软件部件集成中出现的问题，形成最终的用户系统。

方案点评：该集成测试方法对于快速软件开发很有效果，适合较复杂系统的集成测试，能保证一些重要的功能和服务的实现。其缺点是采用此方法的系统一般应能明确区分核心软件部件和外围软件部件，核心软件部件应具有较高的耦合度，外围软件部件内部也应具有较高的耦合度，但各外围软件部件之间应具有较低的耦合度。

（4）高频集成测试

高频集成测试是指同步于软件开发过程，每隔一段时间对开发团队的现有代码进行一次集成测试。如某些自动化集成测试工具能实现每日深夜对开发团队的现有代码进行一次集成测试，然后将测试结果发到各开发人员的电子邮箱中。该集成测试方法频繁地将新代码加入到一个已经稳定的基线中，以免集成故障难以发现，同时控制可能出现的基线偏差。使用高频集成测试需要具备一定的条件：可以持续获得一个稳定的增量，并且该增量内部已被验证没有问题；大部分有意义的功能增加可以在一个相对稳定的时间间隔（如每个工作日）内获得；测试包和代码的开发工作必须是并行进行的，并且需要版本控制工具来保证始终维护的是测试脚本和代码的最新版本；必须借助于使用自动化工具来完成。高频集成的一个显著的特点就是集成次数频繁，显然，采用人工的方法是不能胜任的。

高频集成测试一般采用如下步骤来完成：

1）选择集成测试自动化工具。如很多 Java 项目采用 Junit + Ant 方案来实现集成测试的自动化，也有一些商业集成测试工具可供选择。

2）设置版本控制工具，以确保集成测试自动化工具所获得的版本是最新版本。如使用 CVS 进行版本控制。

3）测试人员和开发人员负责编写对应程序代码的测试脚本。

4）设置自动化集成测试工具，每隔一段时间对配置管理库的新添加的代码进行自动化的集成测试，并将测试报告汇报给开发人员和测试人员。

5）测试人员监督代码开发人员及时关闭不合格项。

按照步骤 3）~5）不断循环，直至形成最终软件产品。

方案点评：该测试方案能在开发过程中及时发现代码错误，能直观地看到开发团队的有效工程进度。在此方案中，开发维护源代码与开发维护软件测试包被赋予了同等的重要性，这对有效防止错误、及时纠正错误都很有帮助。该方案的缺点在于测试包有时候可能不能暴露深层次的编码错误和图形界面错误。

以上我们介绍了几种常见的集成测试方案，一般来讲，在现代复杂软件项目集成测试过程中，通常采用核心系统先行集成测试和高频集成测试相结合的方式进行，自底向上集成测试方案在采用传统瀑布式开发模式的软件项目集成过程中较为常见。读者应该结合项目的实际工程环境及各测试方案适用的范围进行合理的选择。

3. 系统测试

系统测试是将已经确认的软件、计算机硬件、外设、网络等其他元素结合在一起，进行信息系统的各种组装测试和确认测试，其目的是通过与系统的需求相比较，发现所开发的系统与用户需求不符或矛盾的地方，从而提出更加完善的方案。它的任务是尽可能彻底地检查出程序中的错误，提高软件系统的可靠性。这个阶段又可分为三个步骤：模块测试，测试每个模块的程序是否有错误；组装测试，测试模块之间的接口是否正确；确认测试，测试整个软件系统是否满足用户功能和性能的要求。该阶段结束应交付测试报告，说明测试数据的选择，测试用例以及测试结果是否符合预期输出。测试发现问题之后要经过调试找出错误原因和位置，然后进行改正。基于系统整体需求说明书的黑盒类测试，应覆盖系统所有联合的部件。系统测试是针对整个产品系统进行的测试，目的是验证系统是否满足了需求规格的定义，找出与需求规格不相符合或与之矛盾的地方。

系统测试的对象不仅仅包括需要测试的产品系统的软件，还要包含软件所依赖的硬件、外设甚至某些数据、某些支持软件及其接口等，包括恢复性测试（Recovery Testing）、安全性测试（Security Testing）、压力测试（Stress Testing）、性能测试（Performance Testing）等。因此，必须将系统中的软件与各种依赖的资源结合起来，在系统实际运行环境下来进行测试。

4. 并行测试

并行（运行）测试（平行测试、双轨制运行、试运行）就是同时运行新开发的系统和将被它取代的旧系统（人工系统或计算机系统），以便比较新旧两个系统的处理结果。并行

（运行）测试在开发方的指导下主要由用户方承担。双轨制运行的时间长短取决于项目的类型，一般为半个月到三个月。

5. 验收测试

验收测试经常采用实际数据进行测试，由最终用户和开发单位共同完成，以最终用户为主。验收测试作为试运行（并行测试）的最后一步，一般都只是一个形式，时间也比较短，经过验收后的软件将正式移交给用户，系统进入维护期。

8.3.2 软件测试策略

软件测试策略是在一定的软件测试标准、测试规范的指导下，依据测试项目的特定环境约束而规定的软件测试的原则、方式、方法的集合，需在测试计划文档中体现。

一个好的测试策略应该包括：实施的测试类型和测试的目标，实施测试的阶段、技术，用于评估测试结果和测试是否完成的评测和标准，对测试策略所述的测试工作存在影响的特殊事项等内容。

如何才能确定一个好的测试策略呢？我们可以从基于测试技术的测试策略和基于测试方案的测试策略两个方面来回答这个问题。

（1）基于测试技术的测试策略

著名测试专家给出了使用各种测试方法的综合策略：任何情况下都必须使用边界值测试方法；必要时使用等价类划分方法补充一定数量的测试用例；对照程序逻辑，检查已设计出的测试用例的逻辑覆盖程度，看是否达到了要求；如果程序功能规格说明中含有输入条件的组合情况，则可以选择因果图法。

（2）基于测试方案的测试策略

对于基于测试方案的测试策略，一般来说应该考虑如下方面：根据程序的重要性和一旦发生故障将造成的损失来确定它的测试等级和测试重点；认真研究，使用尽可能少的测试用例发现尽可能多的程序错误，避免测试过度和测试不足。

8.3.3 软件测试文档

测试必须按照软件需求和设计阶段所制订的“测试计划”进行，其结果以“测试分析报告”的形式提交。与软件测试直接相关的文档主要有：“测试计划（可细化为测试计划、测试设计说明、测试用例说明和测试规格说明）”和“测试分析报告（可细化为测试项传递报告、测试日志、测试事件报告和测试总结报告）”。

“测试计划”包括整个软件的组装测试和有效性测试，但不包括各模块的单元测试，编制该文档的目的是提供一个对该软件的总体测试安排，包括对每一项测试活动的详细设计规定和调度顺序，以及测试数据的整理方法和评价准则。编制“测试分析报告”的目的是把每一项测试的结果、发现以及分析写成文档，对被测软件说明经过验证的能力和缺陷，并最终说明预定的开发目标是否达到，能否交付使用。这两份文档的格式要求可参见国家标准 GB 8567《计算机软件产品开发文件编制指南》和 GB 9386《计算机软件测试文件编制规范》。

8.3.4 软件测试结束的标志

依照测试工作量及下述标准可判定是否可以结束测试过程：

1）如果测试没有发现错误，说明测试失败，则必须更换测试人员作进一步测试。

2）如果有规律地出现一些严重的、需要修改设计的错误，则说明软件的质量和可靠性存在问题，必须重写相应模块，甚至整个软件。

3）如果软件功能正常，发现的错误容易纠正，则说明软件的质量和可靠性可接受（不排除测试不充分的可能)。

理解测试的目的是个很重要的意识问题，如果说测试的目的是为了说明程序中没有缺陷，那么测试人员就会向这个目标靠拢，因而下意识地选用一些不易暴露错误的测试用例，这样的测试是虚假的。尽管已经明白了测试的目的是为了发现尽可能多的缺陷，但当测试人员真的发现了一堆缺陷时，却不可直接去接触开发者，否则会引起不必要的误会。

8.4 测试用例的设计

8.4.1 测试用例概述

测试用例（Test Case）是为某个特殊目标而编制的一组测试输入、执行条件以及预期输出，以便测试某个程序路径或核实是否满足某个特定需求。

测试用例目前没有经典的定义。比较常见的说法是：指对一项特定的软件产品进行测试任务的描述，体现测试方案、方法、技术和策略，内容包括测试目标、测试环境、输入数据、测试步骤、预期输出、测试脚本等，并形成文档。

测试用例是将软件测试的行为活动做一个科学化的组织归纳，目的是能够将软件测试的行为转化成可管理的模式，同时测试用例也是将测试具体量化的方法之一。

不同类别的软件，测试用例是不同的。不同于诸如系统、工具、控制、游戏软件，管理软件的用户需求更加不统一，变化更大、更快。笔者主要从事企业管理软件的测试。因此我们的做法是把测试数据和测试脚本从测试用例中划分出来。测试用例更趋于是针对软件产品的功能、业务规则和业务处理所设计的测试方案。对软件的每个特定功能或运行操作路径的测试构成了一个个的测试用例。

下面介绍测试用例、输入数据及预期输出。输入数据是测试用例的核心，对输入数据的定义是：被测函数所读取的外部数据及这些数据的初始值。外部数据是对于被测函数来说的，实际上就是除了局部变量以外的其他数据，这些数据分为几类：参数、成员变量、全局变量、IO 媒体。IO 媒体是指文件、数据库或其他存储或传输数据的媒体，例如，被测试函数要从文件或数据库读取数据，那么文件或数据库中的原始数据也属于输入数据。一个函数无论多复杂，都无非是对这几类数据的读取、计算和写入。预期输出是指返回值及被测函数所写入的外部数据的结果值。返回值就不用说了，被测函数进行了写操作的参数（输出参数)、成员变量、全局变量、IO 媒体，它们的预期的结果值都是预期输出。一个测试用例，就是设定输入数据，运行被测函数，然后判断实际输出是否符合预期输出。

8.4.2 测试用例设计原则

测试用例的核心是输入数据。预期输出是依据输入数据和程序功能来确定的，也就是说，对于某一程序，输入数据确定了，预期输出也就可以确定了，至于生成/销毁被测对象和运行测试的语句，所有测试用例都是大同小异的，因此，我们讨论测试用例时只讨论输入数据。

前面说过，输入数据包括四类：参数、成员变量、全局变量、IO 媒体，这四类数据中，只要所测试的程序需要执行读操作的，就要设定其初始值，其中，前两类比较常用，后两类较少用。显然，把输入数据的所有可能取值都进行测试是不可能的也是无意义的，我们应该用一定的规则选择有代表性的数据作为输入数据，主要有三种：正常输入、边界输入、非法输入。每种输入还可以进行分类，也就是采用平常说的等价类法，每类取一个数据作为输入数据，如果测试通过，可以肯定同类的其他输入也是可以通过的。下面举例说明。

1）正常输入。例如字符串的 Trim 函数，其功能是将字符串前后的空格去除，那么正常的输入可以有四类：前面有空格、后面有空格、前后均有空格、前后均无空格。

2）边界输入。上例中空字符串可以看做是边界输入。再如一个表示年龄的参数，它的有效范围是 0 ~ 100，那么边界输入有两个：0 和 100。

3）非法输入。非法输入是正常取值范围以外的数据，或使代码不能完成正常功能的输入，如上例中表示年龄的参数，小于 0 或大于 100 都是非法输入。再如一个进行文件操作的函数，非法输入有这么几类：文件不存在、目录不存在、文件正在被其他程序打开、权限错误。

如果函数使用了外部数据，则正常输入是肯定会有的，而边界输入和非法输入不是所有函数都有。一般情况下，即使没有设计文档，考虑以上三种输入也可以找出函数的基本功能点。实际上，单元测试与代码编写是“一体两面”的关系，编码时对上述三种输入都是必须考虑的，否则代码的健壮性就会成问题。

白盒测试针对程序的逻辑结构设计测试用例，用逻辑覆盖率来衡量测试的完整性。逻辑单位主要有：语句、分支、条件、条件值、条件值组合、路径。语句覆盖就是覆盖所有的语句，其他类推。另外还有一种判定条件覆盖，它其实是分支覆盖与条件覆盖的组合，在此不作讨论。跟条件有关的覆盖就有三种：条件覆盖，指覆盖所有的条件表达式，即所有的条件表达式都至少计算一次，不考虑计算结果；条件值覆盖，指覆盖条件的所有可能取值，即每个条件的取真值和取假值都要至少计算一次；条件值组合覆盖，指覆盖所有条件取值的所有可能组合。笔者做过一些粗浅的研究，发现与条件直接有关的错误主要是逻辑操作符错误，例如：“||”写成“&&”，漏写了“!”等，采用分支覆盖与条件覆盖的组合，基本上可以发现这些错误，另外，条件值覆盖与条件值组合覆盖往往需要大量的测试用例，因此，条件值覆盖和条件值组合覆盖的效率偏低。效率比较高且完整性也足够的测试要求是这样的：完成功能测试，完成语句覆盖、条件覆盖、分支覆盖、路径覆盖。

确定测试用例之所以很重要，原因有以下几个方面：

1）测试用例构成了设计和制定测试过程的基础。

2）测试的“深度”与测试用例的数量成比例。由于每个测试用例反映不同的场景、条件或经由产品的事件流，因而，随着测试用例数量的增加，测试人员对产品质量和测试流程也就越有信心。

3）判断测试是否完全的一个主要评测方法是基于需求的覆盖，而这又是以确定、实施和执行的测试用例的数量为依据的。类似下面这样的说明：“95% 的关键测试用例已得以执行和验证”远比“我们已完成 95% 的测试”更有意义。

4）测试工作量与测试用例的数量成比例。根据全面且细化的测试用例，可以更准确地估计测试周期各连续阶段的时间安排。

5）测试设计和开发的类型以及所需的资源主要都受控于测试用例。

6）测试用例通常根据它们所关联关系的测试类型或测试需求来分类，而且将随类型和需求进行相应的改变。最佳方案是为每个测试需求至少编制两个测试用例：

- 一个测试用例用于证明该需求已经满足，通常称作正面测试用例。
- 另一个测试用例反映某个无法接受、反常或意外的条件或数据，用于论证只有在所需条件下才能够满足该需求，这个测试用例称作负面测试用例。

测试用例是软件测试的核心，软件测试的重要性是毋庸置疑的。但如何以最少的人力、资源投入，在最短的时间内完成测试，发现软件系统的缺陷，保证软件的优良品质，则是软件公司探索和追求的目标。每个软件产品或软件开发项目都需要有一套优秀的测试方案和测试方法。

影响软件测试的因素很多，例如软件本身的复杂程度、开发人员（包括分析、设计、编程和测试的人员）的素质、测试方法和技术的运用等。有些因素是客观存在的，无法避免。有些因素则是波动的、不稳定的，例如开发队伍是流动的，有经验的走了，新人不断补充进来；一个具体的人工作时也会受情绪等影响。如何保障软件测试质量的稳定？有了测试用例，无论是谁来测试，参照测试用例实施，都能保障测试的质量。可以把人为因素的影响减到最小。即便最初的测试用例考虑不周全，随着测试的进行和软件版本的更新，也将日趋完善。

因此测试用例的设计和编制是软件测试活动中最重要的。测试用例是测试工作的指导，是软件测试必须遵守的准则，更是软件测试质量稳定的根本保障。

8.4.3 编制测试用例

下面着重介绍一些编制测试用例的具体做法。

1. 测试用例文档

编写测试用例文档应有文档模板，文档模板符合内部的规范要求。测试用例文档将受制于测试用例管理软件的约束。

软件产品或软件开发项目的测试用例一般以该产品的软件模块或子系统为单位，形成一个测试用例文档，但并不是绝对的。

测试用例文档由简介和测试用例两部分组成。简介部分编制了测试目的、测试范围、定义术语、参考文档、概述等。测试用例部分逐一列出各测试用例。每个具体测试用例都将包括下列详细信息：用例编号、用例名称、测试等级、入口准则、验证步骤、期望结果（含判断标准）、出口准则、注释等。以上内容涵盖了测试用例的基本元素：测试索引、测试环境、测试输入、测试操作、预期输出、评价标准。

2. 测试用例的设置

早期的测试用例是按功能设置用例，后来引进了路径分析法，按路径设置用例，目前演变为按功能、路径混合模式设置用例。

按功能测试是最简捷的，按用例规约遍历测试每个功能。

对于复杂操作的程序模块，其各功能的实施是相互影响、紧密相关、环环相扣的，可以演变出数量繁多的变化。没有严密的逻辑分析，产生遗漏是在所难免的。路径分析是一个很好的方法，其最大的优点在于可以避免遗漏。

但路径分析法也有局限性。在一个非常简单的字典维护模块中就存在十余条路径。一个复杂的模块有几十到上百条路径是不足为奇的。笔者认为这是路径分析比较合适的使用规模。若一个子系统有十余个或更多的模块，这些模块相互关联，再采用路径分析法，其路径数量呈几何级增长，达5位数或更多，就无法使用了。那么子系统模块间的测试路径或测试用例还是要靠传统方法来解决。这是按功能、路径混合模式设置用例的由来。

3. 设计测试用例

测试用例可以分为基本事件、备选事件和异常事件。设计基本事件的用例，应该参照用例规约（或设计规格说明书），根据关联的功能和操作按路径分析法设计测试用例。而对孤立的功能则直接按功能设计测试用例。基本事件的测试用例应包含所有需要实现的需求功能，覆盖率达100%。

设计备选事件和异常事件的用例则要复杂和困难得多。例如，字典的代码是唯一的，不允许重复。测试需要验证：字典新增程序中已存在有关字典代码的约束，若出现代码重复必须报错，并且报错文字正确。在设计编码阶段形成的文档往往对备选事件和异常事件的分析和描述不够详尽。而测试本身则要求验证全部非基本事件，并同时尽量发现其中的软件缺陷。

可以采用软件测试常用的基本方法：等价类划分法、边界值分析法、错误推测法、因果图法、逻辑覆盖法等设计测试用例。视软件的不同性质采用不同的方法。如何灵活运用各种基本方法来设计完整的测试用例，并最终实现暴露隐藏的缺陷，全凭测试设计人员的丰富经验和精心设计。

8.4.4 测试用例的作用

测试用例的作用如下：

1）指导测试的实施。

测试用例主要适用于集成测试、系统测试和回归测试。在实施测试时测试用例作为测试的标准，测试人员一定要按照测试用例严格按用例项目和测试步骤逐一实施测试，并将测试情况记录在测试用例管理软件中，以便自动生成测试结果文档。

根据测试用例的测试等级，集成测试应测试哪些用例，系统测试和回归测试又该测试哪些用例，在设计测试用例时都已作明确规定，实施测试时测试人员不能随意作变动。

2）规划测试数据的准备。

在我们的实践中，测试数据与测试用例是分离的。按照测试用例配套准备一组或若干组测试原始数据，以及标准测试结果。尤其像测试报表之类的数据集的正确性时，按照测试用例规划准备测试数据是十分必要的。

除正常数据之外，还必须根据测试用例设计大量边缘数据和错误数据。

为提高测试效率，软件测试已大力发展自动测试。自动测试的中心任务是编写测试脚本。如果说软件工程中软件编程必须有设计规格说明书，那么测试脚本的设计规格说明书就是测试用例。

3）评估测试结果的度量基准。

完成测试实施后需要对测试结果进行评估，并且编制测试报告。判断软件测试是否完成、衡量测试质量需要一些量化的结果。例如：测试覆盖率是多少、测试合格率是多少、重要测试合格率是多少，等等。以前统计基准是软件模块或功能点，显得过于粗糙。采用测试用例作度量基准则更加准确、有效。

4）分析缺陷的标准。

通过收集缺陷，对比测试用例和缺陷数据库，分析确认是漏测还是缺陷复现。漏测反映了测试用例的不完善，应立即补充相应测试用例，最终达到逐步完善软件质量的目的。而已有相应测试用例则反映实施测试或变更处理存在问题。

在介绍了测试用例的作用后，下面简单介绍一下测试用例的评审、修改和管理软件。

1. 测试用例的评审

测试用例是软件测试的准则，但它并不是一经编制完成就成为准则。测试用例在设计编制过程中要组织同级互查。完成编制后应组织专家评审，需获得通过才可以使用。评审委员会可由项目负责人、测试、编程、分析设计等有关人员组成，也可邀请客户代表参加。

2. 测试用例的修改

测试用例在形成文档后也还需要不断完善，主要有三个方面的因素：第一，在测试过程中发现设计测试用例时考虑不周，需要完善；第二，在软件交付使用后反馈了软件缺陷，而缺陷又是因测试用例存在漏洞造成的；第三，软件自身新增功能以及软件版本更新，测试用例也必须配套修改。

一般小的修改可在原测试用例文档上修改，但文档要有更改记录。软件的版本升级更新，测试用例一般也应随之编制升级版本。

3. 测试用例的管理软件

运用测试用例还需配备测试用例管理软件。它的主要功能有三个：第一，能将测试用例文档的关键内容如编号、名称等自动导入管理数据库，形成与测试用例文档完全对应的记录；第二，可供测试实施时及时输入测试情况；第三，最终实现自动生成测试结果文档，包含各测试度量值、测试覆盖表和测试通过或不通过的测试用例清单列表。

有了管理软件，测试人员无论是编写每日的测试工作日志，还是作出软件测试报告，都会变得轻而易举。

8.5 软件测试工具分类及选择

测试工具一般可分为白盒测试工具、黑盒测试工具、性能测试工具，另外还有用于测试管理（测试流程管理、缺陷跟踪管理、测试用例管理）的工具，这些产品主要是 Mercury Interactive（MI）、Segue、IBM Rational、Compuware 和 Empirix 等公司的产品，而 MI 公司的产品占了主流。

8.5.1 黑盒测试工具

黑盒测试工具适用于黑盒测试的场合。黑盒测试工具包括功能测试工具和性能测试工具。黑盒测试工具的一般原理是利用脚本的录制（Record）/回放（Playback）模拟用户的操作，然后将被测系统的输出记录下来同预先给定的标准结果比较。黑盒测试工具可以大大减轻黑盒测试的工作量，在迭代开发的过程中，能够很好地进行回归测试。黑盒测试工具的代表有：Rational 公司的 TeamTest、Robot，Compuware 公司的 QACenter。

8.5.2 白盒测试工具

白盒测试工具一般是针对代码进行测试，测试中发现的缺陷可以定位到代码级，根据测试工具原理的不同，又可以分为静态测试工具和动态测试工具。

1）静态测试工具：直接对代码进行分析，不需要运行代码，也不需要对代码编译链接，生成可执行文件。静态测试工具一般是对代码进行语法扫描，找出不符合编码规范的地方，根据某种质量模型评价代码的质量，生成系统的调用关系图等。静态测试工具的代表有：Telelogic 公司的 Logiscope 软件、PR 公司的 PRQA 软件。

2）动态测试工具：动态测试工具与静态测试工具不同，动态测试工具一般采用“插桩”的方式，向代码生成的可执行文件中插入一些监测代码，用来统计程序运行时的数据。其与静态测试工具最大的不同就是动态测试工具要求被测系统实际运行。动态测试工具的代表有：Compuware 公司的 DevPartner 软件、Rational 公司的 Purify 系列等。

8.5.3 其他测试工具

1. 性能测试工具

用于性能测试的工具包括：Radview 公司的 WebLoad、Microsoft 公司的 WebStress 等、针对数据库测试的 TestBytes、对应用性能进行优化的 EcoScope 等。Mercury Interactive 的 LoadRunner 是一种适用于各种体系架构的自动负载测试工具，它能预测系统行为并优化系统性能。LoadRunner 的测试对象是整个企业的系统，它通过模拟实际用户的操作行为和实行实时性能监测，来帮助用户更快地查找和发现问题。

2. 测试管理工具

测试管理工具用于对测试进行管理。一般而言，测试管理工具对测试计划、测试用例、测试实施进行管理，并且测试管理工具还包括对缺陷的跟踪管理。测试管理工具的代表有：Rational 公司的 Test Manager、Compureware 公司的 TrackRecord、Mercury Interactive 公司的

TestDirector 等软件。

8.5.4 测试工具的选择

面对如此多的测试工具，对工具的选择就成了一个比较重要的问题。我们在考虑选用工具的时候，建议从以下几个方面来权衡和选择。

1. 功能

功能当然是我们最关注的内容，选择一个测试工具首先就是看它提供的功能。当然，这并不是说测试工具提供的功能越多就越好，在实际的选择过程中，适用才是根本。“钱要花在刀刃上”，为不需要的功能花费金钱实在不是明智的行为。事实上，目前市面上同类的软件测试工具之间的基本功能都是大同小异的，各种软件提供的功能也大致相同，只不过有不同的侧重点。例如，同为白盒测试工具的 Logiscope 和 PRQA 软件，它们提供的基本功能大致相同，只是在编码规则、编码规则的定制、采用的代码质量标准方面有所不同。

除了基本的功能之外，以下的功能需求也可以作为选择测试工具的参考：

1）报表功能。测试工具生成的结果最终要由人进行解释，而且查看最终报告的人员不一定对测试很熟悉，因此，测试工具能否生成结果报表，能够以什么形式提供报表是需要考虑的因素。

2）测试工具的集成能力。测试工具的引入是一个长期的过程，应该是伴随着测试过程的改进而进行的一个持续的过程。因此，测试工具的集成能力也是必须考虑的因素，这里的集成包括两个方面的意思，首先，测试工具能够和开发工具进行良好的集成；其次，测试工具能够和其他测试工具进行良好的集成。

3）操作系统和开发工具的兼容性。测试工具可否跨平台，是否适用于公司目前使用的开发工具，这些问题也是在选择一个测试工具时必须考虑的问题。

2. 价格

除了功能之外，价格就应该是最重要的因素了。例如 NuMega 的 DevPartner 一个固定 license 是两万多元人民币，这对一个中型的企业来说完全可以承受。

3. 连续性和一致性

测试工具引入的目的是测试自动化，引入工具需要考虑工具引入的连续性和一致性。

测试工具是测试自动化的一个重要步骤之一，在引入/选择测试工具时，必须考虑测试工具引入的连续性。也就是说，对测试工具的选择必须有一个全盘的考虑，分阶段逐步地引入测试工具。

本章小结

1）黑盒测试与白盒测试的比较：

比较	黑盒测试	白盒测试
优点	① 适用于各阶段测试 ② 从产品功能角度测试 ③ 容易入手生成测试数据	① 可构成测试数据使特定程序部分得到测试 ② 有一定的充分性度量手段 ③ 可获较多工具支持
缺点	① 某些代码得不到测试 ② 如果规格说明有误，则无法发现 ③ 不易进行充分性测试	①（通常）不易生成测试数据 ② 无法对未实现规格说明的部分进行测试 ③ 工作量大，通常只用于单元测试，有应用局限
性质	是一种确认技术，回答“我们在构造一个正确的系统吗?”	是一种验证技术，回答“我们在正确地构造一个系统吗?”

2）软件测试要遵循下面几个基本原则：

- 程序员或程序设计机构不应测试自己设计的程序。
- 测试用例设计不仅要有确定的输入数据，而且要有确定的、详尽的预期输出数据。
- 测试用例设计不仅要有合理的输入数据，还要有不合理的输入数据。
- 除了检查程序是否做完了它应做的事之外，还要检查它是否做了不应做的事。
- 保留全部测试用例，并作为软件配置的组成部分之一。
- 程序中存在错误的概率与该段程序中已经发现的错误数成正比。

3）对于一套完整的软件而言，其测试分为模块测试（单元测试、分调、单调）、组装测试（整体测试、集成测试、联调）、有效性测试（确认测试）、系统（组装、集成）测试、并行测试（平行测试、双轨制运行）、α测试、β测试、验收测试（接收测试），部分测试可能需要进行回归测试。

思考题

1. 简述软件测试的含义及其目标。
2. 定义整形变量 Int，变量名的输入条件如下：
   （1）输入条件：变量名应以字母开头。
   （2）输入条件：变量名是长度为 1 ~ 8 的字符串。
   列出变量名的有效和无效等价类，并写出测试用例。
3. 工商银行牡丹卡（ATM）自动取款机系统。请插入牡丹卡，如果不是 ATM 卡，则提示卡的类型不正确并吐卡，请求重新插入 ATM 卡。如果是 ATM 卡，则提示输入密码，密码正确则执行下一步操作（查询余额、取款等）；否则提示密码错误，请重新输入密码。请利用黑盒测试的因果图法分析以上规格说明，并设计测试用例。
4. 白盒测试有哪些覆盖标准？试对它们的检错能力进行比较。
5. 采用黑盒技术设计测试用例有哪几种方法？这些方法各有什么特点？
6. 软件测试的目的是什么？测试中要注意哪些原则？
7. 编程时使用的程序设计语言对软件的开发与维护有何影响？
8. 如果一个程序有两个输入数据，每个输入都是一个 32 位的二进制整数，那么这个程序有多少种可能的输入？如果每微秒可进行一次测试，那么对所有可能的输入进行测试需要多长时间？
9. 软件测试的步骤是什么？这些测试与软件开发各阶段之间的关系是什么？
10. 软件测试的过程是什么？
11. 单元测试、集成测试和确认测试各自的主要目标是什么？它们之间有什么不同？相互有什么关系？

第9章 软件维护

【学习目标】

➢ 了解软件维护的定义、特点和分类；

➢ 掌握软件维护的过程；

➢ 理解软件的可维护性；

➢ 了解逆向工程和重构工程。

在软件产品被开发出来并交付用户使用之后，就进入了软件的运行维护阶段。这个阶段是软件生命周期的最后一个阶段，其基本任务是保证软件在一个相当长的时期能够正常运行。软件在交付给用户使用后，由于应用需求、环境变化以及自身问题，对它进行维护不可避免，并且软件维护是一个长期过程，耗费较大。

9.1 节通过对软件维护的定义和内容的阐述，总结软件维护的特点；在此基础上，9.2 节给出建立一个维护组织、确定报告和评价、为每个维护要求规定一个标准化的事件序列、建立一个适用于维护活动的记录保管过程并且规定复审标准的维护过程；在了解了软件维护过程后，9.3 节介绍软件的可维护性，即维护人员理解改动和改正这个软件的难易程度；最后，9.4 节介绍软件再工程的相关知识。通过本章的学习，我们将对软件维护有一定的认识。

9.1 软件维护的定义、内容和特点

软件维护的工作量很大，平均说来，大型软件的维护成本高达开发成本的 4 倍左右。目前国外许多软件开发组织把 60% 以上的人力用于维护已有的软件，而且随着软件数量增多和使用寿命延长，这个百分比还在持续上升。将来维护工作甚至可能会束缚住软件开发组织的手脚，使他们没有余力开发新的软件。

软件工程的目的是要提高软件的可维护性，减少软件维护所需要的工作量，降低软件系统的总成本。

9.1.1 软件维护的定义

所谓软件维护就是在软件已经交付使用之后，为了改正错误或满足新的需要而修改软件的过程，可以通过软件交付使用后可能进行的 4 项活动具体地定义软件维护。

因为软件测试不可能暴露一个大型软件系统所有潜藏的错误，所以必然会有第一项维护活动：在任何大型程序的使用期间，用户必然会发现程序错误，并且把他们遇到的问题报告给维护人员。我们把诊断和改正错误的过程称为改正性维护。

计算机科学技术领域的各个方面都在迅速进步，大约每过 36 个月就有新一代的硬件宣告出现，经常推出新操作系统或旧系统的修改版本，时常增加或修改外部设备和其他系统部件；另一方面，应用软件的使用寿命却很容易超过 10 年，远远长于最初开发这个软件时的运行环境的寿命。因此，第二项维护活动——适应性维护，也就是为了与变化了的环境适当地配合而进行修改软件的活动，是既必要又需要经常进行的维护活动。

当一个软件系统顺利地运行时，常常出现第三项维护活动：在使用软件的过程中用户往往提出增加新功能或修改已有功能的建议，还可能提出一般性的改进意见。为了满足这类要

求，需要进行完善性维护。这项维护活动通常占软件维护工作的大部分。

当为了改进未来的可维护性或可靠性，或为了给未来的改进奠定更好的基础而修改软件时，出现了第四项维护活动。这项维护活动通常称为预防性维护，目前这项维护活动相对比较少。

9.1.2 软件维护的内容

软件维护内容有四种：改正性维护、适应性维护、完善性维护和预防性维护。

1. 改正性维护

改正性维护是指改正在系统开发阶段已发生而系统测试阶段尚未发现的错误。这方面的维护工作量要占整个维护工作量的 17% ~21%。所发现的错误有的不太重要，不影响系统的正常运行，其维护工作可随时进行；而有的错误非常重要，甚至影响整个系统的正常运行，则必须制定计划进行修改，并且要进行复查和控制。

当软件出现故障时，就要对软件进行改正性维护。由于测试作为一种抽样检查，有的错误只能在特殊条件下才会暴露出来，在运行过程中（有的要过许多年）才会被发现。例如：有的文件系统，平均每隔一千多条记录，就有一条被冲掉。这个是在长期的使用中才会被发现，但这个错误也很严重，需要做改正性维护。

2. 适应性维护

适应性维护是指为适应外界环境的变化而增加或修改系统部分功能的维护工作。例如，操作系统版本更新、新的硬件系统的出现和应用范围扩大等，为适应这些变化，系统需要进行维护。这方面的维护工作量占整个维护工作量的 18% ~25%。由于目前计算机硬件价格不断下降，各类系统软件层出不穷，人们常常为改善系统硬件环境和运行环境而产生系统更新换代的需求；企业的外部市场环境和管理需求的不断变化也使得各级管理人员不断提出新的信息需求。这些因素都将导致适应性维护工作的产生，进行这方面的维护工作也要像系统开发一样有计划、有步骤地进行。

3. 完善性维护

这是为扩充功能和改善性能而进行的修改，主要是指对已有的软件系统增加一些在系统分析和设计阶段中没有规定的功能与性能特征。这些功能对完善系统功能是非常必要的。另外，还包括对处理效率和编写程序的改进。这方面的维护占整个维护工作的 50% ~60%，比重较大，也是影响系统开发质量的重要方面。这方面的维护除了要有计划、有步骤地完成外，还要注意将相关的文档资料加入到前面相应的文档中。

4. 预防性维护

为了改进应用软件的可靠性和可维护性和适应未来的软硬件环境的变化，应用系统应主动增加预防性的新功能，以适应各类变化而不被淘汰。例如将专用报表功能改成通用报表生成功能，以适应将来报表格式的变化。这方面的维护工作量占整个维护工作量的 4% 左右。

正如上面所述，软件维护的类型是多样的，不同类型的维护有不同的定义。在国标 GB/T 11457—89 中明确指出软件运行、维护阶段是软件生命周期的一部分：“对软件产品进行检测，以期获得满意性能；当需要时对软件产品进行修改以改正问题或对变化了的需求做出响应”。可见，这是从软件生命周期层面对软件维护做出的定义。

9.1.3 软件维护的特点

1. 结构化维护与非结构化维护差别巨大

(1) 非结构化维护

用手工方式开发的软件只有源代码，这种软件的维护是一种非结构化维护。非结构化维护是从读代码开始，由于缺少必要的文档资料，所以很难弄清楚软件结构、全程数据结构、系统接口等系统内部的内涵；因为缺少原始资料的可比性，很难估量对源代码所做修改的后果；因为没有测试记录，不能进行回归测试。

(2) 结构化维护

用工程化方法开发的软件有一个完整的软件配置。维护活动是从评价设计文档开始，确定该软件的主要结构性能；估量所要求的变更的影响及可能的结果；确定实施计划和方案；修改原设计；进行复审；开发新的代码；用测试说明书进行回归测试；最后修改软件配置，再次发布该软件的新版本。

2. 维护的代价高昂

在过去的几十年中，软件维护的费用稳步上升。1970 年用于维护已有软件的费用只占软件总预算的35% ~40%，1980 年上升为40% ~60%，1990 年上升为70% ~80%，而进入21 世纪，软件维护的费用依然是有增无减，有的企业将维护转化成了服务，按照服务向软件使用人收费。

维护费用只不过是软件维护最明显的代价，其他一些现在还不明显的代价将来可能更为人们所关注。因为可用的资源必须供维护任务使用，以致耽误甚至丧失了开发的良机，这是软件维护的一个无形的代价。其他无形的代价还有：当看来合理的有关改错或修改的要求不能及时满足时将引起用户不满；由于维护时的改动，在软件中引入了潜在的错误，从而降低了软件的质量；当必须把软件工程师调去从事维护工作时，将在开发过程中造成混乱。软件维护的最后一个代价是生产率的大幅度下降，这种情况在维护旧程序时常常遇到。

3. 维护的问题很多

软件维护的绝大多数问题与软件定义和软件开发阶段所采用的设计方法、指导思想、技术手段、开发工具等有直接的关系，同时与维护工作的性质也有一定的关系。在软件生命周期的头两个时期没有严格而又科学的管理和规划，几乎必然会导致在最后阶段出现问题。

9.2 软件维护的过程

早在维护申请提出之前，与维护有关的工作已经开始。首先的工作是要建立一个机构，对每一个维护申请写出报告并对其过程进行评价，而且对每类维护都要制定规范化的工作程序。虽然对于大多数软件开发机构并未建立专门的维护机构，但很有必要委派一个非专门的人员来负责相关工作，可以称之为维护控制元。所有维护请求都必须提交给该人员，由他提交给相关系统管理人员并由系统管理人员对该维护请求进行评价。所有维护请求都必须采用标准格式，一般包含以下内容：建立维护组织、确定维护过程、保管维护记录、进行维护评价。

9.2.1 建立维护组织

对于大型软件系统，建立一个专门的维护组织机构是必需的。即使是较小的软件系统，也要委派一个专人负责软件维护工作，收集、保存、整理维护活动的文档资料的工作是必须随时要做的。

在维护活动开始之前必须明确维护活动的审批制度。每个维护要求都要通过维护管理员转交给系统监督员去评价。系统监督员对维护申请做出评价后，由主管部门决定是否进行软件修改。接到审批的维护申请报告后，将维护任务下达给指定的维护人员，并监控维护活动有条不紊地开展。合理的组织机构和精干的维护人员是保障维护活动顺利实施的基础。

系统监督员一般都是对程序（某一部分）特别熟悉的技术人员。在维护人员对程序进行修改的过程中，由配置管理员严格把关，控制修改的范围，对软件配置进行审计。维护管理员、系统监督员、修改控制决策机构等，均代表维护工作的某个职责范围。修改控制决策机构、维护管理员可以是指定的某个人，也可以是一个包括管理人员、高级技术人员在内的小组。图 9-1 显示了维护组织结构图。

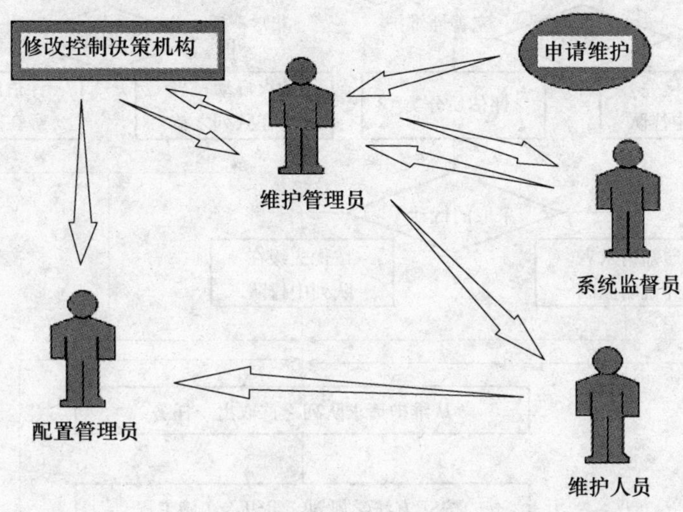

图 9-1　维护组织结构图

9.2.2　维护过程

图 9-2 描述了实施软件维护的工作流程。第一步是先确认维护要求。这需要维护人员与用户反复协商，弄清错误概况以及对业务的影响大小，以及用户希望做什么样的修改，并把这些情况存入故障数据库。然后由维护组织管理员确认维护类型。

对于改正性维护申请，从评价错误的严重性开始。如果存在一个严重的错误，则必须安排人员，在系统监督员的指导下，进行问题分析，寻找错误发生的原因。进行“救火”性的紧急维护；对于不严重的错误，可根据任务实际情况，视轻重缓急，进行排队，统一安排时间。

所谓“救火”式的紧急维护，是指发生的错误非常严重，不立即处理往往会导致重大事故，这样就必须紧急修改，暂不顾及正常的维护控制，不必考虑评价可能发生的副作用，在维护完成支付用户之后再去做补偿工作。

对于适应性维护和完善性维护申请，需要先确定每项申请的优先次序。若某项申请的优先级非常高，就可以立即开始维护工作；否则，维护申请和其他的开发工作一样，进行排队，统一安排时间。并不是所有的完善性维护申请都必须承担，因为进行完善性维护等于是做二次开发，工作量很大，需要根据商业需要，可利用资源情况、目前和将来预见的发展方向以及其他的考虑，决定是否承担。

虽然维护申请的类型不同，但都要进行同样的技术工作，包括：修改软件需求说明、修改软件设计、设计评审、对源程序做必要的修改、单元测试、集成测试（回归测试）、单元测试、软件配置评审等。

在每次软件维护任务完成后，要对维护任务进行复审。进行复审时要回答下列问题：

1）在目前情况下，设计、编码和测试中的哪一方面可以进行改进？

2）各种维护资源已经用了哪些？还有哪些未用？

3）工作中主要的或次要的障碍是什么？

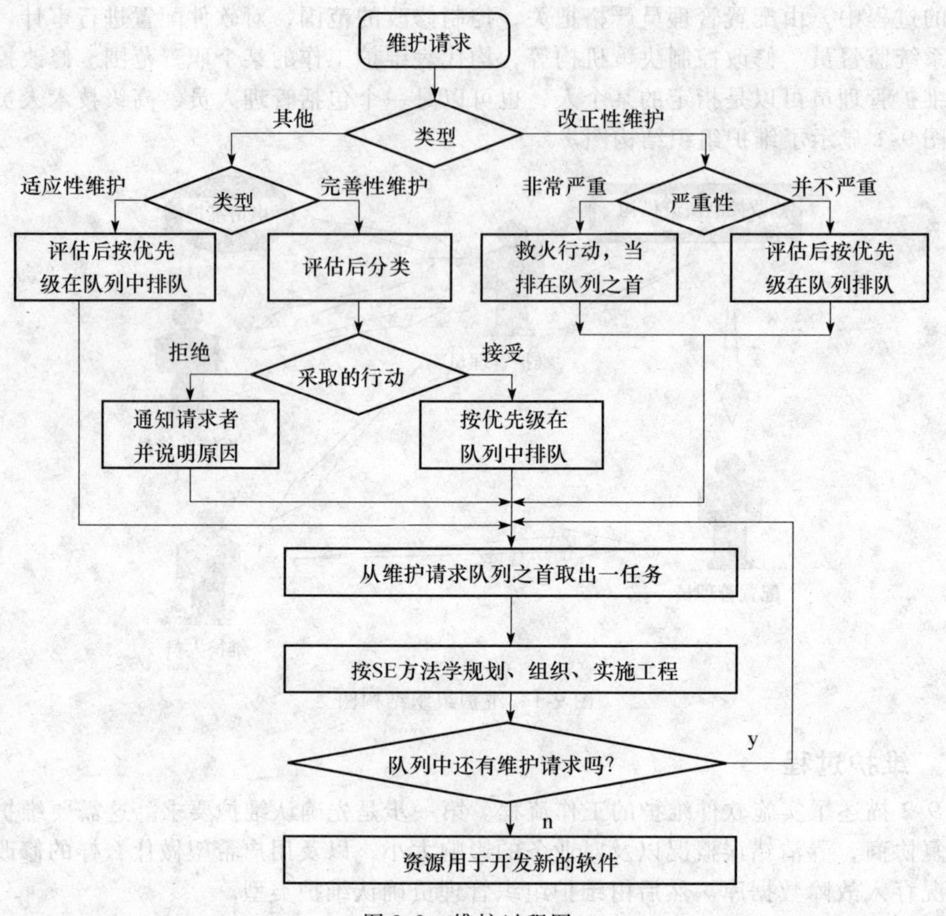

图 9-2 维护过程图

4）从维护申请的类型来看是否应有预防性维护？

复审对将来的维护工作如何进行会产生重要影响，并可以为软件机构的有效管理提供重要的反馈信息。

9.2.3 保管维护记录

任何维护申请都应该按规范化方式提出。通常要求用户填写维护申请表，表中必须完整地描述每个错误发生的环境，包括输入数据、输出结果等有关信息。对于适应性或完善性维护要求，还应该提出一份修改说明书，提出用户希望的修改。维护申请表交维护组织后，经有关人员认真分析并根据分析结果制定软件修改报告，内容应包括：

1）维护要求的性质。

2）维护活动的优先顺序。

3）计算满足维护申请表中提出的软件变更所需要的工作量。

4）预计软件变更后的状况。

软件维护文档除一般文档外，还包括：

1）软件问题报告。

2）软件变动报告。

3）软件维护记录。

维护请求表即软件问题报告，该报告由要求一项维护活动的用户填写。对改正性维护，用户需要将错误出现的现场信息详细描述出来，包括输入数据、错误清单以及其他有关材料。对适应性维护或完善性维护，应该给出一个简短的需求规格说明书。维护申请被批准后，维护申请表就成为外部文档，作为本次维护的依据。

软件修改报告指明：为满足维护申请表提出的需求所需的工作量、本次维护活动的类别、本次维护请求的优先级、本次修改的背景数据。在拟定进一步维护计划前，软件修改报告要提交给修改决策机构，供进一步规划维护活动使用。

对于软件维护记录，美国芝加哥大学的信息科学荣誉教授 Don R. Swanson 给出了下述项目表：

1）程序名称。

2）源程序语句条数。

3）机器代码指令条数。

4）使用的程序设计语言。

5）程序的安装日期。

6）程序安装后的运行次数。

7）与程序安装后运行次数有关的处理故障的次数。

8）程序修改的层次和名称。

9）由于程序修改而增加的源程序语句条数。

10）由于程序修改而删除的源程序语句条数。

11）每项修改所付出的“人时”数。

12）程序修改的日期。

13）软件维护人员的姓名。

14）维护申请表的名称。

15）维护类型。

16）维护开始时间和维护结束时间。

17）用于维护的累计“人时”数。

18）维护工作的净收益。

9.2.4 维护评价

在有维护记录保存的基础上，可以进行软件维护活动的评价，否则很难评价。

如果已经开始保存维护记录，可以对维护工作做一些定量度量，至少可以从如下 7 个方面进行评价：

1）每次程序运行时的平均出错次数。

2）用于每一类维护活动的总“人时”数。

3）每个程序、每种语言、每种维护类型所做的平均修改数。

4）维护过程中，增加或删除每条源程序语句花费的平均“人时”数。

5）用于每种语言的平均“人时”数。

6）一张维护申请表的平均处理时间。

7）各类维护类型所占的百分比。

9.2.5 维护技术

有两类维护技术，它们是面向维护的技术和维护支援技术。面向维护的技术是在软件开发阶段用来减少错误，提高软件可维护性的技术。维护支援技术是在软件维护阶段用来提高维护工作的效率和质量的技术。

1. 面向维护的技术

面向维护的技术涉及软件开发的所有阶段：

1）需求分析阶段：对用户的需求进行严格的分析定义，使之没有矛盾和易于理解，可以减少软件中的错误。例如，美国密执安大学的 ISDOS 系统就是需求分析阶段使用的一种分析与文档化工具，可以使用它来检查需求说明书的一致性和完备性。

2）设计阶段：划分模块时充分考虑将来改动或扩充的可能性。使用结构化分析和结构化设计方法，采用容易变更的，不依赖于特定硬件和特定操作系统的设计。

3）编码阶段：采用灵活的数据结构。使程序相对独立于数据的物理结构，养成良好的编程风格。

4）测试阶段：尽可能多地发现错误，保存测试用例和测试数据等。

2. 维护支援技术

包括以下各方面的技术：

1）信息收集。

2）错误原因分析。

3）软件分析与理解。

4）维护方案评价。

5）代码与文档修改。

6）修改后的确认。

7）远距离的维护。

9.3 软件的可维护性

许多软件的维护十分困难，原因在于这些软件的文档和源程序难于理解或难于修改。从原则上讲，软件开发工作应该严格按照软件工程的要求，遵循特定的软件标准或规范进行，但实际上往往由于种种原因并不能真正做到。例如，文档不全、质量差、开发过程中不注意采用结构化方法、忽视程序设计风格等。因此，造成软件维护工作量加大、成本上升、修改出错率升高。此外，许多维护要求不是因为程序出错而是为适应环境变化或需要变化而提出的，由于维护工作面广，维护难度大，一不小心就会在修改中给软件带来新的问题或引入新的差错。所以，为了使软件能够易于维护，必须考虑使软件具有可维护性。

软件可维护性可以定性地定义为：维护人员理解改动和改正这个软件的难易程度。我们一直在强调，提高可维护性是支配软件工程方法论所有步骤的关键目标，也是延长软件生命周期的最好方法。易维护性通常包括易理解、易修改和扩充。为了达到这个目标，就要在系统开发的各阶段，认真编写各种技术文档。在系统设计时还要考虑到使系统易于修改和扩充，并使修改、扩充对全局带来的影响减至最小。在编写逻辑性复杂的程序段时，应采用规范的符号画出流程图。例如，在会计信息系统中，鉴于会计报表可能经常发生变动，那么报表处理部分就要灵活一些，使报表格式或其内容发生变动时，系统只做略微的修改即可满足用户要求。这样，系统的维护工作就会容易得多。

9.3.1 软件维护性的问题

在软件开发阶段就要考虑到维护问题，具体如下：

(1) 需求分析阶段

明确维护范围及责任，审查系统要求；研究运行/维护的支持；明确性能要求及变更；

明确扩充或收缩；检验关键资源的可扩充性。

（2）设计阶段

考虑系统的扩展、压缩和变更及设计通用性等。

（3）编程阶段

查找源程序错误、度量源程序可理解性等。

（4）测试阶段

维护人员参与集成测试、统计分析错误等。

9.3.2 决定软件可维护性的因素

维护就是在交付使用后进行修改，修改之前必须理解修改的对象，修改之后应该进行必要的测试，以保证所做的修改是正确的。如果是改正性维护，还必须预先进行调试以确定故障。因此，影响软件可维护的因素主要有下述7个。

1. 可理解性

软件可理解性表现为外来读者理解软件的结构、接口、功能和内部过程的难易程度。模块化、详细的设计文档、结构化设计、源代码内部的文档和良好的高级程序设计语言等，都对改进软件的可理解性有重要贡献。

可理解性表明人们通过阅读源代码和相关文档，了解软件功能及运行状况的容易程度。一个可理解的软件主要应该具备以下特性：模块化、风格一致性、使用清晰明确的代码、使用有意义的数据名和过程名、结构化、完整性等。

2. 可测试性

可测试性表明论证软件正确性的容易程度。程序越简单，验证其正确性就越容易。对于软件中的程序模块，可用程序复杂性来度量可测试性。显然，程序的环路复杂性越大，程序的路径就越多，全面测试程序的难度就越大。

诊断和测试的难易程度主要取决于软件容易理解的程度，良好的文档对诊断和测试是至关重要的。此外，软件结构、可用的测试工具和调试工具，以及以前设计的测试也都是非常重要的，维护人员应该能够得到在开发阶段用过的测试方案，以便进行回归测试。在设计阶段应该尽力把软件设计成容易测试和容易诊断的。

3. 可修改性

可修改性表明软件容易修改的程度。一个可修改性软件应当是可理解的、通用的、灵活的、简单的。其中，通用是指当软件适用的功能发生改变而无需修改。灵活指很容易对软件进行修改。

软件容易修改的程度和软件设计原理和规章直接有关，耦合、内聚、局部化、控制工作域的关系等都影响软件的可修改性。

4. 可靠性

可靠性表明一个软件按照用户的要求和设计目标，在给定的一段的时间内正确执行的概率。可靠性的主要度量标准有：平均失效间隔时间、平均修复时间和有效性。度量可靠性的方法，主要有如下两类：

1）根据软件错误统计数字，进行可靠性预测。可利用一些可靠性模型，根据程序测试时发现并排除的错误数预测平均失效间隔时间。

2）根据软件复杂性预测软件可靠性，使用这种方法的前提条件是可靠性与复杂性有关。程序复杂性度量标准可用于预测哪些模块最有可能发生错误，以及可能出现的错误类型，了解错误类型及它们可能出现在哪里能更快地查出和纠正更多的错误，提高可靠性。

5. 可移植性

可移植性表明软件转移到一个新的计算环境的可能性的大小，或者表明软件能有效地在各种环境中运行的容易程度。一个可移植性好的软件应具有良好、灵活、不依赖于某一具体计算机或操作系统的性能。

6. 效率

效率表明一个软件能执行预订功能而又不浪费机器资源的程序，这些资源包括内存容量、外存容量、通道容量和执行时间。

7. 可使用性

站在用户的角度，可使用性是软件方便、实用及易于使用的程度。一个可使用性好的程序应该易于使用，允许出错和修改，而尽可能保证用户在使用时不陷入混乱状态。

9.3.3 提高可维护性的方法

为了延长软件的生命周期，提高软件的可维护性具有决定意义，提高可维护性采用的方法主要有以下8种。

1. 确定质量管理目标

可维护性是所有软件都应具备的基本特点。一个可维护的程序应该是可理解的、可修改的和可测试的，但是要实现所有这些目标，需要付出很大的代价，而且也不是一定能够完全实现。尽管可维护性要求每一种维护属性都得到满足，但是它们的重要性是与程序的用途及计算机环境情况相关的，因此，在提出维护目标的同时规定好维护属性的优先级是非常必要的，这样对于提高软件的质量以及减少软件在生命周期的费用是非常有帮助的。

2. 使用先进的软件开发技术和工具

利用先进的软件开发技术和工具是软件开发过程中提高软件质量、降低成本的优先方法之一，也是提高可维护性的有效方法。

3. 进行明确的质量保证审查

质量保证审查对于获得和维持软件的质量，是一个很有用的技术。除了保证软件得到适当的质量外，审查还可以用来检测在开发和维护阶段内发生的质量变化。一旦检测出问题，就可以采取措施进行纠正，以控制不断增长的软件维护成本和延长软件系统的有效生命周期。

4. 验收检查

验收检查是一个特殊的检查点的检查，它实际上是验收测试的一部分。验收检查是把软件从开发转移到维护的最后一次检查，是软件投入运行之前保证可维护性的最后机会，对减少维护费用和提高软件质量非常重要。

5. 周期性的维护检查

上述两种软件检查可用来保证新的软件系统的可维护性，对已运行的软件应该进行周期性的维护检查。在运行期间，为了纠正在开发阶段未发现的错误和缺陷，使软件适应新的计算机环境并满足变化的用户需求，必须对正在使用的软件进行修改，修改软件可能引入新的错误并破坏原来程序概念的完整性。因此，必须像硬件的定期检查一样，每月一次或者两个月一次，对软件做周期性的维护检查，以跟踪软件质量的变化。

周期性的维护检查实际上是开发阶段检查点复查的延伸，并且采用的检查方法和检查内容都是相同的。

6. 规范化的程序设计风格

模块化设计方法可提高可修改性、可测试性，对某个模块的改动对其他模块影响不大。采用模块化设计方法后，如果需要增加程序的某些功能，则只需增加完成这些功能的程序模块即可；对程序的测试以及重复测试都较容易；对于程序中的错误易寻找，易修改。

然而利用结构化程序设计可提高程序的可理解性。当要修改程序的某一模块时，可以采用一个新的结构优良的模块替代原来的整个模块，这种方法只要了解了模块之间的接口就可以，不必去了解内部的工作情况。在软件开发过程中，可采用项目小组分工完成程序模块，后建立主程序集成小组，集成整个项目系统，实现严格的组织化管理，职能分工，规范标准。在对程序的质量进行检测时，也可以采用分工合作的方法，从而有效地提高质量和检测效率。

7. 选择可维护的程序设计语言

选择较好的程序设计语言对软件维护有很大的影响。低级语言（机器代码或汇编语言）是一般人很难掌握和理解的，因而很难维护。高级语言比低级容易理解，具有更好的可维护性。例如第四代语言（如查询语言、图形语言、报表生成器等）比其他高级语言更容易理解、使用和修改，能缩短程序的长度，减少程序的复杂性，因此提高了软件的可维护性。

8. 改进程序文档

（1）程序文档

程序文档是影响软件可维护性的另一决定因素。它记载了程序的功能、程序各组成部分之间的关系、程序设计策略和程序实现过程的历史数据的说明和补充。程序文档具备四个方面内容，包括使用这个系统的描述、安装和管理这个系统的描述、系统需求和设计描述和系统的实现和测试描述。

程序文档的作用和意义包括：好的文档能使程序更容易阅读，坏的文档比没有它更糟；好的文档简明扼要，风格统一，容易修改；程序编码中加入必要的注释可提高程序的可理解性；程序越长越复杂，越应该注意程序文档的编写。

（2）用户文档

用户文档提供用户使用程序的命令和指示，通常指用户手册。好的用户文档类似联机帮助信息，用户利用它在终端上就可获得必要帮助和引导。

（3）操作文档

操作文档指导用户如何运行程序，它包括操作员手册、运行记录和备用文件目录等。

（4）数据文档

数据文档是程序数据部分的说明，它由数据模型和数据词典组成。数据模型表示数据内部结构和数据各部分之间的功能依赖性，通常数据模型是以图形表示的。数据词典列出了程序使用的全部数据项，包括数据项的定义、使用及其使用位置。

（5）历史文档

历史文档用于记录程序开发和维护的历史，虽然有不少人还未意识到，其实它是非常重要的。系统开发和维护历史对维护程序员是非常有用的信息，因为系统开发者和维护者一般是分开的，利用历史文档可以简化维护工作。如理解设计图，可指导维护程序员如何修改源代码而不破坏系统的完整性。

历史文档包括系统开发日志、运行记录和系统维护日志三类。

9.4 软件再工程

大约在 1988 年，有人第一次发现了“千年虫”，此后世界性的“Y2K 除虫运动”一直延续到 2001 年年底，人们不得不把那些“泼出去的水”收回来，从洪水般的源代码“陈年谷子”中寻找那些芝麻般的“时间变量”，虽然不过是有限变量长度和类型的修改，但其影响几乎波及了西方世界近 75% 的企业，调动了据说百万人年数量级的软件人力。软件工程进入再工程时代的呼声起于 20 世纪 90 年代初，当时更多的提法是软件复用（Reuse），实际上可以说是用“复用”的旗帜为再工程开道。这样引出再工程，是软件工程理论先导的远见卓识，因为复用是软件工程的最高境界。

20多年前曾有人预言：软件进入维护期的比例将随软件递增率一起增长，进入21世纪后将有80%的软件人员从事维护性开发。

9.4.1 再工程的概念

契科夫斯基和克罗斯于1990年首先提出再工程的定义：检查现有的系统，并试图进行修改或重构而组成新的模式。在某些不正式的场合，软件再工程也被用于泛指对软件进行修改以增加新的功能或除错。

软件再工程是对现有软件系统进行验证、评价、重新设计构造成为一个新的形式并加以实现，使其满足新的需要、适合于新的运行环境的软件工程活动，最大限度地复用既存系统的各种资源是再工程的最重要特点之一。

另外，在软件再工程中还涉及逆向工程、重构、设计恢复的概念，详细介绍如下。

逆向工程（Reverse Engineering）：指在软件生命周期中，将软件的某种形式描述转换成更抽象形式的活动。

重构（Restructuring）：指在同一抽象级别上转换系统的描述形式。如把C++程序转换成Java程序。

设计恢复（Design Recovery）：指借助工具从已有程序中抽象出有关数据结构设计、总体结构设计和过程设计的信息。

在软件系统的使用过程中，其运行的内、外部环境可能发生不同程度的变化。软件再工程可以充分利用和改造现有软件以适应这些变化，避免因重新开发软件而造成时间、人力及软件资源的浪费，再工程可以应用于改进软件的可维护性、增强软件功能改进性能、软件移植、系统开发等。

通常再工程包含业务过程再工程（Business Process Re-engineering，BPR也称业务过程重组），其定义业务目标、标识并评估现有的业务过程以及修订业务过程以更好满足业务目标，这一部分通常由咨询公司的业务专家完成。

业务过程再工程是迭代的。因此业务过程再工程没有开始和结束，只有不断的演化。整个业务过程再工程模型可用图9-3表示。

在业务过程被分析清楚后，可以对软件实施再工程，整个软件再工程过程模型如图9-4所示。在图9-4中显示的再工程范型是一个循环模型，这意味着作为该范型的组成部分的每个活动都可能被重复，而且对于任意一个特定的循环来说，过程可以在完成任意一个活动之后终止。在软件再工程的各个阶段，软件的可复用程度都将决定软件再工程的工作量。

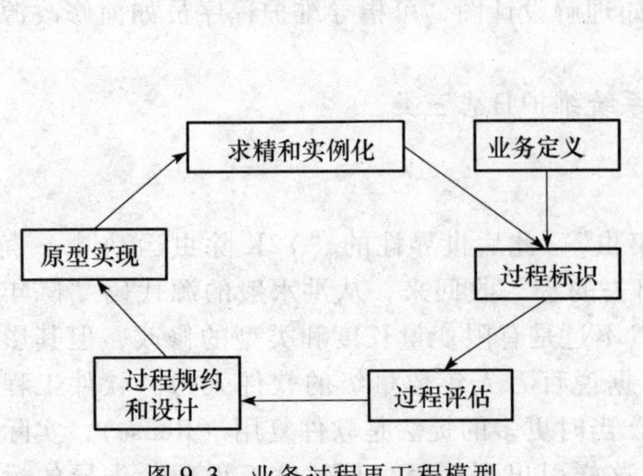

图9-3 业务过程再工程模型

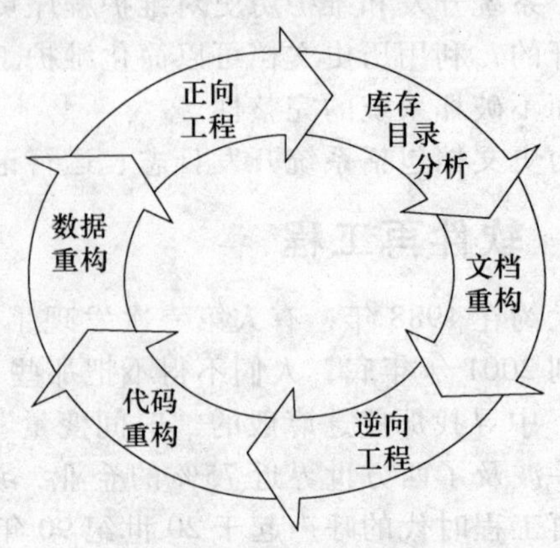

图9-4 软件再工程模型

9.4.2 再分析

再分析阶段的主要任务是对既存系统的规模、体系结构、外部功能、内部算法、复杂度等进行调查分析。这一阶段早期分析最直接目的就是调查和预测再工程涉及的范围。北京工业大学软件工程研究所研制开发的“软件再工程辅助调查工具——SFRE”正是从整体上支持该分析阶段的再工程自动化工具。

每个软件组织都应该保存其拥有的所有应用系统的开发文档。该文档包含关于每个应用系统的基本信息（例如应用系统的名称、最初构建它的日期、已做过的实质性修改次数、过去18个月报告的错误、用户数量、安装它的机器数量，它的复杂程度、文档质量，整体可维护性等级、预期寿命、在未来36个月内的预期修改次数、业务重要程度等）。每一个大的软件开发机构都拥有上百万行老代码，它们都可能是逆向工程或再工程的对象。应该仔细分析文档信息，按照业务重要程度、寿命、当前可维护性、预期的修改次数等标准，将库中的应用系统排序，从中选出再工程的候选者，然后明智地分配再工程所需要的资源。

一个运行良久的既存系统，最起码的价值是在操作方法和正确性上已被用户接受，而再高明的程序员在软件没有经过用户一段时间的使用验证之前都不敢保证自己的程序正确无误，因此，读文档，即使是“破烂不堪”；读代码，即使是“千疮百孔”，也要坚持住，并且从中筛出可复用对象。

9.4.3 再编码

根据再分析阶段做成的再工程设计书，再编码过程将在系统整体再分析基础上对代码做进一步分析。代码重构是最常见的再工程活动。某些老程序具有比较完整、合理的体系结构，但是，个体模块的编码方式却是难于理解、测试和维护的。在这种情况下，可以重构可疑模块的代码。

通常，重构并不修改整体的程序体系结构，它仅关注个体模块的设计细节以及在模块中定义的局部数据结构。如果重构扩展到模块边界之外并涉及软件体系结构，则重构变成了正向工程。

9.4.4 再测试

一般来说，再测试是再工程过程中工作量最大的一项工作。如果能够复用原有的测试用例及运行结果，将能大大降低再工程成本。对于复用的部分，特别是可复用的（独立性较强的）局部系统，还可以免除测试，这也正是复用技术被再工程高度评价的关键原因之一。当然再工程后的系统总有变动和增加的部分，对受其影响的整个范围都要毫无遗漏地进行测试，不可心存侥幸，以免因“一只苍蝇坏了一锅汤”。

9.4.5 实用的复用策略

在判断既存系统应该如何复用时，首先要明确哪些是可复用对象，以及如何使用这些可复用对象。下面以既存LAN系统重构成Web系统的再工程为例，说明再分析和再编码将遇到的一些复用课题。

我们可以将既存LAN系统划分成界面、逻辑、数据三个层次。用既存系统的三个层次分别对应典型Web系统的表示层、逻辑层和数据层。由此从逻辑上得到对应每个层次的输入和输出，然后为每一层寻找能够实现最大程度复用的重构方法。

(1) 界面复用策略

界面模拟方法：将基于文本的旧界面包装为新的图形界面。旧界面运行在终端上，新界面可以是基于PC的图形界面，也可以是运行在浏览器上的HTML页面。新用户界面通过一个界面模拟工具与旧界面通信。此方法复用率相当高，但是不修改既存系统会同时将旧系统的结构性缺点全部继承下来。

基于客户端的Web应用（Java Applet）：Applet可以实现从界面、逻辑到数据库的许多功能。完全用Java语言重写一个系统是不现实的，复用率也不会很高，这不是软件再工程所提倡的。但目前已有许多Applet自动转化工具，而且其转化后代码的复用率相当高。

基于服务器端的Web应用：即重新开发界面。这种方法看上去没有复用既存界面代码，其实不然。首先，界面设计完全可以复用，从而节省设计时间；其次，我们可以将某些界面做成可复用的，这样也会减少工作量。

(2) 逻辑层包装原则

通过对逻辑层的分解可以得到可复用和不可复用的两部分代码。对可复用部分可直接使用，对于不可复用部分则应尽量通过各种包装技术按统一标准将其改造成可复用构件。包装方法有很多，如对象包装法、部件包装法等。

(3) 数据层复用策略

数据层通常要求更高的复用率。逻辑和数据休戚相关，如果改动数据库，逻辑势必不能正常运行，对逻辑部分的复用也就无从谈起。如果非改不可的话，也要以保证最大限度的复用为原则，争取做到只增不删，以保证数据的完整性。

再工程（Re-Engineering）不仅能从既存的程序中重新获得设计信息，而且还能使用这些信息改进或重建或重构现有系统，尽最大努力来提高它们的整体质量。在大多数情况下，再生工程软件不仅可以再现现有系统的功能，同时，开发人员为了提高软件（系统）的整体性能还增加了新的功能。

由于每个大公司和许多小公司都有几百万条代码需要进行反推工程或再生工程，这好像每一个公司都要花大量的工作去再生再造程序库中的每一个程序。但这是不现实的，原因如下：

1）一些程序很少使用，而且不可能修改。

2）反推工程和再生工程的工具尚处于它的初期，因此，这些工具只能在一些有限的应用类中进行反推工程和再生工程。

3）工作量过大，费用过高。

本章小结

维护是软件生命周期的最后一个阶段，也是持续时间最长、代价最大的一个阶段。软件维护通常包含四类活动：为了纠正使用过程中暴露出来的错误而进行的改正性维护，为了适应外界环境改变而进行的适应性维护，为了改进原有软件而进行的完善性维护，以及为了改进将来可维护性和可靠性而进行的预防性维护。

软件的可理解性、可测试性和可修改性是决定软件可维护性的基本因素。软件生命周期每个阶段的工作都与软件可维护性有密切关系。良好的设计、完善的文档资料以及一系列严格的复审和测试使得一旦发现错误时比较容易诊断和纠正，当用户有新的要求或者外部环境变化时软件能够比较容易适应，并能够减少维护引入的错误。因此在软件生命周期每个阶段都必须充分考虑软件维护问题，并且为软件维护做准备。

软件再工程是指对既存对象系统进行调查，并将其重构为新形式代码的开发过程。最大限度地复用既存系统的各种资源是再工程的最重要特点之一。从软件复用方法学来说，如何开发可复用软件和如何构造采用可复用软件的系统体系结构是两个最关键问题。不过对再工程来说前者很大一部分内容是对既存系统中非可复用构件的改造。在软件再工程的各个阶段，软件的可复用程度都将决定软件再工程的工作量。

思考题

1. 什么是软件可维护性？可维护性度量的特性是什么？
2. 提高可维护性的方法有哪些？
3. 软件维护有哪些内容？
4. 软件维护困难的原因是什么？
5. 简述软件维护的流程。
6. 为什么在软件开发过程中，要特别重视软件的可维护性？
7. 为什么大型软件的维护成本高达开发成本的4倍左右？
8. 假设你的任务是对一个已有的软件做重大修改，而且只允许你从下述文档中选取两份：

   （1）程序的规格说明；

   （2）程序的详细设计结果（自然语言描述加上某种设计工具表示）；

   （3）源程序清单（其中有适当数量的注解）。

   你将选取哪两份文档？为什么这样选取？
9. 举例说明软件再工程的难度。
10. 当一个十几年前开发出的程序还在为其他用户完成关键的业务工作时，是否有必要对它进行再工程？如果对它进行再工程，经济上是否划算？

第10章　软件质量管理

【学习目标】

- 掌握软件质量管理过程和产品质量保证的重要性；
- 熟悉软件质量、软件质量管理的概念、内容和质量因素；
- 理解软件质量控制和保证的定义、原则和内容；
- 熟悉软件技术评审流程及通用软件质量标准；
- 理解软件质量、软件质量度量的概念，掌握软件质量度量的衡量标准以及复杂性度量和可靠性度量。

软件质量是软件的生命。它作为软件工程学科的一部分，贯穿于整个软件生命周期之中，应该有计划地、系统地应用软件工程的方法进行处理。由于软件质量直接影响软件的使用与维护，甚至关系到软件项目的成败，所以无论是项目的管理人员、开发人员、维护人员还是用户，都十分重视软件质量。质量差的软件，轻则可能影响工作效率、增大使用与维护开销，重则可能造成灾难。因此，开发高质量的软件是所有开发者的共同愿望。

10.1 节介绍软件质量的定义、内容和软件质量因素；10.2 节简要介绍软件质量管理、质量方针和质量计划等概念；10.3 节阐述软件质量控制和保证的重要性，质量控制概念及控制工具，质量保证的原则、内容和措施，接着介绍技术评审过程和质量标准；10.4 节介绍软件质量度量的概念、软件质量度量模型和软件质量度量方法，最后介绍软件复杂性度量和可靠性度量；10.5 节通过一个具体案例更加详细地介绍如何进行质量管理。

10.1　软件质量

软件工程的最高目标就是产生高质量的系统、应用软件或产品。为了达到这个目标，软件工程师必须掌握在成熟的软件过程背景下有效方法及现代化工具的应用。除此之外，一个优秀的软件工程师（及优秀的软件工程管理者）必须评估是否能够达到高质量的目标。

10.1.1　软件质量的定义

在定义软件质量之前，先了解质量的定义。ISO 8402—1994《质量管理和质量保证术语》中对质量的定义是：质量是反映实体（产品、过程或活动等）满足明确和隐含需要的能力的特性总和。

质量可分为产品质量、服务质量、过程质量和工作质量。产品质量是指产品能够满足使用要求所具备的特性，一般包括性能、寿命、可靠性、安全性、经济性以及外观质量等。服务质量是指服务满足明确和隐含需要的能力的特性总和。过程质量是指与质量有关的各项工作对产品质量、服务质量、过程质量的保证程度。工作质量就是按一定的作业标准完成的劳动量，在产品生产中没有达到规定的作业标准就是不合格品。

许多国家、国际标准化组织都给出了有关软件质量的定义。

1）1983 年，ANSI/IEEE STD 729 标准给出了软件质量的定义：软件质量是软件产品满足规定的和隐含的与需求能力有关的全部特征和特性。

2）美国电气电子工程师学会 IEEE 对软件质量的定义则更加具体，它包括：

① 软件产品满足用户要求的程度。

② 软件拥有所期望的各种属性的组合程度。

③ 用户对软件产品的综合反映程度。

④ 软件在使用过程中满足用户需求的程度。

3）我国公布的“计算机软件工程规范国家标准汇编”中关于软件质量的定义与 IEEE 的软件质量的概念基本相同。

4）在 Rational 统一过程（RUP）中，软件质量被定义为具有以下 3 个维度：

- 功能（Functionality）。按照既定意图和要求，执行指定用例的能力。对于软件功能性，每个软件都会有具体要求。
- 可靠性（Reliability 或 Dependability）。包括软件坚固性和故障预防能力、资源利用率、代码完整性以及技术兼容性等。健壮性和有效性有时可看成是可靠性的一部分。衡量软件可靠性的方法，包括正确执行操作所占的比例、在发现新缺陷之前系统运行的时间和缺陷出现的密度。根据故障的发生对系统有多大影响和对于最大可靠性的费用是否合理，来定量地确定可靠性需求。
- 性能（Performance）。用来衡量系统占用系统资源（CPU 时间、内存）和系统响应、表现的状态，如果系统用完了所有可用的资源，那么系统就会表现出性能下降。系统性能与其配置文件和性能操作特征相关，包括代码的执行流、数据访问、系统调用、响应时间和负载容量等。

根据这些定义，对软件质量进行评测时应该反映出以下 3 个方面的特性：

1）与确定的软件需求的一致性。缺少与需求一致性的软件就无质量可言。

2）与标准定义的一组开发准则的一致性，用来指导软件人员用工程化的方法来开发软件。如果不遵守这些开发准则，软件质量就得不到保证。

3）与所期望的隐含特性的一致性。如软件应具备良好的可维护性。如果软件只满足那些精确定义了的需求而没有满足这些隐含的需求，软件质量也不能得到保证。

10.1.2 软件质量的内容

从广义上说，软件不仅指软件产品，而且包括软件的开发过程以及软件的运行或软件提供的服务。因此，软件质量可看成由以下 3 部分构成：

1）软件产品的质量，即满足使用要求的程度。

2）软件开发过程的质量，即能否满足开发所带来的成本、时间和风险等要求。

3）软件在其商业环境中所表现的质量。

1. 软件产品质量

产品质量是人们实践产物的属性和行为，并可通过一些方法和人类活动来改进产品的质量。软件产品质量一般体现在以下几个质量因素：功能性、可用性、可靠性、性能、容量、可测量性、可维护性、兼容性和可扩展性。

2. 软件过程质量

产品质量是建立在过程质量的基础上，只有保证软件过程质量，才能保证稳定的软件产品质量。因此，软件过程质量更为重要，它可以帮助企业开发高质量的软件产品。

按照一定流程执行软件开发过程，可以更有效地达到目标。目前主要流行的过程改进模型或工程规范如下：软件能力成熟度模型（Software-Capability Maturity Model，SW-CMM）；个人软件过程（PSP）和团队软件过程（TSP）；国际标准过程模型 ISO 9000；软件过程改进和能力鉴定（Software Process Improvement and Capability Determination，SPICE）。

3. 软件商业环境质量

开发的软件要投入到市场，其质量的表现最终还要在其生存的商业环境中体现出来。软件在商业环境中表现的好坏，不一定与产品质量以及软件开发过程质量保持同步，它会涉及与其商业或应用环境相关的一些因素，包括产品的客户培训、向市场发布的日程安排、商业风险评估、产品的客户、维护和服务成本等。

10.1.3 软件质量因素

软件质量因素是指直接影响软件质量的软件质量特性。随着对软件质量认识的逐步提高，软件质量因素也可能有所变化。1677 年，McCall 提出了软件质量由 11 个软件质量因素来衡量。这 11 个质量因素可划分为三类：面向产品运行的软件质量因素有正确性、可靠性、有效性、完整性和可使用性；面向产品修正的软件质量因素有可维护性、灵活性、可测试性；面向产品转移的软件质量因素有可移植性、可复用性、互操作性。这三类因素构成了软件质量的三个侧面，如图 10-1 所示。

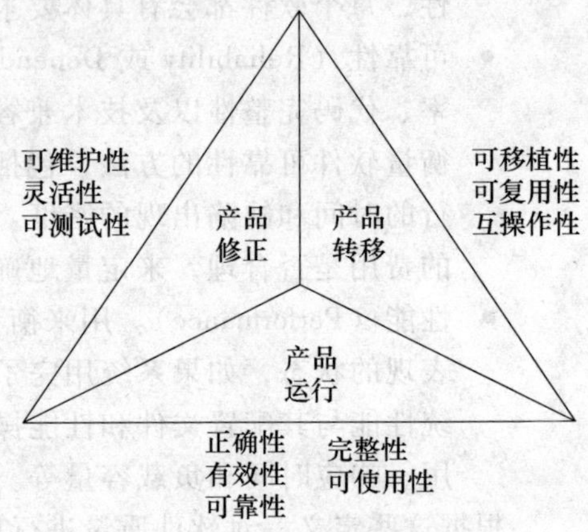

图 10-1 软件质量因素的构成

1. 面向产品运行的软件质量因素

(1) 正确性 (Correctness)

在预定环境下，软件满足设计规格说明及用户预期目标的程度。它要求软件没有错误。

(2) 完整性 (Integrity)

为了某一目的而保护数据，避免它受到偶然的或有意的破坏、改动或遗失的能力。

(3) 有效性 (Efficiency)

软件在运行速度和存储空间使用方面所表现出来的效率。

(4) 可使用性 (Usability)

软件易于使用的程度。对于一个软件系统，即用户学习、使用软件及为程序准备输入和解释输出所需工作量的大小。

(5) 可靠性 (Reliability)

软件长时间运行不出现失效的能力。

2. 面向产品修正的软件质量因素

(1) 可维护性 (Maintainability)

当软件出现故障时，确定故障的位置以及修复故障的难易程度。

(2) 灵活性 (Flexibility)

当软件运行环境或需求发生变化时，对软件做相应修改的难易程度。

(3) 可测试性 (Testability)

按照需求规约的要求，设计足够多、高效的测试用例的难易程度。

3. 面向产品转移的软件质量因素

(1) 可移植性 (Portability)

将一个软件系统从一个计算机系统或环境移植到另一个计算机系统或环境中运行时所需工作量的大小。

(2) 可复用性 (Reusability)

一个软件 (或软件的部件) 能再次用于其他应用 (该应用的功能与此软件或软件部件

所完成的功能有联系）的程度。

（3）互操作性（Interoperability）

连接一个软件和其他系统所需工作量的大小。如果这个软件要联网，或与其他系统通信，或要把其他系统纳入到自己的控制之下，必须有系统间的接口使之可以连接。

以上介绍了描述软件质量的 11 个软件质量因素。这些因素不是独立的，一个因素可能与其他几个因素有关系。这种关系如表 10-1 所示，其中正相关以“√”表示，负相关以“×”表示。对于具有负相关的质量因素，在开发时应根据具体情况加以取舍或进行折中。

表 10-1 软件质量因素间的关系

	正确性	可靠性	有效性	完整性	可使用性	可维护性	灵活性	可测试性	可移植性	可复用性	互操作性
正确性											
可靠性	√										
有效性											
完整性			×								
可使用性	√	√	×	√							
可维护性	√	√	×		√						
灵活性	√	√	×	×	√	√					
可测试性	√	√	×		√	√	√				
可移植性			×			√	√				
可复用性		×	×	×		√	√	√	√		
互操作性			×	×					√		

10.2 软件质量管理

为了确保所开发的软件质量能够达到客户的要求和期望，就必须开展质量管理活动，通过开展质量管理去保障和提高软件开发人员的工作质量和软件或服务的质量，从而满足客户的需求。

10.2.1 质量管理概念

日本质量管理学家谷津进认为：“质量管理就是向消费者或顾客提供高质量产品与服务的一项活动。这种产品和服务必须保证满足需求、价格便宜和供应及时。”这一定义给出了质量管理的目的、目标和作用，明确了质量管理的根本目的是向顾客和消费者提供高质量的产品与服务，明确了质量管理的目标和作用就是使产品和服务达到三项要求，其一是“满足需求”，其二是“价格便宜”，其三是“供应及时”。

ISO 8402—1994 对质量管理的定义是：质量管理是确定质量方针、目标和职责，并在质量体系中通过诸如质量策划、质量控制、质量保证和质量改进使其实施的全部管理职能的所有活动。具体包括：

1）作为企业管理活动，贯穿企业从质量方针制定到用户对项目产品质量的最终检验的全过程。

2）质量管理需要所有项目干系人的共同努力。

3）质量管理不仅仅是项目产品质量管理，而且还包括制造产品过程中工作质量的管理。

软件的质量是软件开发各个阶段质量的综合反映，因此软件的质量管理贯穿整个软件生命周期。软件质量管理的目的是建立对项目的软件产品质量的定量理解和实现特定的质量目标。软件质量管理着重于确定软件产品的质量目标、制定达到这些目标的计划，并监控及调整软件计划、软件工作产品、活动及质量目标以满足顾客及最终用户对高质量产品的需要及期望。

为了更好地管理软件产品的质量，首先要制定项目的质量计划。其次，在软件开发过程中，需要进行技术评审和软件测试，并进行缺陷跟踪。最后，对整个过程进行检查，并进行有效的过程改进，以便在以后的项目中进一步提高软件质量。软件质量管理模型如图 10-2 所示。

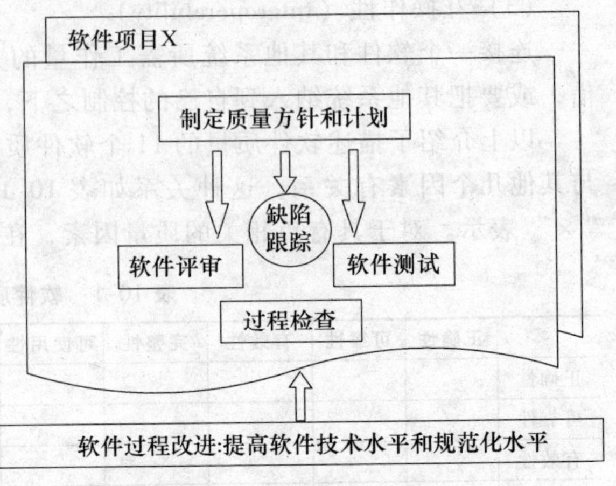

图 10-2 软件质量管理模型

10.2.2 软件质量方针

质量方针是指由组织的最高管理者正式发布的该组织总的质量宗旨和方向。它是项目质量管理的起点，项目管理必须贯彻组织的质量方针。

软件质量方针是指导项目人员更好地开展软件项目工作的指导性文件和约束性文件，对软件过程改进、工作质量提升等具有非常重要的战略意义和指导价值。

作为软件质量管理的指导性文件，软件质量方针包含以下内容：

1）软件质量工作中的长期目标。细化企业对业务发展的中、长期目标，一般可以提出 3~5 年的企业业务发展规划。

2）软件质量工作年度目标。围绕实现企业年度总目标的要求，细化业务的年度目标。

3）文件覆盖范围。明确文件的覆盖范围，即指明哪些部门或哪些人员必须执行该文件。

4）相关部门、人员的责任和义务。明确相关部门、相关人员的责任和义务。

5）过程改进和过程回顾活动。明确过程改进和过程回顾活动的时间、责任人等，为制定企业过程改进行动计划提供依据。

6）过程培训活动。明确什么人员需要参加什么方面的过程培训以及培训时机等，确保活动执行者掌握该活动所要求掌握的过程知识。

7）过程裁剪审批流程。明确过程裁剪的审核、审批流程，规范过程执行行为。

8）文件的监督执行部门。明确文件的监督执行部门。

10.2.3 软件质量计划

质量计划是指为确定项目应该达到的质量标准和如何达到这些项目质量标准而做的项目质量的计划和安排。质量计划是针对具体的软件开发制定的，ISO 中定义的质量计划过程包括了 4 个阶段，即计划的制定、评审、认可和修订的过程，每个阶段实施时应把握以下几点。

1. 制定

1）针对某一情况制定质量计划时，应确定所需的质量活动并形成文件。

2）对已建立文件化的质量管理体系的组织来说，质量计划除引用通用的程序外，还应添加所针对产品、项目或合同所需的专用程序，以达到规定的质量目标。

3）质量计划的格式和详细程度，应与顾客要求、操作方法、所开展的活动的复杂性相适应。

4）对未建立文件化的质量管理体系的组织来说，质量计划应是一个独立的文件。它可以用总体的质量计划来描述，也可分为若干部分，在产品形成的各个阶段，如设计、采购、生产、检验等，分别制定计划；也可为某些特定活动制定计划，如可靠性计划。

5）质量计划应针对不同阶段的工作特点，分别制定。

2. 评审和认可

1）质量计划应就其完整性需要进行评审，且要经过指定的小组认可，指定的小组人员来自于供方组织中有关职能部门的代表。

2）在合同情况下，质量计划一般应提交顾客评审并认可。这对于确保质量计划能完全满足合同要求、达到顾客满意起着重要作用。顾客评审及认可的时机，可在合同签订前的投标过程中，也可在合同签订后。

3）若将提交质量计划作为投标过程的一部分，则质量计划应按合同评审的要求管理。必要时，可根据合同签订前的谈判结果中的对质量要求的改变来修改质量计划。

4）应在活动开始前向顾客提供质量计划。在执行合同的各个阶段，亦应在该阶段工作开始前向顾客提交相应的质量计划。顾客还应该能获得质量计划中引用的程序。

3. 修订

1）组织应及时修订质量计划，以反映产品、项目或合同的变化，产品制造或提供服务的方法的变化以及质量管理措施的变化。

2）应由对原质量计划进行评审的同一授权小组对更改的适宜性进行评审。

3）在执行更改过的质量计划前，应将其提交顾客评审并认可。

质量计划一般由项目核心成员和质量人员共同协商制定，主要由质量人员起草，由项目经理审批即可。在制定质量计划时，应考虑以下几个因素。

1）质量方针。质量方针是由项目决策者对项目的整个质量目标和方向所做出的一个指导性的文件。主要包括三个部分：项目设计的质量方针、项目实施的质量方针和项目完工交付的质量方针。

2）项目范围说明书。项目范围说明书是项目范围计划的结果，包括项目目标说明和项目任务说明，明确了为完成符合要求的项目产品而必须实施的活动以及对这些活动的要求。

3）成果说明。详细地描述了项目可交付成果的特征、技术要求和其他注意事项等，它对于质量计划的编制具有非常重要的作用。

4）标准和规范。编制项目质量计划时，要考虑到与项目相关的标准和规则，如目前的国际通用的 ISO 9000 系列标准。

5）其他信息。项目管理方面的其他知识领域的信息也可能成为质量计划编制的依据，例如采购计划就要说明承包人的质量要求。

10.3 软件质量控制与保证

软件质量的控制不仅包括产品质量的控制，而且包括开发过程的质量控制。前者是短期的、被动的；后者是全面的、长期的、主动的、可以预期的。所以软件质量控制不但涉及软件开发的各个部门，也贯穿于项目开发过程的所有环节。

10.3.1 软件质量控制概述

软件质量控制是为开发高质量软件产品所应用的流程和方法，主要目的是为了获得更高的开发效率，避免返工，提高市场竞争力，从而为客户提供符合质量需求的稳定可靠的软件产品。软件控制的主要工作是将由质量设计值转化得到的功能模块设计指标，展开到开发过程，并融入管理控制项目中，从而控制和实现质量目标。它由过程展开、质量控制、质量实现等内容构成，对应于软件开发的编码和测试阶段。

软件质量控制的主要目标就是按照质量策划的要求，对质量过程进行监督和控制。质量控制的主要内容有：

1）组织中与质量活动有关的所有人员，按照职责分工进行质量活动。

2）所有质量活动按照已经策划的方法、途径、相互关系和时间有序地进行。

3）对关键过程和特殊过程实施适当的过程控制技术，如统计过程控制（Statistical Process Control，SPC）以保持过程的稳定性，并在有控制的情况下提高过程的能力。

4）所有质量活动的记录都被完整、真实地保存下来，以供统计分析使用。

对软件业而言，实施以上质量控制通常涉及的技术是：

1. 软件配置管理

软件配置管理的目的是，对软件生产过程中的所有有意义的中间产品形成文档，并以一种便于存取和检索、必要时可以逆向回溯的方式保存。同时配置管理还要保证文档的安全性、保密性和及时性。

2. 软件过程流管理

软件过程流的管理是软件质量控制中非常重要的环节。过程流管理的基本原则是：

1）按计划和设定条件启动和结束过程流中的质量活动。目前我们的许多软件组织都是在软件详细设计还没有做完或者完全确认之前，就匆忙开始编码。结果导致设计不断地改变，程序不断地推翻重写，程序员不断地抱怨，整个项目进度一再延期。所以项目组长应该根据项目特点，进行适当策划。基于软件的特点，或许有些实验性、创新性的项目只有通过编码和程序运行验证，才能进行设计的确认，对于这样的项目编码活动可以放在设计过程中，甚至于软件详细设计的一个子活动或者阶段。反之，可以放在软件生产过程中。过程管理则根据不同的策划，进行相关的过程控制。

2）过程控制的出发点是预防不合格。按照计划对中间产品进行验证，防止不合格的产品非预期地转入下一道工序。

3）记录和保持必要的过程活动的质量记录。过程是组织的财富，过程数据则是这些财富的内涵和证明。

3. 软件质量保证

软件质量保证的目的是向组织的内部或外部提供信任证据。对内部组织的管理者表明组织的质量管理处于良好的状态，所有质量活动正在有效地运行；对外部顾客表明，组织有能力满足顾客的要求，提供符合质量要求的产品和服务。

10.3.2 软件质量控制工具

1989年，Ishikawa提出了质量控制的基本统计工具，称为Ishikawa七种基本工具。这七种基本工具代表了分析软件度量的一套最基本的实际方法，具体为检查表（Check List）、Pareto图（Pareto Diagram）、直方图（Histogram）、散点图（Scatter Diagram）、游程图表（Run Chart）、控制图表（Control Chart）以及因果图（Cause-and-effect Diagram）。

1. 检查表

检查表包括进行检查的一个项目列表。它的主要目的是便于收集数据，以及在收集数据时安排数据，从而使数据便于将来使用。

检查表的使用程度主要依赖检查表的专业属性、用户对检查表的熟悉程度及它的可用性。使用检查表的好处如下：

1）帮助开发人员进行各项任务的自检。

2）帮助开发者发现没有完成的段落或其他丢失的错误。

3）有助于开发人员的任务准备。

4）保证评审组成员评审文档的完整性。

5）有助于提高评审会议的效率。

另一类检查表是共同性缺陷清单，它是缺陷预防过程（DDP）开始阶段的一部分。DDP包括三个步骤：分析缺陷并找出原因；执行建议措施；召开阶段首次会议并作为主要反馈机制。

阶段首次会议是由技术团队在每个开发阶段的初始主持召开的，评审共同性缺陷清单并集体研讨如何避免缺陷是主要注意的方面之一，表10-2所示是软件测试用例检查表范例。

表10-2 软件测试用例检查表范例

序号	检查内容	结论	备注
1	入口检查		
	《需求规格说明书》是否评审并建立了基线？	是	
	是否按照测试计划时间完成用例编写？	是	
	需求新增和变更是否进行了对应的调整？	是	
	用例是否按照定义的模板进行编写？	是	
2	设计		
	测试用例是否覆盖了《需求规格说明书》？	是	
	非功能测试需求或不可测试需求是否在用例中列出并说明？	是	
	用例设计是否包含了正面、反面的用例？	是	
	每个测试用例是否清楚地填写了测试特性、步骤、预期结果？	是	
	测试用例是否包含测试数据、测试数据的生成办法或者输入的相关描述？	是	
	每个测试用例是否都阐述预期结果和评估该结果的方法？	是	
	需要进行打印、表格、导入、导出、接口是否存在打印位置、表格名称、指定数据库表名或文件位置；表格和数据格式是否有说明或附件？	是	
3	详细内容（可选）		
	业务流程中最长的流程用例是否覆盖？	是	
	业务流程中每个环节的终止和回退是否存在条件和组合的设计？	是	
	角色和用户在用例中是否已经设定？跨流程的角色是否设计？	是	
	存在系统自动生成的输出项是否列出了生成规则？	是	
	对于查询和表格是否设计了可以产生数据的用例？	是	
	查询和自定义报表的结果是否根据条件组合设计至少三条用例保证覆盖？	是	
	无法在界面显示的字段是否编写SQL语句进行后台表查询？	是	

2. Pareto 图

Pareto图是降序排列的频率柱图表，它显示由于各种原因引起的缺陷数量或不一致的排序顺序，是找出影响项目产品或服务质量的主要因素的方法。Pareto图中根据柱图顶端生成的曲线称为Pareto曲线，说明了项目实施失败的各种原因。Pareto图的X轴通常是缺陷原因，Y轴是缺陷数目。Pareto图通常被认为是80/20原则，即20%的原因造成80%的问题。

影响质量的主要因素通常分为3类：A类为累计百分数在70%～80%范围内的因素，它是主要的影响因素。B类是除A类之外累计百分数在80%～90%范围内的因素，是次要因素。C类为除A、B两类之外百分比在90%～100%范围的因素。因此Pareto图又叫ABC分析图法。

3. 直方图

直方图是一个群体或样本集出现频率的图形表示。X轴列举了参数（如软件缺陷的严重程度级别）的单位间隔，从左到右按降序排列，Y轴包括出现频率。在直方图中，频率柱按照X变量的顺序来表示，它的目的是表示一个参数的分布特性，如整体形状、中心趋势、扩散和倾斜。它有助于加强对参数的理解。

4. 散点图

散点图描绘了两个间隔变量之间的关系。在因果关系中，X轴是表示独立的变量，Y轴表示相关变量。散点图中的每一个点代表了对独立和相关变量的一次观测，该图有助于基于数据的决策。

5. 游程图表

游程图表追踪了一段时间内参数的性能。X轴是时间，Y轴是参数值。该图最适合趋势分析，特别是假如可以得到历史数据用来与当前趋势相比较。游程图表在软件中的一个例子是日志中每周发现的问题数，它表示了开发团队的软件修复工作量。

6. 控制图表

控制图表可以看成是游程图表的一个高级形式。该图包括一根中心线和一对控制范围，图表中描绘的参数值代表了过程的状态。X轴是真实的时间。在软件开发过程中，很难以正常的统计过程控制（SPC）方式使用控制图表，因为准确定义软件开发过程的过程能力是很难实现的，基本上不可能做到。

7. 因果图

因果图也称鱼骨图，在这7种工具中，因果图是使用最少的一种控制工具。它显示了一个质量特性与影响该属性因素之间的关系。它的分布就像鱼骨，鱼头部分别标示了相关质量属性。

10.3.3 软件质量保证的原则和计划

质量保证是为保证产品和服务充分满足消费者要求的质量而进行的有计划、有组织的活动。IEEE 729标准中对质量保证的定义为："质量保证是为了确保项目或产品符合基本技术需求，而必须采取的有计划的、系统的全部动作的模式"。

为了开发出高质量的软件，达到软件工程的目标，必须有计划地、系统地进行软件质量保证（Software Quality Assurance，SQA）活动。SQA是一种应用于整个软件工程过程的保护性活动。软件的质量保证活动和一般的质量保证活动一样，是确保软件产品从诞生到消亡为止所有阶段的质量的活动，即是为了确定、达到和维护需要的软件质量而进行的所有有计划的、系统的管理活动。

1. 软件质量保证的原则

软件质量保证的目标是提高生产率，为了达到这一目标，必须遵循软件工程确定的通用原则和软件质量保证的原则。软件质量保证的通用原则如下：

1）尽可能做到质量特征的具体化及量化。

2）要找出每个阶段的具体质量特征。

3）针对具体产品和相应项目制定质量计划。

4）检查质量测试结果。

5）进行各种质量评审。

6）优化建设性的质量保证。

7）尽早发现并改正错误和缺陷。

8）集中进行质量保证。

9）进行独立的质量测试。

10）对所应用的软件质量保证措施进行评价。

2. 软件质量保证计划

软件质量保证计划是实施软件质量保证活动的依据。SQA 计划由 SQA 小组和项目组在制定项目计划时共同制定，并由相关部门复审。该计划将控制由软件工程小组和 SQA 小组执行的质量保证活动。在该计划中要标识以下几点：

1）需要进行的评价。指出质量保证所覆盖的软件过程活动。

2）需要进行的审计和复审。给出各种复审和审计方法的总览，如软件需求复审、设计复审、软件验证和确认复审、管理复审等。

3）项目可采用的标准。定义为获得高质量产品所能接受的工作规范的最小集合。列出所有在软件过程中采用的合适的标准和实践方法（如文档标准等）。

4）错误报告和跟踪过程。定义错误及缺陷的报告、跟踪和解决规程。

5）由 SQA 小组产生的文档。标识支持 SQA 活动与任务的工具和方法；给出控制变化的软件配置管理过程；定义一种合同管理方法；建立组装、保护、维护所有记录的方法。

6）为软件项目组提供的反馈数量。标识为满足这一计划所需的培训；定义标识、评估、监控和控制风险的方法。

IEEE 组织推荐了一份 SQA 计划大纲，如表 10-3 所示，开发组织可以结合项目的实际情况对大纲进行裁剪、充实后，制定项目的 SQA 计划。

表 10-3 SQA 计划大纲

1. 计划目的	a. 软件需求复审
2. 参考文献	b. 设计复审
3. 管理	c. 软件验证和确认复审
3.1 组织	d. 功能审核
3.2 任务	e. 物理审核
3.3 责任	f. 过程内部审核
4. 文档	g. 管理复审
4.1 目的	7. 测试
4.2 所需的软件工程文档	8. 问题报告和改正行动
4.3 其他文档	9. SQA 工具、技术和方法学
5. 标准、实践和约定	10. 代码控制
5.1 目的	11. 媒体控制
5.2 约定	12. 供应商控制
6. 复审和审核	13. 记录收集、维护和保管
6.1 目的	14. 培训
6.2 复审需求	15. 风险管理

10.3.4 软件质量保证的内容和措施

软件质量保证主要包括以下内容：

1）在需求分析阶段提出对软件质量的需求，并将其自顶向下逐步分解为可以度量和控制的质量要素，为软件开发、维护各阶段软件质量的定性分析和定量度量打下基础。

2）有效的软件工程技术（方法和工具）。

3）在整个软件过程中采用的正式技术复审（FTR）。

4）制定并实施软件测试策略和测试计划。

5）及时生成软件文档并进行版本控制。

6）保证软件遵从软件开发标准的规程。

7）建立软件质量因素的度量机制。

8）记录 SQA 的各项活动，并生成各种 SQA 报告。

为使软件项目或软件产品符合已确定的技术需求，提供足够的确信度，必须采取有计划和系统的措施和方法。

1）制定计划和管理方面的质量保证措施。

2）建设性的质量保证措施。

3）可分析的质量保证措施。

4）心理学方面的质量保证措施。

10.3.5 软件技术评审

技术评审（Technical Review，TR）的目的是尽早地发现工作成果中的缺陷，并帮助开发人员及时消除缺陷，从而有效地提高产品的质量。

技术评审的主要好处有：通过消除工作成果的缺陷而提高产品的质量；技术评审可以在任何开发阶段执行，不必等到软件可以运行之际，越早消除缺陷就越能降低开发成本；开发人员能够及时得到同行专家的帮助和指导，无疑会加深对工作成果的理解，更好地预防缺陷，在一定程度上提高了开发效率。

技术评审有两种基本类型：正式技术评审（Formal Technical Review，FTR），FTR 比较严格，需要举行评审会议，参加评审会议的人员比较多；非正式技术评审（Informal Technical Review，ITR），ITR 的形式比较灵活，通常在同伴之间开展，不必举行评审会议，评审人员比较少。本节重点介绍正式技术评审。

正式技术评审是一种由软件工程师进行的软件质量保证活动。FTR 的目标是：①在软件的任何一种表示形式中发现功能、逻辑或实现的错误；②证实经过复审的软件的确满足需求；③保证软件的表示符合预定义的标准；④得到以一种一致的方式开发的软件；⑤使项目更易于管理。由于 FTR 的进行使大量人员对软件系统中原本并不熟悉的部分更为了解，因此，FTR 还起到了提高项目连续性和培训后备人员的作用。

1. FTR 的作用

FTR 是保证软件质量的重要措施。由于开发者对要解决问题的认识不可能百分之百地符合客观实际，软件生命周期各个阶段的工作都可能产生错误。前一阶段的成果是后一阶段工作的基础，前一阶段的错误自然会导致后一阶段工作结果中仍存在相应的错误，于是，错误将随着工作的进展而具有一种积累和放大效应。所以，在软件生命周期的每一个阶段结束时，都要进行正式的技术评审，以便及时发现并消除阶段性产品中的错误和缺陷，使可能进入到下一阶段中的错误减少到最低，从而保证软件质量。

正式的技术评审是降低软件成本的重要措施。软件开发实践表明，后期改正一个错误要比早期改正同一个错误需要付出的成本和代价高出2~3个数量级，错误发现得越早，越容易改正，损失越少。所以，FTR可以有效地减少软件开发和维护的成本。

2. 正式技术评审的组织和过程

FTR采用正式会议的方式。通常的做法是成立一个技术评审小组，评审小组一般由3~5人组成，他们是熟悉软件项目且水平较高的技术人员、管理人员。其中由组长1人、设计者1人、评审员1~3人组成，1人兼做记录员。组长的任务是组织和领导评审过程的工作，设计者的任务是负责回答技术上的问题，评审员的任务是合理、公正地评论工程中的技术问题。FTR的过程如图10-3所示。

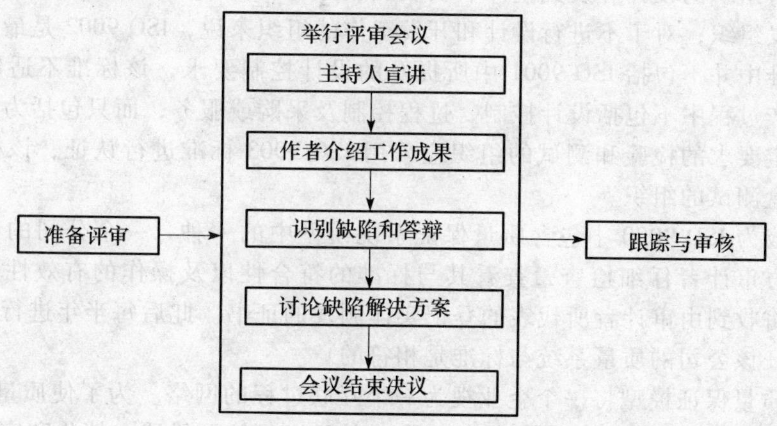

图10-3　正式技术评审的流程

（1）准备评审

评审主持人首先确定评审会议的时间、地点、设备和参加会议的人员名单（包括评审员、记录员、作者和旁听者等），并告知所有相关人员。评审主持人把工作成果及相关材料、技术评审规程、检查表等发给评审员。评审员阅读（了解）工作成果及相关材料。

（2）举行评审会议

主持人宣讲本次评审会议的议程、重点、原则、时间限制等。作者扼要地介绍工作成果。评审员根据"检查表"认真查找工作成果的缺陷。作者回答评审员的问题，双方要对每个缺陷达成共识（避免误解）。作者和评审员共同讨论缺陷的解决方案。对于当场难以解决的问题，由主持人决定"是否有必要继续讨论"或者"另定时间再讨论"。

评审小组给出评审结论和意见，主持人签字后本次会议结束。评审结论有三种：工作成果不合格，需要做比较大的修改，之后必须重新对其评审；工作成果合格，"无需修改"或者"需要轻微修改但不必再审核"；工作成果基本合格，需要做少量的修改，之后通过审核即可，转向第三步。

（3）跟踪与审核

作者修正工作成果，消除已发现的缺陷。评审主持人（或者指定审查员）跟踪每个缺陷的状态，直到工作成果合格为止。

需要指出，对于大型、复杂、重要的软件工程项目，在正式的技术评审之后，还要进行管理复审。管理复审是对软件工程进行管理和控制的重要手段，它可以及时发现工程中的问题，采取措施加以解决。如果发现工程项目继续开发不划算时，应决策停止开发，以避免造成更大的损失。

10.3.6 软件质量标准

按照科学的软件质量标准来提高软件开发和软件过程质量，已经成为一个重大课题。本节介绍一些国际通用的质量标准。

1. ISO 9000

ISO 9000 族标准（简称 ISO 9000），是指由国际标准化组织（亦称 ISO）中的质量管理和保证技术委员会发布的所有标准，也是我国推荐采用的国家标准。该标准是适用于世界上各种行业对各种质量活动进行控制的国际通用准则，其“9000”是一个族标准的概念，它包括三套模式标准，即“9001”、“9002”、“9003”，分别针对不同企业，覆盖面也不一样。

ISO 9001 对组织的设计开发到生产、安装及服务等全过程提出了要求，该标准适用于大多数的软件开发组织；对于不进行设计和开发工作的组织来说，ISO 9002 是最适宜的认证标准，因为该标准中并不包括 ISO 9001 中所提及的设计控制要求，该标准不适用于软件开发组织。对于生产过程中不包括设计控制、过程控制及采购或服务，而只包括为保证最终产品和服务符合规定要求的检验和测试的组织应采用 ISO 9003 标准进行认证，该标准适用于仅涉及产品安装盒测试的组织。

为了登记成为 ISO 9000 中包含质量保证系统模型中的一种，一个公司的质量系统和操作应该由第三方审计者仔细检查，查看其与标准的符合性以及操作的有效性。成功登记之后，这一公司将收到由审计者所代表的登记实体颁发的证书。此后每半年进行一次的检查性审计将持续保证该公司的质量系统与标准是相符的。

ISO 9000 质量保证模型将一个企业视为一个互联过程的网络。为了使质量系统符合 ISO 标准，这些过程必须与标准中给出的区域对应，并且必须按照描述文档化和实现。对一个过程文档化将有助于组织的理解、控制和改进。正是理解、控制和改进过程网络的机会为设计和实现符合 ISO 的质量系统的组织提供了（也许是）最大的效益。

ISO 9000 以一般术语描述了一个质量保证系统的要素。这些要素包括用于实现质量计划、质量控制、质量保证和质量改进所需的组织结构、规程、过程和资源。但是 ISO 9000 并不描述一个组织应该如何实现这些质量系统要素。因此，真正的挑战在于如何设计和实现一个能够满足标准并适用于公司的产品、服务和文化的质量保证系统。

2. CMM

CMM 是专门针对软件产品研究开发的评估模型。CMM 描述了一个有效的软件过程中的关键要素，描述了成为有规律的、成熟的软件机构的改进阶段过程，包括对软件开发和维护活动进行规划、软件过程工程化和对软件过程进行管理的实践活动。通过这些实践活动，能够提高软件机构满足成本、进度、功能和质量要求的能力。CMM 把软件开发过程的成熟度分为 5 个等级：初始级、可重复级、已定义级、已管理级和优化级。CMM 一共有 5 级、18 个关键过程域、52 个目标、300 多个关键实践，具体详见第 11 章。

3. SPICE

软件过程改进和能力鉴定标准 SPICE 是新兴的软件过程评估国际标准。它为软件过程的评估提供了一个框架，在软件过程能力鉴定和软件过程改进中起着关键作用。SPICE 标准包括一个过程模型，这个模型是软件过程评估得以进行的基础，过程模型包括优秀的软件工程所必不可少的一组实践，模型是一般化的模型，描述的是“做什么”，而不是“怎么做”，如图 10-4 所示，过程评估是过

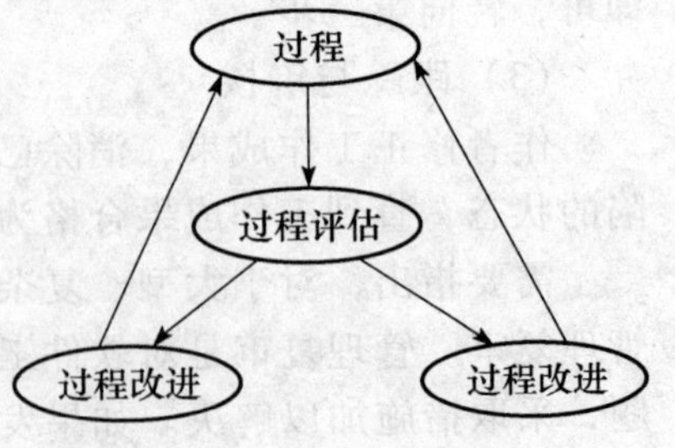

图 10-4 过程评估

程改进的第一步，用于确定组织的过程能力。

SPICE 标准定义了 5 类过程，包括客户—供应商过程、工程过程、管理过程、支持过程以及组织过程，其内容如表 10-4 所示。

表 10-4　SPICE 的过程类型

类　型	内　容
工程过程	与软件工程相关的过程，包括需求、设计、实施和测试
客户—供应商过程	与客户和供应商接口相关的过程，包括获取、供应商选择以及需求导出过程
管理过程	涉及项目管理的过程，包括项目管理、质量管理和风险管理
支持过程	支持其他过程并在这个生命周期中可以被其他过程使用的过程，包括质量保证过程和配置管理过程
组织过程	对组织以及组织中的过程进行管理和改进，包括过程改进、评估及人力资源

每个过程都包括对它的目的和实施结果的陈述。它包括一组对出色的软件工程来说必不可少的基本实践。

4. ISO/IEC 12207

ISO/IEC 12207 是国际标准化组织（ISO）和国际电工委员会（IEC）于 1995 年 8 月 1 日发布的，是一个侧重描述软件生命周期过程内容的模型。

ISO/IEC 12207 的目的是为软件行业建立一个软件生命周期的通用框架，说明在软件开发中各种必要的活动和相关的产品，并为使用这个框架提供了指导性建议。ISO/IEC 12207 将软件生命周期过程分为 3 类 17 种过程，每一类过程可以分解为一组活动，每个活动又可以进一步分解为一组任务。生命周期过程包括如下三个过程组：

1）基本过程。对软件产品的生产、使用和维护至关重要的活动被归入基本过程的类别。基本过程主要关心一个独立的软件系统或产品的生命周期中技术和合同方面的内容，如软件开发过程、获取过程。

2）支持过程。基本过程使用支持过程来帮助执行基础的软件生命周期活动，例如质量保证过程。另外，一个特定的支持过程可能使用其他支持过程来执行其活动，例如，质量保证过程使用验证、确认、联合评审、审核和问题解决等过程执行其活动。

3）组织过程。组织过程由组织使用，提供成功执行软件生命周期过程，如开发、运行、维护等过程所需要的底层结果，如培训过程、基础设施过程。

ISO/IEC 12207 不仅规定了各个过程中需要有哪些活动、活动中包含哪些任务，还定义了各个任务的输出产品、承担的角色等内容，并提供过程内容的可见性。与 CMM 不同的是，在 ISO/IEC 12207 中并没有区分哪些活动（任务）是属于哪个成熟级别的。其任务是“平铺”的；而 CMM 中活动将分属不同的成熟度，意味着其侧重点是不同的。

10.4　软件质量度量

一个系统、应用软件或产品的质量依赖于问题需求的描述、解决方案的建模设计、可执行程序编码的产生以及为发现错误而进行的软件测试。一个优秀的软件工程师使用度量来评估软件开发过程中产生的分析及设计模型、源代码和测试用例的质量。为了实现这种实时的质量评估，工程师们必须采用技术度量来客观地评估质量，而不能采用主观的方法进行评估。

在项目进展过程中，项目管理者也必须评估质量。个体软件工程师所收集的私有度量可用于项目级信息的提供。虽然可以收集到很多质量测量，在项目级最主要的还是错误和缺陷测量。从这些测量中导出的度量能够提供一个关于个人及小组的软件质量保证指标及控制活动效率的指标。

10.4.1 软件质量度量的概念

软件工程的目标就是在费用和进度可控的情况下开发高质量的软件产品，那么什么样的软件才是高质量的软件呢？不同的人从不同的角度给出了不同的答案。Garvin 总结了 5 种不同的质量观：从用户出发的质量观、生产者的质量观、以产品为中心的质量观、以商业价值为标准的质量观和理想的质量观。

1）从用户出发的质量观："质量即符合使用目的"。高质量的软件指的是能够满足用户需求的软件。

2）生产者的质量观："质量取决于它是否满足给定的标准和规约"。这种质量观是瀑布式软件开发过程的核心，强调在软件开发过程的每个阶段都以前一阶段的结果作为标准，验证本阶段的工作是否满足其要求。

3）以产品为中心的质量观："质量是产品一系列内在属性的总和"。例如，一台电视机的质量好坏是通过度量其清晰度、色彩丰富度、抗干扰能力和使用寿命等指标来做出评价的。

4）以商业价值为标准的质量观："在一定价格限制下来满足用户的需求"。满足用户需求是有成本的，不能无限制地、不计成本地满足用户需求。

5）理想的质量观："产品的内在优劣程度"，高质量就是尽善尽美。

软件质量度量采用的是以产品为中心的质量观，这种质量观比较客观，适合于产品之间的比较。

10.4.2 软件质量度量的分类

软件质量度量按照度量方式或手段分为直接度量和间接度量，从其度量的对象可划分为产品质量度量和过程质量度量。后者是讨论的重点。

软件产品度量和过程质量度量相辅相成，缺一不可。

1. 软件产品质量度量

产品质量度量是度量产品的定量属性。软件产品质量包含了两个层次：产品本质质量和用户满意度，所以软件产品质量度量主要包括以下几个方面。

1）软件平均失效时间，即 MTTF 度量，方法用来测量失效之间的时间间隔的平均值。

2）缺陷密度，基于软件规模来测量每个单位内的缺陷数或预测软件发布后潜在的产品缺陷。

3）软件产品质量属性度量，如复杂性度量、可扩充性度量等。

4）可靠性度量。

5）顾客满意度度量。

2. 软件过程质量度量

过程质量度量是度量开发过程和维护过程或开发环境的定量属性，目的在于预测过程的未来性能，减少过程结果的偏差，对软件过程的行为进行目标管理，为过程控制、过程评价、持续改善等提供量化管理的基础。软件过程质量度量主要包括 3 方面的内容：成熟度度量、管理度量和生命周期度量。

10.4.3 软件质量度量模型

要度量软件质量，就应该根据内部特性（即软件属性）建立起软件度量模型，进而构建软件质量度量体系。所谓质量模型是指提供声明质量需求和评价质量基础的特性以及特性之间关系的集合。换句话说质量模型是用来描述质量需求以及对质量进行评价的理论基础。

下面将逐一介绍常用的软件度量模型。

1. Boehm 的软件质量度量模型

B. W. Boehm 等人于 1976 年首次提出了软件质量度量模型。他们认为软件产品的质量基本上可从下列 3 方面来考虑：软件的可使用性、软件的可维护性、软件的可移植性。

具体模型如图 10-5 所示。从模型可知，Boehm 等人将软件质量的概念分解为若干层次，对于最低层的软件质量概念再引入量化的指标，从而可得软件质量的整体评价。从模型可知，可维护性从可测试性、可理解性及可修改性来度量，即高可维护性意味着高可测试性、高可理解性和高可修改性，以此类推。

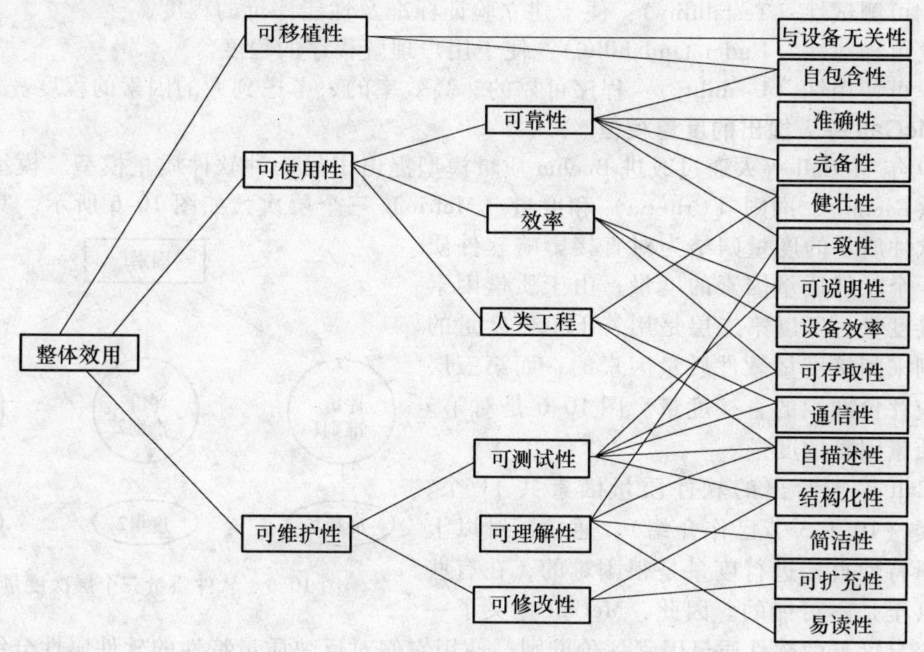

图 10-5 Boehm 质量度量模型

Boehm 等人的质量特性定义如下：

1）可存取性（Accessibility）：能灵活选择使用其部件的程度。

2）可说明性（Accountability）：程序的使用范围能被度量的程度。

3）准确性（Accuracy）：程序的输出满足原定目标的程度。

4）可扩充性（Expandability）：程序的计算功能或数据存储要求能扩充的程度。

5）通信性（Communicativeness）：便于用户准备满足规范书的输入及产生易于被吸收和使用的输出的容易程度。

6）完备性（Completeness）：程序的所有部分被给出和各部分被充分开发的程度。

7）简洁性（Conciseness）：多余信息不在程序中出现的程度。

8）一致性（Consistency）：程序中出现的记号、术语及符号前后一致的程度。

9）与设备无关性（Device-independence）：程序能在其他硬件配置上执行的程度。

10）效率（Efficiency）：程序在不浪费资源情况下能完成任务的程度。

11）人类工程（Human engineering）：程序在不浪费用户的时间和精力或不降低其信心前提下能完成任务的程度。

12）易读性（Legibility）：通过阅读程序来理解其功能的容易程度。

13）可维护性（Maintainability）：需求改变时更改程序或弥补缺陷的容易程度。

14）可修改性（Modifiability）：一旦修改特性确定后便于人们修改程序的程度。

15）可移植性（Portability）：便于在其他计算机配置上执行的程度。

16）可靠性（Reliability）：人们能期望程序很好地完成预定功能的程度。

17）健壮性（Robustness）：在发生违规情况下，程序仍能继续执行的程度。

18）自包含性（Self-Containedness）：程序能自身完成其所有明显/隐含功能的程度。

19）自描述性（Self-Descriptiveness）：用户在确定或验证其目标、假设、限制、输入和修改状态时，程序能提供信息的程度。

20）结构化性（Structuredness）：程序中相互依赖部分的组织模式的确定程度。

21）可测试性（Testability）：便于建立验证标准及性能评价的程度。

22）可理解性（Understandability）：便于用户理解程序的程度。

23）可使用性（Usability）：程序可靠的、高效率的、考虑到人的因素的程度。

2. McCall 等人提出的度量模型

1979 年 McCall 等人通过改进 Boehm 质量模型提出了另一种软件质量模型。模型包括质量因素（Factor）、准则（Criteria）和度量（Metric）三个层次，如图 10-6 所示。其中第一层是将软件质量的度量归结为对直接影响软件质量的若干个软件质量因素的度量；由于质量因素很难直接度量，所以第二层是用若干个可度量的评价准则来间接度量软件质量因素的；而第三层是对相应评价准则的直接度量。图 10-6 是对第 i 个软件质量因素的度量。

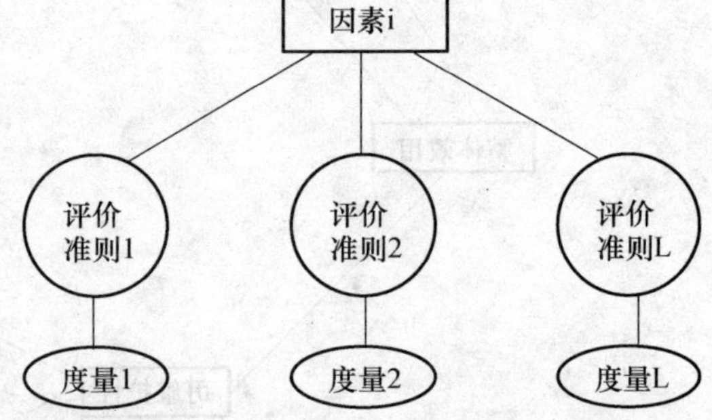

图 10-6 软件质量三个层次度量模型

McCall 等人给出的软件质量因素共 11 个，分为三类（10.1.3 节已作介绍）。通常，对以上各个质量特性直接进行度量是很困难的，在有些情况下甚至是不可能的。因此，McCall 定义了一组比较容易度量的软件质量因素评价准则，使用它们对反映质量特性的软件属性分级，以此来估计软件质量特性的值。

定义评价准则的关键是确定影响软件质量因素的属性。这些属性必须满足：①比较完整、准确地描述软件质量因素；②比较容易量化和测量，能够反映软件质量的优劣。

McCall 定义的评价准则多数都没有客观的测量方法，只能凭主观印象为评价准则定值。McCall 将评价准则分为 0~10 级。0 级最低，10 级最高。McCall 定义的软件质量因素的评价准则如下（共 21 种）：

1）可审查性（Auditability）：检查软件需求、规格说明、标准、过程、指令、代码及合同是否一致的难易程度。

2）准确性（Accuracy）：计算和控制的精度，最好表示成相对误差的函数，值越大表示精度越高。

3）通信通用性（Communication Commonality）：使用标准接口、协议和频带的程度。

4）完全性（Completeness）：所需功能完全实现的程度。

5）简明性（Conciseness）：程序源代码的紧凑性。

6）一致性（Consistency）：设计文档与系统实现的一致性。

7）数据通用性（Data Commonality）：在程序中使用标准的数据结构和类型。

8）容错性（Error Tolerance）：系统在各种异常条件下提供继续操作的能力。

9）执行效率（Execution Efficiency）：程序运行效率。

10）可扩充性（Expandability）：能够对结构设计、数据设计和过程设计进行扩充的程度。

11）通用性（Generality）：程序部件潜在应用范围的广泛性。

12）硬件独立性（Hardware Independence）：软件同支持它运行的硬件系统不相关的程度。

13）检测性（Instrumentation）：监视程序的运行，一旦发生错误时标识错误的程度。

14）模块化（Modularity）：程序部件的功能独立性。

15）可操作性（Operability）：操作一个软件的难易程度。

16）安全性（Security）：控制或保护程序和数据不受破坏的机制，以防止程序和数据受到意外或蓄意地存取、使用、修改、毁坏或泄密。

17）自文档化（Self-documentation）：源代码提供有意义文档的程度。

18）简单性（Simplicity）：理解程序的难易程度。

19）软件系统独立性（Software System Independence）：程序与非标准的程序设计语言特征、操作系统特征以及其他环境约束无关的程度。

20）可追踪性（Tracebility）：对软件进行正向和反向追踪的能力。

21）易培训性（Training）：软件支持新用户使用该系统的能力。

3. ISO 软件质量度量模型

1985 年国际标准化组织发布 ISO/IEC 9126 质量特性国际标准，该软件质量度量模型由三层组成。

1）高层称软件质量需求评价准则（SQRC）。

2）中层称软件质量设计评价准则（SQDC）。

3）低层称软件质量度量评价准则（SQMC）。

这三层分别对应 McCall 等人提出的度量模型的因素、评价准则和度量。ISO 认为应对高层和中层建立国际标准，以便在国际范围内推广软件质量管理，而低层可由各单位自行制定。ISO 高层由 8 个因素组成、中层由 23 个评价准则组成。1991 年，ISO 发布了 ISO/IEC 9126 质量特性的国际标准，将质量特性降为 6 个，并定义了 21 个子特性，如图 10-7 所示。图 10-7 所示的三层模型中，第一层为质量特性层，作为软件质量需求评价的准则，定义了 6 个质量特性，即功能性、可靠性、可维护性、效率、易用性、可移植性；第二层为质量子特性层，作为软件的评价准则，定义了 21 个子特性，如判定功能性的 5 个子特性包括适合性、准确性、互操作性、依从性和安全性，这些都是用于衡量质量特性的评价准则，虽不作为执行标准，但可选择其全集或子集作为评价依据；第三层为度量层，作为软件质量评估的衡量，并未统一规定标准，由各使用单位根据情况自定义。

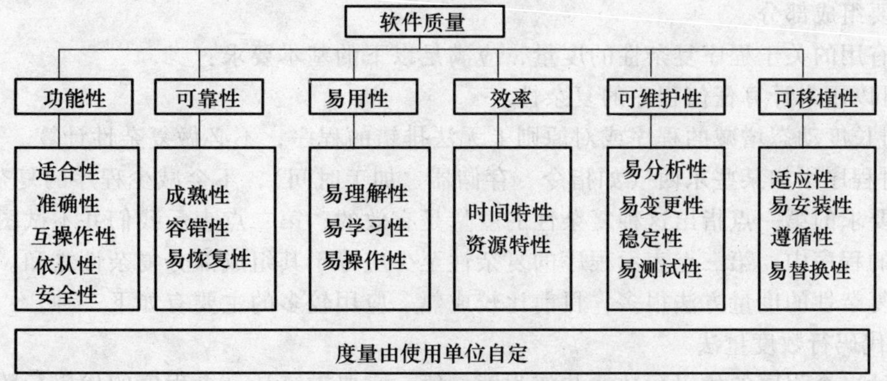

图 10-7 ISO 的软件质量评价模型

在软件的质量特性与质量特性之间、质量特性与质量子特性之间存在着有利或不利的影响。例如，由于效率的要求，应尽可能采用汇编语言，但是用汇编语言编制出的程序，可靠性、可移植性以及可维护性都很差。因此在系统设计过程中应根据具体情况对各种因素的要求进行折中，以便得到在总体上用户和系统开发人员都满意的质量标准。

10.4.4 软件质量度量方法

软件质量度量方法包括传统的度量方法和面向对象的度量方法。

1. 传统的度量方法

传统的度量方法即基于面向过程的软件设计方法，主要研究对软件复杂度的度量。软件复杂性是影响软件可理解性的重要因素。此外，软件复杂性对软件的可靠性与易使用性也都有着一定的影响。因此，研究软件复杂性及其度量技术对控制软件复杂性和评价产品的质量都具有重要意义。

2. 面向对象度量方法

目前，面向对象技术非常流行，面向对象语言具有局部性、封装性、信息隐蔽性、继承性和抽象性等特征。面向对象度量主要包括局部化度量、封装性度量、信息隐蔽性度量、继承性度量和抽象性度量，这些都体现在类的度量上。目前，面向对象的度量方法主要有以下两种：

1）C&K 方法：Chidamber 和 Kemerer 提出的基于继承树的一套面向对象度量方法。此方法主要考虑类的继承、类的方法数、类之间的耦合性和类的内聚性等。C&K 方法定义了 6 个度量指标：类的加权方法数 WMC、继承树的深度 DIT、继承树的子数目 NOC、对象类间的耦合度 CBO、类的响应集合 RFC 和类的内聚缺乏度 LCOM。

2）MOOD 方法：MOOD 方法从封装性、继承性、耦合性和多态性 4 个方面给出了面向对象软件的 6 个度量指标。封装性度量提出了两个指标，即方法隐藏因子 MHF 和属性隐藏因子 AHF。继承性度量提出了两个指标，即方法继承因子 AIF 和属性继承因子 MIF。耦合度量给出了一个指标，即耦合因子 CF。多态性度量，MOOD 方法用多态因子 PF 衡量。

10.4.5 软件复杂性度量

所谓软件复杂性度量是指对理解和处理某一软件难易程度的定量测量，它包括数据结构及其表示、数据量及其属性、数据通信与管理、程序控制结构以及所采用的算法等方面的因素。但在确定了计算机的硬件配置和数据结构之后，一个软件的主要信息就都包含在源程序中。因此，软件复杂性就主要表现为程序复杂性，从而使程序复杂性度量成为软件质量度量的一个重要组成部分。

任何有用的关于程序复杂性的度量，应满足以下的基本要求：

1）可以用来计算任何程序的复杂性。

2）对长度动态增减的程序或对原则上无法排错的程序，不必做复杂性计算。

3）对程序增加某些东西（如指令、存储器、加工时间），不会减少程序的复杂性。

上述要求的第一点指出这种复杂性的度量是有效的；第二点表示我们并不试图把它应用到不合理的程序中；第三点表示程序的复杂性至少应等于其组成部分复杂性之和。

程序复杂性的度量方法很多，目前比较成熟、应用较多的主要有如下三种。

（1）代码行数度量法

它统计一个程序的代码行数，并作为度量值。它要求统计一个程序的代码行数，并以代码行数作为程序的复杂性的度量值。假定每行代码的出错率为 1%，一个 1 000 行的程序就有 10 个错误，10 000 行的程序就有 100 个错误。由此人们可以想到另一种更简单的度量办法：测一下程序正文打印纸的重量，或用尺子量一下它的厚度。如果使用同样的纸张，在相同操作系统控制下打印程序正文，那么统计一个大的软件项目或许多个小的软件项目时，由程序正文打印纸的重量所计算出的程序复杂性和测试费用与由代码行数计算出的结果非常一致。

有关的研究指出：当以代码行来度量时，估算程序的出错率的范围是 0.04% ~7%，即每百行代码存在 0.04 到 7 个错误。并且每行的平均出错率与行数之间不存在简单的线性关系，除非是极为粗糙的估计。因此，这种方法对于小程序很有效，但是对于大程序显得过于粗糙。

（2） McCabe 度量法

McCabe 度量法，又称 McCabe 环路度量公式或圈复杂性度量，其基本思想是：以图论作为工具，先绘制程序流程图，并提出用该流程图的环路数（圈数）作为该程序复杂性的度量值。

McCabe 认为一个程序的复杂性主要取决于它的流程图中所包含的判断节点的个数。这种方法统计程序中判断语句的个数，且定义一个复杂度函数 V(G)，它的值等于判断语句的总数再加 1。这类复杂性是可加的。例如，如果单元 A 的复杂性为 7（6 个判断），单元 B 的复杂性为 9（8 个判断），则单元 A 和 B 的复杂性为 16。

尽管 McCabe 度量很简单，但它是建立在深刻的程序结构的基础上，而且也同完成覆盖的最小路径数密切相关。它的主要优点在于它的简明性，判定数的计算可以手工或自动进行。而且像计算代码行一样很容易计算。

（3） Halstead 度量法

Halstead 度量法是由 Halstead M. H 提出的关于测量复杂性的一种有效方法。这种方法通过统计和分析程序中的运算符和操作数的总数来计算复杂度。程序的词汇量依程序大小的不同而不同，虽然操作符的数目是有限的，其最大数目不会超过关键字数，但操作数的数目都随程序规模的增加而增加。

Halstead 度量公式的基本内容是：在给出源程序以后，根据程序中的某些特性得到某些参数，按照 Halstead 公式可以求得程序工作量值。Halstead 公式所用的程序参数有如下 4 个：

1） n1：程序中不同运算符（包括关键字）的个数。例如，逻辑或算术关系运算符、分界符、数组操作符、括号运算符、括号操作符、子程序调用等。

2） n2：程序中不同操作数的个数。例如，变量名称或常数等都是操作数。

3） N1：程序中运算符的总数。

4） N2：程序中运算对象（操作数）的总数。

Halstead 度量法是目前最好的度量方法，但 Halstead 度量仍然有一些隐含的缺点，其主要缺点是：它没有忽略模块特性，因为每个调用及其参数都会增加 n1、n2、N1、N2 的值，所以增加了错误数量。

复杂性度量有利于控制软件的复杂性，对保证软件质量有着积极作用，是软件质量保证工作中的一个重要组成部分。软件复杂性的综合度量目前还处于研究阶段，与实际应用还有很大差距。因此，我们应该加强对软件复杂性应用的研究，并通过应用来完善各种软件复杂性度量理论。

10.4.6 软件可靠性度量

1. 软件可靠性定义

软件可靠性是重要的软件特性，是指在规定的时间和条件下，软件所能完成规定功能的能力，其无故障的概率度量称为可靠度。软件可靠性表明了一个程序按照用户的要求和设计的目标，执行其功能的正确程度。软件可靠性包括以下两个方面：

1）正确性：软件系统本身无错误，在正常的条件下能正确完成预期的功能。

2）健壮性（或称坚固性）：软件系统在计算机发生故障或输入不合理数据等意外条件下仍能适当地工作。

2. 软件可靠性指标

软件可靠性定量指标是指能够以数字概念来描述可靠性的数学表达式中所使用的量。下面主要介绍常用指标：平均失效等待时间 MTTF 与平均失效间隔时间 MTBF。

（1）MTTF（Mean Time To Failure）

假如对 n 个相同的系统（硬件或者软件）进行测试，它们的失效时间分别是 t_1，t_2，…，t_n，则平均失效等待时间 MTTF 定义为：

$$\text{MTTF} = 1/n\sum_{i=1}^{n} ti$$

对于软件系统来说，这相当于同一系统在 n 个不同的环境（即使用不同的测试用例）下进行测试。因此，MTTF 是一个描述失效模型或一组失效特性的指标量。这个指标的目标值应由用户给出，在需求分析阶段纳入可靠性需求，作为软件规格说明提交给开发部门。在运行阶段，可把失效率函数 $k(t)$ 视为常数 k，则平均失效等待时间 MTTF 是失效率 k 的倒数：$\text{MTTF} = 1/k$。

（2）MTBF（Mean Time Between Failures）

MTBF 是平均失效间隔时间，它是指两次相继失效之间的平均时间。MTBF 在实际使用时通常是指当 n 很大时，系统第 n 次失效与第 $n+1$ 次失效之间的平均时间。对于失效率 $k(t)$ 为常数和修复时间（MITR）很短的情况，MTTF 与 MTBF 几乎相等。

根据系统应用目的的不同，对其可靠性评价的标准也不同。一般地，人们总是通过构造软件可靠性模型来评价一个软件系统的可靠性。软件可靠性模型是用来评估软件可靠性、预测产品中可能存在的缺陷数的一套方法。根据软件失效间隔时间、失效修复时间、失效数量、失效级别等数据，选择并建立适当的可靠性模型，从而得到系统的失效率及可靠性变化趋势，指导软件可靠性评估和预测。

用于提高软件可靠性的方法和技术主要有以下几点。

1）通过测试来提高可靠性。虽然测试方法只能用来证明程序有错，而不能证明程序没有错误，但它还是一种较常用的方法，因为随着错误的被发现、被排除，程序的正确性会不断地得到提高。

2）采用程序设计方法学的手段来提高可靠性。结构化程序设计方法使得各模块间高度分离，从而使程序易理解、方便检测定位、修改和维护；模块化程序设计可事先研制出一套可重组、典型的标准软件部件，可简化设计工作，减少设计错误，易于对系统进行重新配置，易满足功能变化和环境变化的要求；还有起源于信息隐蔽和抽象数据类型概念的面向对象程序设计技术等，都有助于提高软件的可靠性。

3）利用软件容错技术来提高可靠性。软件容错技术主要用于一些重要软件系统的关键部分，利用容错这样的更积极的措施来降低因软件错误而造成的不良影响等。

10.5 案例描述

软件质量管理工作涉及软件生命周期各阶段的活动，应该贯彻到日常的软件开发活动中。本章简要介绍对“开放实验室管理系统”项目的软件质量保证工作。在该项目团队内部，软件质量保证组是一个独立的组，软件质量保证人员并不直接向项目软件经理汇报工作，但他们必须向项目软件经理提供报告，并与他们密切合作。软件质量保证人员监督软件项目各个阶段的各种活动，以保证软件项目按照软件开发计划和已确定的规程向前推进。在软件质量保证人员发现任何偏离时，便同项目软件经理一起研究，以便采取纠正措施。

10.5.1 角色和职责

“开放实验室管理系统”在实施软件质量保证的过程中，所涉及的组织和角色包括：高层经理、项目经理、项目软件经理、软件工程组、项目级 SQA、独立 SQA、项目 SCM，其职责如表 10-5 所示。

表 10-5 角色与职责

角　色	职　责	责任人
高层经理	1. 定期/事件驱动评审 SQA 活动 2. 处理项目内无法解决的不符合项	略
项目经理	1. 参与评审 SQA 计划 2. 定期参与评审 SQA 活动 3. 处理在项目内有争议的不符合问题	略
项目软件经理	1. 配合 SQA 人员工作 2. 参与评审项目 SQA 计划 3. 处理软件项目内部的不符合问题	略
软件工程组	1. 配合 SQA 人员工作 2. 处理软件项目内部的不符合问题	略
项目级 SQA	1. 参与项目策划 2. 编写 SQA 计划 3. 进行过程和产品审计 4. 跟踪和监督处理不符合项，必要时向高层汇报 5. 通报 SQA 活动结果 6. 参与项目评审 7. 项目结项时进行 SQA 工作总结等 8. 必要时配合独立 SQA 检查	略
独立 SQA	1. 定期/事件驱动检查 SQA 组活动是否按照计划和过程要求在做 2. 跟踪、监督 SQA 组活动的不符合问题的解决	公司软件质量保证组
项目 SCM	对 SQA 活动记录进行管理	略

10.5.2 策划活动

在“开放实验室管理系统”项目开发中，SQA 对项目策划过程给予了支持。SQA 工作在项目启动时就开始进行，在项目策划过程中，SQA 主要参与的工作是为项目提供适当的帮助。具体包括：

1）参加项目策划，帮助项目软件经理根据组织标准和规程进行项目策划，推进项目工作拆分和估算。

2）帮助定义或修改项目软件过程和软件生命周期模型。

3）参与制定软件开发计划，保证其与质量保证计划、配置管理计划等计划的制定过程、修订、执行相互协调。

4）对策划过程和软件开发计划进行审计。

5）参与软件开发计划的评审。

10.5.3 审计活动

依据软件质量保证过程规定对“开放实验室管理系统”软件项目过程、软件产品进行审计，并确定对项目进行过程审计和产品审计的计划安排，并在Qone平台上完成相关质量报告。

1. 过程审计计划

SQA验证项目活动应遵循适当的过程，审计步骤参照相关软件质量保证过程规定。具体的审计过程和审计时间如表10-6所示。

表10-6 过程审计计划

开发阶段（日期）	审计过程	参照标准	SQA检查单	审查时机	计划工时
软件需求分析（2009/01/5～2010/05/20）	软件工程过程	软件能力成熟度模型可重复级实施大纲 软件评审规程 软件开发计划	评审过程检查单	参与软件产品评审后	（略）
	需求管理过程	软件需求管理过程规定	软件需求管理过程检查单	需求分析说明书形成后	
	项目策划过程	软件项目策划过程规定 软件估计规程 软件估计指南 WBS分解指南 软件生命周期指南 软件估计模板 项目软件开发计划模板	软件项目策划检查单、软件开发计划检查单	开发计划制定后，每个活动发生后一周内	
	跟踪与监督过程	软件项目跟踪和监督过程规定	软件项目跟踪与监督过程检查单	里程碑评审后一周内	
	配置管理过程	软件配置管理过程规定 软件变更控制规程 软件配置审核规程 配置库管理指南 项目软件配置管理计划模板	软件配置管理过程检查单	配置管理计划制定后一周内	
	度量与分析过程	软件度量与分析过程规定	软件度量与分析过程检查单	软件度量与分析报告完成后一周内	
软件设计（2009/05/20～2010/07/20）	软件工程过程	软件开发计划 软件评审规程	评审过程检查单	参与工作产品评审后一周内	
	需求管理过程	软件需求管理过程规定	软件需求管理过程检查单	软件开发的不同进程需求发生变更时	
	项目策划过程	软件项目策划过程规定 软件估计规程 WBS分解指南	软件项目策划过程检查单	月度计划制定一周内	

（续）

开发阶段（日期）	审计过程	参照标准	SQA 检查单	审查时机	计划工时
软件设计（2009/05/20～2010/07/20）	跟踪与监督过程	软件项目跟踪和监督过程规定	软件项目跟踪与监督过程检查单	月度进展报告完成后一周内	
	配置管理过程	软件配置管理过程规定 软件变更控制规程 软件配置审核规程 配置库管理指南	软件配置管理过程检查单	每月下旬	
	度量与分析过程	软件度量与分析过程规定	软件度量与分析过程检查单	软件度量与分析报告完成后一周内	
编码和单元测试（2009/07/20～2010/12/20）	软件工程过程	软件开发计划软件评审规程	评审过程检查单	参与工作产品评审后一周内	
	需求管理过程	软件需求管理过程规定	软件需求管理过程检查单	软件开发的不同进程需求发生变更时	
	项目策划过程	软件项目策划过程规定 软件估计规程 WBS 分解指南	软件项目策划过程检查单	月度进展报告完成后一周内	
	跟踪与监督过程	软件项目跟踪和监督过程规定	软件项目跟踪与监督过程检查单	月度进展报告完成后一周内	
	配置管理过程	软件配置管理过程规定 软件变更控制规程 软件配置审核规程 配置库管理指南	软件配置管理过程检查单	每月下旬	
	度量与分析过程	软件度量与分析过程规定	软件度量与分析过程检查单	软件度量与分析报告完成后	
软件集成与测试（2009/12/20～2010/03/20）	软件工程过程	软件开发计划 软件评审规程	评审过程检查单	参与工作产品评审后一周内	
	需求管理过程	软件需求管理过程规定	软件需求管理过程检查单	软件开发的不同进程需求发生变更时	
	项目策划过程	软件项目策划过程规定 软件估计规程 WBS 分解指南	软件项目策划过程检查单	月度计划制定后一周内	
	跟踪与监督过程	软件项目跟踪和监督过程规定	软件项目跟踪与监督过程检查单	月度进展报告完成后一周内	

（续）

开发阶段（日期）	审计过程	参照标准	SQA 检查单	审查时机	计划工时
软件集成与测试（2009/12/20～2010/03/20）	配置管理过程	软件配置管理过程规定 软件变更控制规程 软件配置审核规程 配置库管理指南	软件配置管理过程检查单	每月下旬	
	度量与分析过程	软件度量与分析过程规定	软件度量与分析过程检查单	软件度量与分析报告完成后一周内	

2. 产品审计计划

SQA 组对项目生命周期中创建的软件产品应有选择性地进行审计，以验证是否符合适当的标准。表 10-7 中定义了要进行审计的软件产品及参照的标准。

表 10-7 产品审计计划

开发阶段（日期）	审计工作产品	参照标准	SQA 检查单	审查时机	计划工时
软件需求分析（2009/01/5～2009/05/20）	软件开发计划	软件项目策划过程规定	软件项目策划过程检查单	入受控库前	（略）
	软件配置管理计划	软件配置管理过程规定	软件需求管理过程检查单	入受控库前	
	软件需求规格说明	软件文档编写规定	软件需求规格说明检查单	入受控库前	
	软件质量保证计划	软件质量保证过程规定	软件质量保证计划检查单	入受控库前	
	软件测试计划	软件测试规定	软件测试计划检查单	入受控库前	
软件设计（2009/05/20～2009/07/20）	软件设计文档	软件设计规定	软件设计检查单	入受控库前	
编码和单元测试（2009/07/20～2009/12/20）	程序	软件设计与编码规范	软件代码检查单	编码和单元测试完成后一周内	
	软件测试说明	软件测试规定	软件测试说明检查单	编码和单元测试完成	
软件集成和测试（2009/12/20～2010/03/20）	程序	软件设计与编码规范	软件代码检查单	编码和单元测试完成	
	软件测试说明	软件测试规定	软件测试报告检查单	软件集成和测试完成	
	软件测试报告	软件测试规定	软件测试报告检查单	软件集成和测试完成	

由于篇幅所限，只列出软件需求规格说明检查单，如表 10-8 所示。

表 10-8 软件需求规格说明的软件质量保证检查单

序号	项目	问题	是	否	不适用	注释
1	一般要求	使用的方法是结构化分析方法或面向对象的分析方法？				使用面向对象分析
		需求说明明确吗？	是			
		需求说明与需求一致吗？	是			
2	功能需求	清楚地说明了软件的所有功能吗？	是			
		说明了每一项功能的目的了吗？	是			
		说明了每一项功能的输入了吗？	是			
		说明了每一项功能的输出了吗？	是			
3	性能需求	说明了各项数据的精度要求吗？	是			
		说明了各数值计算的精度要求吗？	是			
		确定了软件的容量要求吗？	是			
		说明了软件的时间特性要求吗？	是			
4	数据需求	明确定义了系统所使用的所有数据约束吗？	是			
		明确说明了对所有数据元素的约束吗？	是			
		清晰地说明了输入变量值的预期范围吗？	是			
		清晰地说明了针对输入变量越界而采取的措施吗？	是			
…	…		…			

10.5.4 不符合问题处理

对在 SQA 审计中发现的软件过程活动和软件产品不符合项，按照软件不符合项处理规程，跟踪不符合项的纠正直到彻底解决。

10.5.5 通报 SQA 活动结果

对 SQA 活动结果即 SQA 月度报告通报的方法和频度如下：

1）通报对象是项目软件工程组成员、项目软件经理、项目经理或项目级 SQA 人员。

2）通报方式有电子邮件、会议、SQA 结果的书面形式等。

3）通报频率是每月一次，一般在每月月底进行发布，SQA 活动状态报告形式按规定格式要求。

4）项目内出现无法解决的不符合问题，SQA 应向高层报告。

10.5.6 资源

SQA 人员开展工作所需的工具或设备如表 10-9 所示。

表 10-9 软件质量保证工作所需资源

	工具、设备名称	使用时间段
1	软件过程管理平台 Qone	整个软件生命周期
2	软件配置管理软件（如 ClearCase）	整个软件生命周期
3	办公自动化软件（如 Office）	整个软件生命周期

本章小结

本章首先介绍了软件质量的定义和内容，阐述了 McCall 提出的软件质量由 11 个软件质量因素来衡量。这 11 个质量因素可划分为三类：面向产品运行的软件质量因素有正确性、可靠性、有效性、完整性和可使用性；面向产品修正的质量因素有可维护性、灵活性、可测试性；面向产品转移的软件质量因素有可移植性、可复用性、互操作性。接着介绍了软件质量管理的有关概念、软件质量方针和软件质量计划。

其次，介绍了软件质量控制和保证的重要性，软件质量控制概念和控制工具，软件质量保证的原则、计划、内容和措施。阐述了软件技术评审的作用，技术评审的组织过程包括：准备评审、举行评审会议和跟踪与审核。接着介绍了国际通用的质量标准：国际标准化组织中的质量管理和保证技术委员会发布的 ISO 9000 族标准，该标准是适用于世界上各种行业对各种质量活动进行控制的国际通用准则，其“9000”是一个族标准的概念，它包括三套模式标准，即“9001”、“9002”、“9003”，分别针对不同企业，覆盖面也不一样；软件能力成熟度模型 CMM；软件过程改进和能力鉴定标准 SPICE；ISO/IEC JTC1 正式发布的 ISO/IEC 15504 软件过程评估标准；国际标准化组织（ISO）和国际电工委员会（IEC）发布的 ISO/IEC 12207。

最后，阐述了软件质量度量的相关概念，软件质量度量模型：Boehm 模型、McCall 等人提出的度量模型和 ISO 模型。介绍了软件复杂性度量和可靠性度量的概念，并通过一个案例详细说明如何进行软件质量管理。

思考题

1. 软件质量的含义是什么？影响软件质量的因素有哪些？
2. 请简要说明软件技术评审的流程。
3. 什么是软件质量保证？其工作原则是什么？
4. 软件质量的各种特性怎样度量？
5. 为什么说软件技术评审是软件质量保证的一个最基本的活动？
6. 什么是软件？如何评价软件的质量？
7. 什么是软件质量保证策略？软件质量保证的主要任务是什么？
8. 程序复杂性的度量方法有哪些？
9. 什么是软件的可靠性？它们能否定量计算？
10. 软件工程中文档的作用是什么？
11. 为什么要进行软件评审？软件设计质量评审与程序质量评审都有哪些内容？
12. 提高软件质量和可靠性的技术有哪些？
13. 说明 ISO 的软件质量评价模型。

第 11 章　软件过程改进

【学习目标】

➢ 掌握软件过程的概念、软件过程改进的基本原理；
➢ 理解软件过程改进的目的和过程改进模式；
➢ 熟悉过程度量的概念、原则和主要内容；
➢ 熟悉能力成熟度模型 CMM 的相关概念、基本结构和相关应用；
➢ 熟悉能力成熟度模型集成 CMMI 框架；
➢ 熟悉个体软件过程和团队软件过程。

生产出符合预算和进度要求的高可靠性和可用性软件，已成为各大型企业和各软件开发机构关注的焦点。如何生产出符合要求的软件，经过软件界多年的研究，有效地管理软件开发过程是解决问题的根本所在。软件过程（Software Process）把与软件开发有关的组织、人、方法和工具等多种要素有机地集成在一起，从而为实现软件生产的全面质量管理提供了保证。11.1 节阐述了软件过程的有关概念及软件过程的分类和组成；11.2 节介绍了软件过程改进的具体内容；11.3 节介绍了软件过程度量的概念和内容；11.4 节介绍了能力成熟度模型 CMM；11.5 节简要介绍能力成熟度模型集成 CMMI 框架；11.6 节介绍了个体软件过程；11.7 节介绍了团队软件过程，最后通过一个具体案例来更加详细地介绍如何进行软件过程改进。

11.1　软件过程

软件过程是为开发高质量软件产品所需要完成的任务的框架。在了解软件过程之前，首先要了解“过程”这个概念。

11.1.1　过程

过程（Process），在现代汉语词典中被解释为“事物发展所经过的程序”。实际上，不同的标准，对“过程”就有不同的定义。

1）IEEE-STD-610 定义“过程”是针对一个给定目的而进行的一系列操作步骤，如软件开发过程。

2）美国卡内基－梅隆大学软件工程研究所（Software Engineering Institute，SEI）的能力成熟度模型集成（11.5 节将作介绍）定义“过程”是用于软件开发及维护的一系列活动、方法及实践。

3）“过程”在 GB/T 19001—2008 3.4.1 条中定义为：将输入转化为输出的相互关联或相互作用的一组活动。如图 11-1 所示。

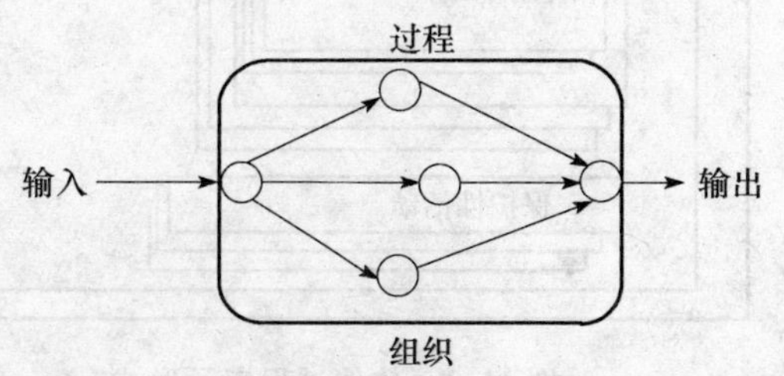

图 11-1　过程描述的示意图

11.1.2　软件过程的概念

一个软件过程定义了软件开发中采用的方法，以及该过程中应用的技术、技术方法和自动化工具。更为重要的是，软件工程是有创造力、有知识的人在定义好的、成熟的软件过程框架中进行的。

根据 IEEE 对软件工程的解释，软件过程包括软件采购、软件开发、软件维护、软件运作、软件获取、软件管理和软件支持七大类的软件活动；而在 ISO 12207 中将这七大类活动划归到基本过程、支持过程和组织过程三大类中。不论软件过程的概念如何解释、如何划分，软件过程通常应当包含个体含义、整体含义和工程含义三个层次。

一个典型的软件过程应当具有以下特征：

1）规定了所有的主要过程行为。

2）使用资源，遵循一系列的步骤，并且生产出中间或者最终的产品。

3）可能由若干以某种方式组织在一起的子过程组成，过程可以定义为具有层次化的过程，每个子过程又可包含它自己的过程模型。

4）过程活动有其开始和结束的标准，以便能够确认这些活动何时开始和结束。

5）以一定的顺序组织，因此相对于其他活动而言，何时开始一个活动是明确的。

6）过程都有一套指导规则，这些规则解释每个活动的目标。

7）对一个活动、资源或产品进行限制或者控制。

一个软件过程可以用图 11-2 所示的形式来表示。这个形式是一个公共过程框架，其中定义了若干框架活动，如果不考虑规模和复杂性，这些活动适用于所有软件项目。每个框架活动由若干任务集构成，这些任务集使得框架活动适应于不同软件项目的特征和项目组的需求。每一个任务集都由软件工程工作任务、项目里程碑、软件工程产品和交付物以及质量保证点组成。保护性活动独立于任何一个框架活动，包括诸如软件质量保证、软件配置管理和测试度量，并且贯穿于整个过程模型中。

一个有效的软件过程为高效地开发高质量的软件产品提供准则，它可以获取并提出在当前技术条件下可行的最佳实践方案。因此，软件过程能增强预见性并降低风险。一个软件过程还要能随时间的推移而不断进化，在过程进化中能及时地调整自己以适应技术、工具、人员和组织模式的变化。

11.1.3 软件过程的分类和组成

软件过程是人们用来开发和维护软件及相关产品（如软件项目计划）的活动、方法、实践和改进的集合。根据 ISO/IEC 15504 软件过程评估标准，软件过程被分为 5 个过程：工程过程、支持过程、管理过程：组织过程和客户－供应商过程，其基础是组织过程，核心是工程过程，关键是管理过程，如图 11-3 所示。

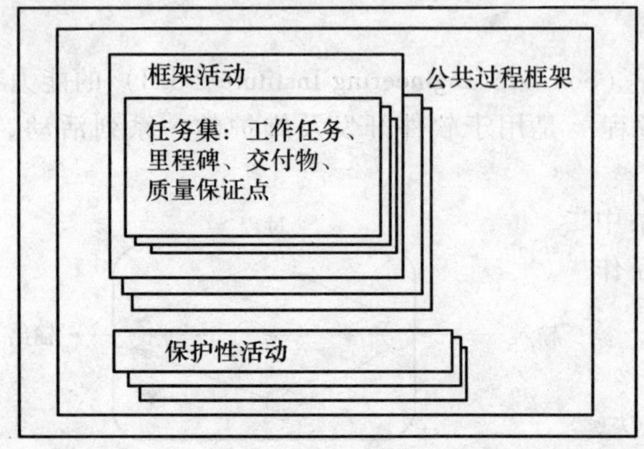

图 11-2 软件过程表示形式

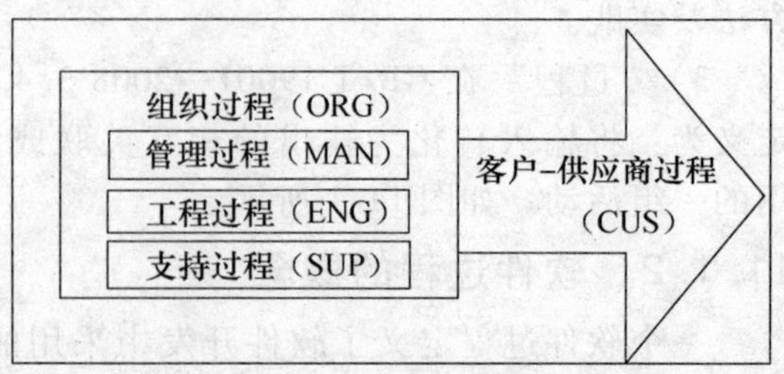

图 11-3 软件过程的基本组成

1. 工程过程（Engineering Process，ENG）

软件系统、产品的定义、设计、实现以及维护的过程。

2. 支持过程（Support Process，SUP）

在整个软件生命周期中可能随时被任何其他过程所采用的、起辅助作用的过程。

3. 组织过程（Organization Process，ORG）

用于建立组织商业目标和定义整个组织内部培训、开发活动和资源使用等规则的过程，并有助于组织在实施项目时更好、更快地实现预定的开发任务和商业目标。

4. 客户－供应商过程（Customer-supplier Process，CUS）

直接影响到客户和对开发的支持，向客户交付软件以及软件正确操作与使用的过程。

5. 管理过程（Management Process，MAN）

在整个软件生命周期中为工程过程、支持过程和客户－供应商过程的实践活动提供指导、跟踪和监控的过程。

上述各个基本过程都包含若干个子过程，如图 11-4 所示。这些子过程的详细内容，在本书的有关章节阐述。

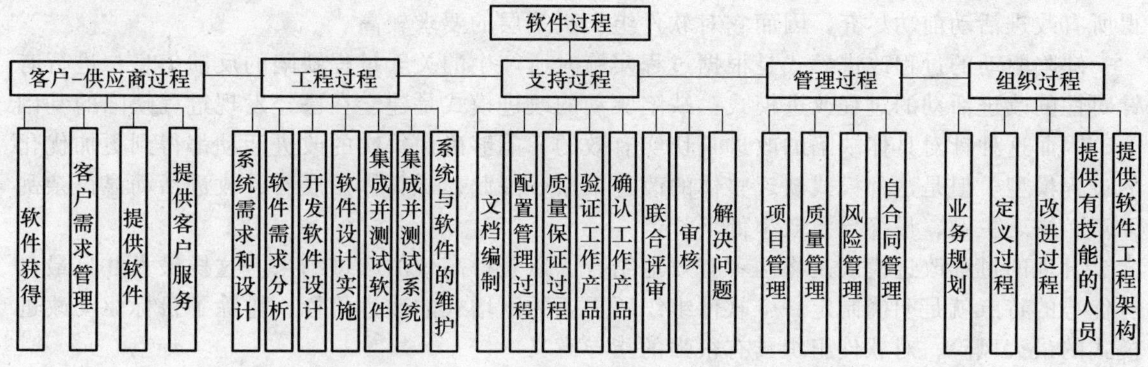

图 11-4 ISO/IEC 15504 软件过程评估标准的组成

11.2 软件过程改进概述

在软件过程工程的各项活动中，过程改进活动是一项综合并且需要持续开展的活动，它所面对的既是软件组织的过程模型，也是针对每一个具体软件项目的过程实例。研究软件过程，本质上是为了突出关键过程以改善软件的质量。软件项目的 3 个基本特征是成本、进度和质量。一个项目的成功与否在于是否达到或超过成本、进度和质量的预期目标。项目失败的原因可能有许多，但所有原因都可以归结为一种类型：过程失败。人们已经认识到要提高软件质量必须改进软件过程。过程改进活动的内容不仅涉及过程建模和过程实施阶段的各项基本活动内容，同时更涉及过程度量和过程评价等活动内容。

11.2.1 过程改进

所谓过程改进，就是在软件工程中为了更有效地达到优化软件过程的目的所实施的改善或改变其软件过程的系列活动。过程改进的实施就是在认知现有软件过程的基础上，利用过程运作所获得的反馈信息，发现软件过程存在的问题和缺陷，提出改进的意见，进而实现软件过程的改进和完善。由此可见，过程改进的关键是发现软件过程中所产生的问题和缺陷。

通过收集过程实施的各种反馈信息、如过程运作反馈信息、过程模拟反馈信息，并按照一定的度量模型实施度量，便可以对过程模型、过程实例进行有效的改进。然而，在目前软件过程工程领域中，过程改进主要是针对过程模型的改进活动。其原因首先是过程模型体现了一类软件项目的共性，这使得针对过程模型的改进活动比针对具体项目的过程实例更加具有代表性，因而也更加有效；其次过程模型通常体现了一个软件组织的项目管理和技术管理手段，为了使得自己的软件产品在竞争中立于不败之地，软件组织必须在项目管理和技术管理方面体现其优良的能力，因此，软件组织更加注重过程模型的改进。

11.2.2 过程改进的两种模式

改进过程的一种方法是通过从过去的项目中获得的经验来增强过程。因此，增强的过程可以避免出现相同的失败，并且有助于仿效成功经验。如果软件组织想认真对待软件过程的改进，必须投入相当大的精力从过程中获得经验，并将经验再投入到新的过程中进行验证。

根据过程改进驱动方式的不同，可以将过程改进划分为目标驱动和缺陷驱动两种模式。目标驱动的过程改进模式是根据一个预先设定的目标，自顶向下制定过程度量或评价模型，有目的地开展相关改进活动的过程改进模式。目标驱动的过程改进模式是由于有了明确的改进目标而能够将改进活动控制在预定的范围之内，使得能够利用尽可能少的资源获得满意的改进结果。但是这种模式存在改进目标、评价模型等事先策划不周而带来的风险，这可能使得所有改进活动前功尽弃，因而它对软件组织决策层的要求较高。

缺陷驱动的过程改进模式是根据过程实施时所产生的关于过程缺陷的反馈信息，进行有针对性的改进活动的过程改进模式。缺陷驱动的改进模式是建立在已经发现过程缺陷的基础上，因而这种针对具体缺陷的改进是切实有效的，能够确保每次的改进活动都得到更加优化的过程模型。但是这种模式缺乏整体的改进策略，因此，从整体角度看，改进活动显得杂乱无章、缺乏主题，最终导致效率低下。

合理的过程改进模式是将两者有效地结合，以获得高效的改进结果。这样最大并且最具有优势的特点就是明确制定一个软件组织所需要的渐增式的改进目标，排除了目标驱动改进模式的最大风险，对软件组织具有很强的指导意义。

11.2.3 过程改进的原则和步骤

1. 改进的原则

无论采用何种改进模式，为确保软件过程改进的质量，过程改进必须遵循以下原则：

1）过程改进建立在过程评价和过程度量结果的基础之上。

2）过程评价应产生关于当前过程能力的有关结果，以便能同软件组织的需求和业务目标进行比较。

3）有效的软件度量能帮助识别和优化改进活动，支持软件组织满足业务目标需求。

4）软件过程改进是一个持续的过程，预先制定的每一个改进目标应当同组织统一制定的过程改进规划相一致，并且不断按照“计划—实施—监控效果”这样的周期进行。

5）过程改进活动本身应当被当做一个过程改进项目来完成。

6）过程度量用于对改进过程进行监控，以便及时对改进活动做必要的调整。

7）应适当地重复软件过程评价活动以便确认所做的改进活动达到了预定的目标。

8）降低风险是过程改进的一部分。

2. 改进的步骤

国际标准化组织在其软件评价标准 ISO 15504 中指出，基于过程评价的软件过程改进活动应当是一种由若干个通用步骤构成的改进周期循环，如图 11-5 所示，各个步骤之间通过有效的信息驱动完成持续不断的过程改进活动。

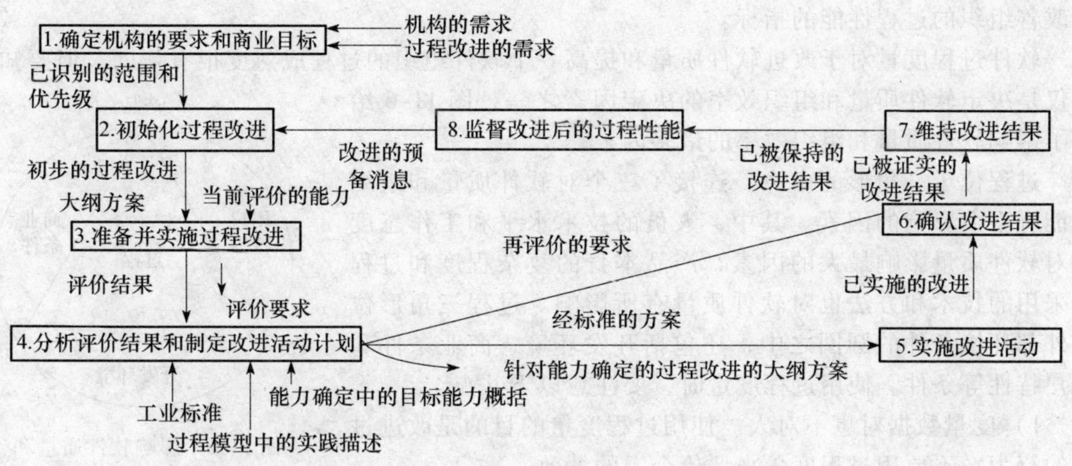

图 11-5 过程改进的通用步骤

11.3 软件过程度量

过程度量使得软件组织能够了解现有软件过程的功效。过程度量的收集贯穿整个项目，并经历很长的时间，其目的是提供能够实现长期的软件过程改进的指标。另外，过程度量可以用来间接地度量软件的外部属性，如可靠性、可用性和可维护性等。

11.3.1 过程度量的概念

过程是一系列包含行为、约束和资源的有序步骤的集合，过程的目的是产生想要的中间产品或最终产品。为了能够对软件过程的效果进行分析，我们为软件过程建立了许多模型，如瀑布模型、原型开发模型、增量模型和螺旋模型等（1.5 节已作介绍），这些模型使得我们能够检查、理解、控制和提高过程的行为。

过程度量是对软件开发过程的各个方面进行度量，目的在于预测过程的未来性能，减少过程结果的偏差，对软件过程的行为进行目标管理，为过程控制、过程评价持续改善提供定量性基础。过程度量与软件开发流程密切相关，具有战略性意义。软件过程质量的好坏会直接影响软件产品质量的好坏，度量并评估过程、提高过程成熟度可以改进产品质量。相反，度量并评估软件产品质量会为提高软件过程质量提供必要的反馈和依据。

要想改进过程首先需要了解当前使用的过程，即度量过程的特定属性，基于这组度量来提供改进战略的指标。从软件开发过程产生的结果数据中导出过程度量，这些数据包括：在软件发布前发现的缺陷数的度量、软件交付给最终用户并由最终用户报告的缺陷的度量、对交付的软件产品的属性的度量、投入的工作量的度量、投入的时间的度量以及其他度量。

不同类型的过程数据可以分为“私有的”和“公开的”两种。因为某些度量是建立在个人基础上的，如与个人有关的缺陷率等。软件工程师可能对这些度量数据的收集比较敏感，不愿意对外公开，只想作为个人参考，这类过程度量是“私有的”。私有过程数据是软件工程师个体改进其工作的推动力。

另外，某些过程度量对项目组成员是公开的，如主要软件功能的缺陷报告、技术审查中发现的缺陷、每个模块的代码行或功能点等。项目组可以对这类过程度量进行分析，找到改善开发过程的方法。公用过程度量来自于私有的个人和小组的信息，但它是项目级的，不会归结到个人，如项目级的缺陷率、工作量和时间等。收集和评估公用过程度量有利于找到能够改善组织的过程性能的指标。

软件过程度量对于改进软件质量和提高一个软件组织的过程成熟度很有帮助，但要知道它仅是决定软件质量和组织效率的决定因素之一，图 11-6 给出了影响软件质量和组织效率的诸多因素。

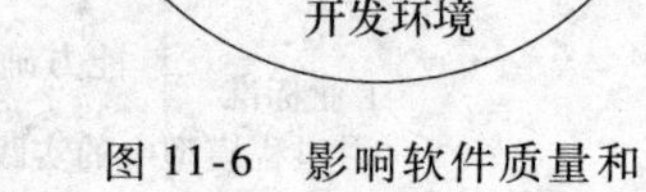

图 11-6 影响软件质量和组织效率的因素

过程位于三角形的中央，连接了三个对软件质量和组织性能有重大影响的因素。其中，人员的技术水平和工作态度是对软件质量影响最大的因素，产品本身的复杂程度和过程中采用的技术和方法也对软件质量有所影响。过程三角形位于外部环境条件的圆圈之中，还包括开发环境、商业条件和用户特性等条件。使用过程度量时，要注意以下几点。

1）度量数据对事不对人。使用过程度量的目的是改进过程的行为，不要用过程度量来评价个人的绩效。

2）对度量数据要进行分析研究，指导软件过程的改进。

3）过程度量的准确性和有效性需要在不同的项目实践中检验。

4）当多个度量指标的结果数据出现矛盾时，应该选择重要的度量指标。

11.3.2 过程度量的原则

软件过程度量是重要的，度量时应该遵循一些原则，具体如下：

1）明确度量计划的目标。没有明确目标的度量将导致大量无用的数据。过程度量计划的目标应该与软件过程改进计划密切联系，而且最终都与商业目标和管理目标紧密联系。

2）度量计划必须获得管理层的支持。过程度量应该是整个软件过程改进计划的一部分。它需要资源、时间和资金，管理层的支持和参与是必需的。

3）必须分配度量的角色和责任。过程度量的任务和责任应该分配给特定的角色。软件过程改进中的一些角色可以担负部分过程度量的责任。

4）度量应该覆盖过程和产品。好的过程是最终能生产出好产品的过程。度量应该监控过程中关键的性能指标以及最终产品的关键质量特征。

11.3.3 过程度量的内容

软件过程度量贯穿整个软件生命周期，软件过程度量主要包括三大方面的内容，一是成熟度度量（Maturity Metrics），主要包括组织度量、资源度量、培训度量、文档标准化度量、数据管理与分析度量、过程质量度量等；二是管理度量（Management Metrics），主要包括项目管理度量（如里程碑管理度量、风险度量、作业流程度量、控制度量、管理数据库度量等）、质量管理度量（如质量审查度量、质量测试度量、质量保证度量等）、配置管理度量（如样式变更控制度量、版本管理控制度量等）；三是生命周期度量（Life Cycle Metrics），主要包括问题定义度量、需求分析度量、设计度量、制造度量、维护度量等。

11.3.4 过程度量的流程

软件过程的度量需要按照已经明确定义的度量流程加以实施，这样能使软件过程度量作业具有可控制性和可跟踪性，从而提高度量的有效性。

软件过程度量的一般流程主要包括：确认过程问题；收集过程数据；分析过程数据；解释过程数据；汇报过程分析；提出过程建议；实施过程行动；实施监督和控制。如图 11-7 所示。

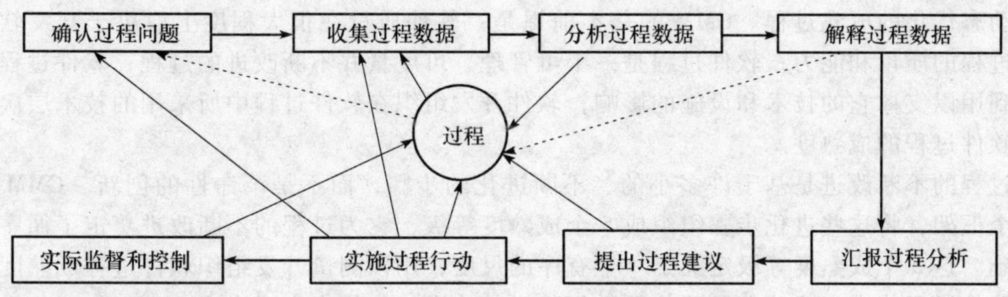

图 11-7　软件过程度量的流程

图中粗箭头表示流程的主要流动方向，即从确认过程问题到实施过程行动的全过程，细实箭头表示与过程强关联、过程度量受过程控制性的影响，虚线表示弱关联，相互参考。这一度量过程的流程质量能保证软件过程度量获得有关软件过程的数据和问题，并进而对软件过程实施改善。

11.4　能力成熟度模型 CMM

软件能力成熟度模型（Software Capacity Maturity Model，SW-CMM）是 CMU/SEI 为了满足美国联邦政府评估软件供应商能力的要求，于 1986 年开始研究的模型，定义了当一个组织达到不同的过程成熟度时应该具有的软件工程能力。CMM 在建立和发展之初，主要目的是为大型软件项目的招投标活动提供一种全面而客观的评审依据，后来被许多软件组织用于过程改进活动中，其有效性已经被大量实践所证实，并已成为对一个软件企业的生产能力和产品质量进行衡量的事实标准。SEI 开发的 CMM 对全世界的软件过程改进已经或正在产生巨大的影响。

11.4.1　软件机构的过程成熟度

软件开发的风险之所以大，最关键的问题在于软件开发机构不能很好地管理其软件过程，从而使得一些好的开发方法和技术起不到预期的作用。

对于不同的软件开发机构，在组织人员完成软件项目时所依据的管理策略有很大差别，因而软件项目所遵循的软件过程也不同。在此，用软件机构的成熟度加以区别。表 11-1 列出不成熟的软件机构和成熟的软件机构的比较。

表 11-1　不成熟的软件机构和成熟的软件机构的比较

内容	不成熟的软件机构	成熟的软件机构
软件过程	由参与开发的人员临时拼凑，有时即时确定了，实际上并不严格执行	建立了软件开发和维护过程，人们对其有较好理解。一切活动均遵循过程的要求进行，做到工作步骤有次序
管理方式	反应型：管理人员经常要集中精力去应付难以预料的突发事件	主动型：软件过程不断改进，产品质量和客户满意程度由负责质量保证的经理来监控
进度、经费	估计不切实际，在进度拖延情况下，不得不降低软件的质量	根据以往项目取得的实践经验确定。比较符合实际情况
质量管理	产品质量难以预测，质量保证活动，如质量评审、测试等，常被削弱或被取消	产品质量有保证，软件过程有管理，具有必要的支持性基础设施

11.4.2　CMM 分级结构及主要特征

CMM 描述了软件过程从无序到有序、从特殊到一般、从定性管理到定量管理、最终到达可动态优化的成熟过程。CMM 的基本前提是：软件质量在很大程度上取决于开发软件的软件过程的质量和能力；软件过程是一个可管理、可度量并不断改进的过程；软件过程的质量受到用以支撑它的技术和设施的影响；软件开发组织在软件过程中所采用的技术层次应适应于软件过程的成熟度。

过程的不断改进是基于许多小的、不断进化的步骤，而不是革命性的创新。CMM 提供了一个框架，将这些进化步骤组织成 5 个成熟度等级，它为过程的不断改进奠定了循序渐进的基础。这 5 个成熟度等级定义了一个有序的尺度，用以测量开发组织软件过程成熟度和评价其软件过程能力。这些等级还能帮助组织对其改进工作排出先后次序。

成熟度等级是妥善定义的、在向成熟软件组织进化过程中的平台。每个成熟度等级为过程继续改进提供一个基础。每一个等级包含一组过程目标，当目标满足时，能使软件过程的一个重要成分稳定。每达到成熟度框架的一个等级，就建立起软件过程的一个不同的成分，促使过程能力的增长。

将 CMM 组织成如图 11-8 所示的 5 个等级，对旨在增加软件过程成熟度的改进行动按优先级排序。图中带有标记的箭头，指示在成熟度框架的每一步骤上，组织应予以规范化的过程能力的类型。下列 5 个成熟度等级的特性突出说明在每个等级上过程的主要变化。

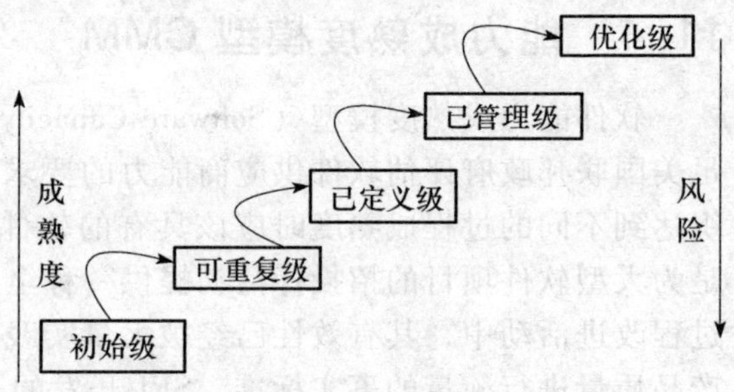

图 11-8 软件过程成熟度的 5 个等级

1. 初始级（1 级）

软件过程的特点是无秩序的，有时甚至是混乱的。软件过程定义几乎处于无章法和步骤可循的状态，软件产品所取得的成功往往依赖极个别人的努力和机遇。初始级的软件过程是未加定义的随意过程，项目的执行是随意甚至是混乱的。也许，有些组织制定了一些软件工程规范，但若这些规范未能覆盖基本的关键过程要求，且执行没有政策、资源等方面的保证时，那么它仍然被视为初始级。

2. 可重复级（2 级）

已经建立了基本的项目管理过程，可用于对成本、进度和功能特性进行跟踪。对类似的应用项目，有章可循并能重复以往所取得的成功。焦点集中在软件管理过程上。一个可管理的过程则是一个可重复的过程，一个可重复的过程则能逐渐演化和成熟。从管理角度可以看到一个按计划执行的且阶段可控的软件开发过程。

3. 已定义级（3 级）

用于管理的和工程开发的软件过程均已文档化、标准化，并形成整个软件组织的标准软件过程。全部项目均采用与实际情况相吻合的、适当修改后的标准软件过程来进行操作。要求制定组织范围的工程化标准，而且无论是管理还是工程开发都需要一套文档化的标准，并将这些标准集成到组织软件开发标准过程中去。所有开发的项目需根据这个标准过程，剪裁出项目适宜的过程，并执行这些过程。过程的剪裁不是随意的，在使用前需经过组织有关人员的批准。

4. 已管理级（4 级）

软件过程和产品质量有详细的度量标准，软件过程和产品质量得到了定量的认识和控制。已管理级的管理是量化的管理。所有过程须建立相应的度量方式，所有产品的质量（包括工作产品和提交给用户的产品）须有明确的度量指标。这些度量应是详尽的，且可用于理解和控制软件过程和产品，量化控制将使软件开发真正变成一个工业生产活动。

5. 优化级（5级）

通过对来自过程、新概念和新技术等方面的各种有用信息的定量分析，能够不断地、持续地进行过程改进。如果一个组织达到了这一级，表明该组织能够根据实际的项目性质、技术等因素，不断调整软件生产过程以求达到最佳。

CMM分级标准有两个方面的用途。一方面，软件组织利用它可以评估自己当前的过程成熟度，并以此提出严格的软件质量标准和过程改进的方法和策略，通过不断的努力去达到更高的成熟程度。另一方面，该标准也可以作为用户对软件组织的一种评价标准，使之在选择软件开发商时不再是盲目和无把握的。

11.4.3 CMM的主要内容

除第1级外，CMM的每一级都设定了一组目标，如果达到了这组目标，则表明达到了这个成熟级别，自然可以向上一级别迈进。因为从第2级开始，每一个低级别的实现均是高级别实现的基础，所以CMM体系不主张跨级别的演化。SEI建议，从低级别向高级别演化的时间需要在12~30个月之间。每一级向上一级迈进的过程中都有其特定的改进计划，具体情况如图11-9所示。

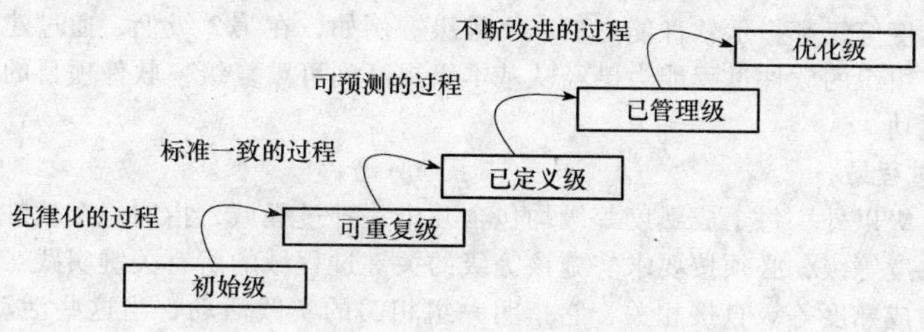

图11-9 不断改进的过程

1）初始级的改进方向：建立项目过程管理，实施规范化管理，保障项目的承诺；进行需求管理方面的工作，建立用户与软件项目之间的沟通，使项目真正反映用户的需求；建立各种软件项目计划，如软件开发计划、软件质量保证计划、软件配置管理计划、软件测试计划、风险管理计划及过程改进计划等；积极开展软件质量保证活动。

2）可重复级的改进方向：不再按项目制定软件过程，而是总结各种项目的成功经验，使之规则化，把具体经验归纳为组织的标准软件过程，把改进软件组织的整体软件过程能力的软件过程活动作为软件开发组织的责任；确定全组织的标准软件过程，把软件工程及管理活动集成到一个稳固确定的软件过程中，从而可以跨项目改进软件过程，也可以作为软件过程剪裁的基础；建立软件工程过程小组，长期承担评估与调整软件过程的任务，以适应未来软件项目的要求；积累数据，建立组织的软件过程库及软件过程相关的文档；加强培训。

3）已定义级的改进方向：着手软件过程的定量分析，已达到定量地控制软件项目过程的效果；通过软件的质量管理达到软件质量的目标。

4）已管理级的改进方向：防范缺陷，不仅发现了问题能及时改进，而且应采取特定行动防止将来出现这类缺陷；主动进行技术改革管理、标识、选择和评价新技术，使有效的新技术能在开发组织中实施；进行过程变更管理，定义过程改进的目的，不断地进行过程改进。

5）优化级的改进方向：保持持续不断的软件过程改进。

11.4.4 CMM 的内部结构

CMM 为软件组织的过程能力提供了一个阶梯式的演化框架，它采用分层的方式来解释其组成部分。在第 2 ~5 个成熟等级中，每个等级包含一个内部结构的概念。

CMM 的每个等级（除了第 1 级外）都被分解为 3 个层次加以定义，这 3 个层次分别是关键过程域、共同特点和关键实践。每个成熟度等级由几个关键过程域组成，每个关键过程域又按 5 个共同特点（指所有关键过程域都具有的特点）加以组织。每个共同特点规定相应部门或有关责任者应实施的一些关键实践，当一个关键过程域的所有关键实践都按要求得到实施时，就能实现该关键过程域的目标。CMM 的各个成熟度等级的设计首先要确定该等级所要解决的主要矛盾，即关键过程域及其目标，然后详细描述和设计其中的所有关键实践。CMM 的内部结构如图 11-10 所示。

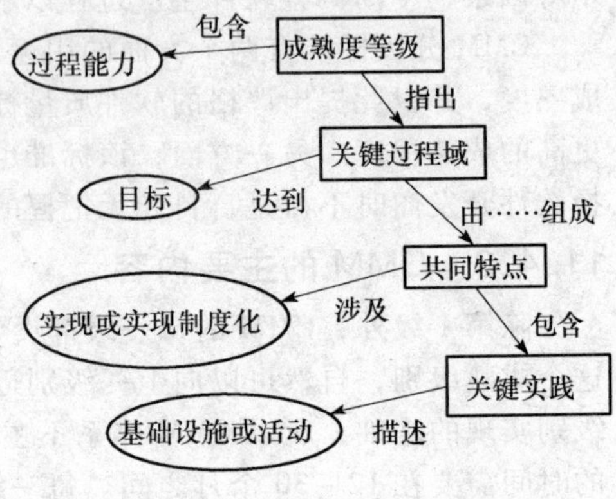

图 11-10 CMM 的内部结构

1. 成熟度等级

每个成熟度等级都指示软件能力的一个等级。例如，在第 2 级上，通过建立健全的项目管理和控制，组织的软件过程能力已经从基本级提高到可重复级，软件项目的开发一般都能重复以前的成功。

2. 关键过程域

除了第 1 级以外，每个成熟度等级均包含几个关键过程域，指明一个软件开发组织如果要达到该成熟度等级，必须按要求实施该等级的关键过程域的所有关键实践。每个关键过程域只与特定的成熟度等级直接相关，它指明一组相关的实践活动，当这些活动全部完成时，就能达到对增强过程能力至关重要的若干个目标。达到关键过程域目标的途径可能因项目而异，这是因为在应用领域或环境上存在差异。仅当一个关键过程域的全部目标均已达到时，该关键过程域才能算实现。对于一个软件组织来说，当其所有项目均已达到一个关键过程域的目标时，才可以说该组织已经达到了以该关键过程域为表征的软件过程能力。CMM 包括 18 个关键过程域、52 项目标和 316 项关键实践（制度型和活动型）。

3. 关键实践

关键实践一般描述对其所在的关键过程域的实现和规范化实施贡献最大的那些基础设施和实践活动。每个关键实践的描述由两部分组成：前一部分是一个句子，说明关键过程域的基本方针、规程和活动，又称为顶层关键实践；后一部分通常是详细描述，可能包括例子，称为子实践。图 11-11 给出软件项目策划关键过程域中的一个关键实践的内部结构的例子。

关键实践描述应该做“什么”，而不强制要求应该“如何”实现目标。其他可替代的实践也可能实现该关键过程域的目标。但必须合理地解释关键实践，以便正确地判断相应关键过程域的目标是否已被有效地实现，尽管实现目标的方式可能不尽相同。

4. 共同特点

关键过程域按共同特点加以组织，其中每个共同特点都包含若干关键实践。共同特点表明一个关键过程域的实施和规范化是否有效、可重复持久的一些属性。CMM 中的关键实践都统一按 5 个公共属性进行组织，分别是执行承诺、执行能力、实施活动、度量和分析、验证实施。

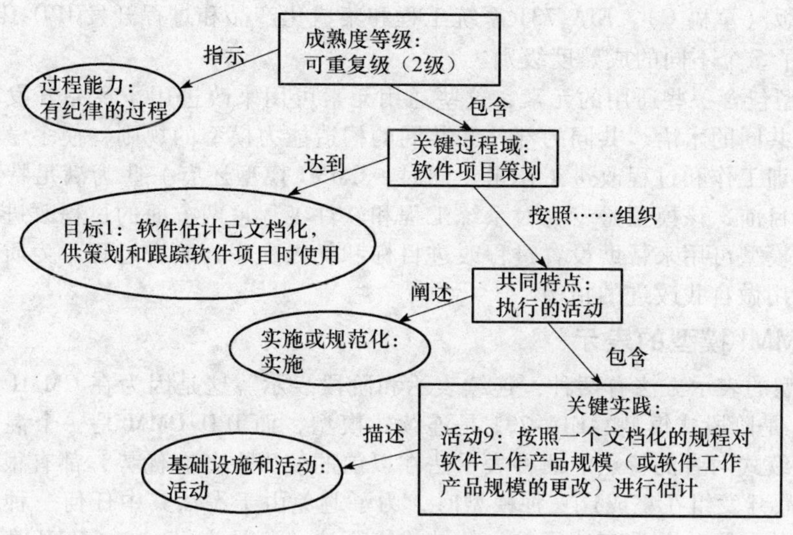

图 11-11 一个关键实践的例子

11.4.5 CMM 的应用

CMM 的应用主要在能力评估和过程改进两个方面，下面逐一进行介绍。

1. 能力评估

CMM 的目的之一是评估软件开发机构的软件开发能力，有以下两种通用的评估方法可以评估机构软件过程的成熟度。

1）软件过程评估：用于确定一个机构执行软件过程的当前状态和机构在软件过程中面临的需要优先改善的问题，向机构领导层提供报告，以获得机构对改善软件过程的支持。软件过程评估集中关注机构自身的软件过程。评估的成功取决于管理者和专业人员对机构软件过程改进的支持，应在一种合作的、开放的环境中进行。

2）软件能力评价：用于识别或者监控软件承包商开发软件的过程状态。软件能力评价集中关注软件承包商在预算和进度要求范围内，高质量地完成软件产品合同的能力以及相关的风险。重点在于揭示机构实际执行软件过程的文档化的审核或审计记录，评价应在一种审核的环境中进行。

2. 过程改进

软件过程改进是一个持续的、全局参与的过程，CMM 建立了一组有效地描述成熟软件机构特征的准则，该准则根据在软件工程技术和管理方面的优秀实践，清晰地描述了软件过程的关键域。企业可以有选择地引用这些关键实践来指导软件过程的开发和维护，不断地改善本机构软件过程，实现成本、进度、功能和产品质量等多方面的目标。

11.5 能力成熟度模型集成 CMMI

能力成熟度模型集成（Capability Maturity Model Integration，CMMI）是 CMM 模型的最新版本，2001 年 12 月，CMU/SEI 正式发布了 CMMI 1.1 版本。与原有的能力成熟度相比，CMMI 涉及面更广，专业领域覆盖软件工程、系统工程、集成产品开发和系统采购。据美国国防部资料显示，运用 CMMI 模型管理的项目不仅降低了项目的成本，而且提高了项目的质量与按期完成率。

CMMI 可以看做是把各种 CMM 集成到一个系列的模型中，CMMI 的基础源模型包括

SW-CMM 2.0版（草稿C）、EIA-731系统工程和集成化产品和过程开发IPD-CMM 0.98a版。CMMI也描述了5个不同的成熟度级别。

CMMI模型包含一些通用的元素，这些通用元素可用来改进用于产品开发和维护或用于服务的过程。共同的术语、共同的部件和共同的构造能力模型的规则，使多学科的用户能减少所需要的培训工作和过程改进工作量。同时，CMMI模型还有一些为满足特定学科需要而设计的元素。目前，该模型是专为对系统工程和软件工程这两方面的过程改进都感兴趣的组织设计的。该模型可用来帮助设置过程改进目标和优先次序、改进过程、为质量保证过程提供指导，也能用做自我改进的指南。

11.5.1 CMMI模型的表示

CMMI模型的表示方法有两种：连续表示和阶段表示。这是因为在CMMI的三个源模型中，SW-CMM是阶段式模型，EIA-731是连续式模型，而IPD-CMM是一个混合模型，结合了阶段式和连续式两者的特点。两种表示法在以前的使用中各有优势，都有很多支持者，因此，CMMI产品开发组在集成这三种模型时，为了避免由于淘汰其中任何一种表示法而失去对CMMI支持的风险，并没有选择单一的结构表示法，而是为每一个CMMI都推出了两种不同表示法的版本。

1. 连续表示

连续表示的CMMI模型的部件包括过程域、特定目标、特定实践、类属目标、类属实践、能力等级、能力剖面、目标阶段（Target Staging）和等价阶段（Equivalent Staging）。每一个CMMI模型所包含的主要部件如图11-12所示。在CMMI模型的连续表示中过程域是起主要作用的部件，每一个过程域中有一些特定目标和特定实践，特定实践提供关于要实现一些“什么”来帮助达到该过程域特定目标的指南。类属目标和类属实践适用于多个过程域，类属实践给出帮助达到类属目标的指南。随着某个过程域的特定目标和类属目标的实现，将提高该过程能力，并获得过程改进的好处。

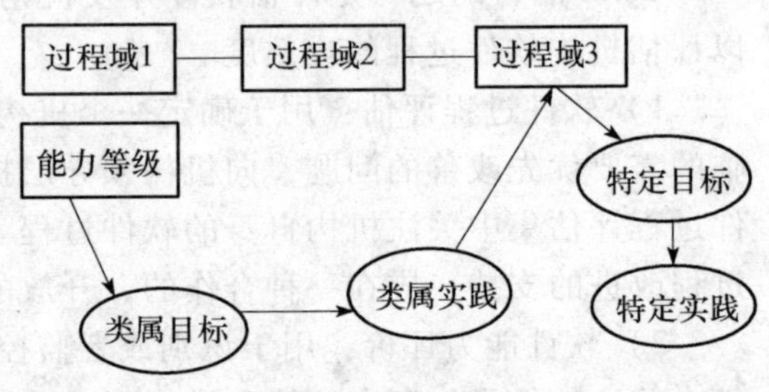

图11-12 CMMI模型连续表示的部件

CMMI模型的全部部件可以分为如下三类：

1）要求的部件。这是对实现给定过程域的过程改进十分重要的部件，在评估中用来确定过程能力。

2）期望的部件。这些部件说明为了覆盖该过程及其目标的范围必须做些什么。

3）参考性部件。这些部件给出该模型的细节。

图11-12中所指出的都是要求的部件和期望的部件，模型将实践（要求的和期望的）及其有关部件分别组织成二维：能力维和过程维。能力维集中关注建立一个组织在多个领域内推行过程改进的能量和能力，使组织能对与过程域相关联的过程改进的进展情况进行跟踪、评价和证明。模型在能力维中阐述了类属实践、类属目标、能力等级和能力剖面。过程维关注组织在改进特定过程域的过程时可使用的最佳实践，过程维的要素包括过程域、特定目标、特定实践、子实践、典型工作产品、扩充、详细说明和注释。

2. 阶段表示

阶段表示的CMMI模型的部件有成熟度等级、过程域、共同特点、特定目标、特定实践、类属目标和类属实践。每一个CMMI模型包含的主要部件以及这些部件之间的关系如图11-13所示。

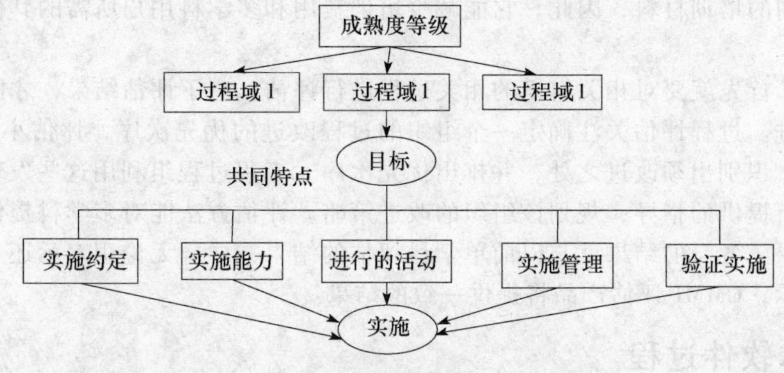

图 11-13 CMMI 模型阶段表示的部件

在阶段表示的 CMMI 模型中，顶层部件称为成熟度等级，除成熟度等级 1 以外，每个成熟度等级由若干过程域组成；每个过程域被组织成 5 个称为共同特点的部分；每个共同特点包含若干关键实践，这些关键实践一旦得到实施，就完成了该过程域的特定目标和类属目标。随着某个成熟度等级的一组过程域的类属目标和特点目标的实现，就提高了组织的过程成熟度并得到过程改进的利益。

阶段式模型也把组织分为 5 个不同的级别：

1）初始级。以不可预测结果为特征的过程成熟度，过程处于无序状态，成功主要取决于团队的技能。

2）已管理级。以可重复项目执行为特征的过程成熟度。组织使用基本纪律进行需求管理、项目计划、项目监督和控制、供应商协议管理、产品和过程质量保证、配置管理，以及度量和分析。对于已管理级而言，主要的过程焦点在于项目级的活动和实践。

3）严格定义级。以组织内改进项目执行为特征的过程成熟度。

4）定量管理级。以改进组织性能为特征的过程成熟度。定量管理级项目的历史结果可用来交替使用，在业务表现竞争尺度（成本、质量、时间）方面的结果是可预测的。

5）优化级。以可快速进行重新配置的组织性能和定量的、持续的过程改进为特征的过程成熟度。

3. 两种表示法的比较

不同表示法的模型具有不同的结构。连续式表示法强调的是单个过程域的能力，从过程域的角度考察基线和度量结果的改善，其关键术语是“能力”；而阶段式表示法强调的是组织的成熟度，从过程域集合的角度考察整个组织的过程成熟度阶段，其关键术语是“成熟度”。

尽管两种表示法的模型在结构上有所不同，但 CMMI 产品开发组仍然尽最大努力确保了两者在逻辑上的一致性，两者的要求部件和期望部件基本上都是一样的。过程域、目标在两种表示法中都一样，特定实践和共性实践在两种表示法中也不存在根本性的区别。因此，模型的两种表示法并不存在本质上的不同。组织在进行集成化过程改进时，可以从实用角度出发选择某一种偏爱的表示法，而不必从哲学角度考虑两种表示法之间的差异。

11.5.2 CMMI 模型的应用

CMMI 模型提供了一组公众可用的描述成功实现过程改进的组织特征的准则，这些准则可用来改进产品开发和维护以及服务的过程。CMMI 项目的工作使政府和工业部门的投资得到保护，同时增强多种模型的应用。CMMI 概念要求使用共同的术语、共同的部件、共同的评估方法和共同的培训材料，因此，它能减少培训费用和多学科用户所需的其他过程改进工作量。

应用 CMMI 首先就要对相关组织的相关过程进行评估，有了评估结果，才能进一步进行评价或过程改进。过程评估关注确定一个组织的过程改进的优先次序，评估小组使用 CMMI 模型作为指导，识别出须改进之处，并排出优先次序。工程过程组利用这些发现和 CMMI 模型的关键实践所提供的指导，规划该组织的改进策略。评估方法能对多学科提供各个学科本身和综合的结果，各自的结果就与以前单学科评估的结果一样。无论用表示还是用具有等价作用的连续表示，CMMI 评估产品将提供一致的结果。

11.6 个体软件过程

虽然能力成熟度模型 CMM 已得到学术界和工业界的公认，并认为是当前最好的软件过程，已经成为事实上的软件过程工业标准，其实现有赖于有关人员的积极参与和创造性活动，但 CMM 并未提供有关实现 CMM 关键过程域所需要的具体知识和技能。因此，美国卡内基－梅隆大学软件工程研究所 CMU/SEI 高级成员和研究科学家 Watts S. Humphrey 博士主持开发了个体软件过程（Personal Software Process，PSP）。PSP 是一种可用于控制、管理和改进个人工作方式的自我持续改善过程，是一个包括软件开发表格、指南和规程的结构化框架。PSP 方法结构简单，不要求使用特别的程序设计语言、开发工具或设计方法，其原则能够应用到几乎任何的软件工程任务之中。PSP 能够说明个体软件过程的原则，帮助软件工程师做出准确的计划，确定软件工程师为改善产品质量要采取的步骤，建立度量过程改进的基准。使用 PSP 方法，软件开发人员可以减少软件缺陷，提高计划能力和生产效率。

CMM/CMMI 侧重于软件组织中有关软件过程的宏观管理，面向整个软件开发组织，PSP 则侧重于组织中有关软件过程的微观优化，面向软件开发人员。二者互相支持，互相补充，缺一不可。在 CMM 1.1 版本的 18 个关键过程域中有 12 个与 PSP 有关。就像 CMM/CMMI 为软件组织的能力提供一个阶梯式的演化框架一样，PSP 为个体的能力也提供了一个阶梯式的演化框架，以循序渐进的方法介绍过程的概念，每一级别都包含了更低一级别中的所有元素，并增加了新的元素。PSP 演化框架共有 4 级，如图 11-14 所示。其中第 1 级是个体度量过程（Personal Measurement Process）PSP 0 和 PSP 0.1；第 2 级是个体规划过程（Personal Planning Process）PSP 1 和 PSP 1.1；第 3 级是个体质量管理过程（Personal Quality Management Process）PSP 2 和 PSP 2.1；第 4 级是适用于开发大型软件的个体循环过程（Cycle Personal Process）PSP 3。在 PSP 的前面三级演化框架中，后一个版本都是前一个版本的增强版。

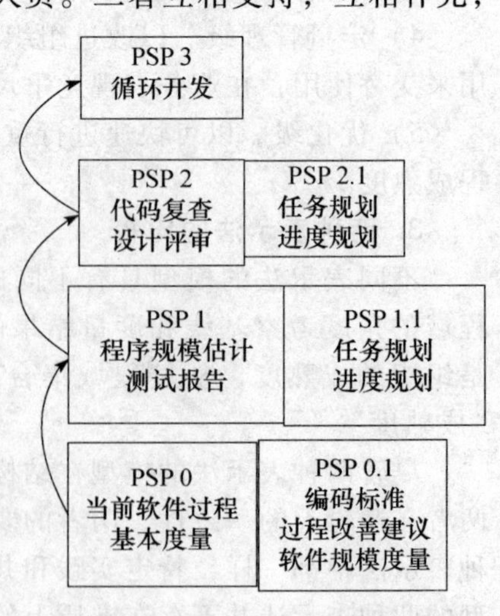

图 11-14 PSP 演化框架

11.7 团队软件过程

美国卡内基-梅隆大学软件工程研究所 CMU/SEI 在 1999 年提出了团队软件过程（Team Software Process，TSP），目标是向软件工程师提供一个可操作过程以帮助他们完成质量改进工作。TSP 对团队软件过程的定义、度量和改进提出了一整套原则、策略和方法，并结合了

CMM的管理方法和PSP的个体工程技能，按时交付高质量的软件，并把成本控制在预算的范围之内。在TSP中，讲述了如何创建高效且具有自我管理能力的开发团队，软件工程师如何才能成为合格的项目组成员，管理人员如何对团队提供指导和支持，如何保持良好的工程环境使项目组能充分发挥自己的水平等软件工程管理问题。

1. TSP的基本原理

团队软件过程TSP基于以下4条基本原理：

1）应该遵循一个确定的、可重复的过程并迅速获得反馈，这样才能使学习和改革最有成效。

2）一个群组是否有效，是由明确的目标、有效的工作环境、有能力的教练和积极的领导这4方面因素的综合作用所确定的，因此应在这4个方面同时努力，而不能偏废其中任何一个方面。

3）应注意及时总结经验教训，当学员在项目中面临各种各样的实际问题并寻求有效的解决问题方案时，就会更深刻地体会到TSP的威力。

4）应注意借鉴前人和他人的经验，在可资利用的工程、科学和教学法经验的基础上来规定过程改进的指令。

2. TSP的框架

软件工程团队是一个有着共同目标的群体，他们必须遵循并完成这个共同目标，并且有一个共同的工作框架。

TSP的主要成分如图11-15所示，在成员加入TSP团体之前，他们必须知道如何规范地工作。进行个体软件过程的培训可以向开发人员提供使用TSP所必需的知识和技能。PSP培训包括学习如何编制详细的计划、采集和使用过程数据、用获得的数据跟踪项目、度量和管理产品质量以及定义和使用可操作的过程。开发人员必须在参与TSP团队建立或执行TSP过程之前获得这些技能的培训。

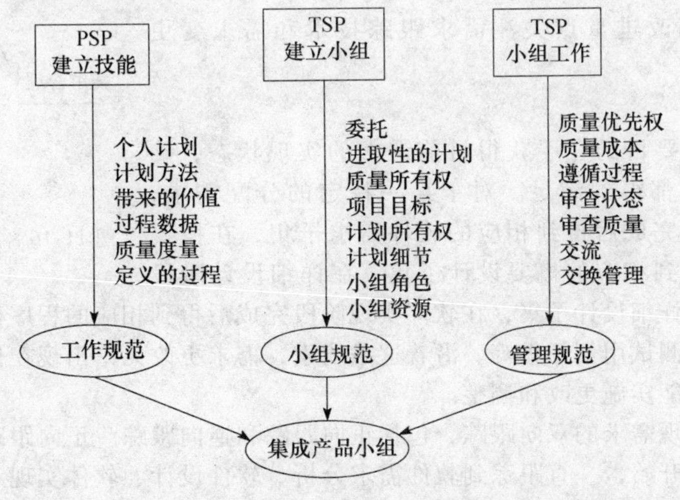

图11-15 TSP主要成分

TSP过程由一系列阶段和活动组成，各阶段均由计划会议发起。在首次计划中，TSP组将制定项目整体规划和下阶段详细计划，TSP组员在详细计划的指导下跟踪计划中各种活动的执行情况。首次计划后，原定的下阶段计划会在周期性的计划制定中不断得到更新。通常无法制定超过3~4个月的详细计划。所以，TSP根据项目情况，每隔3~4个月为一阶段，并在各阶段进行重建。无论何时，只要计划不再适应工作，就必须进行更新。当工作中发生重大变故或成员关系调整时，计划也将得到更新。在计划的制定和修正中，小组将定义项目的生命周期和开发策略，这有助于更好地把握整个项目开发的活动及产品情况。每项活动都用一系列明确的步骤、精确的测量方法及开始、结束标志加以定义。在设计时将制定完成活动所需的计划、估计产品的规模、各项活动的耗时、可能的缺陷率及去除率，并通过活动的完成情况重新修正进度数据。开发策略用于确保 TSP 的规则得到自始至终的维护。

11.8 案例描述

为了开发出高质量、高可靠性的软件，本节介绍在“开放实验室管理系统”项目当中开展软件过程改进活动。根据该项目的规模和实际情况，过程改进活动以 CMM 2 级的要求为目标。CMM 2 级过程能力由 6 个关键过程域组成，具体如下：①需求管理（Requirement Management，RM）；②软件项目策划（Software Project Planning，SPP）；③软件项目跟踪与监督（SPTO）；④软件子合同管理（SSM）；⑤软件质量保证（SQA）；⑥软件配置管理（SCM）。CMM 2 级关键过程域关注的是项目级的实践，按照标准软件过程执行项目时就会涉及这些实践。根据项目实际情况进行裁剪，本项目确定 5 个关键过程域：需求管理、软件项目策划、软件项目跟踪与监督、软件质量保证和软件配置管理。下面对各个改进环节逐一进行介绍，其中软件质量保证详见 10.5 节，软件配置管理详见 12.9 节。

11.8.1 需求管理

根据 CMM 2 需求管理关键过程域的要求，需求管理的目的是在顾客和软件项目之间建立对顾客需求的共同理解。需求管理涉及需求确认、需求版本控制、需求更改控制和需求跟踪等内容，如图 11-16 所示。

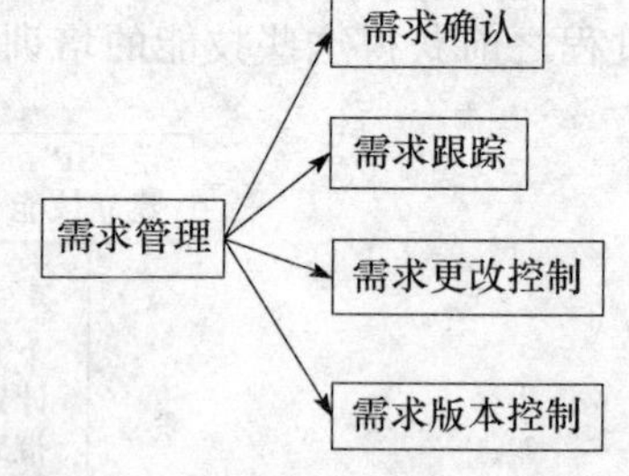

图 11-16 需求管理组成内容

需求管理过程改进重点关注需求跟踪技术和需求变更管理。

1. 需求跟踪

需求跟踪的主要目的在于获得目前需求的实现状态，确保用户所有的需求都得到满足。对于某一特定的分配需求，它在软件需求阶段完成后得到相应的软件需求子集，在概要设计阶段完成后得到相应的概要设计子集，在详细设计阶段完成后得到相应的详细设计子集，在软件实现阶段完成后得到相应的程序模块子集，在测试阶段设计和使用了测试用例子集等。沿着这条线索，需求更改无论出现在何阶段，都能进行无遗漏的跟踪，并能实施更改和调整。

需求跟踪是实现需求的双向跟踪，包括正向跟踪和逆向跟踪。正向跟踪指沿着软件生存周期，从分配需求开始，一直跟踪到软件需求分析、软件设计、软件实现和软件测试等后继阶段所产生的各个软件工作产品的相应元素。逆向跟踪指从某个阶段的软件工作产品的某个元素开始，进行逆向跟踪，直到分配需求。

为了实现需求的双向跟踪，可以在每个文档后面包括一个需求跟踪矩阵，以表明文档中的所有需求与上层文档各节中所包含需求之间的索引关系。实践中采用了比较常用的跟踪矩阵的方法，如表 11-2 所示，它提供了从需求收集到有效验证软件是否实现了所有需求，以及是否对全部的功能进行了测试。这样的跟踪信息还可以在其他方面起到作用，如在需求发生变更时，可以据此判断这一变更的影响范围。

表 11-2 需求跟踪矩阵

需求编号	需求概述	详细设计	实现	单元测试	整体测试	验收测试
3.5	实验添加模块	3.3.1	KKSYS-SYTJ	3.5.12	3.5.13	
4.2	实验删除模块	4.1.1	KKSYS-SYSC	4.2.12	4.2.13	

2. 需求变更

需求变更是软件开发过程中最重要的环节，它往往意味要否定一部分工作成果，造成一定量的返工。因此，项目需求变更需遵照规定的变更流程进行，并通过需求变更的影响分析，考虑风险、成本和进度等多方面因素，以确定需求变更的实施策略。

需求变更的控制步骤如下：需求更改申请者提出需求更改申请；软件项目组评估需求更改的影响；软件配置控制委员会对评估报告进行评审和审批，若认为不需要更改或者推迟做出决策，则将处理结论告知需求更改申请者，需求变更申请处理结束；若批准更改申请，则须得到用户的认可；软件项目组修订软件项目计划，实施相应的更改；对更改进行验证，若未通过验证则继续实施更改，否则更改结束；使有关工作产品受到控制和管理，并将更改结果通知有关各方，如图 11-17所示。

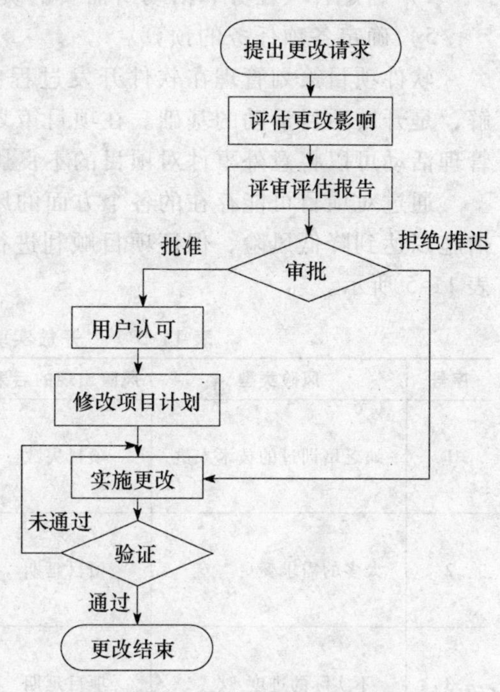

图 11-17 需求变更控制流程

按照图 11-17 的更改控制流程进行需求变更，通过需求变更记录表（如表 11-3 所示）进行记录，并通过变更跟踪累计表（如表 11-4 所示）累计需求变更对工作时间的总影响，以便对项目进行管理。

表 11-3 需求变更记录单

项目名称	开放实验室管理系统	日期	2010.3.16
请求号	28	需求编号	SR008
需求变更	对实验报告功能，要求增加针对不同课程可以添加、修改、删除实验报告模板		
影响分析	前台增加添加、修改、删除功能，后台对数据入库处理		
变更工作量	3 人/天	进度影响	没有

表 11-4 变更跟踪累计表

请求号	请求日期	变更概述	工作量（人天）	状态	关闭日期
SR008	2010.3.16	对实验报告功能，要求增加针对不同课程可以添加、修改、删除实验报告模板	3	关闭	2010.3.20
…	…	…	…	…	…
		工作量总计	…		

11.8.2 软件项目策划

项目策划的重点是根据用户需求和实现目标，对项目的工作量和规模等方面做出估计，并根据估计结果制定出合理的进度计划。软件项目策划应解决下述 5 个基本问题：软件项目做什么，以及如何做，以及谁去做，以及何时做，以及成本是多少？软件项目策划必须做到如下各项：

1）确定并描述为完成软件项目目标所需的各项任务和活动，包括风险。

2）确定负责执行软件项目各项任务的全部人员和其职责。

3）确定各项任务和活动的进度安排。

4）确定各项任务和活动所需要的资源。

5）确定各项任务的预算。

软件项目策划管理在软件开发过程中处于十分重要的地位，它体现了对用户需求的理解，是开展项目活动的基础。在项目策划管理过程改进中，主要加强风险的管理，通过风险管理活动可以将意外事件对项目的不良影响减至最小。

通过对项目可能存在的各个方面的风险进行识别和分析，确定避免或减轻风险的策略及措施以达到降低风险，保证项目顺利进行。“开放实验室管理系统”项目的风险管理策划如表 11-5 所示。

表 11-5 “开放实验室管理系统”项目风险管理策划

序号	风险类型	风险出现的后果	缓解风险的对策	风险解决情况
1	缺乏培训过的技术人员	项目失败	估计一些初始学习时间的容限；提供额外资源的余量；定义项目特定培训大纲；组织相关培训	已解决
2	太多的需求变更	项目延期	从客户获得最初需求规格文件；说服客户相信需求变更会影响进度；按实际工作量增加成本	已解决
3	不实际的进度	项目延期	商讨一个更好的进度；确定并行任务；尽早准备资源；确定可以自动完成的领域；按照实际工作量增加成本和资源	已解决
4	采用新技术	项目失败	考虑新技术的适应性；将学习曲线的时间包括在进度内；验证该技术的可行性	已解决
5	不充分的业务知识	项目延期	业务知识培训；模拟业务流程并建立原型；积极与用户交流沟通	已解决
	…	…	…	…

风险分析通过比较各项风险在发生概率和后果严重性方面的相对位置，以确定风险的优先级。将风险发生的可能性分为高、中和低三类，如表 11-6 所示；将后果严重性分为很高、高、中和低四类，如表 11-7 所示。

表 11-6 风险发生的可能性分类

可能性	低	中	高
范围	0.0 ~ 0.3	0.3 ~ 0.7	0.7 ~ 1.0

表 11-7 风险后果的严重性分类

严重性	低	中	高	很高
范围	0 ~ 3	3 ~ 7	7 ~ 9	9 ~ 10

11.8.3 软件项目跟踪与监督

软件项目跟踪和监督的目的是建立软件项目实际进展状态的可视性，使管理者能在软件项目性能偏离开发计划时采取有效措施。在该项目实施过程中，软件项目跟踪和监督的对象包括软件的规模、工作量、成本、关键计算机资源和风险等。软件项目跟踪和监督是一个反复进行的过程，包括以下步骤（如图 11-18 所示）：

1）公布初始的软件项目计划。

2）收集软件项目信息。

3）将进展情况与目标值进行对比。

4）若存在显著偏离，则采取纠正措施、公布修订的软件项目计划并转到 2）执行。

5）若软件项目未完成，则转到 2）执行，否则结束。

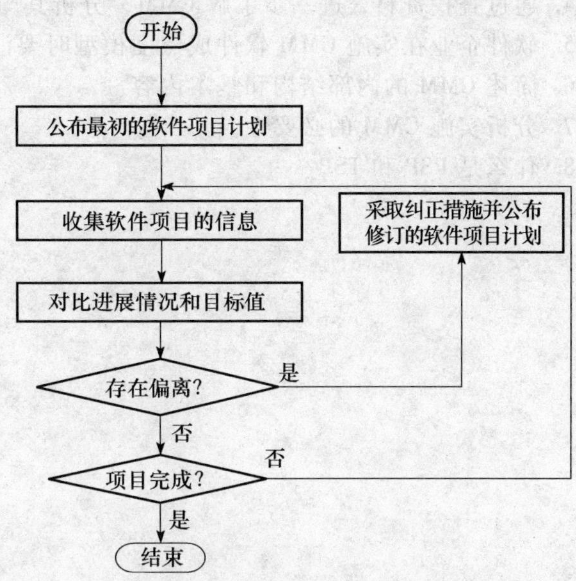

图 11-18 软件项目跟踪和监督步骤

在这个阶段中，由项目经理负责依据开发计划对项目实施跟踪与监督工作，并在项目的执行过程中要求项目中的各级负责人查阅和分析组织软件过程数据库和文件库，使用组织级的经验对项目进行监控。具体做法是：

1）为每一个项目阶段都确定几个检查点，每个检查点必须代表完成了某些准确定义的工作。

2）将完成每个检查点所需要的资源确定为占整个项目的百分比。

3）随着项目的进展，根据软件计划对实际性能进行跟踪。

当确定未实现拟定的目标时，采取纠正措施，具体包括：根据现有的信息和当前的实践重新进行软件估计和策划、改变正在进行的行为方式或者调整软件项目计划等。在项目的状态报告中记录对跟踪资料分析的结果，说明项目在这一阶段的管理活动和软件工程状态，指出存在的问题和解决方案。

本章小结

本章首先介绍了软件过程的相关概念，阐述了 ISO/IEC 15504 软件过程评估标准中对软件过程的分类，该标准把软件过程分为 5 个过程：工程过程、支持过程、管理过程、组织过程和客户－供应商过程。接着，介绍了软件过程改进的基本概念、两种改进模式以及过程改进的原则和步骤，以及软件过程度量的原则、内容和流程。

其次，介绍了软件过程能力成熟度模型 CMM，在能力的提升途径上它把软件过程组织成 5 个成熟度等级：初始级（1 级）、可重复级（2 级）、已定义级（3 级）、已管理级（4 级）和优化级（5 级）。除了第 1 级以外，每个成熟度等级由几个关键过程域组成，每个关键过程域又按 5 个共同特点加以组织。接着，介绍了 CMM 模型的最新版本能力成熟度模型集成 CMMI 的相关概念和应用、CMM 和 CMMI 的区别。最后介绍了个体软件过程和团队软件过程，并通过一个案例介绍如何进行软件过程改进。

思考题

1. 列举一些具体的例子说明过程不成熟性。
2. 什么是软件过程改进，如何实施软件过程改进？
3. 如何描述 CMM 软件能力成熟度模型分级结构及主要特征？
4. 通过查找资料，进一步了解 CMM，分析其与 CMMI 的区别。
5. 软件企业在实施 CMM 软件成熟度模型时要注意哪些问题？
6. 简述 CMM 的内部结构和基本内容。
7. 分析实施 CMM 的必要性。
8. 什么是 PSP 和 TSP？

第12章 软件配置管理

【学习目标】

➢ 理解软件配置管理的重要性；

➢ 掌握软件配置管理的概念、内容和任务；

➢ 掌握软件配置管理活动的主要内容：配置管理计划、修改控制、版本控制、配置审核和配置状态报告；

➢ 掌握常用的软件配置管理工具。

在软件开发过程中，变动和修改是不可避免的，而变动常常引起项目开发人员之间理解上的混乱和误会。如果修改之前不做分析，变动之后没有进行记录，变化实施后也没有向有关的人员通报并进行复审，或者没有从改善质量并减少错误的观点出发对变化加以控制，混乱的程度必将更加严重。软件配置管理的目标是通过最大限度地减少错误来最大限度地提高软件生产率。12.1节介绍软件配置管理的概念、内容以及配置管理的职责和任务；12.2节简要介绍软件配置项和配置标识等概念；12.3节阐述软件配置管理中基线的相关概念；12.4节介绍软件版本控制；12.5节介绍软件修改控制；12.6节介绍配置审核；12.7节介绍配置状态报告；12.8节介绍配置管理的CASE工具；12.9节通过一个具体案例来更加详细地介绍如何进行配置管理。

12.1 概述

随着计算机软件的发展，软件开发已由最初的“程序设计阶段”经历了“软件系统阶段”进而演变为后来的“软件工程阶段”，软件的复杂性日益增大。此时，如果仍然把软件看成一个单一的个体，就无法解决所面临的问题，于是配置的概念逐渐引入软件领域，人们越来越重视软件配置的管理工作。

为将不理解性降到最低程度而协调软件开发过程的技术称为配置管理。配置管理是对正在被某个项目组开发的软件的修改进行标识、组织和控制的技术，用来协调和控制整个系统过程。软件配置管理是贯穿于整个软件工程过程中的一种保护性活动，它的主要目的是使变化可以更容易地被适应，并减少当变化必须发生时所需花费的工作量。

12.1.1 软件配置管理的概念

1. 定义

配置管理（Configuration Management，CM）是在系统生命周期中对系统中的配置项进行标识和定义的过程。该过程是通过控制配置项的发布及后续变更、记录并报告配置项的状态及变更请求、确保配置项的完整性和正确性来实现的。

软件配置管理（Software Configuration Management，SCM）是“标识和确定软件系统中配置项的过程，在软件系统的整个生命周期内控制这些项的投放和更改，记录并报告配置的状态和更改要求，验证配置项的完整性和正确性”。

IEEE“软件配置管理计划标准”关于SCM的论述如下：“软件配置管理由适用于所有软件开发项目的最佳工程实践组成，无论是采用分阶段开发，还是采用快速原型进行开发，甚至包括对现有软件产品进行维护。”

SCM 通过以下方法强化软件的可靠性和质量：

1）提供用于识别和控制文档、代码、接口、数据库的结构框架，适用于软件开发生命周期的所有阶段。

2）全面支撑某一特定开发及维护工作方法，能够适应各种类型的需求、标准、政策、组织机构以及相关的管理策略。

3）针对特定的基线状态、变更控制、测试、发布版本或审查活动，生成相应的管理信息和产品信息。

软件开发过程中，会得到许多工作产品或阶段产品，还会用到许多工具软件，所有这些信息都需要管理，以便在提出某些特定的要求时能将其进行约定的组合来满足使用的目的，如图 12-1 所示。

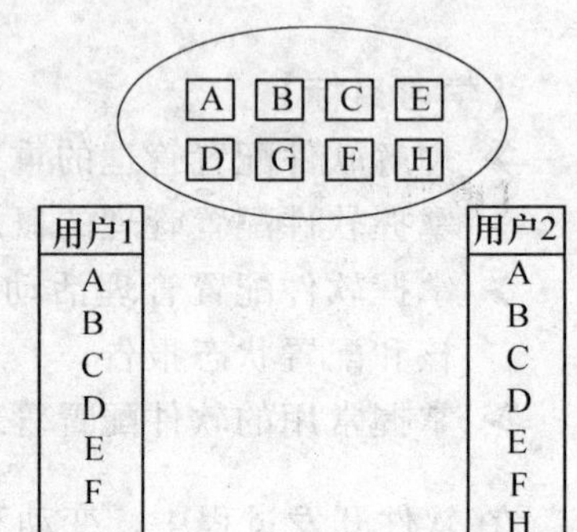

图 12-1 具有不同配置的两个产品

因此，从某种意义上讲，SCM 本质上是变更的管理。SCM 使软件产品和过程的变更成为受控的和可预见的，它要求在适当的工具支持下掌握以下几个信息：

1）谁做的变更？

2）软件有什么变更？

3）什么时间做的变更？

4）为何要变更？

2. 软件配置管理过程

根据 IEEE 定义，软件配置管理过程分为以下四个阶段。

（1）计划配置管理

确定 SCM 组织和责任，明确 SCM 的过程、工具、技术及方法论，知道何时及如何进行。SCM 通过软件组织内部的指导及软件合同需求来实现。在发布 SCM 计划之前，必须先对计划进行验证和确认并开发相关文档。

（2）开发 SCM 方案

定义一个配置标识方案对软件产品进行跟踪，包括建立各个阶段的 SCM 基线、进行配置标识。配置标识方案的文档资料应包含在配置计划中，其中的配置项也应在配置计划中定义。

（3）配置控制

建立软件配置控制委员会，对基线的变更只有得到配置控制委员会的同意才能进行；对变更进行跟踪，确保任何时候软件配置都是已知的；在软件生命周期的整个过程中都要清楚基线状态变更历史，以便于下一步的状态审计。

（4）状态审计

对状态进行报告，明确到目前为止改变的次数及最新版本等。

SCM 过程如图 12-2 所示。

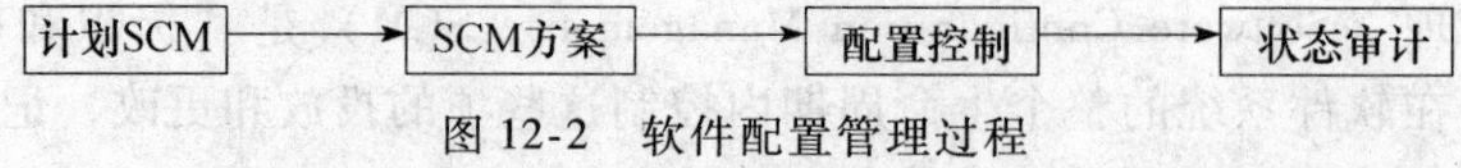

图 12-2 软件配置管理过程

12.1.2 软件配置管理的内容

软件配置管理是 CMM 2 规定的 6 个关键过程域中的一个。软件配置管理作为 2 级 CMM

的一个 KPA，是保证软件项目生成的产品在软件生命周期中完整性的重要手段。SCM 在 CMM 2 级中不是孤立的，与 2 级体系的其他 KPA 保持分工合作的紧密联系。图 12-3 是实施 CMM 2 级体系的组织结构图。

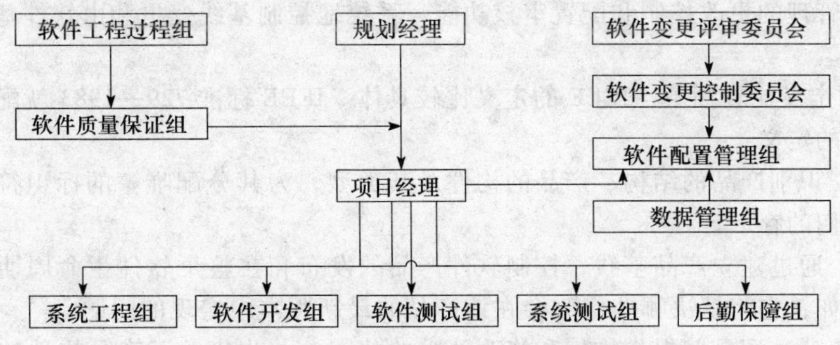

图 12-3 CMM 2 级体系的组织结构

从组织结构图中可以看出 SCM 在整个体系中的位置及其与其他部分的关系，图中各组成部分的说明如下。

1）规划经理：有责任和权力去保证所有规划需求的完全实现。

2）项目经理：对项目的技术方面负责。

3）系统工程组：负责规格说明系统需求，分配系统需求到硬件、软件和其他部件，并监督对这些部件的设计和开发，以确保与所做的规格说明一致。

4）软件开发组：负责软件开发和维护活动。

5）软件测试组：负责软件测试。

6）系统测试组：负责计划和实施对软件的单独系统测试，以确定其软件产品满足需求，并管理在软件发布之前的验证和确认测试。

7）后勤保障组：负责保证对系统所做的更改是可支持的。

8）软件质量保证组：负责审核软件开发活动和产品。

9）软件配置管理组：负责标识和规定软件配置项的过程，在软件生命周期内控制这些项的发布和变更，记录并报告配置的状态和变更的请求，验证配置项的完整性和正确性。

10）数据管理组：负责项目技术数据的接收、分发和跟踪。

11）软件工程过程组：负责对组织所使用的软件过程进行定义、维护和改进的专家小组。

12）软件变更控制委员会：是大中型软件项目中协调变更的集中控制机制。

13）软件变更评审委员会：以技术顾问的身份对规划经理行使职责。

以上组织结构是一种典型情形，项目组可视项目规模的大小对其做恰当的裁剪，归并功能小组或细分功能小组，以适合自己的需要。

CMM 2 认为，SCM 的目的是为了建立和维护软件开发过程中各种制品的完整性和一致性，包括以下内容：

1）对软件产品配置的标志和识别。

2）系统地控制对处于配置管理下的各种软件制品的修改和更新。

3）维护软件开发过程中各种制品的一致性和可跟踪性。

从对配置目的定义可以看出，CMM 2 的配置管理应包括这样一些活动：标识给定时间点的软件配置（即所选择的工作产品及其描述），系统地控制这些配置的更改，并在软件生命周期中保持这些配置的完整性和可跟踪性。

CMM 2 认为，受控于配置管理的工作产品，包括交付给用户的软件产品（如代码等），以及生成软件产品所需要的有关项（如项目管理文件）。

CMM 2 的配置管理活动最主要的内容是：建立软件基线库，该库存储开发的软件基线。通过软件配置管理的更改控制和配置审核功能，系统地控制基线变更和由软件基线库生成的软件产品版本。

CMM 2 的定义比较抽象，IEEE 的定义比较具体。IEEE 标准 729—1983 就配置管理的内容进行了规范的定义：

1）标识：识别产品的结构、产品的构件及其类型，为其分配唯一的标识符，并以某种形式提供对它们的存取。

2）控制：通过建立产品基线，控制软件产品的发布和在整个软件生命周期中对软件产品的修改。例如，它将解决哪些修改会在该产品的最新版本中实现的问题。

3）状态统计：记录并报告构件和修改请求的状态，并收集关于产品构件的重要统计信息。例如，它将解决修改这个错误会影响多少个文件的问题。

4）审计和审查：确认产品的完整性并维护构件间的一致性，即确保产品是一个严格定义的构件集合。例如，它将解决目前发布的产品所用的文件的版本是否正确的问题。

5）生产：对产品的生产进行优化管理。它将解决最新发布的产品应由哪些版本的文件和工具来生成的问题。

6）过程管理：确保软件组织的规程、方针和软件周期得以正确贯彻执行。它将解决要交付给用户的产品是否经过测试和质量检查的问题。

7）小组协作：控制开发统一产品的多个开发人员之间的协作。例如，它将解决是否所有本地程序员所做的修改都已被加入到新版本的产品中的问题。

结合各体系的定义和要求，我们下面具体来讨论配置管理的相关概念。

配置标识又称为配置需求，包括标识软件系统的结构，标识独立部件，并使它们是可访问的。配置标识的目的是在整个生命周期中，标识系统各部件并提供对软件过程及其软件产品的跟踪能力。它回答：什么是受控的？

配置变更控制包括在软件生命周期中控制软件产品的发布和变更，目的是建立确保软件产品质量的机制。它回答：受控产品怎样变更，谁控制变更，何时接受、恢复和验证变更？

配置状态统计包括记录和报告变更过程，目标是不间断记录所有基线项的状态和历史并进行维护，它解决以下问题：系统已经做了什么变更，此问题将会对多少个文件产生影响？配置变更控制针对软件产品，状态统计针对软件过程。因此，二者的统一就是对软件开发（产品、过程）的变更控制。

配置审核将验证软件产品的构造是否符合需求、标准或合同的要求，目的是根据 SCM 的过程和程序，验证所有的软件产品已经产生并有正确标识和描述，所有的变更需求都已解决。它回答：系统和需求是否吻合，是否所有变更都是在版本控制下？

12.1.3 软件配置管理的职责及任务

1. SCM 的职责

进行软件配置管理，必须建立相应的组织以落实职责。落实软件配置管理基本职责的人员有配置经理、模块主管、变更控制委员会（Change Control Board，CCB）。

（1）配置经理

配置经理的基本职责是对代码开发和测试进行支持和保护，是变更管理的控制中心，具体的职能如下：

1）制定 SCM 规程，形成文档并分发给有关人员。

2）建立系统基线，包括备份规定。

3）确保对基线的变更都经过授权人员的批准。

4）确保所有基线变更都经过回归测试。

5）规定解决异常问题的关注焦点。

（2）模块主管

对于需要定期增强的大型系统，保持系统设计的完整性非常重要，而系统设计的完整性又取决于每个模块的完整性，因而如何确保模块设计的完整性就成为配置管理的一项重要任务。一个简单有效的方法就是为每个模块配备一个开发人员作为模块主管，其主要职责是：

1）把握模块的设计。

2）为参与模块及其接口工作的人员提供建议。

3）控制模块的所有更改。

4）评审模块的变更和定期进行回归测试，确保模块的完整性。

（3）变更控制委员会 CCB

软件变更控制委员会 SCCB 是大中型软件项目中协调变更的集中控制机构，是对每个变更进行评审，做出相关决策的实体。它批准建立软件配置项（SCI）的软件基线和标识，授权 SCM 组从软件基线库生产产品，对 SCM 变更要求的处理给出建设性意见。SCCB 是一个常设组织，项目经理执行 SCCB 的主席，SCM 经理一般担任 SCCB 的秘书，SCCB 成员一般由各个功能组的技术或管理代表组成，包括从事开发、文档编写、测试、维护与发布等工作的人员。

根据项目的规模大小，可能需要多个 CCB，每个 CCB 都要由某些领域的专业人士或权威人士组成，如总体设计和模块接口、应用组件、用户界面、开发工具等领域。每个 CCB 必须有一个主席，以解决内部争议。当软件项目有多个 CCB 时，还应建立系统层面的 CCB，以解决底层 CCB 之间的争议。CCB 有停止项目中任何工作的权利，因此成员的选择必须谨慎。在实际操作中，软件开发经理常常兼任系统层 CCB 的主席。

2. SCM 的任务

软件配置管理是软件质量保证的重要一环，它的直接目标是管理变更。在软件开发过程中它的主要任务是控制软件的修改，包括：

1）组织如何标识和管理程序及文档的很多现存版本，以保证能高效率地进行必要的变更。

2）如何在软件发布之前和之后控制变更。

3）明确由什么角色负责批准变更，并给变更确定优先级。

4）如何保证变更已经被恰当地执行。

5）采用什么机制去告诉相关人员目前已经发生的变更。

简单地说，SCM 的任务是：标识软件配置中的各种对象；管理软件的各种版本；控制对软件的修改；审计配置；报告配置情况。

在软件能力成熟度模型中，将配置管理作为达到二级成熟度的一个关键活动域，提出了以下四项必须达到的目标：

目标 1：软件配置管理活动被定义和计划。

目标 2：软件开发过程中的制品被识别、控制和管理。

目标 3：对于处于配置管理下的软件制品的修改被控制。

目标 4：与软件制品相关的项目组和成员应该被通知制品的目前状态和被修改的信息。

12.2 软件配置

软件过程的输出包括三类信息：计算机程序（包括源程序和目标程序）、描述计算机程序的文档（包括面向技术人员和面向用户两类）和数据结构（包括程序内部和外部定义两部分）。组成上述信息的所有项目构成一个软件配置。

12.2.1 软件配置项

软件配置是一个软件产品在软件生命周期中各个阶段所产生的各种形式（机器可读或人工可读）和各种版本的文档、程序及其数据的集合，其中每一项称为一个软件配置项（Software Configuration Item，SCI），简称为配置项，它是配置管理的基本单位。一般地说，一个SCI可以是一个文档、一套测试用例或者一个已命名的程序构件。

一个软件配置中最早的SCI是系统规格说明书，随着软件开发过程的不断深入，SCI也迅速增加起来。一般来说，软件配置包括下列SCI：

1）系统规格说明书。

2）软件项目规划。

3）需求分析结果。包括：软件需求规格说明书；可执行的或“纸样”原型。

4）初步用户手册。

5）设计规格说明书。包括：数据设计描述；总体结构设计描述；模块设计描述；界面设计描述；对象描述（若采用面向对象技术）。

6）源代码清单。

7）测试规格说明书。包括：测试计划和过程；测试用例和实验结果。

8）操作和安装手册。

9）执行程序。包括：每个模块的可执行代码；连接到一起的代码。

10）数据库描述。包括：数据模型和文件结构；初始化映像。

11）联机用户手册。

12）维护文档。包括：软件问题报告单；维护申请单；预计变动的顺序。

13）软件工程的标准和过程。

除此之外，有时把SCM活动也列入配置管理的范畴。一般来说，还应该建立组织的过程基线和软件财富基线，以便在整个组织中共享过程和软件财富。

作为过程基线，应当将组织的质量体系、过程文件、工程操作指南、文档模板、工作样表、历史度量数据等进行统一管理、集中维护、控制发放和深入分析。软件财富基线主要包括各类可复用的软件构件。

同时，把软件开发中选用的编辑器、编译器和其他一些CASE工具固定地作为软件配置的一部分，当配置中其他SCI发生变化时，同时考虑这些软件工具是否与之适应和匹配。

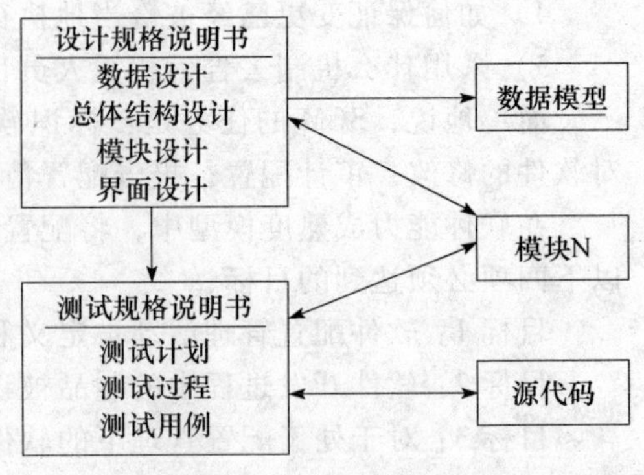

图12-4 配置对象

用面向对象的方法组织项目数据库最自然、合理。我们将每个SCI看做一个配置对象，有自己的名字和一组属性，各SCI之间的联系用对象间的关系表示。以图12-4为例，“设计规格说明书”、“数据模型”、“模块N”、“源代码”和“测试规格说明书”分别为5个配置对象，对象之间的关系用有向连线表示。单向连线说明对象的部分-整体关系，如“数据模型”和“模块 N ”都是“设计规格说明书”的组成部分。双向连线说明对象间的关联联系，如一个模块的源代码一旦变动，对应的测试用例也需要修改，随之需要重新执行测试过程。

12.2.2 配置标识

配置标识是为了识别产品的结构、产品的构件及其类型，要为其分配唯一的标识符，即每一个配置项要有一个唯一标识。配置标识任务的目标是：

1）用易于理解和预测的方式定义文件的组织结构。

2）当需要修改时，提供修改和跟踪它们的方法。

3）为便于控制和管理，要登记诸如下述内容：谁改了；改了什么；何时改的；为什么要改；如何改的等。

在标识过程中，要考虑如下几个关键点：

1）必须识别出每一个软件配置项并赋予其唯一的标识。

2）识别和标记计划必须反映产品的结构。

3）必须建立识别和标记软件配置项的标准。

4）必须建立识别和标记所有形式的测试和测试数据的标准。

5）必须建立识别建造基线需要的支持工具的标准。

6）特别注意集成到本公司产品中的第三方或购买来的软件，特别是那些存在版权或版税问题的软件。

7）特别注意来自其他产品中正被重新使用的软件或打算复用的软件。

8）特别注意打算替换掉的原型软件。

一个软件配置项的标识通常包括配置项的名称、类型和版本。名称是一个字符串，它应明确地标识一个软件配置项。类型用于描述软件配置项的类型（文档、程序或者数据）。版本用于描述配置项的演化阶段，每个阶段用一个版本号来标识。

对配置项命名不能任意、随意地进行，应制定适当的命名规则，要求具有：

1）唯一性：命名应能唯一地标识软件配置项，能唯一地反映软件的版本，以避免出现重名。

2）可追溯性：使命名能反映命名对象间的关系，以便查询和跟踪。

3）可扩充性：命名应能容纳所有的配置管理项，不能因为增加新的软件配置项，而需要合并或者删除其他软件配置项。

具体说来，需要一组很容易被人接受的软件资料标签号。例如：“JIT_004_U_05_6/2009”表示金陵科技学院（Jinling Institute of Technology）第 004 号课题的用户手册（User Manual）第 05 号版本，于 2009 年 6 月完成。

软件配置标识的一般形式是：

```
XXX_YYY_Z_RL_NNN
```

其中，XXX 指明了某软件课题的组成标识（Component Identifier）；YYY 指明了某课题的课题标识（Project Identifier）；Z 是配置分类标识（Item Identifier），例如 Z 可以是：

P：计划　　T：测试资料

R：需求说明　　U：用户手册

D：设计资料　　I：安装指南

S：源程序清单　　M：维护手册

RL 表示修改更动的次数；NNN 是属性码，用以表达配置的属性，如日期等。

在软件系统的整个生命周期内，都要坚持软件配置管理，建立保管和借阅办法，以支持配置管理。在配置管理中，一般可采用下述文件管理办法：

1）所有文件和软件配置的其他部分，都作为已建立起来的工程图形/文件库的一部分保存起来。

2）为软件配置管理建立专用的软件资料库。

3）建立配置资料数据库，并具有良好的编辑、存取手段。

12.3 基线技术

在软件开发过程中，由于各种原因可能需要变动需求、预算、进度和设计方案等，为了有效地控制变动，软件配置管理引入基线（Base Line）的概念。

IEEE 组织对于基线的定义是“已经通过正式复审和批准的某规约或产品，它因此可以作为进一步开发的基础，并且只能遵循正式的变更控制过程得到改变”。

根据这个定义，可以认为基线是一组已经经过正式技术复审而被认可、发布并且可供使用，只能遵循一定规程进行变化的软件工作产品。虽然基线可以在任意的细节层次上定义，但为了避免过于繁琐，最常用的软件基线如图 12-5所示。

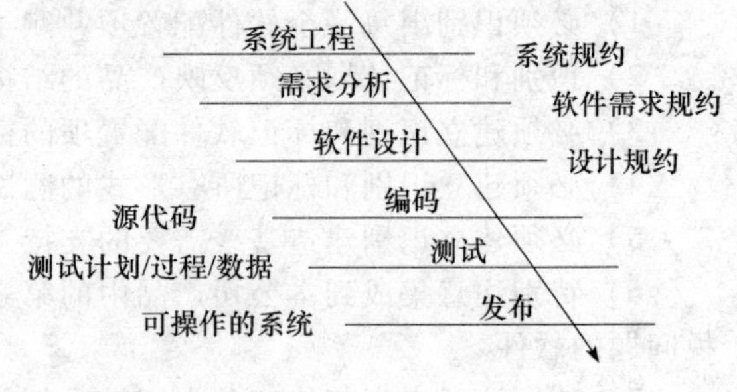

图 12-5 常用软件基线

基线标志软件开发过程的各个里程碑，任一 SCI（例如设计说明书）一旦形成文档并复审通过，即成为一个基线，它标志开发过程中一个阶段的结束。对于已成为基线的 SCI，虽然可以修改，但必须按照一个特殊的、正式的过程进行评估，确认每一处修改。相反，对于未成为基线的 SCI，可以进行非正式修改。产生基线的事件进展如图 12-6 所示。

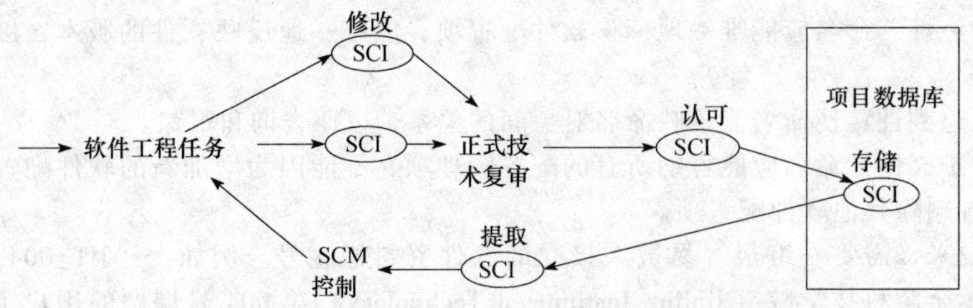

图 12-6 作为基线的 SCI 和项目的配置数据库

某个 SCI 一旦成为基线，随即被放入项目数据库（Project Database）。此后，若开发小组中某位成员希望改动 SCI，首先要将它拷贝到私有工作区并在项目数据库中锁住，不允许他人使用。在私有工作区中完成修改控制过程并复审通过之后，再把修改后的 SCI 推出并回送到项目数据库，同时解锁。图 12-6 说明了对某一个 SCI 进行修改的事件路径。

12.3.1 基线分类

如果把软件看做是系统的一个组成部分，可把基线分成以下三类。

(1) 功能基线

功能基线（Functional Baseline）是指在系统分析和软件定义阶段结束时，经过正式评审和批准的系统设计规格说明书中对待开发系统的规格说明，或经过项目委托单位和项目承办单位双方签字同意的协议书或合同中所规定的待开发软件系统的规格说明，或由下级申请经上级批准或上级直接下达的项目任务书中所规定的系统规格说明书。

（2）指派基线

指派基线（Allocated Baseline）也称分配基线，是指在软件需求分析阶段结束时，经过正式评审和批准的软件需求规格说明书。

（3）产品基线

产品基线（Production Baseline）是指软件组装与系统测试阶段结束时，经正式评审和批准的有关开发的软件产品的全部配置项的规格说明。

除了以上三种备受关注的基线外，针对不同的软件配置项，会有相对应的、不同的基线，随着软件开发活动的逐步深入，基线的种类和数量都将随之增加。

12.3.2 基线管理

基线管理是保证开发团队共同工作的一种有效方式，基线管理包括基线（产品）建立、发布和维护。

基线管理可以使用户通过对适当版本的选择组成特定属性（配置）的软件系统，这种灵活的“组装”策略使得配置管理系统组装成各种各样的模型。

基线的变更需要一个严格的流程，需提出申请并经过审批后才能进行。

12.4 版本控制

在软件产品开发过程中及产品发布以后，可靠地建立和重新创建版本是软件配置管理的一个必备功能。在开发过程中，会建立产品的中间版本，并按照常规对其进行测试。开发完成后，还需要管理发布给用户的软件版本，因而必须对所有必要的信息进行维护，以确保每一个已发布的软件产品版本能够重建。

版本控制是对系统不同版本进行标识和跟踪的过程。版本控制的对象是软件开发过程中涉及的所有文件系统对象，包括文件、目录和链接。版本控制的目的在于对软件开发过程中文件或目录的发展过程提供有效的追踪手段，保证在需要时找到旧的版本，避免文件的丢失、修改的丢失和相互覆盖，通过对版本库的访问控制避免未经授权的访问和修改。

为了适应不同环境的特点和满足不同用户的个性需求，往往一个项目需要保存多个版本，并且随着系统开发的展开，版本数目明显增加。配置管理的版本控制主要解决下列问题：

1）根据不同用户的需要配置不同的系统。

2）保存系统老版本，便于以后调查问题使用。

3）建立一个系统新版本，使它包含某些决策而抛弃另一些。

4）支持两位以上工程师同时在一个项目中工作。

5）高效存储项目的多个版本。

为此，版本控制系统为配置对象的每个版本都设置一组属性，这组属性既可以是简单的版本号，也可以是一串复杂的布尔变量（即开关值），用以说明该版本功能上的变化。软件的一个版本由所有协调一致的软件配置项组成（包括源代码、文档和数据）。此外，一个版本还允许有多种变形。例如，一个程序的某个版本由 A、B、C、D、E 五个部件组成，部件 D 仅在系统配有彩色显示器时使用，部件 E 则适用于单显，那么该版本就有两种变形，一种由 A、B、C、D 四个部件组成，另一种由 A、B、C、E 四个部件组成。

版本是一个配置项的状态记录，是更改控制的基本对象。版本的演变可以用版本树的形式表示，以反映配置项的状态变化，如图 12-7 所示。例如，某软件在方案阶段为 1.0 版；在 1.0 版的基础上开发了两个版本 1.1 版和 1.2 版。

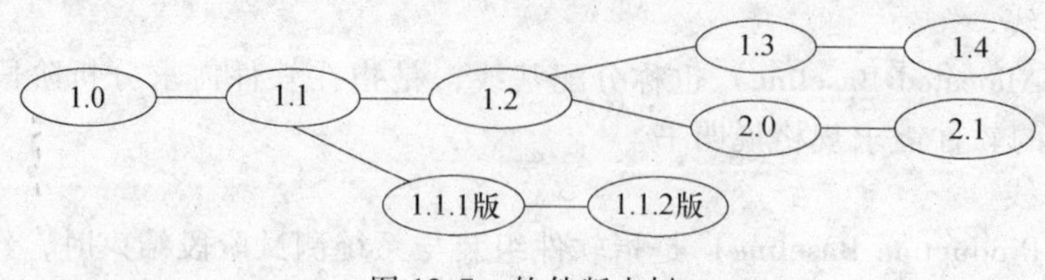

图 12-7 软件版本树

12.5 修改控制

在大型软件工程活动中，修改不可避免，重要的是对修改进行控制，无控制地修改会迅速导致混乱。所谓修改控制，即把人的努力与自动工具结合起来，建立一套机制，有意识地控制软件修改，过程如图 12-8 所示。

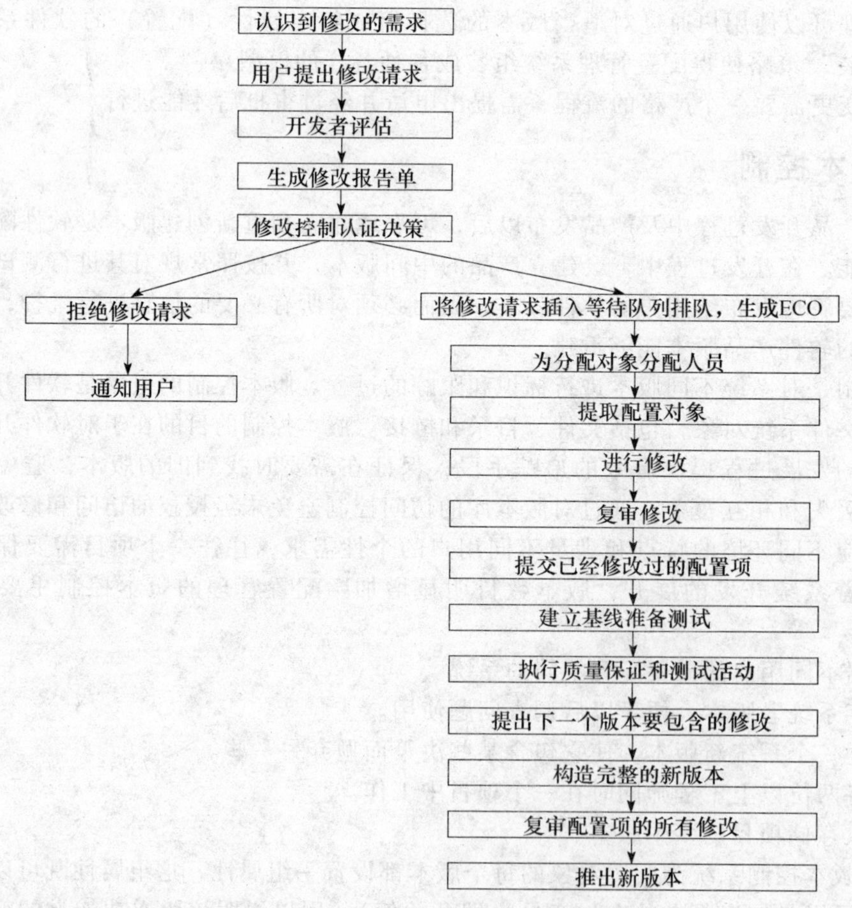

图 12-8 修改控制的过程

当一个“修改请求”提出后，开发者依据技术指标、潜在的副作用、对其他配置对象和系统功能可能造成的影响以及项目成本等诸多因素进行评估。评估的结果将形成一个“修改报告单”，提交给修改控制机构（Change Control Authority，CCA）决策。CCA 一旦同意修改，应立即提供一个“工程变动命令”（Engineering Change Order，ECO）。它指明修改任务、需要遵守的限制和复审标准。然后从项目数据库中“提取”待修改对象进行修改，并进行必要的SQA活动和测试活动。接着，将修改后的对象“提交”回项目配置管理数据库，再“推出”更新版本。

图12-8所示的修改控制用于已交给用户的软件产品，称为正式修改控制。若要修改的SCI虽已为基线版本，但尚未交付用户，此时修改控制称为工程级的修改控制，它除了不涉及用户外，其他步骤与正式的修改控制大致相同。若SCI并未成为基线版本，只需进行非正式的修改控制，则在不影响系统需求的前提下，该SCI的开发者可以随意改动。

“提取”和“提交”这两个动作遵循项目数据库访问控制和同步控制的要求。访问控制决定哪些人员有权访问或修改某个配置对象，而同步控制则保证并行修改时不因互相重写而造成丢失修改。“提取”实现了对配置项的“访问控制”，只有被指定的工程师才有权获得和修改特定的配置对象，对象被提取后自动“加锁”；“提交”提供了一种“同步控制”。特定的配置项一旦被授权人提取进行修改，在修改完毕提交回配置库之前，由于已经加锁，其他人只能够进行浏览，无权进行修改。修改者执行了提交操作后，配置库中原被锁定的修改对象将被更新并被“解锁”。访问和同步控制流如图12-9所示。

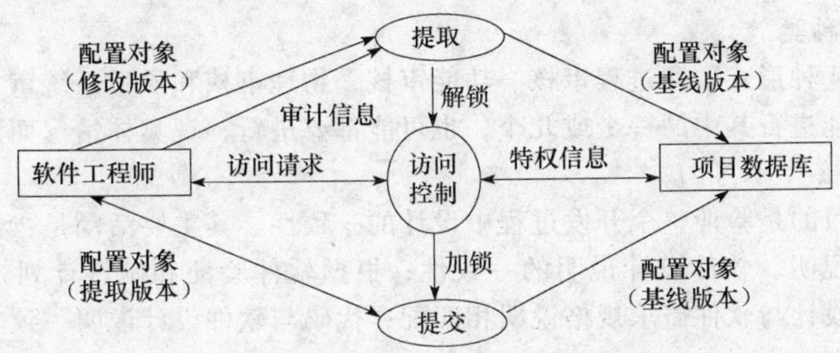

图12-9 修改过程中的同步和访问控制

12.6 配置审核

1. 配置审核概念

配置审核根据需求标准或合同协议检验软件产品配置，验证每个软件配置项的准确性、一致性、完备性、有效性、可追踪性，以判定系统是否满足需求。配置审核又称为配置评价，目的是检查软件产品和过程是否符合标准规范。配置审核通过对配置管理流程的各种制品进行审核，来判断软件配置管理流程被正确地执行。配置审核的对象既可以是软件产品，又可以是软件过程。其主要任务是：

1）检查配置项是否完备，特别是关键的配置项是否遗漏。

2）检查所有配置项的基线是否存在，基线产生的条件是否齐全。

3）检查每份技术文档作为某个配置项版本的描述是否精确，是否与相关版本一致。

4）检查每项已批准的更改是否都已实现。

5）检查每项配置项更改是否按配置更改规程或有关标准进行。

6）检查每个配置管理人员的责任是否明确，是否尽到了应尽的责任。

7）检查配置信息安全是否受到破坏，评估安全保护机制的有效性。

2. 配置审核内容

配置审核包括两方面的内容，即配置管理活动审核与基线审核。配置管理活动审核用于确保项目组成员的所有配置管理活动都遵循已批准的软件配置管理方针和规程，如检入/检出的频度、工作产品成熟度提升原则等。实施基线审核，则要保证基线化软件工作产品的完整性和一致性，且满足其功能要求。

在实际操作中，一般认为审核是一种事后活动，很容易被忽视。但是"事后"也是有相对性的，在项目初期审核发现的问题，对项目后期工作总是有指导和参考价值的。为了提高审核的效果，应该充分准备好检查单，如表 12-1 所示。

表 12-1 配置管理活动审核

检查项	是	否	备注
是否及时升级工作产品？			
是否执行配置库定期备份？			
是否定期执行配置管理系统病毒检查？			
是否评估配置管理系统满足实际需要？			
上次审核中发现的问题是否已全部解决？			

3. 配置审核种类

配置审核有 4 种形式，即过程审核、功能审核、物理审核和质量系统审核。在软件项目进行过程中，可能进行其中的一个或几个，也可能都要进行，视具体情况而定。

（1）过程审核

过程审核的目的是验证整个开发过程中设计的一致性。其主要活动是：硬件、软件接口与软件需求规格说明、软件设计说明的一致性；根据软件验证和确认计划，代码被完全测试；正在开展的设计与软件需求规格说明相匹配；代码与软件设计说明一致。

（2）功能审核

功能审核是通过对软件产品的功能和性能的审核，以及与需求说明的一致性来对软件制品的评估。功能审核的目标是核实软件配置项的实际性能是否符合它的需求。以下是从配置管理角度来看支持功能审核所需要做的工作：

1）准备一个验证表，列出所有功能方面的需求，而且对每个需求都引用测试过程、测试行为的实例（时间戳或其他测试实例标识符）、相应的测试结果或完整记录需求验证情况的分析或演示报告。

2）核实是否已正确实施了所有变更请求。

3）核实是否已对软件正确应用了所有更改。

4）核实文档差异、建立纠正操作和完成日期。

（3）物理审核

物理审核主要验证软件的功能是否与其设计一致，是否可以发布。物理评审的主要工作是：

1）创建应该出现在配置管理中的项目列表。

2）检查在配置管理中维护的项目。

3）创建一个"差异列表"，表示已在配置管理中维护的项目以及应该在配置管理中维护的项目之间的差异。

（4）质量系统审核

质量系统审核的目的是独立评估是否符合软件质量保证计划。其主要活动是：检查质量程序文档；可选择的一致性测试；采访职员；实施过程审核；检查功能审核与物理审核报告。

从上面的介绍可以看出，这4种审核是有层次的，形成了逐级上升的层次结构，后面的审核要以其前面的审核结果为基础。

12.7 配置状态报告

配置状态报告（Configuration Status Reporting，CSR）又称为配置状态纪实，目的是提供软件开发过程的历史记录，内容包括软件配置项当前的状态及何时因何故发生了变更，使相关人员了解配置和基线情况。配置管理人员应定期或在需要的时候提交配置状态报告。

每当一个SCI被赋予新的或修改后的标识时，就有一个CSR条目被创建；每当下达一个ECO时，也有一个CSR条目被创建。在每次进行配置审核时，审核结果也作为CSR任务的一部分被报告。CSR的输出可以放置到一个联机数据库中，管理者和开发者可以查询变更信息并对变更进行评估。通过对数据库查询，可以看到都做了哪些修改或每个文件都包含在哪些基线中，还可以跟踪详细的问题报告和各种其他维护活动的报告。

配置状况报告在大型软件项目中扮演了重要角色，离开配置状态报告有可能导致状态混乱。例如：两个开发者可能试图以不同的或者冲突的意图去修改同一个软件配置项。

在配置状态报告中，必要的文档记录是不可缺少的。其中配置项状态报告、变更请求、变更测试是几种重要的记录文档。

12.8 配置管理的CASE工具

所谓CASE工具，泛指用于辅助软件开发、运行、维护、管理和支持等过程中活动的软件。CASE工具种类繁多，很难有一种统一的分类方法，一个工具往往对软件生命周期中的某个（些）活动提供支持，有的学者按软件过程的活动则可以将其分为三类：支持软件开发过程的工具，包括需求分析工具、软件设计工具、编码工具、测试工具和纠错工具等；支持软件维护的工具，包括版本控制工具、文档分析工具、开发信息库工具、逆向工程工具和再工程工具等；支持软件管理过程和支持过程的工具，主要包括项目管理工具、配置管理工具和软件评价工具等。

本节介绍广为使用的配置管理工具ClearCase和ClearQuest。

1. ClearCase

ClearCase（以下简称CC）是一种配置管理工具，由IBM Rational公司开发，是开发小组用来跟踪、管理软件开发过程各个工件的配置管理系统，ClearCase可以协助开发组织更好地管理软件开发进程。

ClearCase可以与IBM Rational公司的其他软件紧密结合，如UCM、ClearQuest等。ClearCase包括两套：ClearCase LT和ClearCase(MultiSite)。前者可以用于在同一个局域网的开发小组，适合中小型开发组织；后者则适应于分布于不同地理位置、不同局域网的开发小组，适合大型的开发组织。

ClearCase提供了比较全面的配置管理支持，包括版本控制、工作空间管理、建立管理和过程控制。对于软件开发人员来说，使用相关方便。

ClearCase配置管理工具可以为对象方法中保存的预期行为和封装在对象数据属性中的相同数据创建合适的对象；还可以用ClearCase寻找版本和版本元素、显示元素的版本树、访问指定的版本、识别文件和目录状态。

对于软件企业，实施 ClearCase 可以较快地获得如下收益：

1）利用版本对象库（Versioned Object Base，VOB）完整地保存整个项目的开发历史，从而实现有限的软件资产管理，规避人员流动对企业造成的影响。

2）利用版本对象库（VOB）的安全机制，可以灵活地控制不同人员对不同配置项的检出（Checkout）和读取的权利，从而有效地保护企业的核心机密。

3）ClearCase 可以方便地创建和重现基线，确保发布版本的准确性，并能够可靠地构建和修补以前发行的产品。

4）ClearCase 强大的分支合并功能可以帮助团队实现并行开发，从而避免合版本等工作阻滞其他开发工作，保证项目进度。同时，可以将高风险的特性分配到分支来开发，以保证项目可以按时发布，即便高风险的特性无法按时完成。

5）利用 trigger、lock 等机制，可以将书面的配置管理规定工具化，让工具而不是人来保证各种配置管理规定被严格遵守。

2. ClearQuest

ClearQuest 是 IBM Rational 公司提供的缺陷及变更管理工具，它对软件缺陷或功能特性等任务记录提供跟踪管理，提供了查询定制和多种图表报表。每种查询都可以定制，以实现不同管理流程的要求。ClearQuest 可以部署两种架构模式。使用 C/S 模式，客户端须安装 ClearQuest 软件，服务器端需要安装数据库管理系统。在 B/S 模式下，除了需要构建数据库服务器，还需要构建一个 Web 服务器，这样用户就可以使用浏览器来登录使用 ClearQuest 系统。

ClearQuest 特别针对动态的、不断更新的软件开发工作，提供最佳的变更需求管理（Change Request Management，CRM）解决方案。运用 ClearQuest 可以方便地跟踪、管理相关的变更需求，充分掌握变更的现状，用户也可按不同需要调节 ClearQuest 的操作模式，让 CRM 能在开发团队内顺利推动和实施。

使用 ClearQuest 可以让开发队伍中所有成员能容易地获得以下问题的答案：

1）是否有成员的变更工作量过大？

2）某成员解决变更需求的速度及新需求的增加有多快？

3）与某软件版本相关的 bug 有哪些？

4）一个 bug 会影响哪些程序模块和用户环境？

ClearQuest 是一套高度灵活的缺陷和变更跟踪系统。实施 ClearQuest 可以为企业带来如下好处：

1）加强开发团队与外界的沟通，用户、测试人员与市场销售人员可以直接通过 Web 来提交变更请求，并及时了解进展状况、变更请求包括缺陷或功能扩充。

2）用数据库统一管理所有变更请求，避免遗漏和重复，并可以在此基础上进行定量分析。

3）项目经理可以根据定量的数据来分配工作任务，并准确地掌握项目进度。

4）开发人员可以明确地了解分配的开发任务，并根据优先级依次完成。

可以说，配置管理和变更管理是软件工程的基础，使用 ClearCase 和 ClearQuest，除了 CMM 2 级的“软件配置管理”之外，还可以对以下 KPA 提供帮助：

- “需求管理” -2 级
- “软件项目跟踪与监督” -2 级
- “软件质量保证” -2 级

- “软件产品工程” －3 级
- “定量过程管理” －4 级

12.9 案例描述

软件配置是软件开发期间逐步形成的，在开发和维护过程中会发生多次修改。本节简要介绍“开放实验室管理系统”项目中的配置管理活动。

12.9.1 建立软件三库

SCM 人员使用 SCM 工具，搭建 SCM 环境，创建“软件三库”，即软件开发库、软件受控库及软件产品库，建立软件配置管理项初始状态。

开发库是在软件生命周期的某一阶段存放与阶段软件开发工作有关的计算机/人工可读信息的库。本系统的开发库建立在该软件项目组内，用来存放已编写好的文档以及经过单元测试和组装测试的程序，由软件开发人员自行管理和维护。开发库的内容供软件开发人员进行需求分析、设计、实现和测试使用，在经过评审和批准之后，应适时转入受控库。

受控库是存放作为阶段产品而发行的、与软件开发工作有关的软件配置项的库。受控库是为了控制软件更改而建立的软件管理库，所有已成为基线的软件配置项都应存放在受控库中。受控库只允许软件库管理员进入。本系统的受控库建立在学院的软件教研室内，由兼职的软件库管理员进行管理和维护。对受控库中各个基线的更改，应履行严格的审批手续。确认测试和系统联试用的程序应由受控库提供。待发放的软件产品由受控库转入产品库。

产品库是存放软件产品的库，库中的软件产品可以交付安装，安装后可以运行。产品库内软件的更改必须履行更加严格的更改手续。本系统产品库建立在学院档案室内，由专职的产品库管理员进行管理和维护。对产品库内软件的更改必须履行更加严格的更改审批手续，并需要进行回归测试、系统联试等验证性测验，在测验通过后重新办理入库手续。

配置管理环境使用 ClearCase 管理工具创建。“开放实验室管理系统”作为版本对象库 VOB 的标识，第一级目录由各 SCI 和项目系统文件、项目管理文件组成；第二级目录按照文档、程序进行分类；第三级目录按源代码、可执行文件、配置文件、测试软件、工具软件等分类。本系统完整的软件配置管理 VOB 环境如图 12-10 所示。

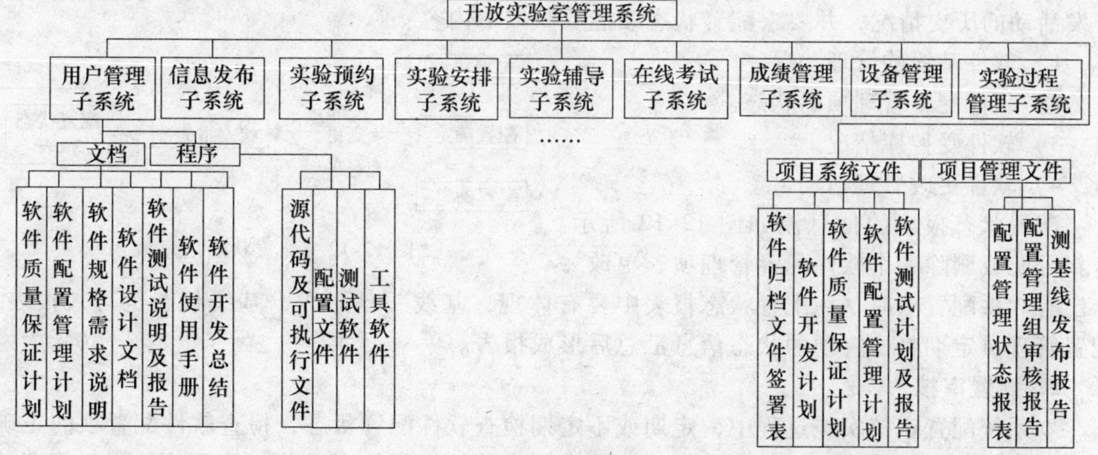

图 12-10 软件配置管理 VOB 环境

12.9.2 配置控制流程

软件的配置控制主要是控制软件的修改活动，确定软件的修改权限和修改步骤，并制定软件配置管理库控制条款。配置控制流程图如图 12-11 所示。

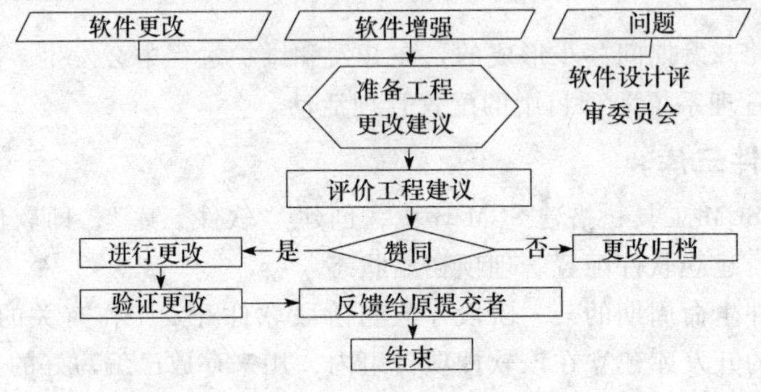

图 12-11 配置控制流程

本系统各软件配置项由开发人员存放在开发库。阶段产品完成后，经过评审、审查后，进入软件受控库。软件产品开发结束通过顾客验收后，进入软件产品库。

1. 问题报告

对发现的问题，在软件问题单中进行描述，包括问题发生的现象、产生的原因等，对有严重影响的问题应提交更为详细的问题分析报告。

涉及项目级配置库更改的问题，在更改申请单中进行详细描述。被批准的变更申请，按照更改控制流程执行。

2. 软件库控制

在软件开发阶段，要求项目负责建立软件开发库，开发软件及时存入开发库。配置管理员负责建立软件受控库，对测试后的软件、经过评审并通过的软件纳入受控库管理。对经过评审需要正式归档的软件配置项，由配置管理员负责统一从受控库中提取，文档以纸质和电子形式提交档案室归档，程序以电子形式提交档案室归档。

12.9.3 配置状态报告和配置审核

1. 配置状态报告

为了能清晰、及时地反映本软件配置管理项的变化，需要对开发的过程做记录，以反映开发活动的历史情况，并要求配置状态表能反映以下内容：

1）软件基线的管理状况。

2）软件配置管理项的状态。

3）软件受控库情况。

4）软件更改管理活动。

配置状态报表的信息流如图 12-12 所示。

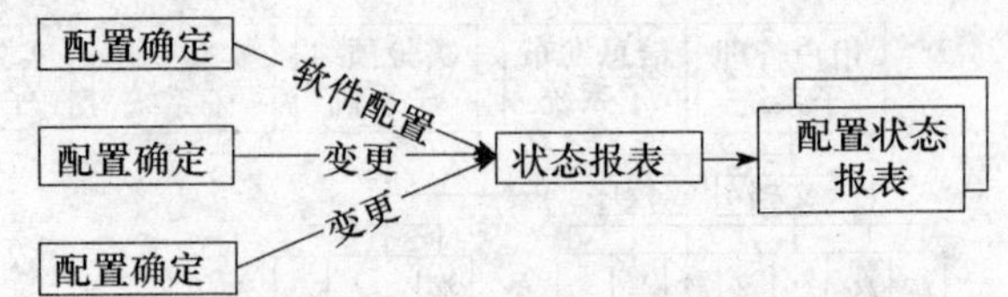

图 12-12 配置状态信息流

若新分配或删除一个软件配置管理项、更改一个已有软件配置项时，在配置状态报表中要有体现，基线一旦形成，基线状态也写入报表。配置管理员定期将配置项的状态信息汇总后形成报告。

2. 配置审核

本系统配置审核实施过程中，定期或不定期检查软件配置状态，检查软件配置项的正确性、完备性、有效性和可追溯性，审核软件基线和软件配置管理活动，检查软件配置管理的安全性，防止意外事故造成毁坏或丢失库中的软件配置项。

配置审核的目的是：证实整个软件生命周期中各项产品在技术上和管理上的完整性，确保对任何文件资料内容的更动都不超出当初确定的软件需求范围，使软件配置具有良好的可跟踪性。

配置管理员进行物理审核，检查程序与文档的一致性、文档与文档一致性以及与标准规范的符合性，软件质量保证人员和学院领导以及技术权威验证软件的功能和接口与软件需求规格说明的一致性。

配置管理活动审核的任务包括：

1）定义的变更是否已经实施了？是否做了额外的不必要的变更？

2）是否已经通过正式的技术评审会对变更的技术正确性进行评估？

3）是否遵循了软件工程标准？

4）在 SCI 中是否将变更已经标注出来？变更日期、变更作者是否已经被注明？

5）是否执行了注释变更、记录变更、报告变更的软件配置管理步骤？

6）所有相关的 SCI 是否已被正确地修改？

7）是否将配置项的状态信息汇总后形成报告？

在规定的评审节点检查软件评审工作，在设立的基线对软件进行审查，对从中发现的问题进行归零检查。

在软件开发各阶段的质量评审活动中，对该阶段的配置管理工作进行评审和检查。

本章小结

本章首先介绍了软件配置管理的概念，阐述了软件配置管理的内容、任务和标准。接着，介绍了软件配置的概念，软件配置由一组相关联的对象组成，也称为软件配置项。开发过程中产生的文档、程序和数据都属于软件配置。另外，用于开发的指令、合同、工具等其他信息也属于软件配置。

其次，介绍了基线技术，基线是一组已经经过正式技术复审而被认可、发布并且可供使用，只能遵循一定规程进行变化的软件工作产品。一旦某产品开发完成并通过复审，就可以纳入基线。对基线对象的修改将导致建立新对象的新版本。通过对所有对象的修改历史进行跟踪，能够勾画出整个软件的演化过程，并根据需要进行版本控制，接着介绍了修改控制、配置审核、配置状态报告以及常用的配置管理 CASE 工具。

最后，通过一个案例具体介绍软件的配置管理活动。

思考题

1. 软件配置管理有哪些内容？
2. 软件配置管理的对象称为“软件配置项”，它包含哪些内容？
3. 作为软件开发组织的管理者，请你选择在建立配置管理数据库时，是全组织集中建立一个配置管理数据库还是各个项目分别建立自己的配置管理数据库更为合适？
4. 解释“基线”的概念。作为项目的主管，你希望在工作中建立什么样的基线？
5. 描述 SCM 活动中的“变更控制流程”，CCA 在变更控制活动中起什么作用？
6. SCM 审核和正式的技术复审在侧重点上有什么不同？它们的功能可以被放置在一个复审中吗？
7. 开发一个在配置审计中使用的检查表。
8. 软件配置管理需要解决哪些问题，如何实施？

附录 “开放实验室管理系统”案例

A.1 介绍

A.1.1 背景介绍

目前传统的教学模式是注重理论教学，忽视实践教学，虽然开设大量的实验课程，但是实验教学的内容陈旧，多为验证性的实验，学生只需在规定的时间内进入实验室，按照实验教科书上的步骤，认真仔细操作即可得出正确的结果，即使是结果有误也很容易找到出错的地方。大多数学生在实验课上充当的是实验记录员的角色，创新意识和创造性思维根本没有得到锻炼。

通过实验室的开放，可以提升学生的实验热情，提高实验教学质量，促进实验教师业务水平的提高，同时还可以提高仪器设备的利用率。

A.1.2 开放实验室管理现状

相对而言，开放前的实验室管理是比较单一的，管理人员的任务主要是对物的管理，同时采用的是人工记录本和计算机相结合的传统管理模式。实验室开放后学生的实验是自主实验，较为零散，这样给实验室的管理带来了一定难度。同时由于学生的水平参差不齐，对操作仪器设备的熟悉程度不一，给仪器设备的维护带来了一定难度。

实验室开放教学需要教师、学生、管理人员的集体配合，尤其是教学管理部门在教学资源、教学模式和教学策略方面要进行重大的改革，以利于提高学生分析问题、解决问题、科学研究和创新思维能力为宗旨，积极创造实验室开放教学的良好环境，加快教学管理现代化、科学化。

A.1.3 开放实验室管理系统的设想

随着现代教育技术的不断发展和教学手段的进一步改革，充分利用学校现有的多媒体设施、校园网设施建立教学网站，使实验室建设与课堂教学同步来满足多媒体和网络教学的需求。

在此基础上，考虑设计一个开放实验室管理系统，用以进行开放实验室的管理，提高工作效率。系统构建在 Internet 上，任何一台联网的计算机都可以通过 Internet 访问本系统，通过网页发布实验室综合信息，包括教学计划、实验课程介绍、规章制度、操作规程、数据图表、教师队伍、实验教材讲义、开放实验室管理、通知、成绩公布等。通过开放实验室管理系统，学生可以提出问题，参加讨论，发表见解，向教师提出设计性实验方案，预约实验内容和时间，根据自己的学习进度查阅有关的实验教学内容。教师可以辅导答疑，介绍有关知识，对实验安排、实验完成情况进行查询，还可以统计数据，打印报表，在网上公布。系统还具有系统监控、实验安排、实验成绩管理以及一定程度的自动化处理等功能。系统的业务功能如图 A-1 所示。

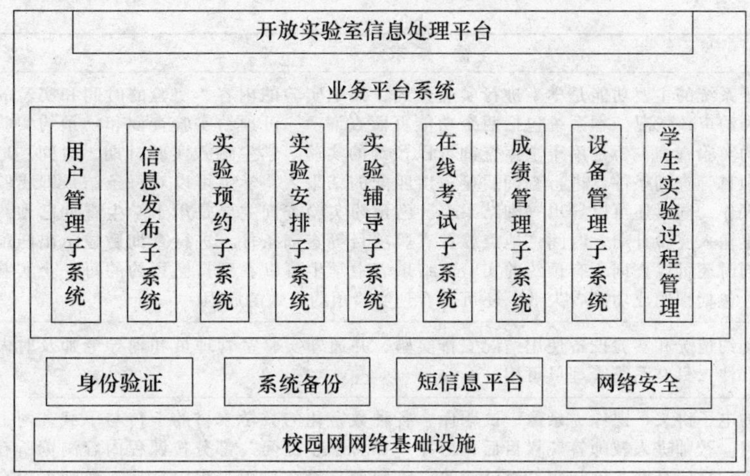

图 A-1 开放实验室管理系统业务功能图

A.2 需求模型

A.2.1 介绍

本节将描述如何利用模型（如表格和支持信息内容等）来构成需求模型。在第 4 章我们介绍了下面的 UML 图：

- 用例图
- 序列图

由于书中无法给出一个完整的需求模型，因此，在本节中我们提供样例表和其他相关描述工具的案例，这些资料与需求模型放在一起，可以更好地对客户模糊的需求进行描述，并进一步进行面向对象的分析。

A.2.2 需求列表

需求列表见表 A-1，该表包含三栏，左栏表示序号，其他两栏用来说明哪个用例提供哪些需求功能。这个需求列表包括一些在首轮迭代中没有出现过的用例。

表 A-1 需求列表

序号	需　求	用例
1	系统通过核对用户输入的用户名和口令，看其是否与系统中存储的该用户的用户名和口令一致，来判断用户身份是否正确。身份认证一般与授权控制是相互联系的，授权控制是指一旦用户的身份通过认证以后，确定哪些资源该用户可以访问、可以进行何种方式的访问操作等问题。本系统用户的合法性检查，包括基础信息检查、账户检查、账号可用性检查	身份认证
2	用户管理的主要功能是对系统的每个用户成员信息进行管理，包括用户列表的查看、修改和删除，同时也可以添加新用户。添加新用户时必须填写登录名称、姓名和身份。当新的用户注册之后，用户便可以用已注册的登录名进行登录；当已注册的用户被删除时，此用户将没有登录权限。登录用户主要分为三个角色：系统管理员、教师和学生，每个身份都可以批量添加用户。注：每个用户的登录名必须是唯一的，不能有重复	用户管理
3	信息发布的主要功能是对各种发布信息进行管理，所发布的信息包括学校各部门实验室的各种办公文件、通知公告、规章制度以及实验室设备信息的发布、授权预约信息的发布等内容。信息的管理包括对信息的发布、修改、删除和查询。在发布信息时，需要确定信息的标题、通知对象以及信息内容。一旦信息被删除之后，页面将不再显示此条信息。注：此功能只限系统管理员使用，其他用户只有查看信息的权限	信息发布

（续）

序号	需　　求	用例
4	实验预约子系统的主要功能是学生进行实验预约，预定实验的内容、实验的时间和实验的地点，查询预约审核情况。本系统包括两个功能页面查询——可预约实验查询和已预约实验查询。可预约实验查询主要是用于学生查询可以预约的实验。学生输入实验日期、时间、地点或者实验项目等查询条件，进行查询后显示出匹配的结果表，学生可以对每条结果即实验进行预约的操作，同时还可以导出查询结果表。已预约实验查询主要是用于学生查询已预约的实验。学生输入实验日期、时间、地点或者实验项目等查询条件，进行查询后显示出匹配的结果表，同时还可以查询所有预约的实验，结果表中学生可以看到自己预约的每一个实验的相关信息，包括预约成功或者失败，还可以看到实验预约失败的原因	实验预约
5	根据实验预约情况和实验设备使用情况安排实验，并通知实验室管理员和辅导老师及时做好实验准备。注：只有系统管理员可用	实验安排
6	包括教师的电子讲义、课件、录像、试题库，各种数字化的教学素材的上传与下载，网上在线答疑栏目。教师进入教师答疑栏目后，可在“回答学生提问”部分按课程内容浏览所有提问、提问人、提问日期、该问题是否已回答、该问题是否在公用列表内显示。教师可以在此回答提问、修改解答内容、将问题提交至公用列表、删除问题、查询问题。学生进入教师答疑栏目后，可在“新的问题”部分提出自己的问题，系统自动记录提问人、提问日期，以便让学生的疑难问题能得到及时解决。注：老师和学生可用	实验辅导
7	设备增加的主要功能是对设备的登记，包括设备的设备编号、实验室编号、所属实验室、设备名称、设备型号、单价、售后电话、备注等的记录，登记完以后点击确定按钮提交到数据库中 归借管理的主要功能是通过查询关键字搜索到指定的设备，查看其使用状态，若其状态为在借，此时不可借出！若状态为未使用，则可以借出给需要的相关人员使用 维护管理的主要功能是通过查询关键字，搜索到指定的设备，查看其维护记录，并填写最新的维修记录，提交到数据库 设备报停的主要功能是通过查询关键字，搜索到指定的设备，查看其使用状态，并更改其状态为报停，不可使用，提交到数据库 设备查找的主要功能是通过查询关键字，搜索到指定的设备，查看其所有的记录，并以表格的形式显示在下方的表格中 设备查找的另一个功能是通过查询关键字，搜索到指定的设备，查看其使用情况，并将最新的使用记录登录到相关栏目中，保存并提交到数据库	设备管理
8	数据备份系统每天定时备份，可以自动备份到其他服务器上	数据备份

A.2.3 角色与用例

本系统可以分为三个用户角色（分别为学生、教师和管理员），通过不同的用户角色来决定用户在使用系统时所享有的权限。具体描述如表 A-2 和图 A-2，图 A-2 是表 A-2 的用例图。

表 A-2 用户角色描述表

角色	描　　述
学生	（1）实验选课 实验选课功能主要是学生从系统管理员所列出的必选实验与选择性实验的列表中，根据实验要求和自己的兴趣来选择自己要进行的实验项目 （2）实验预习 实验预习功能是学生选择实验项目后，进入先前开发的实验教学平台，根据自己所选的实验，进行实验预习。这样可以让学生在进行实验之前，对所要做的实验有全面的了解，以保证学生的实验效果 （3）实验报告 实验报告功能包括编辑报告和打印实验报告，它是对传统纸质的实验报告很好的替代，便于集中管理，也能有效地防止学生在下面进行相互抄袭 （4）预习测评 预习测评功能是为了检验学生预习效果而开发的，防止学生不进行实验预习就进行实验而达不到实验目的。测评成绩不合格的学生，将不允许进行实验，直到通过测评为止

（续）

角色	描　述
学生	（5）实验预约 通过了预习测评以后，学生就可以进行实验预约了。学生可以在某个实验开放的时段内，根据自己的时间来挑选实验台进行实验 （6）成绩查询 本功能主要是学生查询自己所有已完成实验项目的成绩 （7）自设计实验 自设计实验功能是给那些有能力、有创新意识的学生进行深入研究提供可能的条件。通过这个功能，学生在做完必选的实验之后，可以提出申请，并且制定实验计划。通过老师的审批后，就可以在老师的辅导下进行实验
教师	（1）实验监控 实验监控功能可以让教师查看当天有无开设的实验，并且可以实时监控实验进程 （2）选课情况 通过这个功能，教师可以查询自己负责辅导的实验项目的学生选课情况 （3）预约查看 通过预约查看，教师可以知道某个实验学生的具体选择情况。也就是说，教师可以查看具体到某一周某一天某一节课有哪个实验开放，这样教师就可以提前做好实验安排 （4）实验室安排 让教师知道将要开放的实验的实验室安排情况 （5）实验成绩 教师可以通过此功能查看选择某一实验的所有学生的实验报告，并进行批改和打分。实验成绩主要包括实验评价和成绩查询功能。成绩查询可以通过输入学生学号来查看某个学生所有实验项目的成绩 （6）自设计实验管理 自设计实验管理包括三个部分，分别是实验审批、实验报告和实验成绩。实验审批主要是审批学生提交上来的自设计实验计划，并给出意见，通过审批，学生方能进行自设计实验。实验报告是让教师可以查阅学生自设计实验的实验报告。实验成绩主要是给学生的自设计实验评分 （7）预习系统 预习系统是让教师可以进入实验教学平台，对实验教学资源进行管理，可以添加图片、文字以及视频，以帮助学生更好地进行实验预习 （8）规章制度 规章制度主要是关于任课教师的职责、制度和相关规定。制定相应的规章制度是为了更好地进行科学管理，使实验室的管理更加规范，做到有章可循
管理员	（1）实验管理 实验管理功能主要实现实验信息的录入和管理。管理员可以录入学生所要上的实验课程和每门实验课程所包含的所有实验项目的相关信息，并可以对相关信息进行查看、修改和删除。这样可以让管理员及时地对实验课程进行调整，以适应教学大纲的改变 （2）教师管理 教师管理部分包括教师录入、教师列表、教师签名、任课实验四个功能。教师录入是把教师的姓名、职称和职务等基本信息录入到系统中。教师列表主要是对教师基本信息的查看、修改和删除。教师签名是本部分的一个创新点，它的功能是让教师把自己的签名以图片的形式上传到系统中，在批改实验报告和打分的时候把自己的签名加在后面，以确认教师身份，对教师职责具有很好的约束。任课实验是为每名教师分配其所负责的所有实验 （3）实验室管理 实验室管理包括实验室信息录入、实验室信息列表和实验室分配三个功能。实验室信息录入是把学院各类实验室的名称、房间号、实验室所属学科和实验室功能等信息录入到系统中。实验室信息列表是为了便于管理这些信息，以做到随时查看和调整实验室。实验室分配是本部分的核心，它主要是让管理员根据实验室的功能把实验项目分配到每一个实验室，并根据教学计划安排某一实验具体开放时段和实验台数，以供学生预约 （4）实验台管理 实验台是每个实验室的基本单位，一个实验台允许学生以组为单位进行实验。每个实验台都配备一台电脑和相关的实验设备，实验室的所有电脑都有一个固定的 IP 地址并与服务器相连。实验台管理包括实验台信息录入、实验台列表和实验台分配。实验台信息录入主要是录入每间实验室的实验台编号和实验台电脑的 IP 地址，这样通过实时监控功能可以让管理员实时监控学生的实验进度。实验台列表可以让管理员查看每个实验室的所有实验台的信息，并可以对这些信息进行修改和删除，便于管理员对实验台的管理。实验

（续）

角色	描　述
管理员	台分配是根据实验的开设情况为将要进行实验的实验室分配可以开放的实验台，这样做是防止某个实验台上有实验设备损坏而学生在不知情的情况下继续使用 （5）班级管理 班级管理分为班级录入、班级列表和分配实验三部分。班级录入是把班级名称、班级类别和班级人数录入到系统中。班级列表可以查看每个班的基本信息和所开设的实验项目。分配实验是为每个班级分配一学期所有要进行的实验项目 （6）学生管理 学生管理主要包括学生信息录入和学生列表。学生信息录入是把学生的学号、姓名、卡号和所属班级等信息录入到系统中，本功能还提供批量导入，它可以把 Excel 格式的学生信息表一次性导入到数据库中，这样可以节省大量时间，并避免重复性劳动。学生列表主要是学生信息的查看和管理 （7）试题管理 试题管理的主要功能是为每门实验课程添加实验预习测试，每个实验项目添加 4 套试卷，这样学生进行测试每次都会随机抽取一套试卷，大大减少了重复的可能 （8）成绩管理 成绩管理主要是对学生实验报告成绩与课程成绩的查询与管理

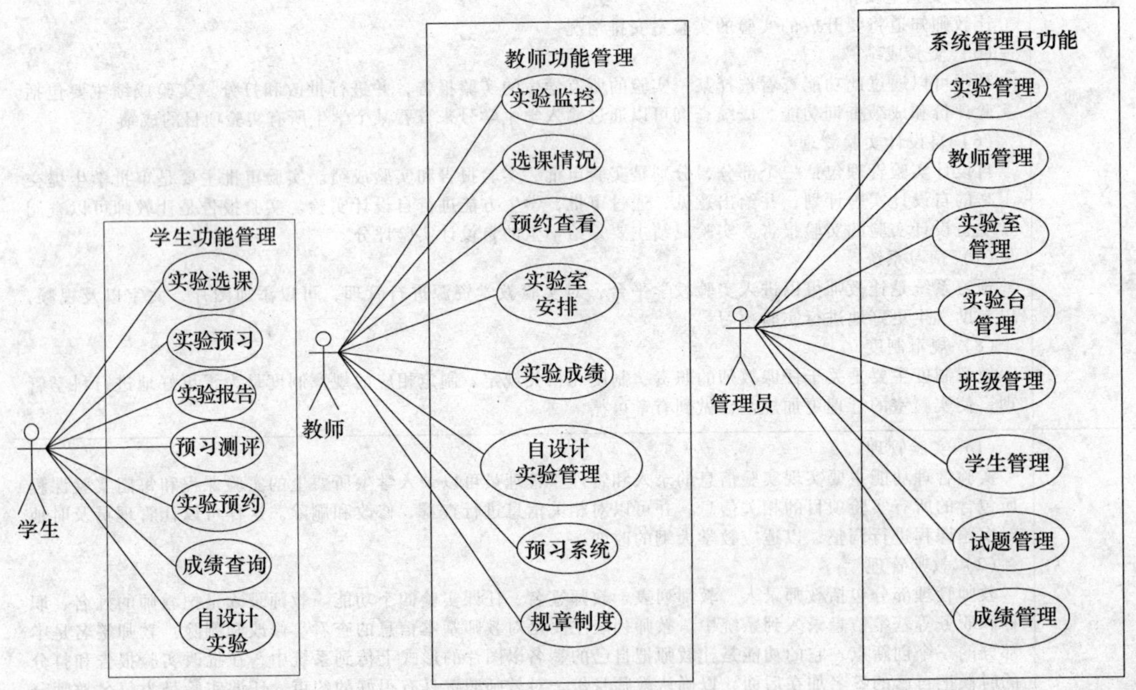

图 A-2　学生、教师、管理员用例图

对于上述角色功能的描述以及用例图的分析，参考需求列表，得到开放实验室管理系统用例图，如图 A-3 所示。

在此基础上，经过第二轮迭代以实验预约和学生实验过程管理为例给出进一步的用例图。

1. 实验预约子系统

根据表 A-1 的需求，给出实验预约子系统的用例描述，如表 A-3 所示。

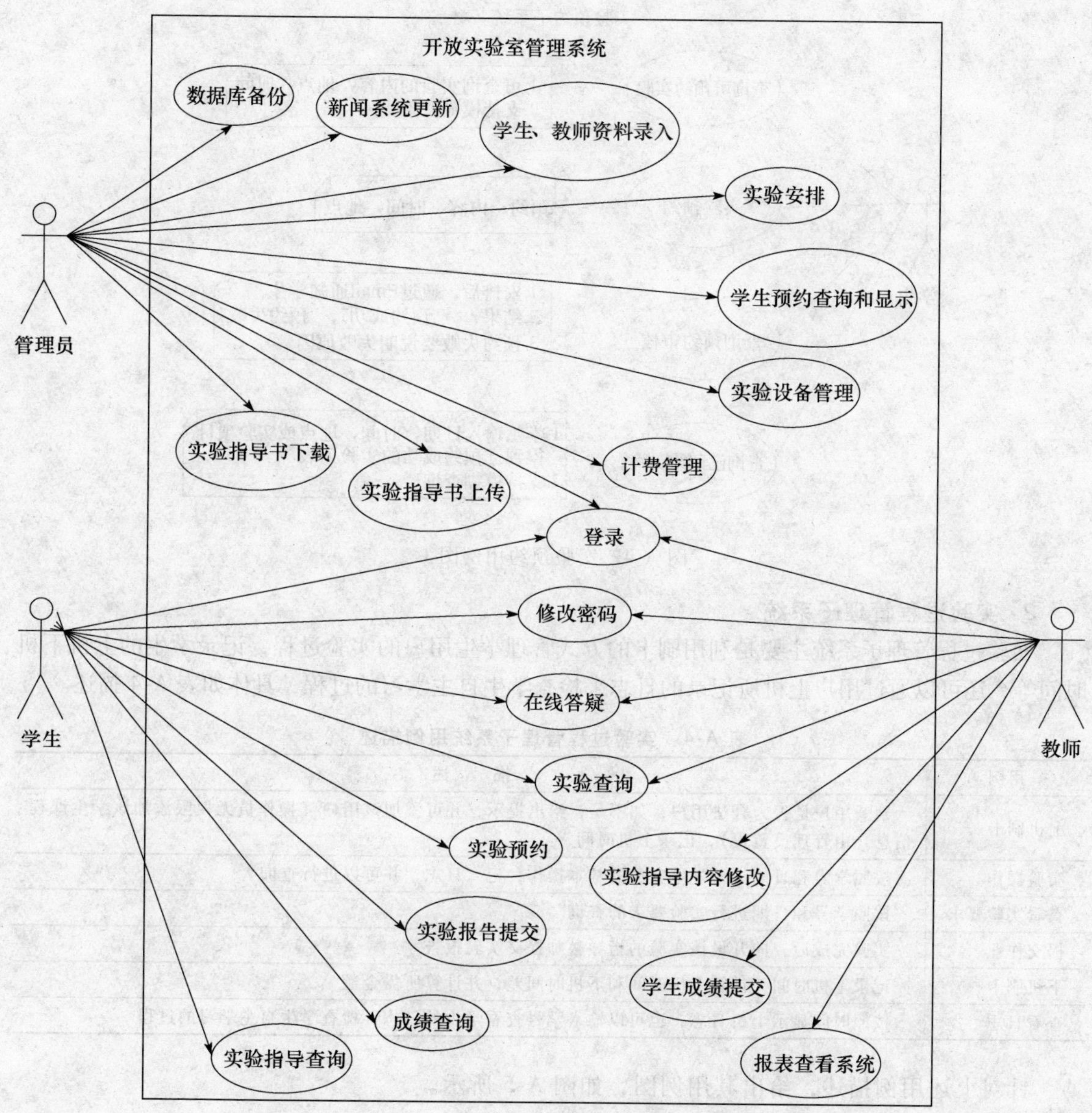

图 A-3 开放实验室管理系统用例图

表 A-3 实验预约子系统用例描述

用例	描述
查询可预约实验	学生查询可以预约的实验。学生输入实验日期、时间、地点或者实验项目等查询条件，进行查询后显示出匹配的结果表，它支持模糊查询功能
实验预约	学生可以对查询结果（即可以预约的实验）进行预约操作，同时还可以导出查询结果表
查询预约审核	可以查询所有预约实验的结果，其中学生可以看到自己预约的每一个实验的相关信息，包括预约成功或者失败的审核结果，还可以看到实验预约失败的原因
查询已预约实验	学生输入实验日期、时间、地点或者实验项目等查询条件，进行查询后显示出匹配的结果表，学生可以得到已预约成功的实验时间、地点表

针对上述用例描述，给出其用例图，如图 A-4 所示。

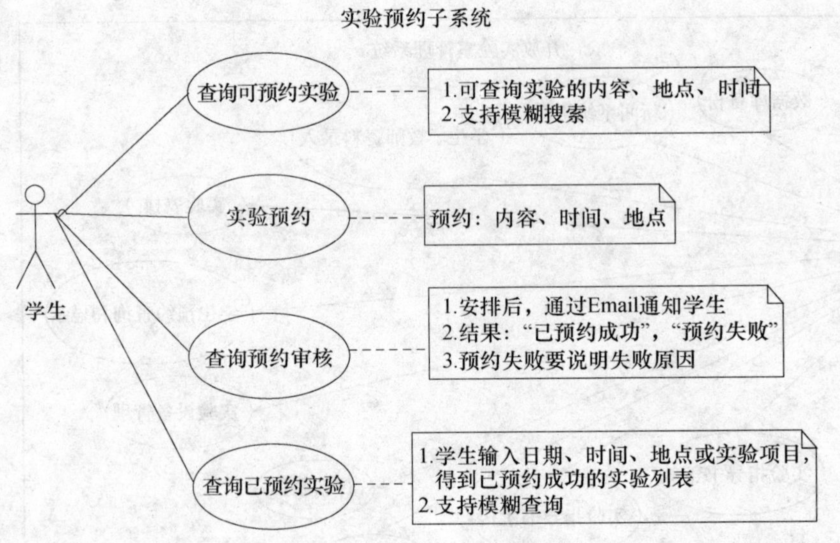

图 A-4 实验预约用例图 1

2. 实验过程管理子系统

实验过程管理子系统主要是利用刷卡的方式管理学生用户的实验过程，记录学生的上机下机时间等，还可以通过用户上机所记录的日志来检查学生自主学习的过程，具体如表 A-4 描述。

表 A-4 实验过程管理子系统用例描述

用例	描 述
上机刷卡	判断用户是否为合法用户，如不是，给出提示，并可添加该用户（操作员无权限添加该学生课程信息，由管理员负责），记录上机时间
实验操作	按照学号和日期记录学生完成的基本操作，记入日志，并可以进行查询
查看实验要求	按照学号和日期进行实验要求的查询
提交作业	实验完成后，向开设该实验的指导教师提交实验报告
下机刷卡	记录下机时间，计算上机时间和下机时间差，并计算所需金额
查看日志	按照时间显示上机日志，也可以输入学号查看学生的日志，检查学生自主学习的过程

针对上述用例描述，给出其用例图，如图 A-5 所示。

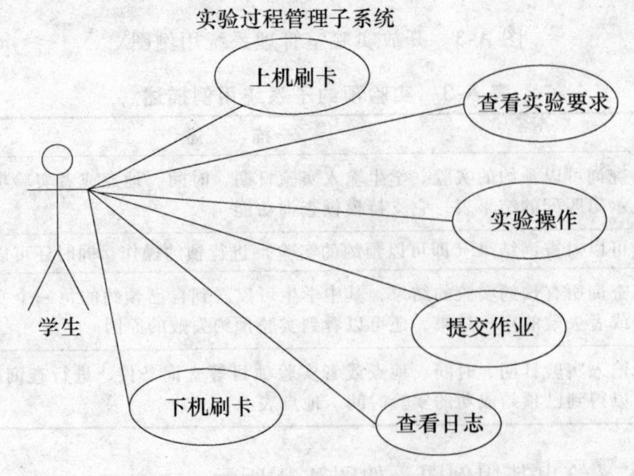

图 A-5 实验过程管理用例图

第二轮迭代除了给出进一步的用例图外，还能列出用例交互的过程及用户接口，依然以实验预约子系统为例，详细内容见图 A-6。

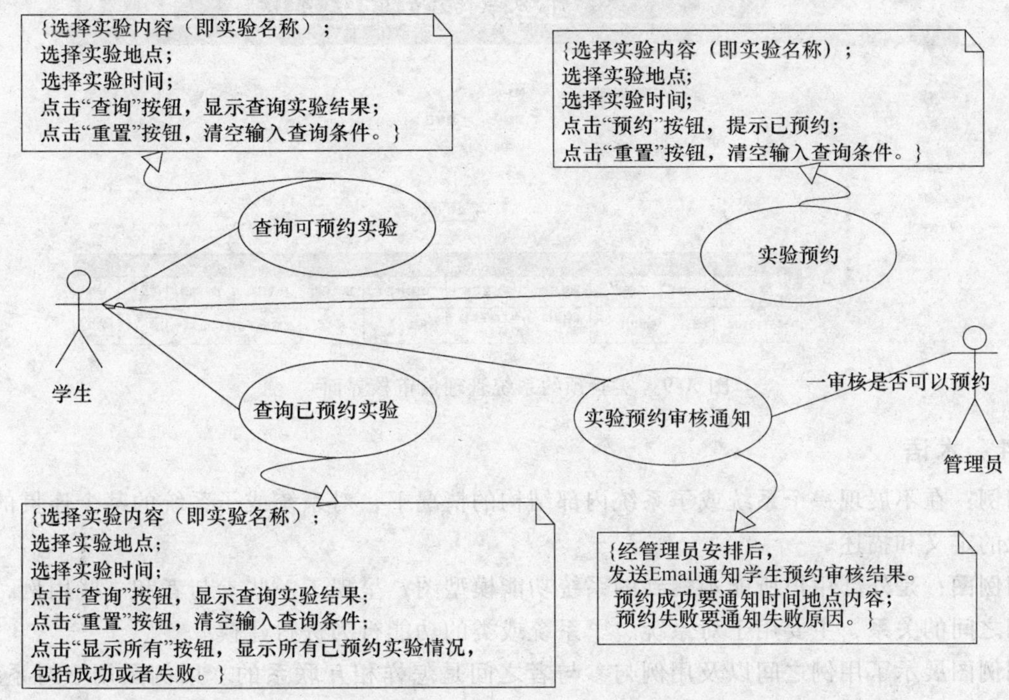

图 A-6 实验预约用例图 2

根据图 A-6 的分析，对于该用例给出最初的用户接口，即图形用户界面，如图 A-7、图 A-8、图 A-9 所示。

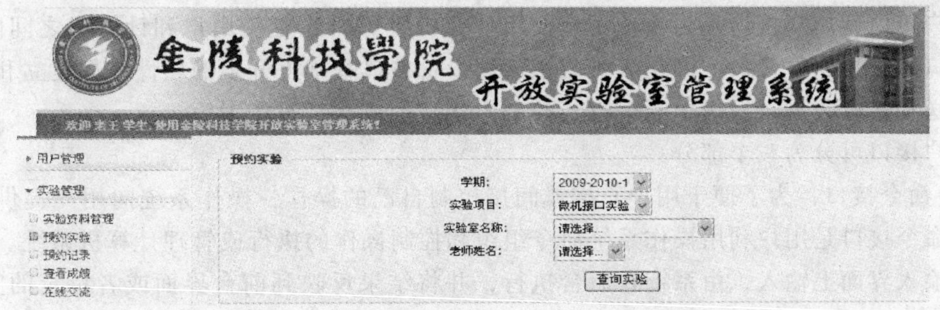

图 A-7 实验预约学生查询条件输入界面

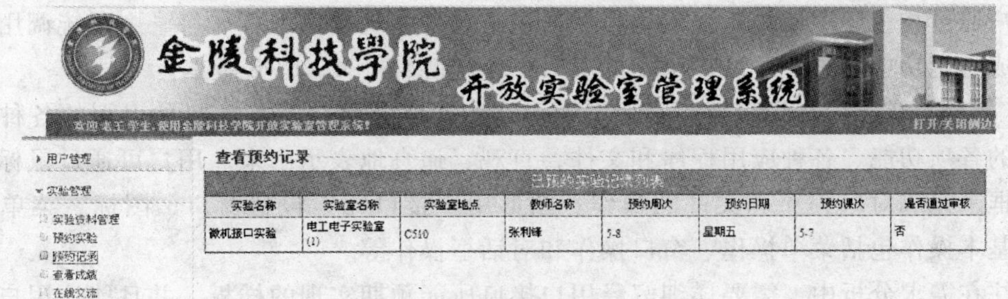

实验名称	实验室名称	实验室地点	教师名称	预约周次	预约日期	预约课次	是否通过审核
微机接口实验	电工电子实验室(1)	C510	张利锋	5-8	星期五	5-7	否

图 A-8 实验预约学生查询结果界面

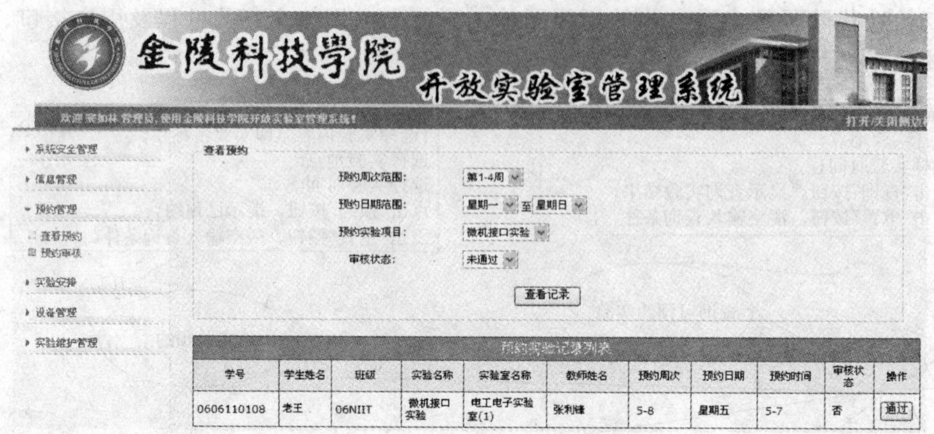

图 A-9 实验预约系统管理员审核界面

A.2.4 术语

用例：在不展现一个系统或子系统内部结构的情况下，对系统或子系统的某个连贯的功能单元的定义和描述。

用例图：是外部用户所能观察到的系统功能模型图，呈现了一些参与者和一些用例，以及它们之间的关系，主要用于对系统、子系统或类的功能行为进行建模。

用例图展示了用例之间以及用例与参与者之间是怎样相互联系的。用例图用于对系统、子系统或类的行为进行可视化，使用户能够理解如何使用这些元素，并使开发者能够实现这些元素。将每个系统中的用户分出工作状态的属性和工作内容，方便建模，防止功能重复和多余的类。用例图定义了系统的功能需求，它是从系统的外部看系统功能，并不描述系统内部对功能的具体实现。

用户接口：用户接口是为方便用户使用计算机资源所建立的用户和计算机之间的联系。用户接口通常指软件接口，即在人机联系的硬设备接口基础上开发的软件。如建立和清除连接、发送和接收数据、发送中断信息、控制出错、生成状态报告表等。

用户接口可分为三个部分：

1）命令接口：为了便于用户直接或间接控制自己的操作，操作系统向用户提供了命令接口。命令接口是用户利用操作系统命令组织和控制操作的执行或管理计算机系统。命令是在命令输入界面上输入，由系统在后台执行，并将结果反映到前台界面或者特定的文件内。命令接口可以进一步分为联机用户接口和脱机用户接口。

2）程序接口：程序接口由一组系统调用命令组成，这是操作系统提供给编程人员的接口。用户通过在程序中使用系统调用命令来请求操作系统提供服务。每一个系统调用都是一个能完成特定功能的子程序。如早期的 UNIX 系统版本和 MS-DOS 版本。

3）图形接口：图形用户接口采用了图形化的操作界面，用非常容易识别的各种图标来将系统的各项功能、各种应用程序和文件，直观、逼真地表示出来。用户可通过鼠标、菜单和对话框来完成对应程序和文件的操作。图形用户接口元素包括窗口、图标、菜单和对话框，其基本操作包括菜单操作、窗口操作和对话框操作等。

往往在需求分析中，需要详细解释用户接口所能预期实现的样板，并且能让用户与计算机实现简单方便的连接。

A.2.5 初始架构

本小节依然以实验预约子系统为例，首先给出系统的初始架构，将系统管理员、学生用户、教师用户、实验室、实验基本信息等用例分组构造两个子系统包，如图 A-10 所示。

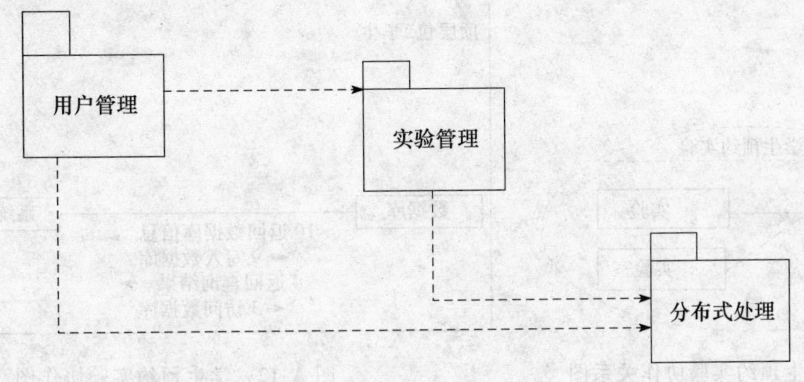

图 A-10 初始系统架构

图 A-10 表示由上述两个子系统包加上一个分布式处理包构成了初始系统架构，用户管理包处理用户用例的相关信息和功能，实验管理包用于处理实验内容、时间、实验室等相关信息的管理，分布式处理包用于处理相关分布式应用程序调用机制。

这是一个项目的初始架构，这里并没有清晰地给出系统的相关描述，具体的内容在后面分析的过程中逐渐明朗。

A.3 面向对象分析

A.3.1 介绍

本节我们分析上节中描述的需求模型，并产生一个用例的实现。这里采用第 4 章中描述的如下 UML 图表示：

- 协作图
- 实现个人用例的类图
- 活动图

开放实验室管理系统案例中的实验预约子系统在本节中将被进一步细化，确定各项功能完成的过程，确定相关的实现类，并通过类图给出类之间的相互关联。

A.3.2 用例实现

协作图展现了一组对象间的连接以及这组对象收发的消息。它强调收发消息对象的组织结构，按组织结构对控制流建模。

在实验预约子系统中，其主要功能是学生进行实验预约，预定实验的内容、实验的时间和实验的地点，管理员审核实验预约，学生查询预约审核情况。图 A-11 和图 A-12 描述了学生预约实验的协作关系，图 A-13 和图 A-14 描述了管理员审核实验的协作关系，图 A-15 和图 A-16 描述了系统使用者查询实验的协作关系。

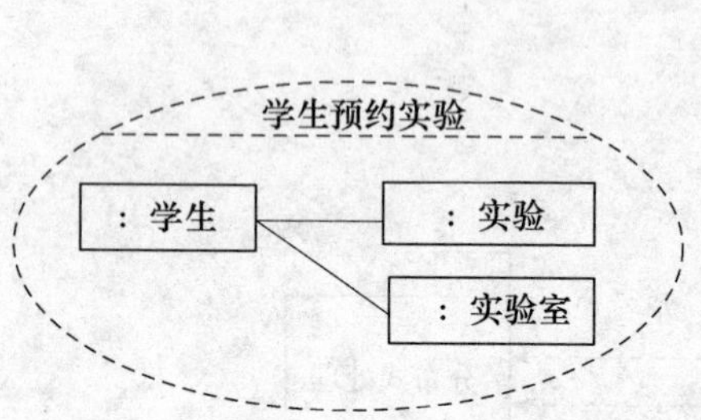

图 A-11 学生预约实验协作关系图

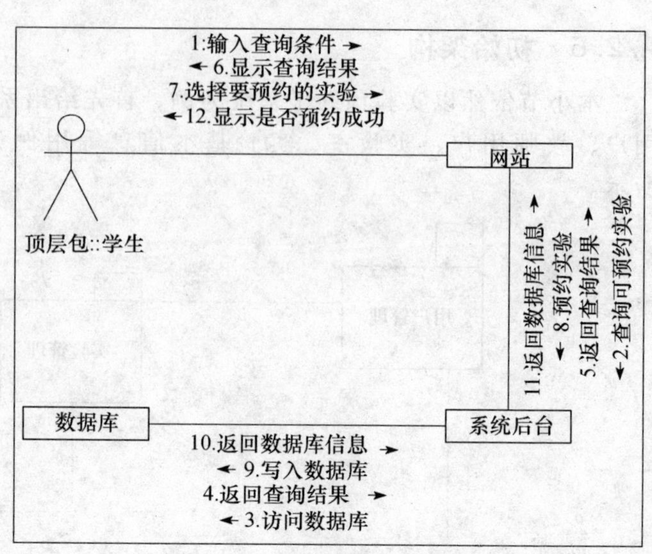

图 A-12 学生预约实验协作图

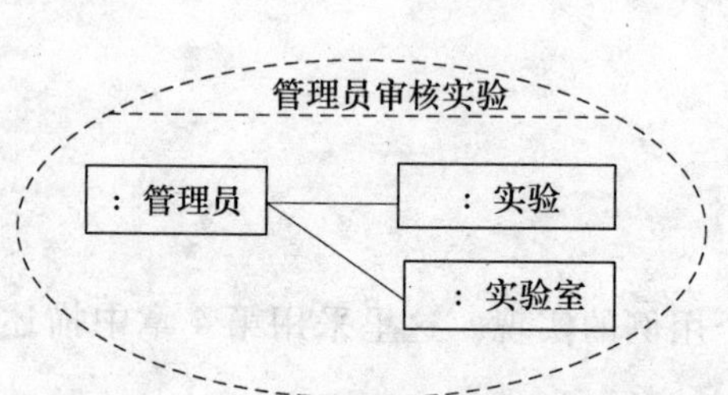

图 A-13 管理员审核实验协作关系图

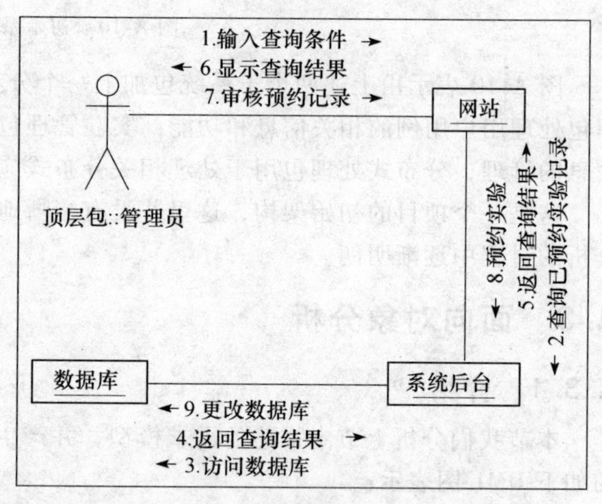

图 A-14 管理员审核实验协作图

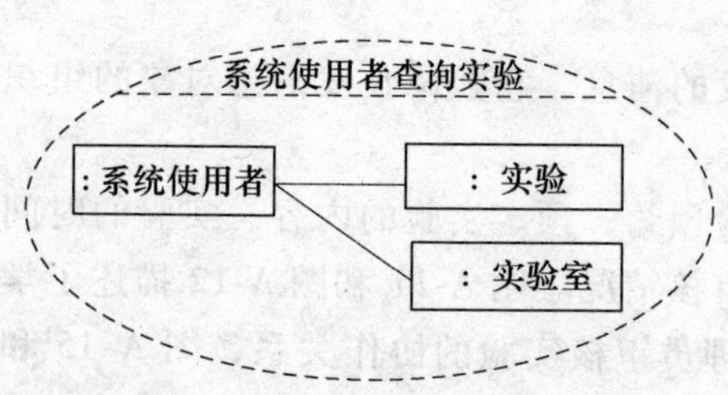

图 A-15 系统使用者查询实验协作关系图

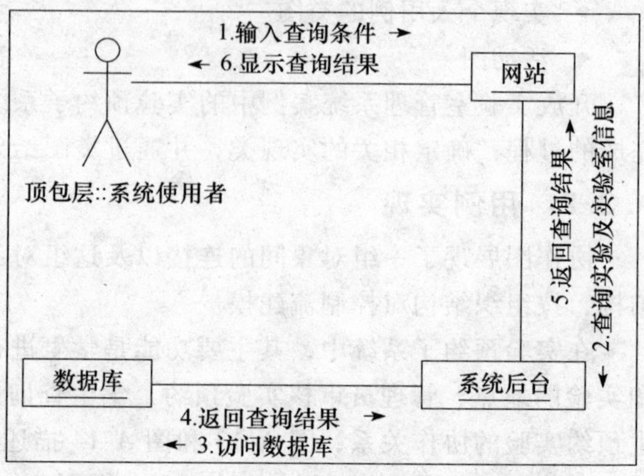

图 A-16 系统使用者查询实验协作图

根据上述协作图分析，给出图 A-17 所示的类图。

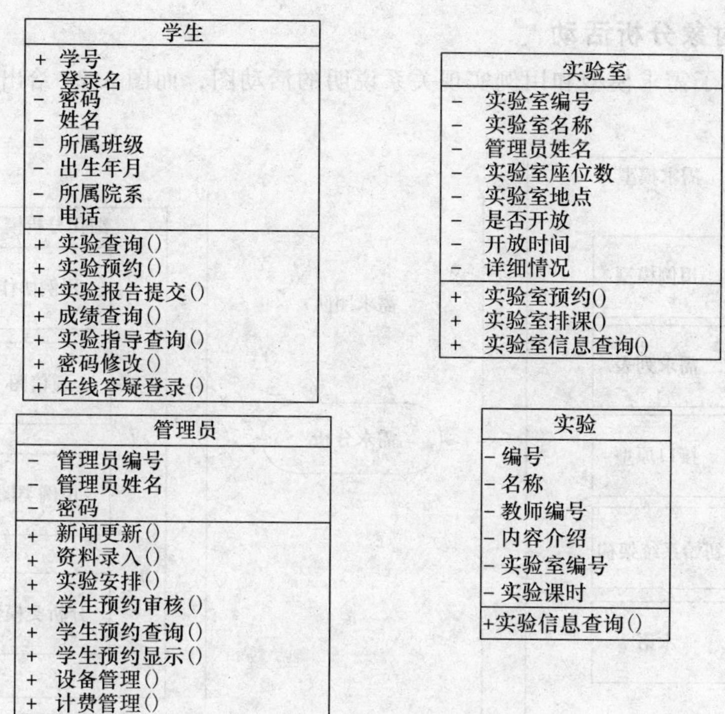

图 A-17 实验预约子系统类图

A.3.3 组织分析类图

将上述类之间的关联进行组织，得到图 A-18。

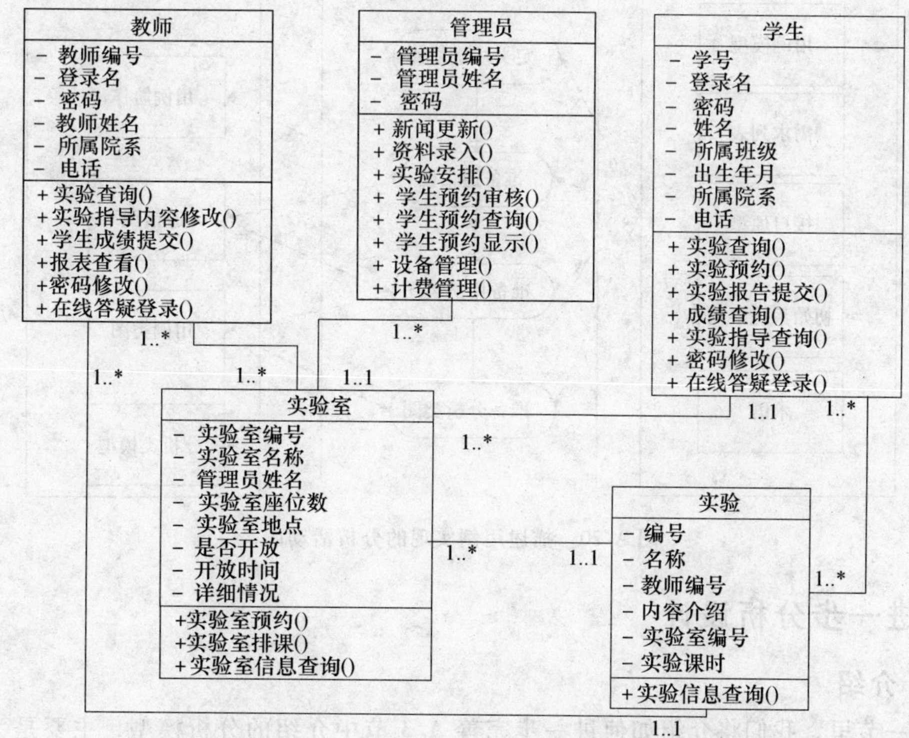

图 A-18 实验预约子系统类之间的关联

A. 3. 4 面向对象分析活动

图 A-19 给出了需求模型和用例实现关系说明的活动图，而图 A-20 给出了面向对象分析中的主要活动。

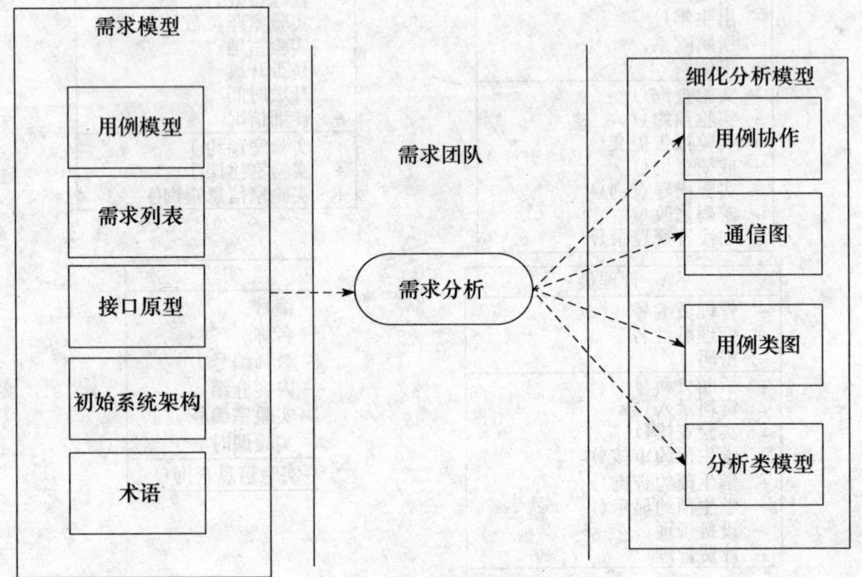

图 A-19 需求分析活动顶层图

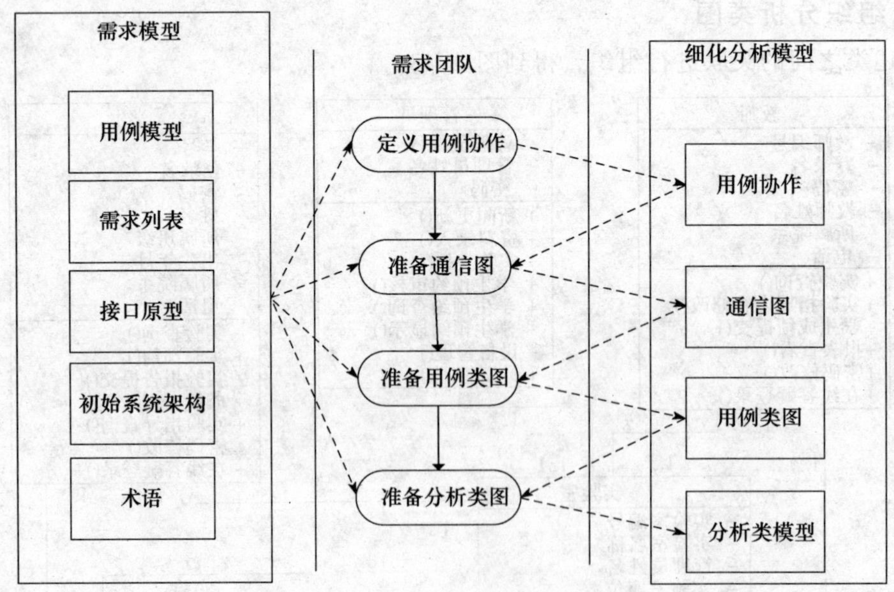

图 A-20 描述用例实现的分析活动图

A. 4 进一步分析设计

A. 4. 1 介绍

在这一节里，我们将介绍如何进一步完善 A. 3 节中介绍的分析模型，主要是为了达到两个不同的目标：

第一个目标是加强对本领域的理解和进一步扩充该模型在其他领域内的应用。这意味着分析出来的类模型其复用机会的识别能力将提高。

第二个目标是加强对模型细节的识别和对用户需求的影响。通过对行为的合适分类，作为类的行为方法，使用序列图和状态机来转换成类的行为方法。

通过以上的工作，分析类模型并对其进行修正，以更好地反映对需求的理解。具体工作包括：

- 用序列图和状态机来帮助我们理解类模型的方法。
- 将一些类的方法实现思路传递给设计者。
- 用修正过的分析类图，表示模型的静态结构和对深层分析的影响。

A.4.2 序列图

序列图是一个模型，用于描述对象组如何随着时间在某些行为方面进行协作。序列图捕获单一用例的行为，同时显示在特定用例的时间框架中的对象以及这些对象之间传递的消息。序列图并不显示对象之间的关系。

序列图是一种强调消息的时序交互图，它由参与者（Actor）、对象（Object）、消息（Message）、生命线（Lifeline）和控制焦点（Focus of Control）组成。

第一个序列图如图 A-21 所示，它用来表示学生预约实验的行为过程，首先查询可以进行预约的实验，在返回查询结果后进行实验的预约，完成实验预约以后，等待实验预约的审核，最后查看是否预约成功。

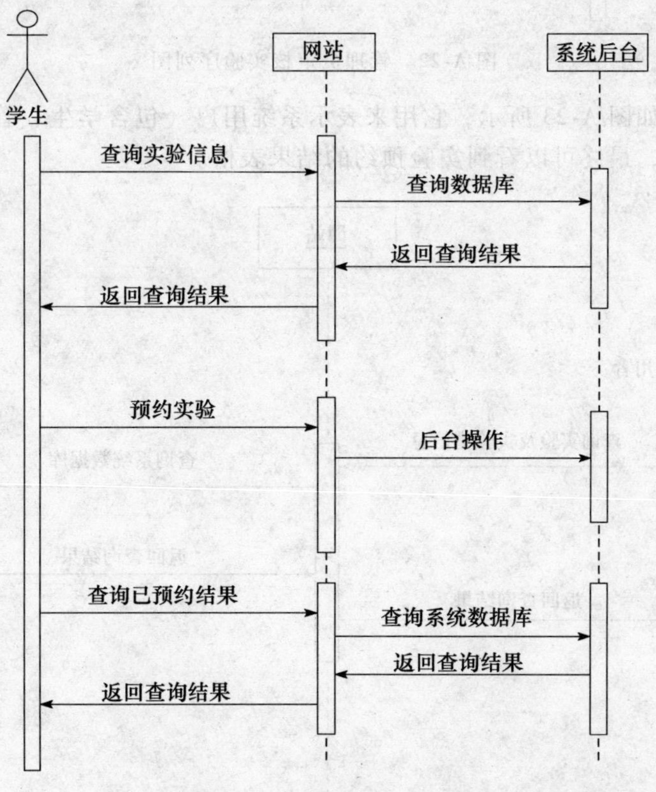

图 A-21 学生预约实验序列图

第二个序列图如图 A-22 所示，它用来表示系统管理员对实验的审核过程，首先查询未审核实验，得到查询结果后进行实验预约的审核，最终将审核结果反馈给系统管理员。

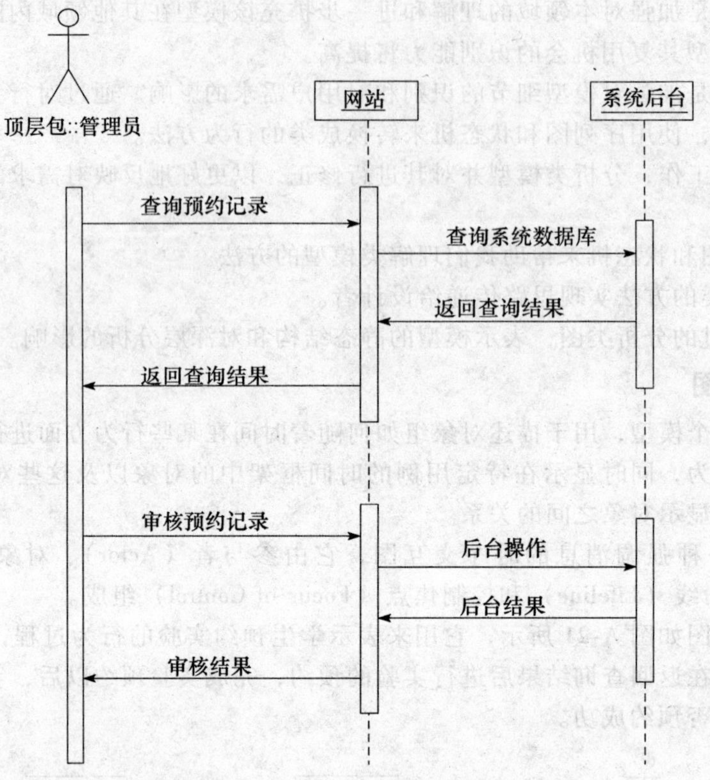

图 A-22 管理员审核实验序列图

第三个序列图如图 A-23 所示，它用来表示系统用户（包含学生、管理员、教师）对预约实验结果的查询，最终可以看到实验预约的结果表格。

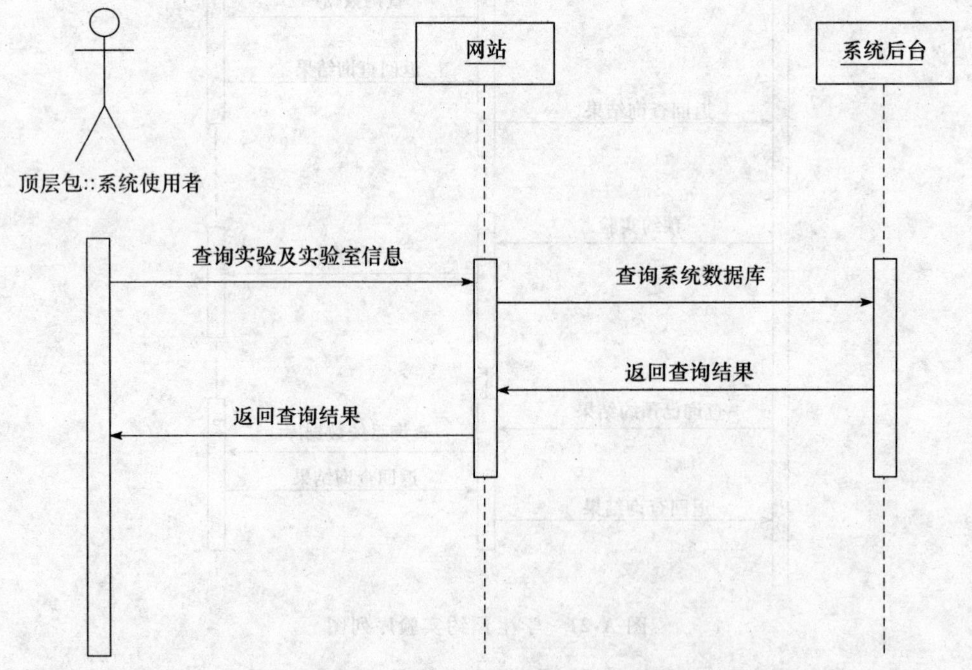

图 A-23 系统使用者查询实验序列图